Natur- und Umweltschutz nach 1945

28

Reihe »Geschichte des Natur- und Umweltschutzes«, Band 4
herausgegeben von Franz-Josef Brüggemeier, Hans-Werner Frohn, Thomas Neiss
und Joachim Radkau im Auftrag der Stiftung Naturschutzgeschichte, Königswinter

Franz-Josef Brüggemeier ist Professor für Wirtschafts- und Sozialgeschichte an der
Universität Freiburg. *Jens Ivo Engels*, Dr. phil. habil., ist dort Hochschuldozent am
Historischen Seminar.

Franz-Josef Brüggemeier, Jens Ivo Engels (Hg.)

Natur- und Umweltschutz nach 1945

Konzepte, Konflikte, Kompetenzen

Campus Verlag
Frankfurt / New York

Gedruckt mit Unterstützung der Deutschen Forschungsgemeinschaft

Bibliografische Information der Deutschen Bibliothek
Die Deutsche Bibliothek verzeichnet diese Publikation in der Deutschen Nationalbibliografie.
Detaillierte bibliografische Daten sind im Internet über http://dnb.ddb.de abrufbar.
ISBN 3-593-37731-4

Besuchen Sie uns im Internet: www.campus.de

Inhalt

ZUR ANATOMIE VON KONFLIKTEN UND BEWEGUNGEN:
STILE, BILDER, EMOTIONEN

POLITISCHE DEUTUNGEN DES UMWELTKONFLIKTS SEIT DEN
SIEBZIGER JAHREN

Vorwort

Natur- und Umweltschutz stehen mit Recht weit oben auf der politischen Agenda und erhalten trotz unterschiedlicher Themenkonjunkturen regelmäßig große öffentliche Aufmerksamkeit. Dies war nicht immer so; ein wichtiger Meilenstein für die politische Anerkennung dieses Problemfeldes waren die frühen siebziger Jahre. Den großen, in mancherlei Hinsicht aber auch zu relativierenden Stellenwert der Wende um 1970 nehmen viele der folgenden Beiträge in den Blick.

Das vorliegende Buch dokumentiert die wachsende Bedeutung von Umweltthemen in der zeithistorischen Forschung. Erstmals wird die Vielfalt und hohe Qualität in Arbeit befindlicher oder kürzlich abgeschlossener Untersuchungen zu einem facettenreichen Bild der Umwelt- und Naturschutzgeschichte seit 1945 verdichtet.

Die Stiftung Naturschutzgeschichte in Deutschland freut sich, diesen Band für die Reihe »Geschichte des Natur- und Umweltschutzes« eingeworben zu haben und schätzt die darin zum Ausdruck kommende Kooperation mit den Freiburger Umwelthistorikern. Sie vertreten eines der bedeutendsten Zentren dieser Forschungsrichtung in Deutschland. Deren Ausstrahlungskraft gerade auf den wissenschaftlichen Nachwuchs belegen nicht zuletzt die Beiträge in diesem Buch.

Albert Schmidt
Vorstandsvorsitzender der Stiftung Naturschutzgeschichte

Den Kinderschuhen entwachsen: Einleitende Worte zur Umweltgeschichte der zweiten Hälfte des 20. Jahrhunderts

Franz-Josef Brüggemeier/Jens Ivo Engels

Die Umweltgeschichte ist ein noch jugendlicher, aber den Kinderschuhen mittlerweile entwachsener Forschungszweig. Seit den ersten umwelthistorischen Studien in Deutschland während der achtziger Jahre sind beinahe zwei Jahrzehnte vergangen. Dabei wurden kaum die oftmals weitgespannten Hoffnungen eingelöst, welche anstrebten, die Untersuchung des Mensch-Natur-Verhältnisses zu einem, wenn nicht dem beherrschenden Paradigma künftiger Historiographie zu erheben. Auch wenn erst jüngst wieder Wolfram Siemann und Nils Freytag forderten, Umweltgeschichte in den exklusiven Kreis einer Handvoll historischer Grundkategorien aufzunehmen, kann davon noch keine Rede sein[1]. Zumindest in Deutschland haben flammende methodische Manifeste und kaum im Ansatz erkennbare umwelthistorische Schulenbildungen offenbar weniger Bedeutung als eine Art pragmatische Einverleibung umweltbezogener Ansätze. Entsprechend zeichnet sich der Erfolgsweg der Umwelthistorie auf anderen Pfaden ab, denn es scheint so, als etabliere sich still und bislang kaum wahrgenommen die Selbstverständlichkeit umwelthistorischer Forschungen. Dies gilt auch und gerade im Kontext von Projekten, die nicht a priori als »umwelthistorisch« definiert sind und für Forschende, die sich selbst durchaus nicht immer »Umwelthistoriker« oder »Umwelthistorikerin« nennen würden.

Im November 2002 fand an der Universität Freiburg eine von den Herausgebern organisierte Tagung zum deutschen Natur- und Umweltschutz nach 1945 statt, deren Beiträge die Grundlage für die meisten der hier versammelten Aufsätze bilden. Überraschend war aus unserer Sicht die große Resonanz auf den Call for Papers, die aus der Idee eines klein dimensionierten Workshops eine Tagung mit knapp zwanzig Vorträgen werden ließ, zu der leider bei weitem nicht alle Interes-

---

1 Siemann, Wolfram/Freytag, Nils, »Umwelt – eine geschichtswissenschaftliche Grundkategorie«, in: Siemann, Wolfram (Hg.), *Umweltgeschichte. Themen und Perspektiven*, München 2003, S. 7–20.

senten eingeladen werden konnten. Der hier präsentierte Band dokumentiert zum ersten Mal die erstaunliche Dichte umwelthistorischer Forschung über Deutschland in der zweiten Hälfte des 20. Jahrhunderts, einschließlich einiger Ausblicke in europäische Nachbarländer und auf die EG.

Dieser Befund entspricht der seit einigen Jahren boomenden Zeitgeschichtsschreibung – über die gesellschaftliche, politische und kulturelle Entwicklung der Bundesrepublik und auch der DDR entstehen laufend neue Arbeiten aus verschiedenen Blickrichtungen. Bei aller Freude über die reiche historiographische Ernte sind doch Einschränkungen hinsichtlich der Etablierung von Umweltgeschichte als Zeitgeschichte angebracht. Denn trotz des mittlerweile beachtlichen Wissens und des hohen Standards methodischer Reflexion in der Umweltgeschichte, finden sich bislang in den großen Überblicksdarstellungen, Standardwerken und Einführungen allenfalls Hinweise darauf, dass Fragen der Umwelt, Umweltpolitik und Umweltbewegung zentrale Themen der jüngeren Vergangenheit sind, ohne dass diese jedoch näher behandelt oder die vorliegenden Arbeiten herangezogen würden. So verwundert es nicht, dass ein großer Teil der hier vorgestellten Beiträge vielfach erstmals die Ergebnisse laufender oder kürzlich abgeschlossener Arbeiten vorstellen. Bis zur endgültigen »Ankunft« der Umweltgeschichte im zeithistorischen Kanon wird (leider) noch Zeit vergehen. Der vorliegende Band soll dazu beitragen, diesen Zeitraum zu verkürzen.

Eines der wichtigsten Ergebnisse der Diskussionen bei der Tagung war die Feststellung, dass Umweltgeschichte keine Methode begründet, sondern als ein Gegenstandsbereich zu beschreiben ist. Diesen erschöpfend zu definieren, ist hier nicht der Ort und würde ohnehin die Gefahr bergen, allzu grundsätzliche Absichten zu formulieren. Während der Tagung und in den Beiträgen dieses Sammelbandes herrscht vielmehr eine pragmatische Arbeitsdefinition vor, die alle politischen, gesellschaftlichen und publizistischen Aktivitäten umfasst, die den Schutz von Natur, Landschaft und der menschlichen Lebensbedingungen zum Ziel hatten. Unzweifelhaft hat der Gedanke des Schutzes der Lebensgrundlagen in der Geschichte des 20. Jahrhunderts eine große und stetig anwachsende Rolle gespielt. Die Wurzeln entsprechender Aktivitäten lassen sich weit zurück verfolgen. Spätestens um 1900 bildete sich in Gestalt des Heimatschutzes eine politisch-gesellschaftliche Bewegung mitsamt einer industrialisierungskritischen Weltanschauung aus. Auch im Bereich dessen, was heute »technischer« Umweltschutz heißt, sind schon im 19. Jahrhundert systematische Lösungsbemühungen vor allem mit Blick auf die Luft- und Wasserverschmutzung zu verzeichnen. Zu beiden Themen gibt es mittlerweile eine ausdifferenzierte Literatur[2]. Trotz dieser Traditionen und Vorläufer ist unser Umweltbegriff jedoch wesentlich von der formativen Phase der politischen Ökologie und der Umweltpolitik seit etwa 1970 bestimmt. Daher liegt der Fokus dieses Bandes auf der zweiten Hälfte des 20. Jahrhunderts und bezieht sich auf die Annahme, dass das »Gravitationszentrum« der Umwelt als gesellschaftliches, wissenschaftliches und politisches Thema am Beginn der siebziger Jahre liegt.

Alle Beiträge in diesem Band setzen sich explizit oder implizit mit dieser großen Wende der siebziger Jahre auseinander, also mit den Veränderungen, für die die Erfindung von politischer Ökologie und »Umweltschutz« paradigmatisch stehen. Damit fokussieren sie auf eine Epochenwende, die in der zeitgeschichtlichen Forschung der letzten Jahre zunehmende Beachtung erfährt. Unter Bezug auf soziologische Arbeiten, beispielsweise von Ulrich Beck und Ronald Inglehart, untersuchen Historikerinnen und Historiker die Wende zu den siebziger Jahren als Ende der »klassischen Moderne« und als Phase beschleunigter kulturell-politischer »Liberalisierung«[3].

In dieser Debatte hat die Umweltgeschichte, zumal die Geschichte des Umweltschutzes, einen festen Platz, schon allein weil sowohl Beck als auch Inglehart sich ausführlich auf Umweltprobleme und -bewegungen beziehen und das entstehende Umweltbewusstsein als wichtigen Indikator für eine Abkehr vom wachstumsorien-

---

2 Rollins, William H., *A Greener Vision of Home. Cultural Politics and Environmental Reform in the German Heimatschutz Movement, 1904–1918*, Ann Arbor 1997; Dominick, Raymond H., *The Environmental Movement in Germany. Prophets and Pioneers 1871 – 1971*, Bloomington 1992; Oberkrome, Willi, »*Deutsche Heimat«. Nationale Konzeptionen und regionale Praxis von Naturschutz, Landesgestaltung und landschaftlicher Kulturpolitik. Westfalen-Lippe und Thüringen 1900 bis 1960*, Münster 2004; Schmoll, Friedemann, *Erinnerung an die Natur. Die Geschichte des Naturschutzes im deutschen Kaiserreich*, Frankfurt a.M. 2004; Brüggemeier, Franz-Josef, *Das unendliche Meer der Lüfte. Luftverschmutzung, Industrialisierung und Risikodebatten im 19. Jahrhundert*, Essen 1996; Spelsberg, Gerd, *Rauchplage. 100 Jahre saurer Regen*, Aachen 1984; Uekötter, Frank, *Von der Rauchplage zur ökologischen Revolution. Eine Geschichte der Luftverschmutzung in Deutschland und den USA 1880–1970*, Essen 2003; Büschenfeld, Jürgen, *Flüsse und Kloaken. Umweltfragen im Zeitalter der Industrialisierung (1870–1918)*, Stuttgart 1997.

3 Inglehart, Ronald, *The Silent Revolution. Changing Values and Political Styles Among Western Publics*, Princeton 1977; Beck, Ulrich, *Risikogesellschaft. Auf dem Weg in eine andere Moderne*, Frankfurt a.M. 1986; Herbert, Ulrich, »Liberalisierung als Lernprozeß. Die Bundesrepublik in der deutschen Geschichte – eine Skizze«; in: Ders. (Hg.), *Wandlungsprozesse in Westdeutschland. Belastung, Integration, Liberalisierung 1945–1980*, Göttingen 2002, S. 7–49; Metzler, Gabriele, »Am Ende aller Krisen? Politisches Denken und Handeln in der Bundesrepublik der sechziger Jahre«; in: *Historische Zeitschrift* 275 (2002), S. 57–103; Doering-Manteuffel, Anselm, »Politische Kultur im Wandel. Die Bedeutung der sechziger Jahre in der Geschichte der Bundesrepublik«; in: Dornheim, Andreas/Greifenhagen, Sylvia (Hg.), *Identität und politische Kultur*, Stuttgart 2003, S. 146–158.

tierten Fortschrittsmodell bezeichnen. Wie auch immer man im Einzelnen zu den genannten Deutungen stehen mag, steht die Existenz bedeutender Transformationsprozesse an der Wende zu den siebziger Jahren außer Frage. Allerdings wissen wir trotz oder auch wegen der Großtheorien soziologischer Provenienz unter den Stichworten »Wertewandel« und »Moderne im Selbstbezug« noch wenig über den empirischen Gehalt dieser Veränderungsprozesse.

Die meisten der hier versammelten Beiträge bestätigen den Eindruck eines grundlegenden Wandels, wenn auch die Vielfalt der empirischen Befunde zur Vorsicht angesichts der Großtheorien mahnt. Denn andere arbeiten ein Miteinander von Wandel und Kontinuitäten heraus, plädieren für ein Bild Jahrzehnte andauernder Veränderungsprozesse oder konstatieren, wie im Fall der DDR nach 1970, gar umweltpolitische Rückschritte (Behrens, Ditt, Gensichen, Heymann, Höfer, Kopper, Uekötter, Wöbse).

Angesichts der hier vorgestellten Arbeiten spricht vieles dafür, dass die bedeutendste Veränderung um 1970 zunächst weniger in neuen Formen des Umweltmanagements bzw. -schutzes zu suchen sind (Behrens, Ditt, Heymann, Körner, Kopper, Pohl, Rudolf, Uekötter). Vielmehr haben sich die Gewichte vor allem in den Bereichen Problemwahrnehmung, Wirklichkeitsdeutung und Politisierung innerhalb recht kurzer Zeit erheblich verschoben. Infolgedessen etablierte sich »Umweltschutz« als Artikulationsraum für politischen Unmut, kritische Gesellschaftsdiagnosen und institutionelle Begehrlichkeiten (Dannenbaum, Engels, Gensichen, Hünemörder, Kupper, Pohl, Rudolf, Weisker, Westermann). Ausgehend von diesem Befund kann die Umweltgeschichte wichtige Beiträge zur Geschichte politischer Partizipation und gesellschaftlicher Modernisierung leisten – und wird der Wende von 1970 dabei besondere Aufmerksamkeit schenken[4].

Dies ist bereits geschehen. Schon vor der Drucklegung dieses Bandes hat Patrick Kupper sich unter ausdrücklichem Bezug auf die Diskussionen während der Freiburger Tagung mit einem Artikel zu Wort gemeldet, in dem er den Epochenwandel um 1970 mit der griffigen Formel »1970er-Diagnose« kennzeichnet. Zu Beginn jenes Jahrzehnts verdichteten sich nach seinen Worten zunehmend kybernetisch inspirierte Beschreibungen des Zustands von natürlicher Umwelt in einem sich räumlich und zeitlich rasch ausweitenden Blickwinkel zu einer generellen Krisendiagnose. Die wichtigste Folge der Diagnose sei der Abschied vom Wachstums-

---

4 Hierzu auch Engels, Jens Ivo, *Ideenwelt und politische Verhaltensstile von Naturschutz und Umweltbewegung in der Bundesrepublik 1950–1980*, Habilitationsschrift Universität Freiburg 2004.

und Fortschrittsparadigma in den westlichen Gesellschaften gewesen. Zudem bot die entstehende Umweltbewegung einen willkommenen sozialen Ort, an dem sich über Krisenphänomene kommunizieren ließ. Auch die mittlerweile erschienene Dissertation von Kai Hünemörder untersucht ausführlich den Wandel der frühen siebziger Jahre mit Blick auf den wechselseitigen Einfluss internationaler Konferenzen, Expertennetzwerke, der Futurologie sowie der bundesdeutschen Presseberichterstattung[5]. So spricht viel dafür, in dem spezifischen Wandel der wissenschaftlich-publizistischen Bearbeitung von Natur und Umwelt um 1970 einen wichtigen Baustein zum Verständnis dieses Jahrzehnts zu erblicken.

Wenn die Umweltgeschichte keine eigene Methode begründet, so verfügt sie doch über eine ausgeprägte methodische Vielfalt und legt den Austausch mit benachbarten Disziplinen nahe (Beiträge von Heymann, Höfer, Körner, Rudolf). Neben den politik-, institutions-, verwaltungs- und ideengeschichtlich orientierten Artikeln (Behrens, Ditt, Gensichen, Kopper, Pohl) zeichnet sich im vorliegenden Band ein im weitesten Sinne kulturgeschichtlicher Trend ab. So verwenden viele Autoren diskursorientierte (Kupper), medienhistorische (Wöbse), emotionengeschichtliche (Weisker) Ansätze oder untersuchen die Beschaffenheit politischer Kultur, verstanden als umfassendes Zeichensystem und Raum gesellschaftlicher Aushandlungsprozesse (Dannenbaum, Engels, Hünemörder, Uekötter, Westermann). Einen großen Raum nehmen auch Fragen nach den (unterschiedlichen) Deutungen der Konflikte und Probleme ein (Dannenbaum, Heymann, Höfer, Körner, Kopper, Kupper, Oberkrome, Rudolf, Weisker, Westermann).

Freilich bedeutet dies nicht, einer angeblichen Beliebigkeit menschlicher Naturkonstruktionen das Wort zu reden. Vielmehr kann und sollte gerade die Umweltgeschichte die Bedeutung von Natur und nichtmenschlichen »Aktanten« (Bruno Latour) im historischen Prozess herausstellen (hierzu auch der Beitrag von Rudolf). Es wäre zu begrüßen, wenn sich die künftige Forschung vermehrt der Interaktion von Elementen der dinglichen Welt mit gesellschaftlichen Prozessen beschäftigte und dabei die, zwar durchaus begrenzte aber vorhandene, Eigengesetzlichkeit der dinglichen Welt nicht außer Acht ließe. Hier finden sich vielfältige Anknüpfungspunkte zur modernen Wissenschaftsgeschichte und den »Science Studies«.

---

5 Kupper, Patrick, »Die ›1970er Diagnose‹. Grundsätzliche Überlegungen zu einem Wendepunkt der Umweltgeschichte«; in: *Archiv für Sozialgeschichte* 43 (2003), S. 325–348; Hünemörder, Kai F., *Die Frühgeschichte der globalen Umweltkrise und die Formierung der deutschen Umweltpolitik (1950–1973)*, Stuttgart 2004.

Desiderata gibt es auf dem Feld der zeithistorischen Umweltforschung ohnehin reichlich. Dazu zählen international vergleichende und transnational angelegte Untersuchungen, die insbesondere im Bereich der Umweltpolitik und -bewegung reiche Ernte erwarten lassen (vgl. Ditt, Kupper, Pohl, Rudolf, Wöbse). Die Geschichte des Natur- und Umweltschutzes wird sich zudem konsequenter und mit geschärftem methodischem Werkzeug den Experten und der wissenschaftlichen Politikberatung zuwenden müssen, zumal die Geschichtswissenschaft beide Themen in den letzten Jahren mit Erfolg für sich entdeckt hat. Viele vorliegende umwelthistorische Arbeiten haben zu diesem Themenkomplex beachtliches empirisches Material zusammengetragen, ohne dabei den gesamtgesellschaftlichen Dimensionen jedoch immer ausreichend Beachtung zu schenken. So ist es eine Binsenweisheit, dass die Umweltbewegung ihren Erfolg in erheblichem Maße den modernen Massenmedien, insbesondere dem Fernsehen, verdankt. Entsprechend ist die Natur- und Umweltschutzgeschichte seit 1900 denn auch als Visualisierungsgeschichte des 20. Jahrhunderts zu schreiben[6]. Diese und noch viele weitere »Baustellen« der Umweltgeschichte zeigen eindringlich, dass der Umweltaspekt nur in enger Vernetzung mit aktuellen Herangehensweisen und Fragestellungen der Geschichtswissenschaft Sinn ergibt, belegen aber auch, dass die »allgemeine Geschichte« erheblich von umwelthistorischen Erkenntnissen, Herangehensweisen und Methoden profitieren kann.

Ausgangspunkt mehrerer Diskussionen während der Tagung war die Feststellung, dass viele Aussagen über den Zustand der Umwelt heute in der politischen Diskussion eine hegemoniale Stellung beanspruchen. Klagten Umweltschützer in den siebziger Jahre noch darüber, die Anzeichen für zunehmende Umweltzerstörung fänden keinen Eingang in politische Entscheidungsprozesse, so unterliegen umweltbezogene Daten oder Konzepte gegenwärtig einem verhältnismäßig geringen Legitimationsdruck, auch wenn sie unter den jeweiligen Experten umstritten sind. Das gilt für Aussagen zu Klimaveränderungen genauso wie für Konzepte wie »ökologisches Gleichgewicht« oder »Nachhaltigkeit«, die einen Aufstieg bis in die – zunehmend nebulösen – Absichtserklärungen von Regierungsprogrammen und völkerrechtlichen Vereinbarungen hinter sich haben. In diesem Kontext könnte die Umweltgeschichte eine neue aufklärerische Rolle finden, die freilich der gesellschaftspolitischen Mission früher umwelthistorischer Arbeiten diametral gegenüber stände. Die aufklärerische Aufgabe läge heutzutage darin zu zeigen, wie wissenschaftliche Umweltdaten, gesellschaftlich verbreitete Naturbilder und darauf auf-

---

6 Anregung von Axel Schildt während der Schlussdiskussion.

bauende politische Prozesse einander bedingen. Es geht mithin darum, historiographisch den Konstruktcharakter ökologischer Diagnosen zu dokumentieren und die Herstellung von Umweltdaten als sozialen Prozess sichtbar zu machen[7].

Willi Oberkrome skizziert in seinem Beitrag über den deutschen Natur- und Heimatschutz beherrschende Kontinuitätslinien zwischen den dreißiger und sechziger Jahren. Im gesamten Zeitraum orientierten sich die Protagonisten unter einem zivilisationskritisch gefärbten Überbau am zentralen Konzept der Landschaft und der Idee eines von dieser in seiner Qualität unmittelbar beeinflussten Volkstums, wobei der ursprünglich rein konservierende Ansatz ab Ende der dreißiger Jahre um landschaftsgestalterische Methoden ergänzt wurde. Mit Blick auf die Landschaftsplanung schließt *Stefan Körner* sich diesem Befund für die frühe Bundesrepublik an und konstatiert eine baldige Abkehr führender Fachvertreter von »kulturell« begründeten Schutz- und Planungskonzepten zugunsten einer zweckrationalen Verwissenschaftlichung, die die politische Legitimität sichern helfen sollte. In der Folge habe die Landschaftsplanung es versäumt, die ihr weiterhin zugrunde liegenden subjektiven Grundannahmen zu reflektieren und somit ein neues Legitimitätsproblem geschaffen. *Karl Ditt* analysiert die englische Tradition des Naturschutzes der fünfziger und sechziger Jahre und wirft mit Blick auf die siebziger und achtziger Jahre die Frage auf, ob hier schon frühe Grundlagen für eine spätere Umweltpolitik gelegt wurde. Dabei kommt er zu dem Ergebnis, dass die moderne Umweltpolitik seit den späten Sechzigern eher von internationalen Einflüssen als von heimischen Traditionen angeregt wurde und im Vergleich zum Naturschutz einen geringeren Stellenwert besaß. *Hermann Behrens* schildert anhand des Bezirks Neubrandenburg die Entwicklung regionaler Landschaftstage in der DDR zwischen den sechziger und achtziger Jahren als ein von Landschafts- und Umweltexperten getragenes Forum, das nach einem hoffnungsvollen, problemorientierten Aufbruch nicht zuletzt aufgrund agrarpolitischer Entscheidungen zunehmend zur Untätigkeit verurteilt wurde.

Frank Uekötter mahnt eine Abschwächung der Bedeutung der Wende um 1970 in der politischen Geschichte des Umweltschutzes an und verweist auf eine lange Reihe von Beispielen aus den vierziger bis sechziger Jahren, die zeigen, dass lokale Widerstandsbewegungen gegen Umwelteingriffe nicht nur zustande kamen, sondern nicht selten auch Erfolge vermelden konnten. Dagegen stellt *Kai F. Hünemörder* die

---

7 Hierzu auch Brüggemeier, Franz-Josef, »Umweltgeschichte – Erfahrungen, Ergebnisse und Erwartungen«; in: *Archiv für Sozialgeschichte* 43 (2003), S. 1–18.

Zäsur des Jahres 1972 heraus. Zu diesem Zeitpunkt erzeugten die seit Ende der sechziger Jahre zunehmend pessimistisch auftretenden Zukunftsforscher, internationale Umweltkonferenzen und der Bericht an den Club of Rome zumindest in der Presselandschaft ein Klima, in dem (ökologische) Untergangsszenarien große Überzeugungskraft gewannen und das bis dato optimistische Zukunftsdenken ablösten. In seiner Studie zur Beurteilung der Kernkraft zwischen den sechziger und den siebziger Jahren untersucht *Patrick Kupper* Veränderungen in der Argumentationsstruktur programmatischer Texte aus Schweizerischen Naturschutzorganisationen. Der Wandel von der Bejahung zur Ablehnung der Kernkraft vollzog sich vor dem Hintergrund sich verändernder Zukunftskonzeptionen, Technikverständnisse und apriorischer Annahmen über Wirtschaftswachstum und den Stellenwert der Natur. *Norman Pohl* geht der Bedeutung der Umweltpolitik in der Europäischen Gemeinschaft in den frühen siebziger Jahren nach. Die Kommission erkannte in diesem neu wahrgenommenen, Grenzen überschreitenden Problemfeld eine Gelegenheit, erstmals eine wirklich supranationale Politik zu realisieren und sich zusätzliche Kompetenzen anzueignen. Daher versuchte sie, die Umweltpolitik zum Leitbild künftiger Gemeinschaftspolitik zu erheben. Allerdings scheiterte dies schon 1972/73 an der mangelnden Bereitschaft der Einzelstaaten, Zuständigkeiten abzutreten. *Jens Ivo Engels* schildert ein an der qualitativen Sozialforschung orientiertes Konzept zur Beschreibung von Verhaltensweisen politischer Akteure, um insbesondere auch die unausgesprochenen Botschaften darin sichtbar zu machen. Er schlägt mit dem »politischen Verhaltensstil« ein Instrumentarium vor, die erheblichen Veränderungen in der politischen Kultur der Natur- und Umweltschützer zwischen den sechziger und siebziger Jahren zu beschreiben. *Albrecht Weisker* weist am Beispiel der Kernenergiekonflikte auf die geschichtsmächtige Bedeutung von Emotionen hin. Die Dynamik der Antiatomkraftbewegung führt er auf den Umschlag der technisch begründeten Euphorie der sechziger Jahre in die Apokalyptik der Siebziger zurück, die ihren zentralen Bezugspunkt im Begriffsfeld der »Angst« und des »Misstrauens« hatte. Die lange Geschichte und große Bedeutung visueller Botschaften im Naturschutz zwischen 1900 und den siebziger Jahren nimmt *Anna-Katharina Wöbse* in den Blick. Sie beschreibt, wie der Bilderkanon vor allem im Rahmen von Kampagnen sich im Lauf der Jahrzehnte ausweitete und die Schönheitsum Schadens- und schließlich um Aktionsbilder ergänzte. Freilich scheinen deutsche Naturschützer im Vergleich zu ihren englischen Nachbarn weniger kreativ mit der visuellen Dimension umgegangen zu sein.

Am Beispiel der Auseinandersetzungen um eine PVC-Fabrik im rheinischen Troisdorf Mitte der siebziger Jahre beschreibt *Andrea Westermann*, wie ein ursprünglich arbeitsmedizinisches Problem sich um Konflikte in den Arbeitsbeziehungen sowie kapitalismuskritische und ökologische Aspekte erweiterte. Dieses Beispiel verdeutlicht, welche Integrationskraft der Umweltschutz im Laufe der siebziger Jahre als sinngebender Rahmen für eine Vielzahl unterschiedlich motivierter Auseinandersetzungen entwickelte. Die divergierenden Problemdefinitionen der Kontrahenten in der Kernkraftdebatte der siebziger Jahre stellt *Thomas Dannenbaum* dar und erkennt auf Seiten der Befürworter eine eher klassisch-moderne Sorge um staatliche Sicherheit und ökonomischen Wachstumserhalt, während die Gegner das Risikopotenzial der Technologie und Gefahren für die demokratische Ordnung anprangerten. Nichtsdestoweniger setzten gegen Ende des Jahrzehnts auf beiden Seiten Lernprozesse ein, die den Konflikt entschärften. Der Abbruch staatlicher Lernprozesse hinsichtlich des Umweltproblems in der DDR führte nach den Worten von *Hans-Peter Gensichen* dazu, dass ab Anfang/Mitte der siebziger Jahre unter dem Dach der Evangelischen Kirche breit gefächerte Umweltaktivitäten entstanden. Eine Opposition im vollen Wortsinn bildeten die Umweltgruppen aber nicht, da sie sich in der Regel an konkreten Problemen orientierten und nicht auf einen politischen Systemwechsel hin arbeiteten.

Christopher Kopper legt dar, wie die Deutsche Bundesbahn im Lauf der siebziger Jahre unverhofft und wohl auch nicht ganz zu Recht in den Ruf eines umweltfreundlichen Verkehrsmittels geriet. Grundlage hierfür war das seit den fünfziger Jahren laufende Elektrifizierungsprogramm, das in erster Linie eine Effizienzsteigerung, kostengünstige Kapazitätserweiterung und die Angleichung an internationale technische Standards zum Ziel hatte; der Immissionsschutz dagegen zählte nicht zu den entscheidenden Gesichtspunkten. Welch große Bedeutung Problemdefinitionen für die politische Durchsetzbarkeit von Lösungsansätzen haben, unterstreicht *Matthias Heymann* in seinem Beitrag. Die vorherrschende technische Problemsicht im Bereich der Luftreinhaltung führte zu Lösungsstrategien im Sinne einer end-of-pipe Technologie. Diese waren verhältnismäßig schnell implementierbar und erzielten zunächst große Erfolge, weil sie den Logiken des politischen und ökonomischen Systems gehorchten. Mit der Ausweitung der Belastungen auf eine globale Dimension stießen die technischen Lösungen aber an ihre Grenzen. *Wolfram Höfer* stellt dagegen dar, wie die klassische Auffassung von (Erholungs-) Landschaft in Zeiten des Strukturwandels im Ruhrgebiet zunehmend auch industriegeschichtliche Überreste integrierte, die zuvor geradezu als Gegenbild zur individuellen und »gesunden«

Landschaft gegolten hatten. Im Gegenzug begünstigten Projekte auf ehemaligen Industriegeländen neuartige Landschaftsauffassungen in der Landschaftsarchitektur. Zum Abschluss untersucht *Florence Rudolf*, warum Umweltprobleme in Frankreich lange Zeit eher als soziale oder politische Konflikte definiert wurden, nicht aber als Probleme sui generis. Den Grund hierfür sieht sie in erkenntnistheoretischen und politischen Denktraditionen, die ökonomische und hierarchische Sichtweisen privilegieren und eine tiefe Kluft zwischen Gesellschaft und Natur konstituieren. In einem Ausblick stellt sie allerdings fest, dass auch in Frankreich Veränderungsprozesse eingesetzt haben. Die Karriere eines Konzeptes wie der »Hybridbildung« lässt vermuten, dass traditionelle Deutungsmuster ihre Hegemonie verlieren werden.

Editionsarbeit und die Notwendigkeit, für derartige Projekte finanzielle Unterstützung einzuwerben, verschlingen Zeit. Die Manuskripte der Beiträge wurden im Frühherbst 2003 abgegeben und konnten danach aus technischen Gründen nur punktuell überarbeitet werden. Die Herausgeber möchten zum Schluss allen Autorinnen und Autoren bzw. den Teilnehmern der Tagung für ihre Beiträge sowie die anregenden Diskussionen danken. Die Deutsche Forschungsgemeinschaft hat diese Veranstaltung im Rahmen ihrer Förderung von Rundgesprächen ermöglicht und für die Publikation einen großzügigen Druckkostenzuschuss gewährt; auch ihr gilt unser herzlicher Dank. In besonderer Weise sind wir Bettina Götz und Jonathan Everts dankbar, die das Manuskript mit Kompetenz und Engagement von sprachlichen und formalen Mängeln befreiten und zum Druck vorbereiteten.

NATURSCHUTZ UND
LANDSCHAFTSPLANUNG
IM WANDEL

Kontinuität und Wandel im deutschen Naturschutz 1930 bis 1970: Bemerkungen und Thesen

Willi Oberkrome

Verschiedene Indizien sprechen dafür, die Geschichte des deutschen Naturschutzes zwischen der Weltwirtschafts- und der Ölkrise unter dem Aspekt einer ausgeprägten Kontinuität zu diskutieren.

Seit der Gründung des Bundes Heimatschutz 1904 (DBH; später DHB) und der Institutionalisierung des Naturschutzes 1906 waren diese beiden Zwillingsbewegungen untrennbar verzahnt und stützten sich auf weitgehend identische soziale Trägergruppen aus dem gebildeten Bürgertum insbesondere der Mittel- und Kleinstädte. Die nicht selten dem höheren Beamtentum und freien akademischen Professionen angehörigen Funktionseliten des Naturschutzes sorgten für eine beständige Erneuerung ihrer personellen Potenziale und damit auch für eine relativ homogene Kohortenbildung. Daraus erwuchsen dem Natur- und Heimatschutz weithin gefestigte »Milieugrenzen«.

Auffällig ist die Zählebigkeit der Schriftenreihen und Zeitschriften, die zwar semantisch eigenwillig waren, wohl aber gerade dadurch ein Gefühl von Gruppenzugehörigkeit schufen. Diese Periodika konnten sowohl auf der nationalen als auch auf der regionalen Handlungsebene staatliche Umbrüche und verfassungssystematische Friktionen oftmals mühelos überstehen.

Das wahrscheinlich sinnfälligste Merkmal für eine ungebrochene Persistenz der amtlichen und ehrenamtlichen »Verteidigung« von Natur und Heimat besteht in der Dauerhaftigkeit ihrer strukturellen und organisatorischen Basis. Vom Kaiserreich bis über die Ära Adenauer hinaus fußte der Naturschutz auf den naturkundlichen und naturprotektionistischen Fachgruppen der landschaftlichen Heimatbünde, auf der Tätigkeit der aus ihnen rekrutierten Naturschutzkommissare bzw. -beauftragten sowie auf einer von diesen beratenen Bürokratie. Ihre Arbeit begünstigte die Etablierung der sogenannten Naturdenkmalpflege, das heißt die Sicherstellung »altehrwürdiger« Monumente des territorialen Haushalts – von Solitärbäumen über bedrohte Tierarten bis zu pittoresken Ödländereien.

Das teils vorwärtsweisende, teils kauzige Auftreten heterodoxer »ökologischer«
Eiferer und Visionäre tat diesem Gesamtgefüge des frühen deutschen Umweltengagements keinen Abbruch[1].

Das Bild eines unpolitischen Natur- und Heimatschutzes, der so die politischen
Epochengrenzen zwischen Kaiserreich und Bundesrepublik geradlinig durchlaufen
konnte, erscheint vor dem Hintergrund solcher Befunde plausibel. Es entfaltet,
dafür sprechen weite Teile der wissenschaftlichen Literatur, enorme Suggestiv-
macht[2]. Allerdings hinterlässt diese Darstellung nach eingehenderer Betrachtung ein
spürbares Unbehagen. Es bezieht sich weniger auf die historiographisch ausgebrei-
teten Detailergebnisse als auf den Eindruck, Einheit und Geschlossenheit des Gegenstandes seien zu eilfertig konstruiert. Gegen das Bild eines homogenen, kontinuierlich verlaufenden Naturschutzes lassen sich Argumente anführen, die sowohl
seine Intentionen, als auch seine Programmatik und seinen Handlungsspielraum
während der Weimarer Republik, der NS-Zeit und der formativen Phase der Bundesrepublik betreffen.

Das soll im Folgenden wenigstens andeutungsweise geschehen. Dazu wird zunächst die Situation des Naturschutzes um das Jahr 1930 beleuchtet (I.). Der darauf
folgende Abschnitt fragt nach seinen Parametern im »Dritten Reich« (II.). Abschließend rückt der Naturschutz der fünfziger und sechziger Jahre im westlichen Teil-
staat in den Mittelpunkt des Interesses.

I.

Wie der Heimatschutz entwickelte sich von wenigen Ausnahmen abgesehen auch
der Naturschutz der Weimarer Epoche im Zeichen völkischer Gesellschafts- bzw.

---

1 Vgl. Adam, Thomas, »Die Verteidigung des Vertrauten. Zur Geschichte der Natur- und Umweltschutzbewegung in Deutschland seit Ende des 19. Jahrhunderts«, in: *Zeitschrift für Politik* 45 (1998), S.
20–48; Dominick III., Raymond H., *The Environmental Movement in Germany. Prophets & Pioneers 1871–
1971,* Bloomington 1992; Wettengel, Michael, »Staat und Naturschutz 1906–1945. Zur Geschichte
der Staatlichen Stelle für Naturdenkmalpflege in Preußen und der Reichsstelle für Naturschutz«, in:
Historische Zeitschrift 257 (1993), S. 355–399; zur Frühgeschichte bes. Knaut, Andreas, *Zurück zur Natur! Die Wurzeln der Ökologiebewegung,* veröffentlicht als: Supplement 1 (1993) zum Jahrbuch für Naturschutz und Landschaftspflege; Rollins, William H., *Aesthetic environmentalism: The Heimatschutz movement
in Germany 1904–1918,* (Phil. Diss. University of Wisconsin) Madison 1994.

2 Dazu die Angaben in Oberkrome, Willi, ›*Deutsche Heimat‹. Nationale Konzeption und regionale Praxis von
Naturschutz, Landesgestaltung und Kulturpolitik in Westfalen-Lippe und Thüringen 1900 bis 1960,* Paderborn
2004. Auf diese Untersuchung gehen die folgenden Ausführungen zurück.

Gemeinschaftsentwürfe[3]. So wie die meisten Fachgruppen der landschaftlichen Heimatbünde setzten die Naturschützer darauf, das von »westlicher Zivilisation« und »sozialistischem Ungeist« affizierte »deutsche Volkstum« »ungeschwächt und unverdorben zu erhalten«. Dazu wollten sie es an eine vorgeblich unverfälschte Stammes- und Raumkultur heranführen, die ihren Ausdruck in Heimatgeschichte, tradiertem Tanz und Spiel, handgefertigtem Hausrat und bodenständiger Architektur, mundartlicher Literatur und überkommener Brauchtumstreue fand[4]. In diesem Zusammenhang war auch die Naturdenkmalpflege angesiedelt. Gewiss entsprach die Ausweisung von isolierten Naturmonumenten, kleineren Naturschutzdistrikten und etwas größer dimensionierten Gebieten immer auch wissenschaftlichen Zwecken und freizeitlichen Vorlieben ihrer Betreiber, in aller Regel war sie jedoch hochgradig ideologisiert. Sie war »volkstumsbildend« angelegt.

Die Naturdenkmale galten ihren regionalistischen Fürsprechern als Stätten »sistierter Geschichte« (Adorno), als Bindeglieder zwischen Vergangenheit und Gegenwart. Deshalb machten sich die Naturschützer dafür stark, dass möglichst viele ihrer – wie man meinte – ideell und sittlich entwurzelten Zeitgenossen/innen in unmittelbaren, sinnlichen Kontakt zu den Denkmälern traten. Auf diese Weise sollten die Menschen einen in erster Linie emotionalisierenden Zugang zu den gebietstypischen Naturrelikten erlangen. Sie sollten Zugang zu Refugien der Selbstbesinnung und des meditativen Einhaltens finden. Ihnen sollten Ruheräume eröffnet werden, die eine tiefenscharfe Vorstellung von den »authentischen« Werten und Wahrheiten der Heimat vermittelten. Die Naturdenkmalpfleger erhofften sich von diesen Erfahrungen eine »ethnogenetische«, sozial ausgleichende Wirkung und ließen nichts unversucht, die umsorgten Monumente und die sie umgebende »Szenerie« in »Kapellen« der »Andacht für eine neue weltliche Glaubenslehre« zu verwandeln[5].

Die deutsche Niederlage im Ersten Weltkrieg potenzierte diesen Prozess. Nach 1918 war allen Beteiligten klar geworden, dass es fortan noch weniger als bisher

---

3 Luzide Einblicke vermittelt das im Auftrag des DBH edierte Werk von Lindner, Werner (Hg.), *Das Land an der Ruhr*, Berlin 1923.

4 Rudorff, Ernst, *Heimatschutz*, Im Auftrag des DBH bearb. von Schultze-Naumburg, Paul, Berlin 1926, S. 75.

5 Mosse, George L., *Die Nationalisierung der Massen. Politische Symbolik und Massenbewegung in Deutschland von den Napoleonischen Kriegen bis zum Dritten Reich*, Frankfurt a. M. 1976, S. 60; dazu auch François, Etienne/Siegrist, Hannes/Vogel, Jakob, »Die Nation. Vorstellungen, Inszenierungen, Emotionen«, in: dies., *Nation und Emotion. Deutschland und Frankreich im Vergleich*, Göttingen 1995, S. 13–35, 25.

darum gehen könne, »Kuriositätenkabinette im Freien« zu schaffen[6]. Statt dessen sollten rings um die Naturdenkmäler »Weiheräume« entstehen, in denen die Liturgie einer Heilsbotschaft zelebriert werden konnte, die sich zunehmend radikalisierte. Ihre Offenbarungen rankten sich um die Begriffe »Volkstum und Heimat« sowie »Stamm und Landschaft«. Diese Kategorien entwickelten sich zu Leitmotiven einer Volkstumstheorie, die die Bedeutung deutscher Kulturräume und Stämme (Westfalen, Sachsen etc.) betonte und eine regionalistische, landsmannschaftlich differenzierte Kulturpolitik zum Unterpfand des nationalen »Wiederaufstiegs« erklärte[7]. Ihre Verheißungen gossen Wasser auf die Mühlen eines grundsätzlich revanchistisch inspirierten Natur- und Heimatschutzes, von dem manche seiner Anhänger hofften, er würde sogar in – oder vielleicht sogar wegen – der Weltwirtschaftskrise zur allgemein anschlussfähigen »Volkssache« werden[8].

Diese Hoffnung war indes auf Sand gebaut. Die Bereitschaft, namentlich der »großstädtischen«, von Kneipe, Kommerz und Kino der eigenen kulturräumlichen Wurzeln »beraubten« Arbeiter und Angestellten, im kontemplativen Zugriff auf »Mutter Natur« zu sich selber zu finden, hielt sich in aller engsten Grenzen. Ein von zahlreichen Naturliebhabern mit Bestürzung registriertes Desinteresse gegenüber den landschaftlichen und stammesgemeinschaftlichen Erinnerungsorten eskalierte für die Naturschützer in den frühen dreißiger Jahren, als musizierende, »angeheiterte« Sonntagsausflügler und »undisziplinierte« Wandergruppen diese zu ihrer Rettung erkorenen Orte »entweihten«. Gegen das sinnesfrohe Treiben waren die Behörden und die Naturschutzbeauftragten gleichermaßen machtlos.

Es bleibt bemerkenswert, dass die von prominenten Natur- und Heimatschützern überschwänglich gefeierte »Machtübernahme« der Nationalsozialisten diese Enttäuschung keineswegs beseitigte[9]. Im Gegenteil, sie steigerte sich nach 1933

---

6 Moewes, Franz, »Zur Geschichte der Naturdenkmalpflege«, in: Schoenichen, Walther (Hg.), *Wege zum Naturschutz*, Breslau 1926, S. 28–71, 61.

7 Zum interdependenten Verhältnis von Regionalismus und Nationalismus seit dem 19. Jahrhundert vgl. z. B. Hardtwig, Wolfgang, »Bürgertum, Staatssymbolik und Staatsbewußtsein im Deutschen Kaiserreich 1871–1914«, in: *Geschichte und Gesellschaft* 16 (1990), S. 269–295, bes. 269.

8 Wagenfeld, Karl, »Heimatschutz Volkssache«, in: *Heimatblätter der Roten Erde* 5 (1926), S. 1–4; ders., »Gegenwarts- und Zukunftsaufgaben der Heimatbewegung«, in: *Westfälische Heimat* 12 (1930), S. 341–344.

9 Vgl. exemplarisch Schoenichen, Walther, »Der Naturschutz – ein Menetekel für die Zivilisation«, in: *Naturschutz* 15 (1933/34), S. 1ff.; Schwenkel, Hans, »Naturschutz im nationalen Deutschland«, in: *Mein Heimatland*, Jg. 1933, Heft 7/8, S. 227–242; Lindner, Werner, *Heimatschutz im neuen Reich*, Leipzig 1934.

noch, denn das »Dritte Reich« setzte auf den Feldern der Kulturpolitik und des öffentlichen Umgangs mit landschaftlichem Interieur unerwartete Prioritäten.

II.

Der wichtigste Grund für die wachsende Desillusionierung der Naturschützer war die kriegsvorbereitende Autarkiewirtschaft[10]. Sie zog einen ungehemmten industrie- und agrarökonomischen Ressourcenverschleiß nach sich. Die »natürliche Landschaft« war davon in mehrfacher Beziehung betroffen. Der rigorose Aufrüstungskurs führte zu erheblichen Bodenversiegelungen, da neue Fabrikationsanlagen, Arbeitersiedlungen, Straßen und Eisenbahntrassen großzügig genehmigt wurden. Auch die dem bäuerlichen »Reichsnährstand« aufgetragenen Erzeugungsschlachten ließen sämtliche Aufforderungen, die Natur zu schützen, außer Acht. Die Flurbereinigungsmaßnahmen der Landeskulturämter erreichten ein bisher unbekanntes Ausmaß, die Landwirtschaft wurde mit den Erfordernissen einer forcierten Mechanisierung und gesteigerten chemischen Düngung konfrontiert. Lanz und Liebig waren ihre Helden[11].

Ein Desaster sämtlicher naturkonservatorischen Anstrengungen kündigte sich an, als der Reichsarbeitsdienst auf »die Landschaft losgelassen« wurde. Seine Meliorationen, Drainagen, Ödlanderschließungen usw. ließen die »noch verbliebenen Naturreserven« »verschwinden«[12]. Ähnliches zeichnete sich auf dem von »seelenlosen Stangenäckern«, mithin »undeutschen«, dafür aber schnellwüchsigen Nadelbäumen gekennzeichneten Terrain der Forstwirtschaft ab. Als ein notorischer Widersacher »umweltpolitischer« Ambitionen erwies sich zudem die »Kraft-durch-Freude«-Sektion der Deutschen Arbeitsfront. Die als Aushängeschild nationalsozialistischer »Volkswohlfahrt« instrumentalisierte Organisation vermochte nicht nur die volkskulturelle Angebotspalette der Heimatschützer im Handumdrehen an den Rand freizeitlicher »Massenvergnügen« zu drängen, sie brüskierte auch die Naturdenkmalpfleger ohne jeden Anflug von Scham oder Reue. Regelmäßig zeigte sich, dass die DAF-Touristengruppen und »Sonntagswanderer« an die exponierten Orte der »heimatlichen Natur« führte, ohne auch nur die geringsten Anstalten zu machen,

---

10 Vgl. Volkmann, Hans-Erich, »Die NS-Wirtschaft in Vorbereitung des Krieges«, in: Deist, Wilhelm u. a., *Ursachen und Voraussetzungen der deutschen Kriegspolitik,* Stuttgart 1979; S. 177–368.

11 Dazu grundlegend aus zeitgenössischer Sicht Meyer, Konrad, »Unsere Forschungsarbeit im Kriege. Hauptbericht anläßlich der Kriegstagung 1941 des Forschungsdienstes«, in: *Forschungsdienst* 11 (1941), S. 253–286, bes. 255.

12 Klose, Hans, *Fünfzig Jahre staatlicher Naturschutz. Ein Rückblick auf den Weg der deutschen Naturschutzbewegung,* Gießen 1957, S. 32.

den »in der Stadt unsauber und unerzogen gelassenen Mensch« mit der bewusst-
seinsbildenden Erhabenheit regionaler Naturmemorabilien vertraut zu machen. Im
Gegenteil lag den NS-Freizeitmanagern daran, auch im »grünen Dom« des deutschen Waldes und in der – anscheinend stets – glühenden Heide für »hundertpro-
zentige«, alkohol- und gesangbeschwingte »KdF-Stimmung« zu sorgen.

Nach Ansicht der Naturschutzbeauftragten trug nicht allein die DAF, sondern
auch der vom Propagandaministerium gelenkte Reichswerberat Schuld an den aus-
ufernden Naturfreveln »entwurzelter Massen«. Seine »bis ins kleinste Dorf« getra-
gene Plakatwerbung, die von konventionellen Naturfreunden als schallende Ohr-
feige empfunden werden musste, verhieß den »Volksgenossen« nichts anderes als
die vermeintlich seichtesten, wie es hieß, »amerikanischen« Konsumfreuden[13].

An dieser Entwicklung entzündete sich die Kritik zahlreicher intellektueller, zum
Teil einschlägig professionalisierter Nationalsozialisten. Sie erkannten, dass die
allseits angestrebte »Regeneration des Volkstums« in einer urbanisierten, seriell
produktiven, in Grenzen konsumtiven und ausdrücklich technikaffirmativen »Gemeinschaft« nicht mit den volkspädagogischen Mitteln des Heimatschutzes und der
Naturdenkmalpflege wilhelminischer Provenienz zu erreichen war. Deshalb setzten
sie auf Alternativen. Diese »Reformer« teilten die Vorstellung, dass naturadäquate
Umweltbedingungen eine unverrückbare Prämisse der »rassischen Sanierung« und
einer sozialtechnokratisch, bevölkerungsingenieural perfektionierten »Volkwerdung«
seien. Hiervon ausgehend kooperierten verschiedene radikalvölkische Planungsin-
stanzen bei den Bemühungen, einen regimespezifischen Naturschutz herauszubil-
den. Sein vom »Wissen« über die »Gebundenheit deutscher Menschen an Landschaft, Boden und Heimat« vorgegebenes Ziel bildete die mit allen sachverständigen
Mitteln durchzuführende Entwicklung »naturnaher Leistungslandschaften«, distrik-
tiver Einheiten mithin, die sowohl den volkstumspolitischen als auch den autarkie-
wirtschaftlichen Erfordernissen gerecht werden könnten[14].

13 Vgl. dazu NRW-Staatsarchiv Detmold, L 80 Ia, XXX, 1, Nr. 7; 8; ebd., D 107 B, IV, Nr. 10; ebd., L
    104, Nr. 23; Thüringisches Hauptstaatsarchiv Weimar (THSTAW), Landesamt für Denkmalpflege
    und Heimatschutz, Nr. 398; Klose, Hans, »Zeitgemäßes – Unzeitgemäßes«, in: *Naturschutz* 11
    (1929/30), S. 16–19, 18; allgemein Maase, Kaspar, *Grenzenloses Vergnügen. Der Aufstieg der Massenkultur
    1850–1970*, Frankfurt a. M. 1997.

14 Wiepking-Jürgensmann, Heinrich, »Deutsche Landschaft als deutsche Ostaufgabe«, in: *Neues Bauern-
    tum* 32 (1940), S. 132–135, 133; ders., »Aufgaben und Ziele der deutschen Landschaftspolitik«, in:
    Raumforschung und Raumordnung 3 (1939), S. 365–368, 365, 367f.; Schlüsseltexte über den Zusammen-
    hang von ›Rasse und Umwelt‹ lieferten Staemmer, Martin, »Rassenkunde und Rassenpflege«, in:
    Woltereck, Heinz (Hg.), *Erbkunde, Rassenpflege, Bevölkerungspolitik. Schicksalsfragen des deutschen Volkes*,

Der Naturschutz erfuhr dadurch eine aktivistische Kurskorrektur, an der sich verschiedene Gruppierungen beteiligten:

1. Hochrangige Heimatschützer, die vor allem im westlichen Deutschland, zumal in unmittelbarer Nähe des Ruhrreviers, zu der Erkenntnis gelangt waren, dass den »völkischen Entfremdungseffekten« großindustrieller Produktion und anonymisierter Lebensformen durch die »Renaturierung« trister städtischer Wohnviertel und stadtnaher Erholungslandschaften entgegenzusteuern sei. Ihr Bekenntnis zu einer planifizierten und möglichst flächendeckenden Gestaltung der fraglichen Areale hoben der Vorsitzende des Westfälischen Heimatbundes, der Landeshauptmann der Provinz Westfalen Karl Friedrich Kolbow, sein langjähriger sauerländischer Weggefährte Wilhelm Münker und nach einigem Zögern der führende Repräsentant des DBH/DHB, der rheinische Landeshauptmann Heinz Haake, hervor, indem sie den »Deutschen Bund Heimatschutz« unter Verzicht auf den passiv anmutenden »Schutz«-Terminus 1936 in »Deutscher Heimatbund« umtauften[15].

2. Die Vertreter der Obersten Naturschutzbehörde im Reichsforstamt und die ihnen assoziierten Mitarbeiter der Reichsstelle für Naturschutz, in erster Linie ihr Leiter Hans Klose. Auf ihre Anregungen ging der Erlass des Reichsnaturschutzgesetzes von 1935 zurück, dessen reale Wirkungsmacht zwar äußerst eingeschränkt war, das aber dennoch drei wichtige Akzente setzte. Zum einen vereinheitlichte es das innere Gefüge des administrativen und des nebenamtlichen Naturschutzes erstmals reichsweit. Zum Zweiten trug es dazu bei, den staatlichen deutschen Naturschutz aus dem Verantwortungsbereich der Kulturverwaltung zu lösen und einem »harten« Ressort unter der Ägide des Reichsforstmeisters und Vierjahresplanbeauftragten, Hermann Göring, zuzuschlagen. Zum Dritten erfüllte es eine alte Forderung gestaltungswilliger Naturschützer, indem es den Landschaftsschutz erstmals legislativ implementierte. Faktisch kümmerte das den nationalsozialistischen Behemoth wenig. Gleichwohl blieb der umweltpolitische Trend, wirtschaftlich genutzte Gebiete mit einem ästhetisch ansprechenden Erscheinungsbild oder wichtigen ökologischen Funktionen vor massi-

---

Leipzig 5/1940, S. 97–206, 99; Lehmann, Ernst, *Biologischer Wille. Wege und Ziele biologischer Arbeit im neuen Reich,* München 1934, S. 44.

15 Vgl. Ansprache Kolbows auf der Kriegstagung des DHB in Weimar 1942, in: THSTAW, Ministerium des Innern, Abt. A, Nr. 942; Münker, Wilhelm, »Geburtstagsbetrachtungen«, in: *Naturschutz* 22 (1941), S. 50f.; Haake, Heinz, »Gedächtnisheft für Ernst Rudorff«, in: *Heimatleben,* Jg. 1940, S. 1.

ven äußeren Eingriffen zu schützen, seither ungebrochen. Er bildete eine wesentliche Voraussetzung für weiterführende Gestaltungsprojekte[16].

3. Repräsentanten der Raumforschung und der Raumordnungsbürokratie, die ihr Fach als unverzichtbare Voraussetzung einer zukunftsträchtigen, rassisch »bereinigten« »Volksordnung« begriffen. Um »aus dem deutschen Vaterlande eine nationalsozialistische Landschaft« zu machen, modellierten fachlich ausgewiesene Planer Raumkonzeptionen, die gleichzeitig, wenn auch nicht unbedingt gleichrangig, auf wirtschaftliche, infrastrukturelle und siedlungsbauliche Kapazitätssteigerungen sowie auf eine kenntnisreiche Restitution von »natürlichen Heimatlandschaften« in ihrem Einflussgebiet abstellten. Diese oft übersehene Kombination ökonomischer, »sozialer« und »umweltlicher« Anliegen charakterisierte im Grunde genommen bereits die Anfänge der zeitgenössischen Landschaftsplanung. Ihren Ausgangspunkt und ihre normsetzende Referenzorganistaion bildete der Siedlungsverband Ruhrkohlenbezirk, der seit den zwanziger Jahren montanbezirkliche Begrünungskampagnen als Mittel einer ideellen »Volkstumspflege« betrieb. Dabei hatte sich eine richtungweisende Zusammenarbeit zwischen Raumordnern und regionalen Heimatschützern angebahnt[17].

4. Die Landschaftsanwälte des Reichsautobahnbaus (RAB) um Alwin Seifert. Ihr inzwischen gut erforschtes Beispiel illustriert die Orientierung einzelner nationalsozialistischer Behörden bzw. Sonderbehörden auf einen Ausgleich – in Seiferts Diktion, auf eine »Versöhnung« – zwischen technischer Rationalität und »naturräumlicher« Befindlichkeit in zweierlei Hinsicht. Erstens dienten die in der Streckenführung genau kalkulierten Autobahntrassen dazu, den Automobilisten Erlebnisse der landschaftlich diversifizierten »Heimatwelten« zu ermöglichen. Die völkische Prägekraft dieser Wahrnehmung galt als ausgemacht. Zweitens

---

16 Klose, Hans/Vollbach, Adolf, *Das Reichsnaturschutzgesetz*, Neudamm 1936; Klose, Hans, »Die Naturschutzgesetzgebung des Reiches mit besonderer Berücksichtigung des Landschaftsschutzes«, in: o. A., *Tagungsbericht. Tag für Denkmalpflege und Heimatschutz Dresden*, Berlin 1936, S. 42–60; Schwenkel, Hans, »Naturschutz und Landschaftspflege in der dörflichen Flur«, in: o. A., *Der Schutz der Landschaft nach dem Reichsnaturschutzgesetz*, Neudamm 1937, S. 21–39.

17 Jarmer, Ernst, »Raumordnung«: in: o. A., *Tag für Denkmalpflege und Heimatschutz. Münster, Tagungsbericht*, Berlin 1938, S. 73–80, 74; vgl. Muhs, Hermann, »Die Raumordnung in der nationalsozialistischen Staatspolitik«, in: *Raumforschung und Raumordnung* 1 (1937), S. 517–523; Meyer, Konrad (Hg.), *Volk und Lebensraum. Forschungen im Dienste von Raumordnung und Landesplanung*, Heidelberg 1938; Hoffacker, Heinz Wilhelm, *Entstehung der Raumplanung, konservative Gesellschaftsreform und das Ruhrgebiet 1918–1933*, Essen 1989.

profilierten sich die Landschaftsanwälte der Schule Seiferts als entschiedene Gegner einer durch die flurbereinigte Intensivlandwirtschaft drohenden »Versteppung Deutschlands«. Von gigantischen Bodenverwehungen in den USA gewarnt, wurden sie zu Advokaten einer breit angelegten Erosionsprophylaxe durch Hecken und Sträucher. Die Landschaftsanwälte der deutschen Länder und preußischen Provinzen schwangen sich zu Widersachern der auf agrarische Ertragsmaximierung festgelegten Landeskulturämter auf[18].

5. Die akademisch gebildeten Landschaftsexperten im Planungsamt des Stabshauptamtes des Reichskommissars für die Festigung des deutschen Volkstums (RKF), Heinrich Himmler. Die Verfasser der verschiedenen Varianten des »Generalplans Ost« kooperierten in Sachen Landschaftsgestaltung mit der Obersten Naturschutzbehörde Görings. Die beiderseitige Planung stellte einen untrennbaren Zusammenhang zwischen dem vollzogenen Völkermord, der Deportation indigener Bevölkerungen im östlichen Europa, der »Rückführung« sogenannter »Volksdeutscher« in die »neuen Ostgebiete«, den Versklavungs- und Hungertodprojektionen mit 30 Millionen vermuteten Opfern sowie verschiedenen innovativen Naturschutzansätzen her. Der Aussage des RKF-Planungschefs, des Berliner Landwirtschaftswissenschaftlers und Forschungsorganisators Konrad Meyer, der genozidalen »ethnischen Flurbereinigung« im Osten müsse – um der »völkischen« Prosperität des dort anzusiedelnden Deutschtums willen – ein unverzüglicher Ausbau ebenso leistungsfähiger wie naturnah-volkstumsgemäßer Landschaften folgen, stimmten die Gestaltungsspezialisten Heinrich Wiepking-Jürgensmann, Erhard Mäding u. a. unbedingt zu. Sie entwarfen Landschaften, in denen Wallhecken und Baumstreifen für einen naturalen Humusschutz sorgten, naturbelassene Fließgewässer den hydrologischen Zustand des Bodens optimierten und forstwirtschaftliche Zuchtleistungen ein »gesundes« Kleinklima verbürgten. Von der im Auftrag Himmlers erlassenen »Anordnung 20/VI/42« der SS-Territorialplaner, die nach Bekunden ihrer Urheber einen »Markstein der deutschen Landschafts- und Kulturgeschichte«

---

18 Vgl. Seifert, Alwin, *Im Zeitalter des Lebendigen. Natur – Heimat – Technik*, Planegg 1943; Zeller, Thomas, *Straße, Bahn, Panorama. Verkehrswege und Landschaftsveränderung in Deutschland von 1930 bis 1990*, Frankfurt a. M. 2002; Klenke, Dietmar, »Autobahnbau und Naturschutz in Deutschland. Eine Liaison von Nationalpolitik, Landschaftspflege und Motorisierungsfunktion bis zur ökologischen Wende der siebziger Jahre«, in: Frese, Matthias/Prinz, Michael (Hg.), *Politische Zäsuren und gesellschaftlicher Wandel im 20. Jahrhundert. Regionale und vergleichende Perspektiven*, Paderborn 1996, S. 465–498.

ausmachte, gingen zudem wichtige Impulse auf Landesplanungen im »Altreich« aus[19].

6. Natur- und Heimatschützer, die die Initiativen Wiepking-Jürgensmanns und Mädings mit dem Ziel aufgriffen, ihnen im Inneren »Großdeutschlands« Geltung zu verschaffen. Zu diesem Zweck trafen engagierte Gestaltungsbefürworter im Sommer 1941 auf der lippischen Burg Sternberg zusammen. Ihnen lag daran, Möglichkeiten auszuloten, die Landschaftsgestaltung als amtliches Sujet in die Provinzial- und Landesverwaltungen zu integrieren. Dieses Ansinnen des weit über 1945 hinaus rührigen Sternbergkreises fand den Beifall Seiferts, Kloses und Wiepking-Jürgensmanns[20].

7. Einzelne, aufs Ganze gesehen allerdings isolierte Landwirtschaftsfunktionäre, die einzusehen begannen, dass die unter Kriegsbedingungen exzessiv gesteigerte Ausbeutung der agrarischen Ressourcen mittelfristig kein gutes Ende nehmen konnte. Sie versuchten, Einfluss auf die Vertreter des Reichsnährstandes und der Flurbereinigungsbehörden zu nehmen, und drängten darauf, Artikel über die Verfahren und Leistungen einer nachhaltigen Landschaftspflege in den landwirtschaftlichen Zeitschriften zu veröffentlichen[21].

Die »aufklärerischen« Publikationen fruchteten wenig. Entsprechenden Vorstößen war genauso wenig Erfolg beschieden wie den Konzeptionen Wiepking-Jürgensmanns, Kolbows, der Raumplaner usw. Abgesehen von den Planungen der Landschaftsanwälte beim Bau der Autobahnen, waren viele Naturschutz- und Landespflegeentwürfe kaum das Papier wert, auf dem sie niedergelegt worden sind. Nach den Gründen für den fatalen und fast vollständigen Fehlschlag der relevanten Anstrengungen in der NS-Zeit braucht nicht lange gesucht zu werden.

Zwei Ursachen liegen auf der Hand; eine weitere ist erst unlängst bekannter geworden. Ein wesentlicher Faktor war das Unvermögen der Gestaltungsbefürworter, sich zu einer geschlossenen, aktionsfähigen Phalanx zu formieren, die ihren Anlie-

---

19 Mäding, Erhard, »Wirklichkeit und Gestaltung des Landes«, in: *Reich-Volksordnung-Lebensraum* VI (1943), S. 253–382, 375; dazu bes. Rössler, Mechthild/Schleiermacher, Sabine (Hg.), *Der ›Generalplan Ost‹. Hauptlinien der nationalsozialistischen Planungs- und Vernichtungspolitik,* Berlin 1993; Brüggemeier, Franz-Josef, *Tschernobyl, 26. April 1986. Die ökologische Herausforderung,* München 1998, S. 157, 178.

20 Vgl. Archiv des Westfälischen Heimatbundes, M 6, 1941–1950.

21 Reischle, Hermann, »Kapitalismus und Landwirtschaft«, in: *Odal* 7 (1938), S. 94–105; Seifert, Alwin, »Die Heckenlandschaft«, in: *ebd.* 10 (1941), S. 361–374; Klose, Hans, »Schönheit der Scholle«, in: *ebd.* 10 (1941), S. 532–534; Schultze-Naumburg, Paul, »Das Bauernhaus als lebendige Bauaufgabe«, in: *ebd.* 10 (1941), S. 645–650.

gen hätte Nachdruck verleihen können. Aussichtsreiche Ansätze, wie jene des Sternberg-Kreises, wurden wiederholt durch interne Spannungen, Konkurrenzen und Animositäten behindert. Erheblich schwerer wog jedoch die naturschutzpolitische Intransigenz bzw. das offenkundige fachliche Unverständnis einflussreicher Machtinstanzen des »Dritten Reiches«. Die Staats- und Parteiführung, die überwiegende Mehrzahl der Gauleitungen, der »Nährstand«, die Staatsjugend, die Wehrmacht, das Volkskulturwerk, vor allem aber die Vertretungen der Wirtschaft und der DAF waren für die Gestaltungsvorhaben – trotz ihrer völkischen Einfärbung – so gut wie unempfänglich. Industrielle Produktions- und agrarische Erzeugungsschlachten wurden unter den Auspizien des Vierjahresplanes und der Kriegswirtschaft, ohne Rücksicht auf Verluste geschlagen. Mahnungen, den ungehemmten Rohstoff- und Landschaftsverschleiß einzudämmen, gerieten nach 1942 in den Verdacht, die Kriegsanstrengungen zu untergraben. Unter diesen Voraussetzungen blieben die »kreativen« Naturschützer weitgehend chancenlos, wie sie selber oft leidvoll einsehen mussten[22].

Eine dritte Ursache ihres Scheiterns ist ihnen erst nach und nach bewusst geworden, nämlich die unerwartete und weitreichende Skepsis, die kommunale Naturschutzbeauftragte dem Gestaltungsgedanken entgegenbrachten. Die »vor Ort« tätige Naturschutzbasis versagte sich den landschaftskonstruktiven Reformvorstellungen der disziplinären Elite. Wie sich mit der Zeit zeigte, stand der Erzregionalismus der lokalen Fachleute quer zu den neuartigen Vorstellungen. Die lokalen Beauftragten hielten an den Intentionen und den konservatorischen Techniken der durch und durch heimatstolzen Naturdenkmalpflege fest. Als Wegbereiter, geschweige denn als Durchführungsorgane der Landschaftsformung standen sie nicht zur Verfügung.

Dieser Zurückhaltung lagen hauptsächlich drei Überzeugungen und Erfahrungen zugrunde. Zum einen erschien die Landschaftsgestaltung nicht als originäres Produkt eines autochthonen heimatlichen Ideenfundus. Eher schon wurde sie mit einer »zentralistischen Anmaßung« gebietsfremder Kräfte identifiziert. Mochten die Vorschläge der Experten auch noch so plausibel erscheinen, über das Aussehen der »eigenen« Nahräume wollten die Heimatfreunde selber bestimmen. Zum zweiten konnte der »demiurgische« Anspruch der Landschaftsgestaltung als Sakrileg empfunden werden. Konventionelle Natur- und Heimatschützer befürchteten, dass die naturmonumentalen, heimatlichen Identifikationsstätten durch die Verwirklichung einer umfassenden Gebietspflege in Mitleidenschaft gezogen und somit »entweiht«

---

22 Vgl. Klose, Hans, *Der Weg des deutschen Naturschutzes,* Egestorf 1949, bes. S. 15.

werden könnten. Zum dritten waren die Naturschutzbeauftragten der kommunalen Ebene von den Anforderungen der »Gestalter« schlicht überfordert. Verschiedene Beteiligte haben ihr Unvermögen, komplizierte biozönotische Zusammenhänge und Erfordernisse bei Ufer- und Ackerbepflanzungen zu durchschauen bzw. handwerklich zu bewerkstelligen, auf den deutschen Naturschutztagen dargelegt. Genauso wie die meisten »Kollegen« beschränkten sie ihr semiprofessionelles »Schaffen« daher auf den musealen Naturschutz[23].

III.

An dieser Konstellation hat sich nach 1945 kaum etwas geändert. Die gestaltungsaktive Wende des Naturschutzes erstreckte sich – trotz ihrer generell heimatfreundlichen Implikationen – nur selten auf das genuine Feld des Heimatschutzes, der sich von ihr um so leichter abzukapseln vermochte, als er in den ersten Nachkriegsjahren eine regelrechte Renaissance erlebte. In ihrem Licht blühte die seit den dreißiger Jahren fälschlich als überlebt eingestufte regionalistische Naturdenkmalpflege üppig auf. Sie wurde von einer leidenschaftlichen Opposition der Naturschutzbeauftragten gegen vermeintlich undeutsche Pflanzen in der Landschaft und in den Vorgärten, gegen »Anpreisungsreklame« in der Natur und gegen die gebietsverfremdende »Verpappelung« der Alleen und Landstraßen begleitet. Mit solchen »Verstümmelung[en]« der Landschaft, so lamentierte ein westdeutscher Naturschutzveteran, ginge mehr verloren »als ein idyllischer und romantischer Hintergrund, es geht ein Teil dessen verloren, was den Sinn des Lebens ausmacht«[24]. Solche von westdeutschen Natur- und Heimatschützern in Allianz mit namhaften Politikberatern, Kulturbürokratien und nicht selten auch den Kirchen eingeforderten existenziellen Sinnzuschreibungen verwiesen nach 1945 einmal mehr auf das »zeitlose« Wesen des stammes- und kulturräumlich differenzierten »Volkstums«. Dessen scheinbar überlieferungsechte Kultur sollte als ein geistig und mental Halt gebendes Gegengewicht zur der sich abzeichnenden Westernisierung der Lebensformen in die Waagschale bundesdeutscher Wertpräferenzen gelegt werden. Von diesem volkstumspflegeri-

---

23 Dazu Oberkrome, Willi, »Heimat in der Nachkriegszeit. Strukturen, institutionelle Vernetzung und kulturpolitische Funktionen des Westfälischen Heimatbundes in den 1940er und 1950er Jahren«, in: *Westfälische Forschungen* 47 (1997), S. 153–200, 184ff.

24 Kuhlmann, Heinz, »Über Sinn und Bedeutung des Naturschutzes und der Landschaftspflege«, in: *Lippische Heimat. Erhaltung und Gestaltung.* 31. Jahrbuch des Lippischen Heimatbundes, Detmold 1955, S. 28–32, 29.

schen Impetus war die zeitgenössische konservatorisch-museale Naturpflege unübersehbar geprägt[25].

Die zeitweilige Dominanz dieses traditionellen Natur- und Heimatschutzes änderte nichts daran, dass der ursprünglich radikal ethnogenetisch angelegte Gestaltungsansatz ebenfalls aus der Erbmasse der »braunen Diktatur« hervortrat. Unzählige Krisensymptome schienen in den späten vierziger und frühen fünfziger Jahren
eine umgehende, aktive Gegensteuerung zu erfordern. Angesichts von Berichten
über verheerende Forstkalamitäten, erhebliche Humusverwehungen und beträchtliche, meist großstädtische »Wassernöte« waren landschaftstherapeutische Expertisen
gefragt wie nie zuvor. Demzufolge schlug die Stunde der Gestalter. Wiepking-Jürgensmanns, Mädings und Seiferts Vorhaben, den ökologischen Haushalt der Agrar-
gebiete zu stabilisieren, ohne ihre Produktivkraft zu schmälern, stieß nun auf eine
Resonanz, die ihm in der NS-Zeit vorenthalten worden ist. Gewiss blieben Hecken-
anpflanzungen und Windschutzstreifen bei jenen Landwirten umstritten, die ihre
Hoffung inzwischen auf vollmotorisierte Betriebsabläufe setzten und die ahnen
konnten, das ihre Höfe »weichen« würden, wenn sie nicht effizient wuchsen[26]. Aber
die Landschaftsgestaltung erfuhr die Förderung von Verwaltungen, die in sämtlichen Bundesländern »Ämter für Landespflege« aus der Taufe hoben. Förderung
kam auch von den Länderministerien, denen die »Revolution des Dorfes« (Paul
Erker) und des agrarischen Sektors viel zu ungestüm verlief, sowie von einer Anzahl
neuer naturschutznaher Vereinigungen und Einrichtungen. So drückte eine Landschaftsgestaltung, die im Kontext von »Volksgesundheit«, gesellschaftlicher Sittlich-
keit, ethnischer Dignität und nationaler Substanzsicherung stand, dem Deutschen
Naturschutzring, der Naturparkbewegung, der Schutzgemeinschaft Deutscher
Wald, dem organisierten Gewässerschutz und dem stellenweise nahtlos auf Wiepking-Jürgensmann rekurrierenden Rat für Landespflege mit seiner Grünen Charta
von der Mainau den Stempel auf[27]. Dadurch trat die »Landespflege« als
professionalisierter Naturschutzstrang neben die zumeist ehrenamtlich betriebene

---

25 Zum Kontext Schildt, Axel, *Moderne Zeiten. Freizeit, Massenmedien und ›Zeitgeist‹ in der Bundesrepublik der
50er Jahre,* Hamburg 1995; Doering-Manteuffel, Anselm, *Wie westlich sind die Deutschen? Amerikanisie-
rung und Westernisierung im 20. Jahrhundert,* Göttingen 1999.

26 Vgl. Münkel, Daniela (Hg.), *Der lange Abschied vom Agrarland. Agrarpolitik, Landwirtschaft und ländliche
Gesellschaft zwischen Weimar und Bonn,* Göttingen 2000.

27 Prägnant dazu Buchwald, Konrad, »Die Industriegesellschaft und die Landschaft«, in: ders. u. a.
(Hg.), *Festschrift für Heinrich Friedrich Wiepking,* Stuttgart 1963, S. 23–41; Meyer, Konrad, »Der Bauer
als Leitbild der Raumordnung«, in: *ebd.,* S. 119–140; Niedersächsisches Staatsarchiv Osnabrück, Dep.
72b (NL Wiepking-Jürgensmann), Nr. 8.

und heimatbündisch grundierte Naturdenkmalpflege. Beide Naturschutzversionen waren auf landschaftliche Probleme festgelegt. Beide durchzog ein lediglich graduell divergierender volkstumsfixierter Subtext.

Dieser doppelte Primat des Landschaftlichen und sein weltanschaulicher Unterbau erodierten in den sechziger Jahren, als drastische gesellschaftliche Wandlungen und eine beispiellose umwelthistorische Zäsur die bisherigen Plausibilitätskriterien in Frage stellten. Beide Phänomene resultierten aus einer gemeinsamen Bedingungskonstellation, nämlich aus jener »um die Dreiheit von Haushaltstechnik, Suburbanisierung und Automobil zentrierte[n], energieintensive[n] Lebensweise«, die »den freizeitorientierten Konsum zum sinnstiftenden Zentrum des Lebens« machte[28]. Die in allen industrialisierten Ländern stattfindende »Sinnverschiebung« führte beim deutschen Naturschutz einerseits zur beschleunigten Preisgabe seiner »deutschtümelnden« Bezüge. Selbst für die Menschen, die sich in den sechziger Jahren für die Belange der Natur einsetzten, hatte das Gespenst »amerikanisierter« kultureller Praktiken seinen Schrecken eingebüßt. Sie reisten, nutzten allgemein zugängliche Massenmedien, arrangierten sich mit pluralisierten Lebensstilen und befehdeten die fortschreitende Technisierung des Alltags keineswegs mehr grundsätzlich. Parochiale Sichtblenden, die hauptsächlich »Heimat« und »Stammesart« im eigenen Gesichtskreis duldeten, wurden kurzerhand abgestreift. Wer im zweiten Jahrzehnt der Bundesrepublik von Stämmen sprach, dachte für gewöhnlich an Leinwandapatschen und nicht an Widukinds streitbare Sachsenscharen. Andererseits brachte die rasche Gewöhnung an die populären und erstmals erschwinglichen Freuden des Konsums erhebliche ökologische Belastungen und Herausforderungen mit sich. Der Energieverbrauch der technisch-industriellen Gesellschaft wuchs. Ruß-, Staub- und Säureemissionen verwandelten die Luft auch jenseits der Ballungszentren in einen schädlichen Cocktail. Schon vor dem »Smog« und dem »sauren Regen« wurden die schmutzig-braun-grauen »Schaumkronen« fast aller Binnengewässer als Menetekel eines ökologischen Krisenzeitalters gedeutet.

Dagegen regte sich ein öffentlicher Protest, der den personellen Rahmen des aktiven wie des passiven Naturschutzes sprengte. Immer vernehmbarer meldeten sich neuartige Gruppierungen zu Wort und insistierten auf politische Gegenmaßnahmen. Dass sich diese nicht in konservatorischen Anstrengungen oder landespflegerischen Pflanzaktionen erschöpfen konnten, wurde zusehends zu einem Ge-

---

28 Pfister, Christian, »Das 1950er Syndrom. Die Epochenschwelle der Mensch-Umwelt-Beziehung zwischen Industriegesellschaft und Konsumgesellschaft«, in: GAIA 3 (1994), S. 71–91, 81.

meinplatz der Umweltpolitik. Infolgedessen begannen auch die Naturschützer, eine legislative Verankerung des Verursacherprinzips, Emissionslimitierungen und sorgfältige Grenzwertkontrollen einzufordern. Auf diesem Wege veränderte sich der Status der »Landschaft« im Rahmen eines populär werdenden ökologischen Denkens. Ihr hegemonialer Stellenwert reduzierte sich; der »Einsatz« für die »Naturareale« bildete fortan einen Teil des Umweltschutzes unter anderen[29].

Die »ökologische Wende« der frühen siebziger Jahre besiegelte diese Tendenz. Sie zog eine Globalisierung der zuvor national verengten Naturschutzperspektiven nach sich. Dabei rückten das Schicksal der tropischen Regenwälder, der weltweit bedrohten Tierarten und die weltweite Ozonproblematik in den Mittelpunkt der Aufmerksamkeit. Insofern wird man den Zäsurcharakter des Jahrzehnts deutlich unterstreichen müssen. Aber nichtsdestoweniger stand der Naturschutz auch im letzten Drittel des 20. Jahrhunderts partiell auf den Schultern seiner Vorläufer. Indem er die Warnung vor der »Bevölkerungsexplosion« in Asien und Afrika noch in den achtziger Jahren als xenophobes Grollen ertönen ließ, indem er mit apokalyptischen Zukunftsszenarien die Verlockungen des Massenkonsums neuerlich anprangerte und nicht zuletzt dadurch, dass er »die heile Natur« nach wie vor mit Bildern konnotierte, die den Arsenalen der archivierenden und der gestaltenden Naturschützer entnommen waren, stellte er diesen Sachverhalt – oft unreflektiert – unter Beweis[30]. Aus diesem Grund kennt auch die Geschichte des Natur- und Umweltschutzes keine »Stunde Null«, sondern nur das wechselvolle Miteinander von Kontinuität und Wandel.

---

29 Generell dazu Bölsche, Jochen (Hg.), *Natur ohne Schutz. Neue Öko-Strategien gegen die Umweltzerstörung,* Reinbek 1982; Kloepfer, Michael (Hg.), *Schübe des Umweltbewußtseins und der Umweltrechtsentwicklung,* Bonn 1995.

30 Vgl. mit weiterführenden Literaturhinweisen Oberkrome, Willi, »Liberos‹ auf Altlasten. Zur Geschichte des BUND-NW 1976–1990«, in: Stiftung Naturschutzgeschichte (Hg.), *Keine Berufsprotestierer und Schornsteinkletterer. 25 Jahre BUND in Nordrhein-Westfalen,* Essen 2003, S. 23–96, 25ff.

Vom Natur- zum Umweltschutz?
England 1949 bis 1990

Karl Ditt

Fragestellung

Die Zielsetzungen der *Naturschützer* richteten sich seit dem Ende des 19. Jahrhunderts aus wissenschaftlichen, ästhetischen, nationalen und freizeitorientierten Interessen auf die Erhaltung spezifischer Räume, Pflanzen- und Tierarten. Die *Umweltschützer*, die seit den sechziger Jahren eine neue Bewegung bildeten, wollten dagegen die Natur primär zur Erhaltung der Gesundheit und der Existenz der Menschen, letztlich auch um ihrer selbst willen schützen. Sie forderten deshalb, über dem wirtschaftlich-zivilisatorischen Fortschritt und der Wachstumsorientierung die natürliche Lebensqualität und die Erhaltung der Natur nicht zu vergessen. Diese neue Wertsetzung ging in den siebziger Jahren zwar nur begrenzt in das Handeln der politischen Akteure ein, führte aber doch dazu, dass sie eine Gesetzgebung entwickelten. Sie gab nicht nur dem Naturschutz mehr Rechte, sondern sollte auch Boden, Luft und Wasser vor Verschmutzungen bewahren, das Risiko von Umweltkatastrophen minimieren und zu einem ressourcenschonenden Wirtschaften führen. Unter den Ländern, in denen diese Zielsetzungen gesellschaftliche Relevanz erhielten, gehörte England zu denjenigen, die relativ spät eine staatliche Naturschutz-, aber relativ früh eine Umweltschutzgesetzgebung entwickelten.

Im Folgenden soll die Frage untersucht werden, ob in England die Umweltschutzpolitik aus dem differenzierten, reifen System des Naturschutzes hervorging oder ob sie aus anderen Quellen, etwa aus den Traditionen der bisherigen nationalen Luft-, Wasser- und Bodenschutzpolitik oder im Gefolge der zuerst in den USA entwickelten Umweltschutzpolitik entstand. Im Mittelpunkt steht also die Frage nach den ideologisch-organisatorischen Ursprüngen und nach der Entwicklung der Gesetzgebung, weniger die Frage nach den Ergebnissen und der Effektivität der englischen Umweltschutzpolitik. Dazu sollen in einem ersten Schritt die Entwicklung und Charakteristika des englischen Naturschutzes skizziert werden. In einem zweiten Schritt werden die Traditionen der englischen Gesetzgebung zum Schutz von Luft, Wasser und Boden und in einem dritten Schritt die Bedeutung internationaler Einflüsse behandelt. Abschließend wird dann die englische Umweltschutzpolitik in den siebziger/achtziger Jahren dargestellt.

Naturschutz

Charakteristikum der im Jahre 1949 erstmals für England und Wales erlassenen Gesetzgebung zugunsten des Schutzes der Natur war, dass sie zwischen einem strengen Naturschutz für wissenschaftliche Zwecke sowie einem Natur- und Landschaftsschutz für ästhetisch-touristische Zwecke unterschied[1].

Für den ästhetisch-touristisch begründeten Natur- und Landschaftsschutz erließ das Parlament am 18. März 1949 den National Parks and Access to the Countryside Act. Das Gesetz hatte zwei Hauptbestimmungen. Zum ersten sah es vor, dass die County Councils[2] freies, landwirtschaftlich nicht genutztes Land durch Abkommen mit den Eigentümern für die erholungsuchende Bevölkerung öffnen, alte Wegerechte garantieren und neue Wegerechte schaffen sollten. Zum zweiten sollten National Parks, darüber hinaus sogenannte Areas of Outstanding Natural Beauty (AONBs) eingerichtet werden. Letztere waren Gebiete von besonderer Schönheit, die sich wegen ihrer Größe oder der Dominanz spezifischer Nutzungsformen nicht für den Schutz in National Parks eigneten. Zur definitiven Festlegung der Fernwanderwege, Nationalparks und AONBs war die Gründung einer staatlich finanzierten National Parks Commission vorgesehen. Die Verwaltung und Finanzierung der Nationalparks sollten jedoch entgegen der Empfehlung zahlreicher Naturschutzorganisationen – und im Unterschied zur Praxis in den USA – nicht Aufgabe der National Parks Commission, sondern der County Councils sein, in deren Verwaltungsgebiet die National Parks lagen. Für diese Lösung waren finanzielle Motive,

---

1 Vgl. Ditt, Karl, »Die Anfänge der Naturschutzgesetzgebung in England und Deutschland 1935/49«, in: Radkau, Joachim/Uekötter, Frank (Hg.), *Naturschutz und Nationalsozialismus,* Frankfurt/New York 2003, S. 107–143.

2 Counties, d.h. Grafschaften, sind Selbstverwaltungsbezirke des ländlichen Raums in einer Größenordnung, die den deutschen Kreisen bis Regierungsbezirken entsprechen; sie gliedern sich in Districts und unterstehen direkt der Aufsicht der Regierung.

vor allem aber die starke politische Stellung der Counties ausschlaggebend, die kurz
zuvor, im Jahre 1947, durch den Town und Country Planning Act mit den zentralen
Raumplanungskompetenzen ausgestattet worden waren.

Im Verlauf der fünfziger Jahre legte die National Parks Commission zehn National Parks fest; sie umfassten eine Fläche von 13.618 Quadratkilometer oder 9
Prozent der Fläche von England und Wales. Darüber hinaus wurden AONBs in
einer Gesamtgröße von 3.678 Quadratkilometer und Long Distance Footpaths in
einer Gesamtlänge von 1.273 Meilen vorgesehen[3]. Die Schutzflächen waren damit
relativ größer als in den USA und Deutschland. Gegenüber den USA war allerdings
der Schutzstatus der Gebiete deutlich geringer, zudem fehlte eine eigene Wächterorganisation. Aufgrund des wachsenden Interesses an der Nutzung von Natur und
Landschaft im Zuge der Freizeitrevolution der Nachkriegszeit erließ die Regierung
schließlich am 3. August 1968 den Countryside Act[4]. Er eröffnete den County
Councils die Möglichkeit, gegen weitgehende Erstattung der Kosten durch den
Staat für die erholungssuchende Bevölkerung Country Parks zu schaffen; sie sollten
zugleich Entlastungsflächen für die überlaufenen National Parks bilden. Bis zum
Jahre 1988 wurden daraufhin ca. 220 Country Parks – zumeist in einer Größenordnung von 10 bis 400 Hektar – sowie 264 Picnic Sites festgelegt[5].

Für den wissenschaftlichen Naturschutz wurde am 23. März 1949 die Institution
des Nature Conservancy mit der Aufgabe gegründet, »to provide scientific advice
on the conservation and control of the natural flora and fauna of Great Britain; to

---

3 Vgl. mit Kurzbeschreibungen Bush, Roger, *The National Parks of England and Wales together with Areas
of Outstanding Natural Beauty and Long-Distance Footpaths and Bridleways*, London 1973; Bell, Mervyn
(Hg.), *Britain's National Parks*, Newton Abbot 1975. Karten finden sich in: MacEwen, Ann und Malcolm, *National Parks: conservation or cosmetics?*, London 1982, S. 14, 78; Blunden, John/Curry, Nigel, *A
People's Charter? Forty Years of the National Parks and Access to the Countryside*, London/New York 1992,
S. 83f.; Marriott, Michael, *The Footpaths of Britain. A Guide to Walking in England, Scotland and Wales*, 2.
Aufl., London 1983, S. 9. In Schottland wurden keine Nationalparks geschaffen. Man glaubte, dass
hier die Grundbesitzer den Charakter des Landes nicht wesentlich verändern würden. Vgl. Stamp,
Dudley, *Nature Conservation in Britain*, London 1970, S. 169ff.; Jones, G. E., *The Conservation of Ecosystems and Species*, London 1987, S. 122.

4 Vgl. als Vorbereitung dafür das White Paper: *Leisure in the Countryside, England and Wales*, London
1968 (Cmnd. 2928). Der Gesetzestext des Countryside Act findet sich in: Current Law Statutes Annotated 1968, hg. v. Burke, John u.a., London 1968, Chapter 41.

5 Vgl. generell Green, Brynn, *Countryside Conservation. The Protection and Management of Amenity Ecosystems*,
2. Aufl., London 1985, S. 52. Eine Karte der Country Parks im Jahre 1980 findet sich in: Gilg, Andrew, *Countryside Planning. The First Three Decades 1945–76*, Newton Abbot 1978, S. 158; für 1988 in:
Blunden/Curry, *People's Charter*, S. 171.

establish, maintain and manage Nature Reserves in Great Britain, including the
maintenance of physical features of scientific interest; and to organize and develop
the scientific services related thereto«[6]. Die Definitions-, Schutz- und Forschungsaufgaben übernahmen Wissenschaftler, die in speziellen Forschungsstationen zentralisiert und deren Arbeit von einem Scientific Policy Committee kontrolliert wurde. Das Nature Conservancy konnte Gebiete (National Nature Reserves)
pachten, zwangsweise aufkaufen oder Auflagen machen. Der Zugang zu diesen Gebieten wurde ganz oder zeitweise beschränkt, um die dort lebenden Tiere und
Pflanzen zu schützen. Zur Verwaltung und Überwachung wurde eigenes Personal
eingestellt. Schließlich sollte das Nature Conservancy den Planungsbehörden kleinere, naturwissenschaftlich interessante Gebiete (Sites of Special Scientific Interest –
SSSIs) benennen, die möglichst von jeglicher wirtschaftlichen Nutzung ausgenommen werden sollten. Neben der Verwaltung von wissenschaftlich interessanten
Naturschutzgebieten bestand die zweite Hauptaufgabe des Nature Conservancy in
der Forschung. Damit verbunden waren eine Bestandsaufnahme und Klassifikation
der Naturräume in Großbritannien sowie die Untersuchung von Einzelfragen des
Naturschutzes. Dazu gehörte etwa die Feststellung der Populationsgröße von
Seehunden oder seit der Mitte der fünfziger Jahre auch der Folgen des Pestizideinsatzes in der Landwirtschaft für Vogelpopulationen[7].

Hiermit griff das Conservancy eines der ersten Probleme des Umweltschutzes
im Bereich der Landwirtschaft auf. Denn Pflanzenschutzmittel waren auf der einen
Seite Produkte des wissenschaftlichen Fortschritts und ökonomisch sinnvoll, redu-

---

6 *The Nature Conservancy: the first ten years*, London 1959, S. 5; Blunden/Curry, *People's Charter*, S. 192.

7 Bis zum Jahre 1977 waren 150 National Nature Reserves, mehrere Dutzend Local Nature Reserves
und 3500 Sites of Special Scientific Interest festgelegt und z. T. auch angekauft. Vgl. die Bestandsaufnahme in: Ratcliffe, Derek A. (Hg.), *A Nature Conservation Review: The Selection of Biological Sities of
National Importance to Nature Conservation in Britain,* 2 Bde., Cambridge 1977. Eine Karte der Nature
Reserves für die frühen 1970er Jahre findet sich in: Sheail, John, *Nature in Trust: The History of Nature
Conservation in Britain*, Glasgow 1976, S. 218, 229, und Blackmore, Mark, »The Nature Conservancy:
Its History and Role«, in: Warren, Andrew/Goldsmith, F. Barrie (Hg.), *Conservation in Practice,* London 1974, S. 423–436, 430; für 1985 bei: Adams, W. M., *Nature's Place: Conservation Sites and Countryside Change,* London 1986, S. 80. Zur Entwicklung des Nature Conservancy vgl. Blunden/Curry, *People's Charter*, S. 191ff.; Sheail, *Nature in Trust,* S. 200f.; Evans, David, *A History of Nature Conservation in
Britain*, London 1992, S. 79ff., 144ff.; Adams, *Nature's Place,* S. 53ff.; Cullingworth, J. Barry/Nadin,
Vincent, *Town and Country Planning in Britain,* 11. Aufl., London/New York 1994, S. 181ff.; Green,
Countryside Conservation, S. 48ff., 196ff.; Blackmore, »Nature Conservancy«, S. 423ff.; Curtis, L.
F./Walker, A. J., »Conservation and Protection«, in: Johnston, Ronald J./Doornkamp, John Charles
(Hg.), *The Changing Geography of the United Kingdom,* London/New York 1982, S. 388.

zierten sie doch den Insektenbefall der Ernte und steigerten auf diese Weise die Produktion. Auf der anderen Seite schädigten sie aber die Natur, indem sie nicht nur »Ungeziefer«, sondern auch andere Pflanzen und einen Teil der Kleintierwelt direkt und indirekt vernichteten und damit zum Artenschwund beitrugen. Gefahren der zunehmend chemiegestützten agrarischen Wirtschaftsweise sahen die Wissenschaftler des Nature Conservancy und das von ihm eingesetzte sogenannte Zuckerman Committee durchaus. Deshalb setzten sie im Jahre 1957 ein bestimmtes Verfahren, das Pesticides Safety Precaution Scheme, fest. Danach verpflichtete sich die Industrie, neue Pflanzenschutzmittel nur nach Begutachtung und Freigabe durch ein vom Staat bestimmtes wissenschaftliches Komitee auf den Markt zu bringen. Die Praxis dieses Verfahrens bestand jedoch darin, dass der Großteil der vorgelegten Pestizide im Schnelldurchgang von dem Komitee geprüft und zugelassen wurde[8].

Dass auf diese Weise die wachsenden Probleme des Pestizideinsatzes und der Chemisierung der Landwirtschaft nicht bewältigt werden konnten, zeigte das im Jahre 1962 unter dem Titel »Silent Spring« erschienene Buch der amerikanischen Wissenschaftsschriftstellerin Rachel Carson. Es wies auf die drastische Reduktion der Vogelpopulationen aufgrund des Einsatzes von Pflanzenschutzmitteln hin, erzielte damit eine beträchtliche Resonanz und wurde zu einem wichtigen Geburtshelfer der amerikanischen Umweltschutzbewegung[9]. Das Nature Conservancy bestätigte zögerlich Carsons Aussagen. Nach weiteren Untersuchungen und Stellungnahmen dieser Behörde sprach die englische Regierung schließlich Ende der sechziger Jahre ein Verbot des Pflanzenschutzmittels DDT aus[10].

---

8 Vgl. The Nature Conservancy, *Progress Report 1964–68*, London 1968, S. 48ff.; Wathern, Peter/Baldock, David, *Regulating the Interface between Agriculture and the Environment in the United Kingdom. Arenas, Actors and Strategies*, Berlin 1987 (Wissenschaftszentrum Berlin für Sozialforschung, IIUG rep 87–15), S. 92. Beschönigend Nicholson, Max, *Umweltrevolution. Der Mensch als Spielball und als Herr der Erde*, München 1972, S. 175ff. Vgl. ferner Vogel, David, *National Styles of Regulation: Environmental Policy in Great Britain and the United States*, Ithaca 1986, S. 90f.

9 Vgl. zur Geschichte der Pflanzenschutzmittel Rudd, Robert L., *Pesticides and the Living Landscape*, London 1965; Whorton, James, *Before Silent Spring; Pesticides and Public Health in Pre-DDT America*, Princeton 1974; Dunlap, Thomas R., *DDT: Scientists, Citizens and Public Policy*, Princeton 1981; Perkins, John H., *Insects, Experts, and the Insecticide Crisis: The Quest for New Pest Management Strategies*, New York 1982; Simon, Christian, *DDT: Kulturgeschichte einer chemischen Verbindung*, Basel 1999; Sheail, John, *Pesticides and Nature Conservation: The British Experience 1950–75*, Oxford 1985.

10 Vgl. Evans, *History*, S. 105ff. Eine organisatorische Konsequenz der deutlicher werdenden Umweltschäden und des wachsenden Interesses am Umweltschutz bestand für das Nature Conservancy schließlich darin, daß der Nature Conservancy Act des Jahres 1973 das Management

Insgesamt gesehen ging damit von den beiden Zweigen des im Jahre 1949 umfassend gesetzlich geregelten und organisierten Naturschutzes nur wenig aus, was als Vorläufer des Umweltschutzes betrachtet werden könnte: Zum einen wurden zwar National Parks als Schutzgebiete für die Natur eingerichtet; darin erschien der Bau von potentiell umweltgefährdenden Großanlagen wie etwa Atomkraftwerken oder Ölraffinerien jedoch primär als bauliche Störung in einer naturschönen Landschaft[11]. Zum anderen wurden einzelne Prozesse, die typische Phänomene einer Intensivierung der Wirtschaftsweise waren, zwar thematisiert; die daraus entstehenden Konsequenzen einer wachsenden Belastung der Umwelt schätzte man jedoch bis in die sechziger Jahre hinein als gering ein und beschränkte Hersteller und Abnehmer kaum. Weder aus dem ästhetisch-touristisch noch aus dem wissenschaftlich begründeten System des Naturschutzes entstanden damit Konzeptionen einer raumübergreifenden, die Verursacher angehenden und den wissenschaftlich-technischen Fortschritt kontrollierenden Umweltschutzpolitik.

Nationale Traditionen des Umweltschutzes

In Reaktion auf die Belastungen der Umwelt durch die frühe Industrialisierung hatte die englische Regierung bereits seit der Mitte des 19. Jahrhunderts erste Gesetze zugunsten der Reduzierung der Verschmutzung von Luft und Wasser sowie zum Schutz von Landwirtschaft und Bevölkerung erlassen. Der Schutz des Bodens setzte dagegen erst seit der Mitte des 20. Jahrhunderts ein.

Die erste gesetzliche Maßnahme, die die Verschmutzung der Luft reduzieren sollte, bestand in dem im Jahre 1864 erlassenen Alkali Act. Er schrieb speziell den Alkali-Fabrikanten vor, deren Produktion der Herstellung von Seife, Glas und Textilien diente, die dabei entstehenden Abgase durch Kondensierung deutlich zu redu-

---

von Naturgebieten von der Naturforschung trennte. Das Management verblieb beim jetzt sog. Nature Conservancy Council (Vgl. Sheail, John, *An Environmental History of Twentieth Century Britain*, Houndmills 2002, S. 146f.), die Forschung wurde einem neu gegründeten Institute of Terrestrial Ecology übertragen. Zu den wichtigsten Aufgaben des Instituts gehörte jetzt die Untersuchung der Wirkungen von Pestiziden und Herbiziden auf die Natur. Vgl. Blunden/Curry, *People's Charter*, S. 210ff.

11 Vgl. Bracey, Howard E., *Industry and the Countryside. The Impact of Industry on Amenities in the Countryside*, London 1963, S. 68ff., 98ff.

zieren, da sie aufgrund ihres hohen Anteils von Salzsäure schädlich für die menschliche Gesundheit und die Landwirtschaft seien. Zur Durchsetzung der Bestimmungen dieses Gesetzes diente das Alkali-Inspektorat. Seine Zuständigkeit wurde in der Folgezeit auf weitere Produktionsprozesse ausgedehnt, die die Luft verschmutzten[12]. Die fünf für das gesamte Vereinigte Königreich zuständigen Beamten legten ihrem Vorgehen nicht fixe Grenzwerte zugrunde, sondern entwickelten zur Begründung ihrer Forderungen nach Emissionsreduzierung das Kriterium des »best practibale means«. Darunter verstanden sie eine Abwägung, die die technischen Möglichkeiten zur Schadstoffreduzierung, die finanzielle Zumutbarkeit der erforderlichen Implementierungskosten für das Unternehmen und die Aufnahmefähigkeit der lokalen Verhältnisse für die Abgase berücksichtigte[13]. Damit agierte das Alkali-Inspektorat pragmatisch, flexibel und moderat; seine Beamten verstanden sich als technisch-wissenschaftliche Berater der Unternehmen, nicht als Vertreter einer Polizeibehörde.

Ein allgemeineres Gesetz zum Schutz der Gesundheit vor der Luftverschmutzung bildete der im Jahre 1866 eingeführte Sanitary Act. Er verpflichtete staatliche Inspektoren dazu, Beeinträchtigungen der menschlichen Gesundheit durch Umweltverschmutzungen nachzugehen. Die Public Health Acts der Jahre 1875 und 1936 ermöglichten den Lokalbehörden, in bestimmten Gebieten den Ausstoß von schwarzem Rauch durch Industriebetriebe zu verbieten. Die Maximalstrafe war mit

---

12 Vgl. Frankel, Maurice, *The Alkali Inspectorate. The Control of Industrial Air Pollution*, London 1974; Ashby, Eric/Andersen, Mary, *The Politics of Clean Air*, Oxford 1981, S. 20ff. Der im Jahre 1926 erlassene Public Health (Smoke Abatement) Act gab dem Alkali-Inspektorat schließlich die Möglichkeit, sich selbst für die Kontrolle bestimmter luftverschmutzender Produktionsprozesse für zuständig zu erklären, vorausgesetzt, das Parlament stimmte dem zu.

13 Vgl. Ireland, Frank, »Best Practical Means: An Interpretation«, in: O'Riordan, Timothy/Turner, R. Kerry (Hg.), *An Annotated Reader in Environmental Planning and Management*, Oxford 1983, S. 446–452. Die Kritik an der Methode des »best practical means« hob hervor, daß sie keine Anreize zu Verbesserungen aussetze, sondern rezeptiv bleibe, während durch die Festsetzung von Emissionswerten Standards hochgesetzt werden könnten, die für alle Umweltverschmutzer gültig wären und die die größten Luftverschmutzer zu größeren Schutzanstrengungen einer Verbesserung veranlassen könnten. Die Industrie schätzte jedenfalls das Alkali-Inspektorat als Beratungsinstanz, später auch als Partner im Umgang mit Umweltschutzkritikern. Vgl. Boehmer-Christiansen, Sonja/Skea, Jim, *Acid Politics. Environmental and Energy Politics in Britain and Germany*, London/New York 1991, S. 165ff. Vgl. generell zum Stil der britischen Politik in Umweltfragen Vogel; ders., »Comparing policy styles: environmental protection in the US and Britain«, in: *Public Administration Bulletin* 42 (1983), S. 65–78; Jordan, G./Richardson, J., »Policy communities: the British style and European style?« In: *Policy Studies Journal* 11 (1983), S. 603–611. Beispielhaft für das Alkali-Inspektorat Bugler, Jeremy, *Polluting Britain: A report*, Harmondsworth 1972, S. 3ff.

50 Pfund jedoch bescheiden. Soweit die Verursacher festgestellt wurden, konnten sie sich mit dem Argument zur Wehr setzen, daß sie das Mittel des »best practical means« zur Vermeidung von Rauch eingesetzt hätten. Rauch aus Schornsteinen von Privathäusern fiel zudem nicht unter den Public Health Act[14]. Die Eingriffsmöglichkeiten, die diese Gesetze zur Reduzierung der Luftverschmutzung gaben, waren ebenso unzureichend wie die Praxis ihrer Überwachung durch die zuständigen Behörden[15].

Es bedurfte erst eines besonders ausgeprägten Londoner Smogs im Jahre 1952, der nach Schätzungen der lokalen Gesundheitsbehörde die lokale Todesrate deutlich erhöht hatte, bevor im Jahre 1956 der sogenannte Clean Air Act erlassen wurde[16]. Er bildete mit dem Alkali Act, der die Luftbelastung durch bestimmte industrielle Produktionsprozesse kontrollieren sollte, das zweite wichtige Gesetz zur Luftreinhaltung. Zum ersten Mal konnten jetzt auch bestimmte Rauchemissionen der Privathaushalte verboten werden[17]; zugleich wurden die Lokalbehörden ermächtigt, »rauchfreie« Zonen einzurichten, in denen nur schadstoffarme Brennstoffe verbrannt werden durften[18]. Mit dieser Gesetzgebung wurde England

---

14 Vgl. Parker, Roy, »The struggle for clean air«, in: Hall, Phoebe u.a., *Change, Choice and Conflict in Social Policy*, London 1975, S. 371–409, 372.

15 Aus diesen Gründen entstand auch im Jahre 1899, ein Jahr nach einem besonders starken Londoner Nebel, die Coal Smoke Abatement Society als erste nationale Umweltschutzorganisation. Vgl. Ashby/Anderson, Politics, S. 81ff.

16 Vgl. Ministry of Housing and Local Government, *Committee on Air Pollution. Interim Report*, London 1953 (Cmd 9011); Committee on Air Pollution [Beaver Committee], *Report*. Presented to Parliament by the Minister of Housing and Local Government, the Secretary of State for Scotland and the Minister of Fuel and Power by Command of Her Majesty, November 1954, London 1954 (Cmd 9322); Ashby/Anderson, »Politics«, S. 104ff.; Sanderson, J. B., »The National Smoke Abatement Society and the Clean Air Act (1956)«, in: Kimber, Richard/Richardson, J. J. (Hg.), *Campaigning for the Environment*, London/Boston 1974, S. 27–44.

17 Meßmethoden waren eine Farbskala, um den Dunkelheitsgrad von Rauch einschätzen zu können, und die Messung des Quantums von Rauch und Staub innerhalb eines Raummaßes in Partikeln.

18 Faktisch bedeutete der Clean Air Act für die Lokalbehörden, dass sie die – zumeist in offenen Kaminfeuern vorgenommene – Verbrennung von Kohle zu Heizzwecken, ferner die Herd- und Wasserfeuerung mit Kohle verbieten konnten, so dass dafür nur noch Öl und Gas verbrannt bzw. Elektrizität verwandt werden durften. Für die Ersetzung kohlebetriebener Heizungen erhielten die Haushalte kommunale und staatliche Zuschüsse von bis zu 70 % der neuen Geräte; dies beschleunigte den generellen Prozeß der Umstellung auf die bequemeren und kostengünstigeren Heizungsarten beträchtlich. Vgl. Cullingworth/Nadin, *Town and Country Planning*, S. 142ff.; Sheail, *Environmental History*, S. 247ff.; Weidner, Helmut, *A Survey of Clean Air Policy in Europe*, Berlin 1989

international führend in der Bekämpfung der Luftverschmutzung. In der Tat sank daraufhin gerade in London die Luftverschmutzung im folgenden Jahrzehnt beträchtlich[19]. Im Jahre 1958 wurde der Zuständigkeitsbereich des Alkali-Inspektorats erneut drastisch erweitert[20], und im Jahre 1968, nach der Novellierung des Clean Air Act, erhielt der Staat das Recht, Emissionsstandards festzulegen sowie die Lokalbehörden zu einem schärferen Vorgehen zugunsten der Luftreinheit anzuhalten.

Die erste gesetzliche Maßnahme gegen die Wasserverschmutzung, der im Jahre 1876 erlassene Rivers Pollution Prevention Act, ging auf Beschwerden von Anglern und Badegästen zurück. Danach durften nur unschädliche Schmutzwasser in Flüsse eingeleitet werden. Eine Royal Commission on Sewage Disposal setzte dazu nach jahrelangen Tests im Jahre 1912 Normwerte des Wärme- und Sauerstoffgehalts der Einleitungen und der Flußwasserqualität fest. Die Überwachung lag bei den Lokalbehörden und blieb ineffektiv. Ein erneuter Ansatz zur Bekämpfung der wachsenden Flußverschmutzung erfolgte im Jahre 1951 durch den Rivers (Prevention of Pollution) Act, der die Einleitung giftiger, schädlicher und verschmutzender Abwässer in die Flüsse und in das Grundwasser von der Zustimmung der zuständigen River Boards abhängig machte. Ähnlich wie bei der Luftverschmutzung sollten sich dabei Abwassereinleiter und Kontrollboards unter Berücksichtigung der Aufnahmekraft und der Funktionen der Flüsse über das Ausmaß der zulässigen Verschmutzung verständigen. Obwohl dieses Gesetz in den sechziger Jahren mehrfach ergänzt wurde, erfolgten die Genehmigungen großzügig, und die Kontrollen blieben schwach. Denn auch auf diesem Feld sollte die Industrie in ihrer Produktion nicht ernsthaft behindert werden; zudem waren vielfach die Vertreter der Lokalbehörden zugleich Repräsentanten der Verschmutzer (z. B. der Klärwerke) und der Kontroll-

---

(Papers of the Wissenschaftszentrum Berlin für Sozialforschung FS II 89–301), S. 73ff.; Clapp, B. W., *An Environmental History of Britain since the Industrial Revolution,* London/New York 1994, S. 48ff.

19 Innerhalb von zehn Jahren soll in London die Luftverschmutzung um 74 % zurückgegangen sein. Vgl. Clapp, *Environmental History,* S. 51 ; Ashby/Anderson, *Politics,* S. 116ff.; Cullingworth/Nadin, *Town and Country Planning,* S. 142ff.; Scarrow, Howard A., »The Impact of British Domestic Air Pollution Legislation«, in: *British Journal of Political Science* 2 (1972), S. 261–282.

20 Im Jahre 1970 formulierte ein White Paper der Regierung den Zuständigkeitsbereich des Alkali-Inspektorats wie folgt: »The main industries concerned are electricity generation, cement, ceramics, petroleum and petro-chemicals, other chemicals and iron and steel«. *The Protection of the Environment. The Fight Against Pollution.* Presented to Parliament by the Secretary of State for Local Government and Regional Planning, The Secretary of State for Scotland and the Secretary of State for Wales by Command of Her Majesty May 1970, London 1970 (Cmnd 4373), S. 9.

organe[21]. Speziell für die Sicherung und Kontrolle des Grundwassers erließ der Gesetzgeber schließlich im Jahre 1963 einen Water Resources Act, der die Gründung eines Water Resources Board als Kontrollorgan vorsah.

Insgesamt lässt sich feststellen, dass seit der Mitte des 19. Jahrhunderts Luft- und Wasserverschmutzungen zunehmend als Belästigungen und Gesundheitsgefahren angesehen und erste gesetzliche Maßnahmen zu ihrer Bekämpfung getroffen wurden. Seit den zwanziger Jahren konzentrierte sich die Diskussion vor allem darauf, mit welchen Mitteln diese Verschmutzungen reduziert werden könnten[22]. Die Effektivität der Maßnahmen zur Erfassung der Verschmutzungen und ihrer Verursacher sowie zur Reduzierung bzw. Beseitigung blieb jedoch über ein Jahrhundert unzureichend. Vor allem auf lokaler, aber auch auf nationaler Ebene fehlte es am politischen Willen, dem Verhalten der Bevölkerung und der Industrie als den Hauptverursachern Restriktionen aufzuerlegen, weil diese Eingriffe in das Privateigentum bedeuteten, zu kostspielig oder alternativlos zu sein schienen. Stattdessen nahmen Staat und Gesellschaft zahlreiche Verschmutzungen, Belästigungen und Gefahren als unvermeidbaren Preis des wirtschaftlich-zivilisatorischen Fortschritts in Kauf und erhöhten ihre Toleranzschwelle. Erst seit den fünfziger Jahren, insbesondere unter dem Eindruck der gehäuften Todesfälle des Londoner »Killer-Smogs«, wurden effektivere, zum Teil mit ökonomischen Anreizen verbundene Maßnahmen zur Reduzierung der Luft- und Wasserverschmutzung getroffen.

Entwicklung der englischen Umweltschutzpolitik in den siebziger und achtziger Jahren

Internationale Anregungen

Der Neuansatz der englischen Umweltschutzpolitik in den siebziger Jahren scheint weniger auf eine allmähliche Erweiterung der traditionellen Naturschutzpolitik oder auf das Bedürfnis nach einer systematischen Ausgestaltung und Effektivierung der

---

21 Vgl. Kinnersley, David, *Troubled Water. Rivers, Politics and Pollution*, London 1988; Smith, Raymond, »Nature and Water Pollution in 19th Century Britain«, in: *Jahrbuch für Europäische Verwaltungsgeschichte* 11 (1999), S. 139–162; Rose, Chris, *The Dirty Man of Europe. The Great British Pollution Scandal*, London 1990, S. 44.

22 Vgl. Sheail, *Environmental History*, S. 246ff.

bisherigen Luft- und Wasserschutzpolitik zurückzugehen als auf die Entstehung
eines von den USA, dann auch von internationalen Organisationen ausgehenden
Erwartungs- und Handlungsdruckes[23]. So hatte im Jahre 1963 der Europarat die
Einrichtung eines Komitees für Natur- und Landschaftsschutz beschlossen, das
zwei Jahre später auch für die natürlichen Ressourcen zuständig wurde. Es sollte die
Vertreter der europäischen Regierungen in Straßburg in Fragen des Natur- und
Umweltschutzes beraten. Aus diesem Komitee kam der aus England stammende,
im Jahre 1967 akzeptierte Vorschlag, dass der Europarat das Jahr 1970 zum europäischen Naturschutzjahr erklären solle[24]. Auch die Organisation für Wirtschaftliche Zusammenarbeit und Entwicklung (OECD) begann sich seit dem Jahre 1967
Fragen des Umweltschutzes zuzuwenden[25]. Schließlich erweiterte auch die Nato im
Jahre 1969 ihren Aufgabenkreis durch die Behandlung der Frage nach den Herausforderungen für die moderne Gesellschaft, worunter sie u. a. Umweltfragen
verstand[26].

Im Mai 1968 regte der Vertreter Schwedens bei der UNO an, eine internationale
Konferenz über den Umweltschutz abzuhalten, auf der die einzelnen Länder einen
Überblick über den Stand ihrer Umweltpolitik geben sollten. Im Gefolge dieser im
Jahre 1972 stattfindenden Stockholmer Konferenz wurde die EWG aufgefordert,
»ein umweltpolitisches Aktionsprogramm mit einem genauen Zeitplan auszuarbei-
ten«[27]. Im Rahmen ihrer grundsätzlichen Zielsetzung, die Lebensbedingungen der

---

23 Vgl. zu den Anfängen der Umweltschutzpolitik in den USA Melosi, Martin V., »Lyndon Johnson
and Environmental Policy«, in: Divine, Robert (Hg.), *The Johnson Years, Bd. 2: Vietnam, the Environment
and Science,* Lawrence 1987, S. 113–149; Hays, Samuel P., *Beauty, Health, and Permanence: Environmental
Politics in the United States, 1955–1988,* Cambridge 1987; Dunlap, Riley E./Mertig, Angela G. (Hg.),
The U.S. Environmental Movement, 1970–1990, Philadelphia 1992; Gottlieb, Robert, *Forcing the Spring.
The Transformation of the American Environmental Movement,* Washington D. C./Covello 1993.

24 Vgl. Bungarten, Harald, *Umweltpolitik in Westeuropa, EG, internationale Organisationen und nationale
Umweltpolitiken,* Bonn 1978, S. 238ff.; Nicholson, *Umweltrevolution,* S. 165; Sheail, *Environmental History,*
S. 146.

25 Vgl. Bungarten, Umweltpolitik, S. 250ff.

26 Vgl. ebd., S. 267ff.; Ditt, Karl, »Die Anfänge der Umweltpolitik in der Bundesrepublik während der
1960er und frühen 1970er Jahre«, in: Frese, Matthias/Paulus, Julia/Teppe, Karl (Hg.), *Die 1960er
Jahre als Wendezeit der Bundesrepublik. Demokratisierung und gesellschaftlicher Aufbruch,* Paderborn, 2003, S.
321ff.

27 Caspari, Stefan, *Die Umweltpolitik der Europäischen Gemeinschaft. Eine Analyse am Beispiel der
Luftreinhaltepolitik,* Baden-Baden 1995, S. 59. Auf dieser Konferenz wurden die Bedeutung des
Umweltschutzes, d. h. der Notwendigkeit eines sparsamen Umgangs und Managements mit den
Naturressourcen anerkannt, die ungerechte Ausbeutung der naturhaften Ressourcen der Länder der
Dritten durch die der Ersten Welt thematisiert sowie die Natur- und Umweltschutzverbände als

Bevölkerung zu verbessern sowie die Wirtschafts- und Rechtsentwicklung der Mitgliedsstaaten zu harmonisieren, verabschiedete die EWG daraufhin am 22. November 1973 ein First Action Programme, das für die Mitgliedsländer die Anwendung bestimmter Prinzipien zugunsten des Umweltschutzes forderte: Vorsorge und Prüfung der Umweltverträglichkeit von Maßnahmen statt Schadensbewältigung, Ressourcenschonung, Einführung des Verursacherprinzips, Rücksichtnahme auf die Anliegerstaaten in Fragen der Umweltverschmutzung sowie Harmonisierung der Umweltpolitik in den einzelnen Ländern. In den folgenden Programmen der Jahre 1977, 1983, 1987 und 1992 erweiterte die EWG diese Zielsetzungen zunehmend[28].

Staatliche Maßnahmen und Umweltschutzbewegung

Den Beginn einer neuen Phase der englischen Umweltpolitik kündigte Premierminister Harold Wilson auf dem Kongress seiner Labour Party vom 29. September bis 3. Oktober 1969 mit den Worten an, dass sich die Regierung künftig einem breiten Spektrum von Umweltproblemen zuwenden werde[29]. Damit trug er der wachsenden Berichterstattung über Umweltprobleme und dem steigenden internationalen Handlungsdruck Rechnung[30]. Im Februar 1970 gründete die Regierung eine Royal Commission on Environmental Pollution als »permanent watchdog«. Diese Com-

---

treibende Kräfte des Umweltschutzes gewürdigt. Konkret wurden die Erstellung eines United Nations Environment Programme (UNEP), eine internationale Konvention zum Meeresdumping und der Aufbau eines globalen Überwachungssystems für den Umweltschutz (Earthwatch) beschlossen, schließlich auch die Abhaltung von Atomwaffentests verurteilt. Vgl. Caldwell, Lyndon Keith, *International Environmental Policy. From the Twentieth to the Twentieth-First Century*, Durham/London ³1996, S. 48ff.; Veldman, Meredith, *Fantasy, the Bomb, and the Greening of Britain. Romantic Protest, 1945–1980*, Cambridge 1994, S. 236ff.; Sheail, *Environmental History*, S. 273; *The Results from Stockholm. Les Résultats de Stockholm. Stockholmer Resultate*, Berlin 1973.

28 So wurden u. a. im zweiten, für die Jahre 1977–1981 geltenden Aktionsprogramm Grenzwerte für die Schwefelkonzentration in der Luft erlassen, die von den Mitgliedsländern ab dem Jahre 1993 nicht überschritten werden sollten. Vgl. Caspari, *Umweltpolitik*, S. 65ff.; Boehmer-Christiansen/Skea, *Acid Politics*, S. 230ff.; Barnes, Pamela M. und Ian G., *Environmental Policy in the European Union*, Cheltenham 1999, S. 29ff.; Haigh, Nigel, *EEC Environmental Policy and Britain*, London ²1989.

29 Vgl. Wilson, Harold, *The Labour Government 1964–1970. A Personal Record*, London 1971, S. 706f.; Sheail, *Environmental History*, S. 272.

30 Zur Entwicklung der englischen Presseberichterstattung vgl. Brookes, S. K. u. a., »The Growth of the Environment as a Political Issue in Britain«, in: *British Journal of Political Science* 6 (1976), S. 245–255.

mission war unabhängig, sie unterstand keinem Ministerium, hatte beratende Funktionen und sollte jährlich einen Umweltbericht veröffentlichen[31]. Darüber hinaus entwickelte die Regierung in einem White Paper eine Programmatik. Darin bezeichnete sie die einzelnen Umweltprobleme nicht mehr nur als bloße Belästigungen oder Gefahren für die Natur und für die Gesundheit der Menschen, sondern auch als Probleme für die Qualität der Zivilisation insgesamt. Für ihre Lösung bedürfe es der Kenntnisse über die ökologischen Zusammenhänge und über die Umweltschutztechnologien, einer Verständigung über das Verhältnis von qualitativen und materiellen Wertprioritäten und eines gesetzlich-verwaltungsmäßigen Instrumentariums. Schließlich kündigte sie konkrete Vorhaben zur Verbesserung der Luft-, Wasser- und Bodenreinhaltung sowie zur Lärmreduzierung an[32]. Als ein Jahr später der Labour- eine Tory-Regierung folgte, setzte diese die Umweltpolitik fort. Noch im selben Jahr gründete sie ein Department of Environment (DoE) als Zusammenfassung der bereits bestehenden Ministries of Town and Country Planning, Housing and Local Government, Economic Affairs, Land and Natural Resources sowie des Departments of Local Government and Regional Planning. Im DoE wurden die bestehenden, verstreuten Kompetenzen zu Umweltfragen zentralisiert[33]. Faktisch

---

31 Ihre Mitglieder stammten aus Kultur, Wissenschaft und Industrie, wurden für drei Jahre gewählt und veröffentlichten periodisch Berichte über Umweltschäden und -schutzmaßnahmen. Vgl. Wilson, *Labour Government*, S. 732f.; Schreiber, Helmut, *Umweltpolitik in Großbritannien und Frankreich*, Bd. 1: *Fallstudie Großbritannien*, Berlin 1991, S. 32f.; Sheail, *Environmental History*, S. 272. Der Weg, die für den Natur- und Landschaftsschutz zuständige Countryside Commission in ihrer Zuständigkeit zu erweitern, wurde also nicht beschritten; sie war gerade ein Jahr zuvor stärker denn je auf den Landschaftsschutz und die Förderung der Zugänglichmachung der Landschaft für den Tourismus ausgerichtet worden. Vgl. Ditt, Karl, »Naturschutz und Tourismus in England und in der Bundesrepublik Deutschland 1949–1980. Gesetzgebung, Organisation, Probleme«, in: *Archiv für Sozialgeschichte* 43 (2003), S. 285–318.

32 Vgl. *The Protection of the Environment. The Fight Against Pollution.* Presented to Parliament by the Secretary of State for Local Government and Regional Planning, the Secretary of State for Scotland and the Secretary of State for Wales by Command of Her Majesty May 1970, London 1970 (Cmnd 4373).

33 Im einzelnen umfasste es die Abteilungen Stadt- und Raumplanung, Wohnungsbau, lokale Verwaltung, Wasserwirtschaft sowie Denkmal- und Umweltschutz. Als beratende Gremien waren dem Ministerium das Nature Conservancy Council, das Central Directorate for Environmental Pullution, die Royal Commission on Environmental Pollution und das Natural Environment Research Council (NERC), ein im Jahre 1965 gegründetes Gremium von Wissenschaftlern, die im Auftrag des Department of Education and Science Grundlagenforschung betreiben sollte (Vgl. Schreiber, *Umweltpolitik*, S. 39), mit dem Agricultural Research Council beigeordnet. Ausführende Organe waren die Forestry Commission, die Countryside Commission, die Regional Water

hatte es jedoch nur strategische Aufgaben, da die entscheidenden Kompetenzen der Umweltpolitik bei den Lokalverwaltungen und den weitgehend unabhängigen staatlichen Inspektionen verblieben[34].

Zunächst wurde im Jahre 1971 für die Wasserwirtschaft der Prevention of Oil Pollution Act erlassen. Er verschärfte den im Jahre 1963 erlassenen Oil in Navigable Waters Act, indem er nicht nur das Ölablassen von Schiffen auf Flüssen und in englischen Hoheitsgewässern verbot, sondern indem er auch dem DoE weitreichende Kompetenzen im Umgang mit Tankerunfällen gab[35]. Vor allem aber wurden im Jahre 1973 die mehr als 1.400 lokalen und regionalen Wasser- und Abwassergesellschaften sowie die 29 River Authorities in insgesamt zehn regional gegliederte, unabhängige öffentliche Körperschaften (Regional Water Authorities) zusammengeschlossen und dem DoE unterstellt. Es vereinigte somit organisatorisch die Aufgaben der Wasservorsorge, -verteilung, -reinigung und -kontrolle sowie der Erschließung von Wasserflächen für Erholungszwecke. Über die Delegation von eigenen Vertretern erhielt der Staat zugleich unmittelbare Kontroll- und Eingriffsmöglichkeiten in das Wassermanagement[36]. Daraufhin verbesserte sich in

---

Authorities, das Radiochemical Inspectorate sowie der Health and Safety Executive. Vgl. Schreiber, *Umweltpolitik*, S. 22ff.; Vogel, Styles, S. 43ff.

34 Vgl. Lowe, Philip/Ward, Stephen, »Britain in Europe. Themes and Issues in National Environmental Policy«, in: Dies. (Hg.), *British Environmental Policy and Europe. Politics and policy in transition*, London/New York 1998, S. 3–30, 7f.

35 Hinter diesem Gesetz stand wohl die Erfahrung der späten und unzulänglichen Bekämpfung der Folgen des Torrey Canyon Unglücks. Der Öltanker Torrey Canyon war im Jahr 1967 bei dem Versuch, aus Gründen der Zeitersparnis zwischen den Isles of Scilly und Land's End hindurchzusteuern, gestrandet, und ein Teil seiner Ölladung war ausgelaufen. Daraufhin wurden Detergentien auf das Wasser verteilt, um das Öl aufzulösen; schließlich bombardierte die Royal Airforce den Tanker, um das Öl zu verbrennen. Diese Versuche, der Umweltkatastrophe zu begegnen, erwiesen sich jedoch für die Tierwelt des Wassers als noch schädlicher als das Öl selbst; zudem wurde die touristisch wertvolle Küste von Cornwall großflächig verschmutzt. Zusammen mit weiteren Ölunfällen und Bleivergiftungen hatte dieses Ereignis das Bewusstsein der britischen Bevölkerung für die Umwelt und ihre Gefährdungen geschärft, zeigte es doch nicht nur das wachsende Ausmaß der Umweltschäden, sondern auch die Unkenntnis und die Hilflosigkeit im Umgang damit. Vgl. *The »Torrey Canyon«. White Paper*, London 1967 (Cmnd 3246); Nicholson, *Umweltrevolution*, S. 171ff.; Sheail, *Environmental History*, S. 221f.

36 Vgl. grundlegend Parker, Dennis J./Penning-Rowsell, Edmund C., *Water Planning in Britain*, London 1980. Vgl. ferner Tanner, Michael F., »Recreation, Conservation and the Changing Management of Water Resources in England and Wales«, in: Glyptis, Sue (Hg.), *Leisure and the Environment. Essays in honour of Professor J. A. Patmore*, London/New York 1993, S. 96–115, 106ff.; Gunn, J. A. L., »The UK

einigen Flüssen zunächst die Wasserqualität, so dass sie wieder der Trinkwasserversorgung und der Fischzucht dienen konnten[37], doch blieb vor allem der Bau von Kläranlagen unzureichend. Zahlreiche Flüsse und vor allem das Meer dienten weiterhin als Kläranlagen und Müllkippen – u. a. mit der Folge, dass ein Großteil des Wassers in der Nähe von Badestränden verseucht war[38].

Im Bereich des Bodenschutzes war – wie in anderen Ländern auch – die Gesetzgebung besonders rückständig. Die Müllentsorgung war traditionell Aufgabe der Gemeinden. Ihnen schrieb seit dem Jahre 1947 der Town and Country Planning Act vor, dass sie für die Anlage von Müllablagerungsplätzen und Müllverbrennungsanlagen eine Planungsgenehmigung brauchten[39]. Seit Anfang der siebziger Jahre wiesen vor allem Naturschutzgruppen verstärkt auf die illegale Lagerung von Müll hin. Daraufhin führte der Staat im Jahre 1972 eine Gesetzgebung für den Umgang mit Müll ein. Darin unterschied er zwischen »normalem« und »gefährlichem« Müll, wiederholte das Erfordernis einer Lizensierung für die Müllbehandlung und -lagerung und forderte darüber hinaus von den Gemeinden Entsorgungspläne für Müll sowie eine Inspektion für die Überwachung der Müllagerung. Das DoE erhielt im Bodenschutz nur eine beratende Aufgabe; außerdem war es für Berufungsfälle und für die Forschung zuständig[40].

Das wichtigste Ergebnis und eine Zusammenfassung der neuen Umweltschutzpolitik, die seit Februar 1974 wiederum von einer Labour-Regierung gestaltet wurde, war der am 31. Juli 1974 erlassene Control of Pollution Act. Er fasste die bestehenden Regelungen zum Schutz von Boden, Luft und Wasser zusammen und legte noch einmal die Pflicht zur Genehmigung der entsprechenden Einleitungen und Ablagerungen durch die Gemeinden und Regionalbehörden fest. Ferner schrieb er vor, entsprechende Informationen öffentlich zugänglich zu machen und forderte die Gemeinden zur detaillierten Planung im Umgang mit den Verschmutzungen auf. Darüber hinaus enthielt er Vorschriften zum Lärmschutz, das heißt zur Beseitigung oder zur Reduzierung von Lärmquellen. So wurden die Gemeinden

---

approach – environmental quality standards«, in: Lack, T. J. (Hg.), *Environmental Protection: Standards, Compliance and Costs*, Chichester 1984, S. 181–188.

37 Vgl. Vogel, *Styles*, S. 44.

38 Vgl. Rose, *Dirty Man*, S. 14ff., 47ff.

39 Der im Jahre 1967 erlassene Civic Amenities Act regelte speziell die Beseitigung von Autowracks.

40 Vgl. Lowe/Ward, *Themes*, S. 18f.; Haigh, *EEC Environmental Policy*, S. 127ff.

ermächtigt, ähnlich wie bei der Luftverschmutzung lärmfreie Zonen einzurichten[41].
Bereits ein Jahr nach dem Erlaß des Control of Pollution Act wurde jedoch deutlich, dass dieses Gesetz eher das Ende als den Auftakt dieser Phase der englischen Umweltschutzpolitik bildete. Denn aufgrund der im Gefolge der Ölkrise sich verschlechternden Wirtschaftsentwicklung verschob die Regierung zunächst die gesetzlich vorgesehene Offenlegung der Grenzwerte für die Luft- und Wasserverschmutzung bis zur Mitte der achtziger Jahre, so dass eine leichte Kontrolle des Verunreinigungsstandes durch die Öffentlichkeit nicht möglich war[42]. Ferner erließ sie in den siebziger Jahren keine weiteren bedeutsamen Umweltschutzgesetze mehr.

Auch die allmählich entstehende Umweltschutzbewegung blieb als gesellschaftliche und politische Kraft zu schwach, um weiterreichende Maßnahmen direkt oder indirekt veranlassen zu können. Die im Jahre 1966 gegründete Conservation Society, die in den siebziger Jahren knapp 10.000 Mitglieder organisierte und in der Tradition des nordamerikanischen Ressourcenschutzes stand, befürchtete eine weltweite Erschöpfung der natürlichen Ressourcen durch das Wachstum der Wirtschaft und sah die Höhe des Lebensstandards durch das Wachstum der Bevölkerung bedroht. Ein konkretes politisches Programm entwickelte sie nicht[43]. Die im Jahre 1969 gegründeten Friends of the Earth (FoE), eine Abspaltung aus der amerikanischen Naturschutzorganisation Sierra Club, erreichten in England im Jahre 1971 einen selbständigen Status. Sie setzten sich für die Erhaltung der biologischen Diversität und der Wildnis sowie für die Ressourcenschonung ein und forderten aus dieser Perspektive eine Begrenzung der Umweltverschmutzung[44]. Ihnen folgte im Jahre 1976 die Gründung der dritten bedeutenden Umweltorganisation: Greenpeace[45].

Während die traditionellen englischen Naturschutzverbände möglichst in Kooperation mit dem Staat zu agieren suchten, das heißt einen Diskussionsprozess initiieren und über die Regierungsbürokratie einen Gesetzesentwurf präsentieren wollten, setzten diese Umweltschutzorganisationen stärker auf das Prinzip, die

---

41 Vgl. »Control of Pollution Act 1974«, in: *The Public General Acts and General Synod Measures 1974,* Part II, London 1975, Chapter 40, S. 961–1096.

42 Vgl. Rose, *Dirty Man,* S. 49; Pye-Smith, Charlie/Rose, Chris, *Crisis and Conservation: Conflict in the British Countryside,* Harmondsworth 1984, S. 33ff.

43 Vgl. Veldman, *Fantasy,* S. 217ff.

44 Die FoE zählten zu Beginn der 1980er Jahre etwa 17.000 Mitglieder.

45 Vgl. Veldman, *Fantasy,* S. 222ff.; Macnaghten, Phil/Urry, John, *Contested Natures,* London 1998, S. 51ff.

Untätigkeit des etablierten politischen Systems in Umweltfragen anzuprangern, das gesellschaftliche Bewusstsein für Umweltprobleme zu sensibilisieren und eine Gegenkultur eines postmaterialistischen, umweltbewussten Alltagsverhaltens zu etablieren; dadurch sollten letztlich auch einzelne Abgeordnete bzw. die großen politischen Parteien insgesamt veranlasst werden, umweltpolitisch tätig zu werden. Dazu starteten sie nach dem Vorbild der amerikanischen Umweltschutzbewegung und in enger Zusammenarbeit mit den Medien periodische Kampagnen, das heißt sie waren ungleich aktions- und konfliktorientierter als die traditionellen Naturschutzverbände[46].

Die Präferenz, mehr das Bewusstsein der Gesellschaft als das Parlament und den Gesetzgeber zu beeinflussen, zeigt auch die Frühgeschichte der parteipolitischen Organisierung der Umweltschützer. Zwar war im Jahre 1973 in Coventry die Partei »People« als erste »grüne« Partei Europas gegründet worden. Ihre ideologische Basis war eine insbesondere von den Schriften Edward Goldsmith' (»Blueprint for Survival«) geprägte Endzeit-Stimmung, die den Kern der Gründungsmitglieder, Rechtsanwälte, veranlasste, nicht wie die Naturschutzgruppen im System mitzuarbeiten oder sich als Interessengruppe den etablierten Parteien anzuschließen, sondern mittels einer eigenen, basisdemokratisch organisierten Partei auf unabhängige Öffentlichkeitswirksamkeit zu setzen. Im Jahre 1975 erhielt die Partei den Namen Ecological Party und begann einen pragmatischeren Kurs zu steuern; zu zentralen Zielen wurden die Verkehrsplanung und vor allem der Kampf gegen die Atomener-

---

46 So wandten sich die Umweltorganisationen mit spektakulären Maßnahmen gegen die Verfolgung seltener Tierarten, gegen den Kupferabbau im Snowdonia Park, gegen Wegwerfflaschen der Firma Cadbury-Schweppes oder im Jahre 1976 zusammen mit dem Council for the Protection of Rural England gegen die Einrichtung eines Atomkraftlagers beim Atomkraftwerk Sellafield. Vgl. generell zu der Atmosphäre unter den englischen Umweltschützern in den frühen 1970er Jahren Allaby, Michael, *The Eco-Activists. Youth Fights for a Human Environment*, London 1971. Zu den alternativen Wertsetzungen der Umweltschützer vgl. Cotgrove, Stephen/Duff, Andrew, »Environmentalism, Middle-Class Radicalism and Politics«, in: *Sociological Review* 28 (1980), S. 333–351; dies., »Environmentalism, values, and social change«, in: *The British Journal of Sociology* 32 (1981), S. 92–110. Als Überblick über die Organisationen vgl. Lowe, Philip/Goyder, Jane, *Environmental Groups in Politics*, London 1983; Grove-White, Robin, »Großbritannien«, in: Hey, Christian/Brendle, Uwe/Weinber, Claude (Hg.), *Umweltverbände und EG*, Freiburg 1992, S. 115–144; Rawcliffe, Peter, *Environmental pressure groups in transition*, Manchester 1988. Zum Politikstil der englischen Umweltschutzorganisationen vgl. O'Riordan, Thimothy, »Public Interest Environmental Groups in the United States and Britain«, in: *Journal of American Studies* 13 (1979), S. 409–438.

gie[47]. Seit 1978 erfuhr die Partei einen Mitgliederaufschwung, erreichte aber bis 1984 nie über 4 Prozent der Wählerstimmen bei nationalen und europäischen Wahlen. Im Jahre 1983 zählte die Partei ca. 3.000 Mitglieder[48].

Das Gros der Gesellschaft scheint sich in den siebziger Jahren weiterhin eher für den Natur- und Landschaftsschutz interessiert zu haben; das Umweltbewusstsein in England war, wie mehrere Befragungen zu Beginn der achtziger Jahren ergaben, im Vergleich zu den anderen europäischen Ländern eher unterdurchschnittlich ausgeprägt[49]. Zu den Ursachen dieser Schwäche dürfte wesentlich die wirtschaftliche Krisensituation gehört haben, die in England während der siebziger Jahre stärker als in anderen westeuropäischen Ländern herrschte. Sie ließ offenbar wenig Bereitschaft zu, Umweltschutzmaßnahmen zu fordern und zu befürworten, die die Produktion verteuerten, die Wettbewerbsfähigkeit schwächten und das Wirtschaftswachstum reduzierten. Zudem mag die ebenfalls in die Krise geratene Arbeiterbewegung die intellektuellen Kapazitäten der Mittelschichten länger als etwa in der Bundesrepublik gebunden haben. Schließlich bedeutete auch das englische Mehrheitswahlsystem keine Ermutigung, sich für den Kandidaten einer grünen Partei zu entscheiden, da nur derjenige in das Parlament einzog, der die meisten Stimmen erreichte, während die Stimmen für die übrigen Kandidaten ersatzlos wegfielen, das heißt den unterlegenen Parteien nicht über eine Liste zugute kamen.

Der Regierungswechsel des Jahres 1979, der eine konservative Regierung unter Margret Thatcher an die Macht brachte[50], führte zur Beseitigung umweltpolitischer Beratungsgremien und verlängerte den umweltpolitischen Gesetzgebungsstillstand sowie die Aussetzung der Gültigkeit bestehender Bestimmungen. Denn Thatcher setzte u. a. auf die Deregulierung der Wirtschaft; dazu gehörte auch das Fernhalten

---

47 Vgl. zur Vorgeschichte der Antiatomkraftbewegung Parkin, Frank, *Middle Class Radicalism. The Social Basis of the British Campaign for Nuclear Disarmament,* Manchester 1968.

48 Sie waren zumeist jung und überproportional mittelschichtengeprägt, d. h. den Sozial-, Bildungs- und Kunstberufen zugehörig, mit vergleichsweise höherem Einkommen und Bildungsgrad als der Durchschnitt der Bevölkerung, politisch eher linksstehend. Vgl. Porritt, Jonathan/Winner, David, *The Coming of the Greens,* London 1988; Veldman, *Fantasy,* S. 227ff.; Lowe/Ward, *Themes,* S. 21ff.; Schreiber, *Umweltpolitik,* S. 52; Rüdig, Wolfgang/Franklin, Mark N./Bennie, Lynn G. *Green Blues: The Rise and Decline of the British Green Party,* Glasgow 1993; Rüdig, Wolfgang/Lowe, Philip D., »The Withered ›Greening‹ of British Politics. A Study of the Ecological Party«, in: *Political Studies* 34 (1986), S. 262–284; Yearly, Steven, *The Green Case. A sociology of environmental issues, arguments and politics,* London 1991.

49 Vgl. Rothgang, Heinz, *Die Friedens- und Umweltbewegung in Großbritannien,* Opladen 1990, S. 61f., 87f.

50 Vgl. generell Evans, Eric J., *Thatcher and Thatcherism,* London/New York 1997; McCormick, John, *British Politics and the Environment,* Chichester 1991, S. 48ff.

von kostspieligen Umweltschutzmaßnahmen von Landwirtschaft und Industrie[51]. Zudem gab sie den nationalen vor den europäischen Interessen Priorität und weigerte sich deshalb anhaltend, Prinzipien und Schwellenwerte des Umweltschutzes zu übernehmen, die die EWG vorgab[52].

Bereits im Jahre 1975 hatte sich die englische Regierung in der Gewässerschutzpolitik gegenüber den Forderungen der EWG, die für den Gewässerschutz Emissionsnormen vorsah, mit dem Argument zur Wehr gesetzt, dass die Umwelt eine Ressource und ein Standortfaktor sei. Deshalb müssten Immissionswerte, das heißt faktisch ein gleicher Belastungs- bzw. Verschmutzungsgrad dieser Ressource, und nicht Emissions-, also Einleitungswerte, zugrunde gelegt werden. Die EWG entschied sich jedoch für die Festsetzung von Emissionswerten und akzeptierte nur als Ausnahme Immissionswerte bzw. ermöglichte mittelfristige Befreiungen von den Emissionswerten[53]. Infolgedessen scheint sich in den achtziger Jahren die Wasserqualität der englischen Flüsse wieder verschlechtert zu haben[54]. Ferner setzte England nicht die Richtlinie der EG zur Reinheit von Trinkwasser um, so dass diese seit dem Jahre 1987 vor dem Europäischen Gerichtshof gegen das Vereinigte Königreich klagte[55].

---

51 Vgl. Flynn, Andrew/Lowe, Philip, »The Greening of the Tories: The Conservative party and the Environment«, in: Rüdig, Wolfgang (Hg.), *Green Politics Two*, Edinburgh 1992, S. 9–36; Green, B. H., »The Impacts of Agriculture and Forestry on Wildlife, Landscape and Access in the Countryside«, in: Roberts, R. D. und T. M. (Hg.), *Planning and Ecology*, London/New York 1984, S. 156–164; Shoard, Marion, *The Theft of the Countryside*, London 1980. Vgl. beispielhaft die Auseinandersetzungen um den Wildlife and Countryside Act aus dem Jahre 1981, referiert in: Lowe, Philip u. a., *Countryside Conflicts. The politics of farming, forestry and conservation*, Aldershot 1986; MacEwen, Ann und Malcolm, *Greenprints for the Countryside? The Story of Britain's National Parks*, London 1987, S. 143ff.; Gilg, Andrew W., »Environmental Policies in the United Kingdom«, in: Park, Chris C. (Hg.), *Environmental Policies. An International Review*, London 1986, S. 145–182, 159ff.; Blowers, Andrew, »Transition or Transformation? Environmental Policy under Thatcher«, in: *Public Administration* 65 (1987), S. 277–294, 287.

52 Vgl. dazu generell Haigh, *EEC Environmental Policy*.

53 Vgl. Bungarten, *Umweltpolitik*, S. 205ff.

54 Vgl. Weale, Albert, »Great Britain«, in: Jänicke, Martin/Weidner, Helmut (Hg.), *National Environmental Policies. A Comparative Study of Capacity-Building*, Berlin 1997, S. 89–108, 90; Rose, *Dirty Man*, S. 65, 70.

55 Vgl. Haigh, *EEC Environmental Policy*, S. 42ff.; Schreiber, *Umweltpolitik*, S. 26f., 47ff.; Rose, *Dirty Man*, S. 76ff. Vgl. auch für die EC Bathing Water Directive von 1976 ebd. S. 14ff.; Haigh, *EEC Environmental Policy*, S. 61ff.; Hill, M. u. a., »Non decision making in pollution control in Britain: nitrate pollution, the EEC Drinking Water Directive and agriculture,« in: *Policy and Politics* 17 (1989), S. 227–240.

Eine ähnliche Blockadepolitik verfolgte die englische Regierung im Bereich der Luftreinhaltung. So beklagten sich seit der Mitte der siebziger Jahre die skandinavischen Länder immer wieder darüber, dass in England vor allem die Betreiber von Kohlekraftwerken zum »Schutz« vor der Luftverschmutzung hohe Schornsteine bauten. Infolgedessen würden Schadstoffe, insbesondere Schwefelverbindungen, in ihre Länder transportiert und dort zu einem Waldsterben führen. Nach längeren Verhandlungen, bei denen die Regierung unter Verweis auf die mangelnde Klarheit über die Ursachen des Sauren Regens, letztlich wohl aufgrund der hohen Kosten für die staatseigenen Kraftwerke, immer wieder ihr Veto gegen Beschlüsse internationaler Organisationen zur Schadstoffreduzierung einlegte[56], erließ die EG schließlich im Jahre 1988 eine Direktive, die den Schwefel- und Kohlenwasserstoffausstoß schrittweise bis in das neue Jahrtausend hinein begrenzen sollte[57]. Ebenso versuchte die Regierung die in den USA entwickelte, von der EWG im Jahre 1985 verabschiedete Umweltverträglichkeitsprüfung (Environmental Impact Assessment) nur in Schwundformen zu übernehmen[58]. Aufgrund seiner Verweigerungshaltung in der

---

56 So etwa im Jahre 1983 zusammen mit Frankreich und Italien gegen einen Beschluß der United Nations Economic Commission for Europe, der eine Reduzierung der Emission von Schwefel um 30 v. H. in den folgenden zehn Jahren vorsah. Vgl. Elsworth, Steve, *Acid Rain*, London/Sydney 1984, S. 58; Rose, *Dirty Man*, S. 124ff.; Park, Chris C., *Acid Rain: Rhetoric and Reality*, London/New York 1987.

57 Vgl. zu Englands Stellung zum Problem des Sauren Regens Boehmer-Christiansen/Skea, *Acid Politics*, S. 205ff.; Briggs, David J., »Environmental Problems and Policies in the European Community«, in: Park, Chris C. (Hg.), *Environmental Policies. An International Review*, London 1986, S. 105–144; Hajer, Maarten A., *The Politics of Environmental Discourse. Ecological Modernization and the policy Process*, Oxford 1995, S. 104ff.; Skea, Jim, »Acid Rain«, in: Gray, Tim (Hg.), *UK Environmental Policy in the 1990s*, Houndmills 1995, S. 189–209; Weidner, *Survey*, S. 3f.; Rose, *Dirty Man*, S. 113ff.

58 Die Regierung sah ein Großteil der hierin für Großprojekte vorgeschriebenen Prüfungen bereits durch die im Town and Planning Act von 1947 vorgesehenen Verfahren abgedeckt. Die Industrie lehnte dieses Instrument mit der Begründung ab, dass sie bei ihren technischen Großprojekten wie z. B. der Pipelineverlegung bereits genügend Sicherungsmaßnahmen treffe. Vgl. Sheail, *Environmental History*, S. 212ff. Vgl. generell Clark, B. D./Turnbull, R. G. H., »Proposals for Environmental Impact Assessment Procedures in the UK«, in: Roberts, R. D. und T. M. (Hg.), *Planning and Ecology*, London/New York 1984, S. 135–145; Wathern, Peter (Hg.), *Environmental Impact Assessment. Theory and Practice*, London 1988; Coenen, Reinhard/Jörissen, Juliane, *Umweltverträglichkeitsprüfung in der Europäischen Gemeinschaft. Derzeitiger Stand der Umsetzung der EG-Richtlinie in zehn Staaten der EG*, Berlin 1989, S. 133ff.; Haigh, Nigel, »Was lange währt ... Die Umweltverträglichkeitsprüfung«, in: Gündling,/Weber, Beate (Hg.), *Dicke Luft in Europa. Aufgaben und Probleme der europäischen Umweltpolitik*, Heidelberg 1988, S. 117–128; Lowe/Ward, *Britain*, S. 19ff.

Umweltschutzpolitik wurde England deshalb in den achtziger Jahren von den nationalen Umweltschutzverbänden zum »dirty man of Europe« getauft[59].

Erst als die Konservative Partei bei den Wahlen im Jahre 1987 erneut eine Mehrheit erhalten hatte, wandte sich die Premierministerin Thatcher überraschend dem Umweltschutz zu. In einer Rede vom 27. September 1988 erklärte sie, dass das Gleichgewicht zwischen Mensch und Atmosphäre gestört sei und der Umweltschutz zur größten politischen Herausforderung des späten 20. Jahrhunderts werde[60]. Über die Motive dieses Richtungswechsels lässt sich nur spekulieren: Möglicherweise stand dahinter der wachsende Druck der EU auf England[61], möglicherweise auch das wachsende Umweltbewusstsein der Öffentlichkeit, die sich nicht mehr mit dem Stand der Luft- und Wasserverschmutzungen zufriedengab, vielleicht auch der Versuch, dem Aufschwung der Green Party Wind aus den Segeln zu nehmen. Denn diese bezog ebenso wie die Umweltschutzverbände aus dem Rückstand der englischen Umweltpolitik einen Großteil ihrer Überzeugungskraft und erreichte bei den Europawahlen des Jahres 1989 15 Prozent der Stimmen. Die Konsequenzen dieser Wende bestanden jedenfalls in einer breiten Gesetzgebungstätigkeit. Jetzt holte die englische Umweltpolitik nach, was in anderen europäischen Staaten zum Teil schon zu Beginn der siebziger Jahre eingeführt worden war[62].

---

59 Vgl. generell Rose, *Dirty Man*; Lowe/Ward, *Britain*, S. 20; Rüdig, Wolfgang, »Umwelt als politische und ökonomische Herausforderung: Eine britische Erfolgsgeschichte?« in: Kastendiek, Hans/Rohe, Karl/Volle, Angelika (Hg.), *Großbritannien. Geschichte – Politik – Wirtschaft – Gesellschaft*, Frankfurt 1994, S. 494–508.

60 Vgl. generell Flynn/Lowe, »Greening«, S. 9ff.; McCormick, *Politics*, S. 60ff.

61 Vgl. Cullingworth/Nadin, *Town and Country Planning*, S. 17, 139ff.

62 Im Jahre 1990 gab die Regierung ein White Paper unter dem Titel »This Common Inheritance. Britain's Environmental Strategy« (Cmnd 1200) heraus. Dies war die erste Darlegung einer umfassenden Umweltpolitik der englischen Regierung. Im gleichen Jahr wurde der grundlegende Environmental Protection Act erlassen. Er führte für Umweltverschmutzungen das Verursacher-Prinzip (Polluter pays) ein, schrieb für potentiell umweltgefährdende Produktionsprozesse die beste Technik vor, die ohne exzessive Kosten möglich sei (best available technique not entailing excessive costs: BATNEEC), d. h. setzte beim Verschmutzer und nicht bei den Schäden von Natur und Mensch an. Dazu wurden neue und die Änderung alter Produktionsprozesse unter dem Aspekt der Umweltverträglichkeit genehmigungspflichtig gemacht, ferner die entsprechende Überprüfung der bestehenden Produktionsprozesse angekündigt. Schließlich verlangte das Gesetz ein öffentliches Verzeichnis über die umweltgefährdende Produktionsprozesse, setzte klare Schwellenwerte fest, die den EG-Richtlinien entsprachen, erlaubte Privatleuten die restriktionsfreie Anrufung der Gerichte in Fragen der Umweltverschmutzung und erhöhte die Strafen für Verstöße. Vgl. »Environmental Protection Act 1990«, in: *The Public General Acts and General Synod Measures 1990*, Part III, London 1991, S. 2151–2385; McCormick, *Politics*, S. 168ff.; Jordan, Andrew, »Integrated Pollution Control

Zusammenfassung

Ausgangspunkt war die Frage, ob in England der Naturschutz eine Vorläuferfunktion für den Umweltschutz hatte. Die Skizzierung der Naturschutzziele und -gesetzgebung in den fünfziger/sechziger Jahren zeigte, dass sich die staatliche Naturschutzpolitik teils aus nationalen und touristisch-freizeitorientierten Gründen auf den Landschaftsschutz durch die Einrichtung von National Parks, seit 1968 auch von Country Parks richtete, teils aus wissenschaftlichen und ethischen Gründen auf den Arten- und Habitatschutz konzentrierte. Trotz grundsätzlicher Erweiterungsmöglichkeiten dieser Zielsetzungen, die die wachsenden Boden-, Luft- und Wasserverschmutzungen – auch in den Schutzgebieten – nahelegten, blieb die Naturschutzpolitik faktisch auf den Insel- und Artenschutz beschränkt und wandte sich kaum gegen die Verursacher der grenzüberschreitenden Kontaminationen von Boden, Luft und Wasser. Gerade das Nature Conservancy, das relativ frühzeitig die Gefahren der wachsenden Chemisierung im Bereich der Landwirtschaft für die Tierwelt sah, zog aus dieser Erkenntnis nur unzureichende Konsequenzen und »verpasste« damit einen der möglichen Schritte zur Konzipierung einer Umweltschutzpolitik[63].

Die Anfänge einer systematischen Umweltschutzpolitik seit dem Jahre 1970 gingen auch weniger auf Schlussfolgerungen aus der wachsenden Zahl von internationalen Umweltkatastrophen zurück, von denen England vor allem durch den

---

and the Evolving Style and Structure of Environmental Regulation in the UK« in: *Environmental Politics* 2 (1993), S. 405–427; Pearce, D. W./Brisson, J., »BATNEEC: The Economics of Technology-Based Environmental Standards with a UK Case Illustration«, in: *Oxford Review of Economic Policy* 9 (1993), S. 24–40; Franklin, Denise/Hawke, Neil/Lowe, Mark, *Pollution in the U.K.,* London 1995.

63 Dabei war Max H. Nicholson, Geschäftsführer des Nature Conservancy, durchaus offen für die Rezipierung kommender Umweltprobleme. So wurden auf den beiden ersten, vom Nature Conservancy mitveranstalteten Konferenzen über »The Countryside in 1970« auch Fragen der Luft-, Wasser- und Bodenverschmutzung sowie die Konsequenzen des Bevölkerungswachstums für die Umwelt und Naturressourcen diskutiert. Vgl. *The Countryside in 1970*. Proceedings of the Study Conference held at Fishmongers' Hall, London, E.C.4, 4–5 November 1963. Edited and produced by the Nature Conservancy for the Study Conference on the Countryside in 1970 and published by Her Majesty's Stationary Office, London 1964; Royal Society of Arts/Nature Conservancy/Council for Nature (Hg.), *The Countryside in 1970. Second Conference, London 10–12 November 1965.* Reports of Study Groups, London 1965. Immerhin ging die Kontrolle der Agrarchemikalien weit früher als in der Bundesrepublik in die Umweltschutzprogrammatik der englischen Regierung ein. Vgl. *The Protection of the Environment*, S. 17f.

Unfall des Tankers Torrey Canyon betroffen wurde, oder aus einer systematischen Weiterentwicklung der nationalen Traditionen in der Wasser- und Luftreinhaltepolitik. Ausschlaggebend war eher der Handlungsdruck, den das Vorbild der US-amerikanischen Umweltschutzpolitik sowie die entsprechenden Aktivitäten und Forderungen internationaler Organisationen auf die europäischen Länder ausübten. Trotz des Erlasses mehrerer Gesetze gegen die Luft-, Wasser- und Bodenverschmutzung[64] scheinen diese Anfänge einer Umweltschutzpolitik in England im internationalen Vergleich weniger effektiv gewesen zu sein. Denn wesentliche Umweltschutzkompetenzen verblieben bei den Lokalbehörden, und die pragmatische, die Zusammenarbeit, Beratung und »Erziehung« der industriellen Verschmutzer suchende Kooperationspolitik der staatlichen Kontrollinspektionen mit ihrem Prinzip des »best practical means« blieb im wesentlichen unangetastet, so dass die Einheitlichkeit national gültiger Grenzwerte und der Zwang zur Reduzierung von Emissionen nicht gegeben bzw. schwach waren, vielmehr weiterhin pragmatische Einzelfallregelungen dominierten[65].

Die Ölkrise des Jahres 1973 und die vergleichsweise schwache Wirtschaftsentwicklung ließen dann auch in England den ersten Aufschwung der Umweltpolitik bald verebben. Die im Jahre 1979 an die Macht gekommene Tory-Regierung verlängerte diese weitgehende Untätigkeit und entzog England etwa ein Jahrzehnt lang dem Voranschreiten der Umweltschutzpolitik auf europäischer Ebene. Das vergleichsweise geringe Umweltbewusstsein der Bevölkerung, die eher am Natur- und Landschaftsschutz interessiert war, und die dementsprechende Schwäche der englischen Umweltbewegung bildeten lange Zeit nur eine geringe Herausforderung, die Umweltpolitik zu intensivieren. Den umweltpolitischen Vorgaben der EG begegnete die Regierung dagegen mit einer energischen wirtschaftlich-neoliberal und national motivierten Verzögerungs- und Verweigerungshaltung.

---

64 Dabei wurde England mit Bestimmungen seines Control of Pollution Acts vorbildlich für die Giftmülldirektive der EWG aus dem Jahre 1975. Vgl. Haigh, *EEC Environmental Policy*, S. 137ff.

65 Vgl. zur Diskussion um die Ersetzung des Prinzips des »best practicable means« durch das Prinzip der »best practical option« Ashby/Anderson, *Politics*, S. 129f.; Owens, Susan, »The Unified Pollution Inspectorate and Best Practicable Environmental Option in the United Kingdom«, in: Haigh, Nigel/Irwin, Frances (Hg.), *Integrated Pollution Control in Europe and North America*, Washington/DC 1990, S. 169–208; Vogel, *Styles*, S. 220ff. Vgl. generell zu dem englischen Politikprinzip, Probleme erst wissenschaftlich zu untersuchen, dann fallorientiert zu lösen und weniger auf Prinzipien, Normen und eine langfristig konzipierte Programmatik zurückzugreifen, Weale, Albert, *The New Politics of Pollution*, Manchester 1992, S. 81; Lowe/Ward, *Britain*, S. 7ff.

Die in den achtziger Jahren wieder zunehmende Verschmutzung der Flüsse und Meere sowie das Waldsterben in Skandinavien, das nicht zuletzt auf die Politik der hohen Schornsteine in England zurückging, führten jedoch seit Mitte der achtziger Jahre zu einer wachsenden Kritik von innen und außen, so dass die englische Regierung schließlich Ende der achtziger Jahre wohl geradezu gezwungen wurde, eine neue Phase der Umweltschutzpolitik einzuleiten. Dieser Schritt wurde ohne Zweifel durch den Aufschwung der Wirtschaft seit Mitte der achtziger Jahre erleichtert. Trotz mancher Konflikte zeichnet sich ab, dass die Gestaltung und Überprüfung dieser Umweltpolitik in zunehmendem Maße nach den Vorgaben der EG bzw. EU erfolgt[66].

---

66 Vgl. McCormick, *Politics*, S. 128ff.; Haigh, Nigel/Lanigan, Chris, »Impact of the Europaen Union on UK Environmental Policy Making«, in: Gray, Tim S. (Hg.), *UK Environmental Policy in the 1990s*, Houndmills 1995, S. 18–37; Ward, Stephen, »The Politics of Mutual Attraction? UK Local Authorities and the Europeanisation of Environmental Policy«, in: *ebd.*, S. 101–122; Lowe/Ward, *Britain*, S. 19ff.; Jordan, Andrew, »The Impact on UK Environmental Administration«, in: Lowe, Philip/Ward, Stephen (Hg.), *British Environmental Policy and Europe. Politics and policy in transition*, London/New York 1998, S. 173–194; ders., *The Europeanization of British Environmental Policy. A Departmental Perspective*, Houndmills 2002.

Landschaftstage in der Deutschen Demokratischen Republik – am Beispiel des Bezirks Neubrandenburg[1]

Hermann Behrens

Einleitung

Landschaftstage wurden in der Deutschen Demokratischen Republik von 1966 bis 1990 durchgeführt. An einem oder mehreren Tagen diskutierten Natur- und Umweltschützer mit Vertretern von Verwaltungen und Betrieben über Entwicklungsprobleme bestimmter Landschaften. Der 1. Landschaftstag in der Deutschen Demokratischen Republik fand vom 22. bis 25. September 1966 in Neubrandenburg statt. Er wurde von den Natur- und Heimatfreunden im Deutschen Kulturbund[2] initiiert, die fortan an der Vorbereitung und Durchführung aller dann folgenden, zahlreichen Landschaftstage und an der inhaltlichen Arbeit zwischen den Landschaftstagen maßgeblich beteiligt waren.

Bis in die siebziger Jahre hinein wurden zunächst für größere Landschaftsschutzgebiete bzw. bestimmte Landschaften Landschaftstage oder aber landeskulturelle Tagungen durchgeführt, später war der territoriale Bezugsrahmen der Landschaftstage häufiger der Bezirk oder der Kreis. Landschaftstage sollten dazu dienen, Landschaften komplex und einheitlich zu betrachten, die Kooperation »gesellschaftlicher und staatlicher Organe« und die Öffentlichkeitsarbeit auf dem Gebiet der Landeskultur zu fördern, »verdiente Mitarbeiter und Helfer« auszuzeichnen und

---

1 Folgende Primärquellen wurden für die Erstellung dieses Aufsatzes verwendet: Studienarchiv Umweltgeschichte, Bestände Paul-Friedrich Brinkmann, Neubrandenburg; Olaf Festersen, Neubrandenburg, Kurt Kretschmann, Bad Freienwalde; Dr. Sabine Jost, Waren und Fachgruppe Botanik Waren; Bestände Bundesarchiv Berlin-Lichterfelde, DK 1, ehemaliges Ministerium für Land und Forst der Deutschen Demokratischen Republik.

2 Die »Massenorganisation« Kulturbund (KB) hieß von seiner Gründung 1945 bis 1958 »Kulturbund zur demokratischen Erneuerung Deutschlands«, von 1958 bis 1974 »Deutscher Kulturbund« und von 1974 bis 1990 »Kulturbund der DDR«; seit 1990 ist der Kulturbund ein eingetragener Verein (»Kulturbund e.V.«).

»neue gesellschaftliche Initiativen durch Erfahrungsaustausch« auszulösen[3]. Der Begriff »Landeskultur« hatte in der DDR dabei eine andere Bedeutung als in der Bundesrepublik Deutschland. In der DDR beinhaltete der Begriff Landeskultur alle gesellschaftlichen »Maßnahmen zur sinnvollen Nutzung und zum wirksamen Schutz der Umwelt (Umweltschutz) durch Verbindung von Produktionsaufgaben mit ökologischen, kulturell-sozialen und ästhetischen Anforderungen«. Naturschutz war seit Erlass des Landeskulturgesetzes 1970 Teil der »sozialistischen Landeskultur«[4]. In der Bundesrepublik Deutschland war Landeskultur der Oberbegriff für Maßnahmen zur Bodenerhaltung, Bodenverbesserung, Neulandgewinnung und Flurbereinigung in der Landwirtschaft[5].

Vorläufer der Landschaftstage waren die »landschaftsgebundenen Tagungen«, die seit 1954 unter der Regie der Zentralen Kommission Natur und Heimat des Kulturbundes zur demokratischen Erneuerung Deutschlands (KB) und unter Betreuung des Instituts für Landesforschung und Naturschutz (ILN)[6] der Deutschen Akademie der Landwirtschaftswissenschaften der DDR (DAL)[7] durchgeführt wurden. Auch in den folgenden »Wochen des Naturschutzes«, später »... und des Waldes« wurden häufig auf ganze Landschaften bezogen Schutz-, Pflege- und Entwicklungsprobleme diskutiert; in der Regel handelte es sich um die stark frequentierten Erholungslandschaften der DDR.

Nach Erlass des Landeskulturgesetzes (LKG) der DDR im Jahre 1970, mit dem das Naturschutzgesetz von 1954 abgelöst wurde, sollten zunächst spezielle »Wochen der sozialistischen Landeskultur« die Ziele des Landeskulturgesetzes bekannt machen. Sie wurden bis 1973 durchgeführt und dann durch »Landschaftstage« ersetzt.

Alle frühen Landschaftstage befassten sich mit Problemen des Landschaftsschutzes in den traditionellen Erholungslandschaften der DDR. Neben dem 1. Landschaftstag in Neubrandenburg, der sich mit dem Müritz-Seen-Gebiet beschäf-

---

3 Vgl. Rädel, Joachim, »Probleme und Aufgaben der Landschaftstage«, in: Mitteilungsblatt des Kulturbundes der DDR, Nr. 1–2 (1977), S. 30–32.

4 Lexikonredaktion des VEB Bibliographisches Institut Leipzig (Hg.), *BI-Elementarlexikon in zwei Bänden*, Band 1, Leipzig ²1984, S. 655.

5 *Brockhaus-Enzyklopädie* in 24 Bd., 19., völlig neubearb. Aufl., Bd. 13, Mannheim 1990.

6 Später: Institut für Landschaftsforschung und Naturschutz. Das ILN war vergleichbar mit dem Bundesamt für Naturschutz in der Bundesrepublik Deutschland.

7 Später: Akademie der Landwirtschaftswissenschaften der Deutschen Demokratischen Republik (AdL).

tigte, sind zu nennen die ersten Landschaftstage »Thüringer Wald« (1968), »Harz« (1970), »Zittauer Gebirge« (1975) oder »Senftenberger See« (1975).

Das Themenspektrum von Landschaftstagen wurde jedoch vor allem seit Mitte der siebziger Jahre breiter: Nitrat-Belastung in Trinkwasserschutzgebieten, Entstehung von und Umgang mit Siedlungsabfällen, Gefährdung und Erhaltung von Mooren, Beziehungen zwischen Wohnen und Landschaft, Siedlungsentwicklung und Freiflächenschutz, Probleme der Seeuferbebauung, Landwirtschaft und Umwelt, ökologische Aspekte des Talsperrenbaus, Immissionsprobleme in der Forstwirtschaft, Erholungswesen und Umweltschutz und viele Themen mehr[8]. Gleichzeitig häuften sich die Landschaftstage: In den achtziger Jahren ist in allen Kreisen der DDR mindestens ein Landschaftstag oder landeskultureller Tag durchgeführt worden.

In den agrarisch geprägten Bezirken der DDR spiegeln die Landschaftstage die Veränderungen der gesellschaftlichen und umweltpolitischen Rahmenbedingungen in der DDR im Allgemeinen und einige strategische politische (Fehl-) Entscheidungen, insbesondere in der Landwirtschaft, im Besonderen wider. Dies wird im Folgenden am Beispiel des ehemaligen Bezirk Neubrandenburg dargestellt.

Die Landschaftstage im ehemaligen Bezirk Neubrandenburg

Der 1. Landschaftstag 1966

Der 1. Landschaftstag fand statt zu »Fragen der Landschaftspflege, des Naturschutzes und der kulturpolitischen Arbeit in Erholungsgebieten – verbunden mit der XI. Tagung für Dendrologie und Gartenarchitektur« vom 22. bis 25. September 1966 in Neubrandenburg. Hauptziel der Initiatoren, der Natur- und Heimatfreunde im Kulturbund, war es die Entwicklung des seit Jahren geforderten »Müritz-Seen-Parks« voranzutreiben und als beispielhaft für andere Erholungsgebiete darzustellen. Es wurden Gäste aus der gesamten DDR und anderen sozialistischen Staaten eingeladen.

---

8 Vgl. die grobe Übersicht in der aus einem vom Autor geleiteten ABM-Projekt hervorgegangenen Veröffentlichung: Institut für Umweltgeschichte und Regionalentwicklung e.V. (Hg.), Landschaftstage. *Kooperative Planungsverfahren in der Landschaftsentwicklung – Erfahrungen aus der DDR*, Bearbeiterin: Auster, Regine, Marburg 1996.

Der »Müritz-Seen-Park« war ursprünglich als »Nationalpark« mit Vorrang für Naturschutzziele, eigener Verwaltung und eigenem Haushalt ähnlich den Nationalparken in anderen Ländern geplant. Die Idee, in der DDR Nationalparke einzurichten, wurde seit 1954 von bekannten Naturschützern wie Kurt Kretschmann, dem damaligen Leiter der Zentralen Lehrstätte für Naturschutz der DDR in Müritzhof bei Waren, Erich Hobusch, dem Leiter des Müritzmuseums in Waren oder Reimar Gilsenbach, dem Schriftleiter der »Natur und Heimat«, immer wieder vorgetragen und von Politikern wie dem Neubrandenburger Volkskammer-Abgeordneten Prof. Dr. Otto Rühle (Liberaldemokratische Partei Deutschlands, LDPD) unterstützt.

Die als Nationalparke vorgeschlagenen Gebiete, Sächsische Schweiz und Müritz-Seen-Park, erhielten jedoch lediglich den Status von Landschaftsschutzgebieten. Das Müritz-Seen-Gebiet sollte laut Siebenjahrplan (1959 bis 1966, 1963 abgebrochen) und entsprechender Beschlüsse des Rates des Bezirks Neubrandenburg[9] zu einer Erholungslandschaft ausgebaut werden. Seit 1960 »explodierten« die Besucherzahlen. 1960 waren im Bezirk ca. 20.000, im Jahre 1963 bereits ca. 160.000 und 1964 sogar 300.000 Besucher gezählt worden, die vor allem die Infrastruktur der Müritz-Region völlig überforderten[10]. Eine spontane und sprunghafte Entwicklung des Erholungswesens bewirkte massive Schädigungen des Naturhaushalts, etwa durch wilde Bebauung an den Seeufern (Bootsstege, Bootshäuser, Bungalows, Wochenendhäuser), wildes Zelten und Überlastung der Infrastruktur. Zusätzliche Probleme ergaben sich aus der Nutzung einiger Seen für die Entenzucht, für die Karpfenintensivhaltung oder zur Entsorgung von Gülle und Abwässern. Das infrastrukturell unerschlossene Müritz-Gebiet hatte in der damaligen DDR deshalb eine so große Bedeutung, weil es die touristisch völlig überlastete Ostsee entlasten sollte. Es gelang Naturschützern und Landschaftsarchitekten trotz intensiver Bemühun-

---

9 Vgl. Gesetzblatt der Deutschen Demokratischen Republik Nr. 56/1960, S. 729 und 375 und Mitteilungsblatt des Bezirkstages und des Rates des Bezirkes Neubrandenburg, Nr. 22, Juni 1962, Beschluß Nr. X-5-10/62 zur Entwicklung des Erholungswesens im Bezirk Neubrandenburg, S. 2.

10 Vgl. Beschluss-Nr. 88–12/65 »Grundsatzregelung zur Sicherung einer planmäßigen Entwicklung der Erholungsgebiete«, Informatorischer Bericht über den Stand der Entwicklung des Erholungswesens im Bezirk Neubrandenburg und Erläuterung zum Beschluß über Grundsatzregelungen zur Sicherung einer planmäßigen perspektivischen Entwicklung der Erholungsgebiete, S. 6 und Festersen, Olaf, »Probleme der Erschließung von Landschaftsschutz- und Erholungsgebieten im Bezirk Neubrandenburg«, in: *Naturschutzarbeit in Mecklenburg* 8 (1965) H. 2/3, S. 52.

gen[11] und deutlicher Kritik an der spontanen Entwicklung[12] nicht, die »staatlichen Organe« zu bewegen, dem Naturschutz Vorrang zuzuweisen. Auch prominente Unterstützung half nicht[13].

Die ungelösten Konflikte zwischen Erholungsansprüchen und Naturschutzbelangen im Müritz-Gebiet, aber auch in anderen Erholungsgebieten der DDR, waren wesentliches Motiv für die Durchführung des 1. Landschaftstages, zu dem die Zentrale Kommission Natur und Heimat des Kulturbundes (Berlin) einlud.

Der erste Landschaftstag stand in einem Zusammenhang mit der Verkürzung der Arbeitszeit und Einführung der Fünf-Tage-Woche ab dem 1. April 1966. Die Natur- und Heimatfreunde erwarteten dadurch eine noch stärkere Inanspruchnahme der traditionellen Erholungsgebiete. Zugleich sollte der Landschaftstag an zentrale landeskulturelle Tagungen der fünfziger Jahre anknüpfen. Seit 1958 hatte eine solche zentrale Tagung zu Problemen der Landeskultur und des Naturschutzes einschließlich der Erholungsproblematik nicht mehr stattgefunden. Die Zentrale Kommission forderte sämtliche Bezirkskommissionen Natur und Heimat in der DDR auf, zu diesem Thema in Neubrandenburg »beste Beispiele« vorzustellen.

Vom Charakter her war der Landschaftstag eine Fachtagung, organisiert als Vortragsveranstaltung in Verbindung mit Exkursionen. In einzelnen Beiträgen wurde deutlich, dass die Diskussion über die Erholungsproblematik auch dem Ziel dienen sollte, unter den Natur- und Heimatfreunden einen Bewusstseinswandel über Ziele und Aufgabenstellung des Naturschutzes in Richtung Umweltschutz zu befördern[14].

Gilsenbach warb für die ursprüngliche Idee für den »Müritz-Seen-Park«-»Nationalpark« mit Vorrang für Naturschutzziele, eigener Verwaltung und eigenem Haus-

---

11 So stellte Reimar Gilsenbach zur IV. Naturschutzwoche der Deutschen Demokratischen Republik (22.-29.5.1960) ein spezielles »Müritz-Heft« der »Natur und Heimat« (Heft 5/1960) zusammen. Der Landschaftsarchitekt Olaf Festersen, für die Erholungsplanung im Bezirk zuständig, entwickelte seit 1959 zahlreiche Planungen für den Müritz-Seen-Park. – Vgl. z.B. Bundesarchiv, DK 1, 20291, Bl. 134.

12 Vgl. Klafs, G./Schmidt, H., »Wie steht es um den Müritz-Seenpark?«, in *Naturschutzarbeit in Mecklenburg*, 8 (1965) H. 2/3, S. 61–67.

13 Unterstützer waren z.B. der Volkskammerpräsident Prof. Dr. Johannes Dieckmann und der Präsident der Deutschen Akademie der Landwirtschaftswissenschaften, Prof. Dr. Hans Stubbe. – Vgl. *Natur und Heimat* 8 (1960) H. 9.

14 Vgl. Weinitschke, Hugo, »Die Mitwirkung der Natur- und Heimatfreunde bei der Erschließung und Pflege von Erholungsgebieten«, in: Deutscher Kulturbund, Zentrale Kommission Natur und Heimat des Präsidialrates, Fachausschuß Landeskultur und Naturschutz (Hg.), *Landschaft, Erholung und Naturschutz, Auswahl von Referaten des 1. Landschaftstages 1966 in Neubrandenburg*, Berlin 1967, S. 14.

halt und darüber hinaus wie andere Referenten für eine Zentrale Leitung des Erholungswesens in der DDR[15]. Er ging umfassend auf die Nationalpark- und die Naturparkentwicklung in den USA, in Großbritannien, in Finnland, der Bundesrepublik Deutschland und den sozialistischen Ländern sowie auf die Behandlung dieser Schutzgebietskategorie durch UNESCO oder IUCN (International Union for the Conservation of Nature) ein und forderte einen ähnlichen Status für einige großräumige Landschaftsschutzgebiete in der DDR. Die in der DDR für eigentlich nationalpark- oder naturparkwürdige Landschaften gebräuchliche Bezeichnung »Landschaftsschutzgebiet« hielt er für »international nicht anwendbar«[16]. Die Referate von Gästen aus dem (sozialistischen) Ausland dienten schließlich vor allem dazu, die Idee des Nationalparks in der DDR »salonfähig« zu machen[17].

Der Bezirkstag Neubrandenburg fasste am 27.12.1966 auf der Grundlage der Empfehlungen des 1. Landschaftstages zwar den Beschluss, mit Wirkung vom 1.1.1967 das bisherige »Hauptreferat Erholungswesen/Naturschutz« in eine eigenständige »Abteilung Erholungswesen und Naturschutz« mit erweiterter Aufgabenstellung umzubilden und bis zum 15.4.1967 einen wissenschaftlich-technischen Beirat für die Einrichtung eines »Müritz-Seen-Parks« einzurichten, der Grundlagenforschung, Planung und Ausführung begleiten und vorantreiben sollte[18]. Dem Beirat sollten ca. 30 Vertreter wissenschaftlicher und staatlicher Institutionen sowie gesellschaftlicher Organisationen angehören. Es wurde aber sonst nichts getan, um im LSG die Probleme des wilden Bauens oder der Gewässerbelastungen durch

---

15 Gilsenbach, Reimar, »Was ist ein Erholungspark?« (Auszug), in: Deutscher Kulturbund, Zentrale Kommission Natur und Heimat des Präsidialrates, Fachausschuß Landeskultur und Naturschutz (Hg.), *Landschaft, Erholung und Naturschutz, Auswahl von Referaten des 1. Landschaftstages 1966 in Neubrandenburg*, Berlin 1967, S. 65.

16 Ebd., S. 64.

17 Vgl. die Beiträge von Dziedzic, Jan, »Aufgaben und Ergebnisse der Tätigkeit der polnischen Naturschutzliga in Erholungsgebieten der VR Polen«; Klapka, Miroslav, »Naturschutz im Riesengebirge« und Toschkov, Marin, »Waldschutzgebiete in Bulgarien«, alle in: Deutscher Kulturbund, Zentrale Kommission Natur und Heimat des Präsidialrates, Fachausschuß Landeskultur und Naturschutz (Hg.), *Landschaft, Erholung und Naturschutz, Auswahl von Referaten des 1. Landschaftstages 1966 in Neubrandenburg*, Berlin 1967.

18 Vgl. Studienarchiv Umweltgeschichte (StUG), Bestand Brinkmann, Beschluss des Rates des Bezirkes Neubrandenburg vom 27.12.1966 (Beschluss-Nr.197–29/66) »über die Vorbereitung und Durchführung der Urlaubersaison 1967 im Bezirk Neubrandenburg«.

Landwirtschaftsbetriebe zu lösen, obwohl diese Probleme hinlänglich bekannt waren[19].

In einem Brief an den Vorsitzenden des Rates des Bezirks (RdB) forderten Vertreter der Natur- und Heimatfreunde bzw. der Bezirksleitung des Kulturbundes am 14.7.1967 nachdrücklich, die Beschlüsse endlich umzusetzen und den Beirat einzusetzen, wobei nochmals auf die Unterstützung der Müritz-Seen-Park-Idee durch Persönlichkeiten wie den Volkskammer-Präsidenten Johannes Dieckmann oder den Präsidenten der Deutschen Akademie der Landwirtschaftswissenschaften Prof. Dr. Hans Stubbe hingewiesen wurde[20]. Schließlich wurde der Beirat mit dem Beschluss des Rates des Bezirkes vom 24.10.1967 über »Maßnahmen zur Entwicklung des »Müritz-Seen-Parkes« eingerichtet, blieb in der Folgezeit aber ein »Papiertiger«. Gleichzeitig beschloss der Rat des Bezirkes, eine Planstelle bei der Abteilung Erholungswesen für die Erholungsplanung und die Funktion eines Sekretärs des wissenschaftlich-technischen Beirates einzurichten und einen Landschaftspflegeplan durch das Büro für Territorialplanung des Bezirks (BfT) ausarbeiten zu lassen. In dem Beschluss wird als Zielstellung die Weiterentwicklung des »Müritz-Seen-Parks« zum »Naturpark« genannt[21].

Verstanden wurde die Zielstellung »Weiterentwicklung zum Naturpark« oder »Entwicklung des Erholungswesens« vom Rat des Bezirkes bzw. »den staatlichen Organen« nie als Vorrangfestlegung für Naturschutzbelange, im Gegenteil, Weiterentwicklung sollte dann in der Praxis heißen: Weitere Erschließung als Erholungsgebiet bei gleichzeitiger weiterer Erschließung von Teilen des Müritz-Seen-Gebietes, insbesondere im Raum Röbel, für die industriemäßige Landwirtschaft unter dem Schlagwort »Mehrfachnutzung der Landschaft«. Dabei hatte die Land- und Fischereiwirtschaft noch Vorrang vor dem Erholungswesen. »Die Landwirtschaft genoss

---

19 Vgl. StUG, Bestand Brinkmann, Rat des Bezirkes Neubrandenburg, Neustrelitz, d. 27.12.1966, Einschätzung der Urlaubersaison 1966 im Bezirk Neubrandenburg, S. 8–10; sowohl auf dem 1. Landschaftstag als auch in dieser Einschätzung wurde ein Einzelfall hervorgehoben, der offenbar als Beispiel für die Tatkraft des Rates des Bezirkes herhalten mußte. Dem »Bürger Gothe« wurde auferlegt, ein illegal errichtetes Wochenendhaus wieder abzureißen. In derselben Einschätzung wird allein von weiteren 6 illegal errichteten Anlagen und einer fehlenden Übersicht des Kreises Neustrelitz über die festen Erholungsbauten berichtet.

20 Vgl. StUG, Bestand Brinkmann, Schreiben der Bezirksleitung Neubrandenburg des Kulturbundes (Dr. Möwius, Gerda Jäsch) und des Vors. der Bezirkskommission Natur und Heimat (Dr. Siefke) an den Vorsitzenden des Rates des Bezirkes Neubrandenburg vom 14.7.1967.

21 Vgl. StUG, Bestand Brinkmann, Beschluss des RdB Neubrandenburg vom 24.10.1967 (Beschluss-Nr. 180–23/67) über »Maßnahmen zur Entwicklung des »Müritz-Seen-Parkes«.

Narrenfreiheit. Mit Vorliebe wählten Landwirtschaftsbetriebe Produktionsstandorte (z.b. Rinder- und Schweineställe) an Seeufern, wahrscheinlich wegen der bequemen Jaucheentsorgung«[22]. Natur- und Umweltschutzbelange konnten in die Landnutzungsentwicklung lediglich durch Vereinbarungen mit einzelnen kooperationswilligen staatlichen Forstwirtschaftsbetrieben eingebracht werden.

Der erste Landschaftstag und die skizzierten Ereignisse der Jahre 1967 und 1968 bedeuteten gleichzeitig den Höhepunkt und das vorläufige Ende einer sehr kritischen, offenen und von Zeitzeugen als progressiv empfundenen Diskussion über eine naturverträgliche Entwicklung des Erholungswesens, aber auch der Landwirtschaft, der Fischereiwirtschaft und des Siedlungswesens in den Erholungsgebieten des Bezirks[23].

Es gab zwar noch einen weiteren Bezirkstagsbeschluss vom 16.7.1968 über ein »Programm zur Entwicklung des Erholungswesens im Bezirk Neubrandenburg«[24], auch sollten »perspektivische, komplexe Programme« auf Kreisebene erarbeitet und Grundsätze der »territorialen Konzeptionen« mit dem Büro für Territorialplanung abgestimmt werden, nach denen es den Kreisen möglich war, die für die abgestimmten Erholungskategorien typischen Landschaftsteile zu sichern und zu nutzen[25]. Jedoch war unter Schutz- und Pflegegesichtspunkten und gemessen am ursprünglichen Anspruch das Ergebnis gleich Null. Plan und Wirklichkeit im Erholungswesen klafften weit auseinander, umgesetzt wurde von den Vorstellungen der Natur- und Heimatfreunde und des Landschaftsarchitekten Olaf Festersen nichts[26].

---

22 Mündliche Mitteilung Olaf Festersen, 7.12.1999.

23 Vgl. mündliche Mitteilung Olaf Festersen, 7.12.1999: Zu den Gepflogenheiten von Planern im Büro für Territorialplanung gehörten bis Ende der 1960er Jahre Veranstaltungen, in denen jeder seine Planungen zu verteidigen hatte und z.t. scharfe Kritik ertragen musste. Auch Festersen erlebte harte Kritik an seiner selbst entwickelten Methodik der Erholungsplanung im Müritz-Seen-Gebiet, die letztlich zur Weiterentwicklung der wissenschaftlichen Qualität der Planung beitrug.

24 Beschluss des Rates des Bezirkes Neubrandenburg vom 16.7.1968 »Programm zur Entwicklung des Erholungswesens im Bezirk Neubrandenburg«.

25 Vgl. StUG, Bestand Brinkmann, Rat des Bezirkes, Abt. Erholungswesen, Referat Gen. Grundmann beim Bezirksvorstand Deutscher Kulturbund, 10.12.1969 zum Entwurf des Gesetzes über die sozialistische Landeskultur (Landeskulturgesetz), S. 2f.

26 StUG, Bestand Brinkmann, Kurzprotokoll der Beratung der Bezirkskommission Natur und Heimat am 5.2.1969 in Neubrandenburg.

2.2. Der 2. Landschaftstag 1978

Das Ende der progressiven, wenngleich auch erfolglosen Bemühungen um einen in die Landnutzung integrierten Natur- und Landschaftsschutz fällt zusammen mit einigen Entwicklungen in der Landwirtschaft, die maßgeblich vom damaligen Mitglied des Politbüros des Zentralkomitees der SED, Gerhard Grüneberg, herbeigeführt wurden. Dieser besaß im Bezirk Neubrandenburg in Drewitz, Kreis Waren, am Rande des heutigen Naturparks Nossentiner-Schwinzer Heide eine Jagdhütte. »Als Grüneberg kam mit seinen Komplexmeliorationen, wurde mir gesagt: ›Kannst nach Hause gehen! Hier regiert jetzt die Landwirtschaft!‹« – so schildert Festersen rückblickend das Ende der Bemühungen um einen in die Nutzung integrierten Naturschutz im Bezirk Neubrandenburg[27].

Mit dem Namen Grüneberg sind Entwicklungen in der Landwirtschaft der DDR wie die »Komplexmeliorationen«[28] und die rigorose Trennung der Tier- und Pflanzenproduktion verbunden. Die nun in Riesenbetrieben »industriemäßig« betriebene Landwirtschaft führte zur Auflösung des Zusammenhangs zwischen Dorf und Landschaft und zu einer zunehmenden Entfremdung der »Werktätigen« in der Landwirtschaft von den Naturgrundlagen der Produktion. Die Entfremdung wurde herbeigeführt durch die faktische Trennung von Produzent und Produktionsmittel (Boden). Die Schlagworte lauteten bereits seit dem VI. Parteitag der SED 1963 »Spezialisierung, Kooperation und industriemäßige Produktion«.

Grünes Licht für die Trennung der Tier- und Pflanzenproduktion und für gigantische Produktionseinheiten gab der VII. Parteitag der SED im April 1967, auf dem bekannt gegeben wurde, dass sich »die ersten Kooperativen Abteilungen Pflanzenproduktion (KAP)« gebildet hätten und »Kooperationsverbände (Landwirtschaftsbetrieb und Verarbeitung) entstanden seien«[29]. Im Februar 1968 fasste das Sekretariat des Zentralkomitees der SED den Beschluss, »industriemäßige« Anlagen der Tierproduktion zu errichten. Eine »Pilotanlage« im Bereich der Milchviehwirtschaft war die »2.000er Milchviehanlage« in Dedelow, Kreis Prenzlau (heute im

---

27 Mündliche Mitteilung Olaf Festersen, 7.12.1999.

28 Komplexmelioration beinhaltete Entwässerungen, Erschließung, Flurgestaltung (Schaffung maschinengerechter riesiger Schläge) und -neuordnung, landeskulturelle, betriebliche sowie infrastrukturelle Maßnahmen nach der Melioration.

29 Vgl. Krenz, Gerhard, *Notizen zur Landwirtschaftsentwicklung in den Jahren 1945–1990. Erinnerungen und Bekenntnisse eines Zeitzeugen aus dem Bezirk Neubrandenburg*, hrsg. vom Ministerium für Landwirtschaft und Naturschutz des Landes Mecklenburg-Vorpommern, Schwerin 1996, S. 92.

Bundesland Brandenburg gelegen), die 1967 beschlossen und deren Bau 1968 begonnen wurde. 1969 begann die erste Belegung dieser Anlage für 2.000 Milchkühe. Zu dieser Anlage gehörte vor allem aus Entsorgungsgründen eine Gülleberegnungsfläche von 1.200 Hektar und – sowohl aus Ver- als auch Entsorgungsgründen – die Pflanzenproduktion auf 6.690 Hektar, eine Fläche, die zuvor von sieben Landwirtschaftlichen Produktionsgenossenschaften (LPG) und einem Volkseigenen Gut (VEG) bewirtschaftet worden war[30]. Betrieblich schlossen sich diese Betriebe zu einer Kooperativen Abteilung Pflanzenproduktion (KAP) zusammen. Bis 1970 bildeten sich weitere Kooperative Abteilungen Pflanzenproduktion. Der »verhängnisvolle Prozess der Trennung von Tier- und Pflanzenproduktion konnte [...] als eingeleitet gelten.«[31]

Forciert wurde der Prozess der »sozialistischen Intensivierung« nach dem VIII. Parteitag der SED 1971 mit der Machtübernahme durch Erich Honecker und der Orientierung auf die »Hauptaufgabe« im Fünfjahrplan 1971/75. Der Plan sah als »Hauptaufgabe« die »Erhöhung des materiellen und kulturellen Lebensniveaus des Volkes auf der Grundlage eines hohen Entwicklungstempos der sozialistischen Produktion« vor. Sozialistische Intensivierung in der Landwirtschaft sollte heißen: »Chemisierung, Mechanisierung, Melioration, technische Trocknung und Wissenschaftlich-technischer Fortschritt (WTF). Industriemäßige Produktion auf dem Wege der Kooperation sollte entwickelt werden«[32]. Im Ergebnis beschleunigte sich die Gründung von selbstständigen spezialisierten Riesenbetrieben der Tier- und Pflanzenproduktion und von Zwischenbetrieblichen Einrichtungen (ZBE), die unter anderem zu einer Spezialisierung im landwirtschaftlichen Reparatur- und

---

30 Vgl. ebd., S. 102f.; am Beispiel Dolgen (dort begann die Trennung der Tier- und Pflanzenproduktion 1972) beschreibt Krenz die Gefühle von Landwirten angesichts der neuen Entwicklungen: »Im Frühjahr erreichten auch Dolgen die Signale, die die Trennung von Tier- und Pflanzenproduktion nun unumgänglich erscheinen ließen. Es konnte einem Angst werden bei dem Gedanken, Probleme von sieben LPG unter einen Hut zu bringen.« (S. 120f.).

31 Ebd., S. 105; die Trennung der Tier- und Pflanzenproduktion rief auch in der Bundesrepublik Deutschland (häufig ökologisch begründete) Kritik hervor. Es sollte jedoch berücksichtigt werden, dass im gleichen Zeitraum auch dort, unter kapitalistischen Bedingungen, eine Konzentration und Spezialisierung in der landwirtschaftlichen Produktion sowie eine Zentralisation des landwirtschaftlichen Kapitals stattfand. Dieser Prozess führte auch in der Bundesrepublik Deutschland zur Spezialisierung in der Pflanzenproduktion und zur Entkoppelung der Tierproduktion von der Fläche (vom Boden). Ein durch zahlreiche Zeitungs-, Rundfunk- und Fernsehberichte (»Und ewig stinken die Felder«) bekannt gewordenes räumliches Beispiel ist die flächenunabhängige Massentierhaltung in den Landkreisen Vechta/Cloppenburg in Nordwest-Niedersachsen.

32 Ebd., S. 114.

Bauwesen führen sollten. Agrochemische Zentren (ACZ) wurden gegründet und Kreisbetriebe für Landtechnik (KfL) ausgebaut.

Bis 1976 entstanden im Bezirk Neubrandenburg 121 Kooperative Abteilungen Pflanzenproduktion. Gleichzeitig wurden in der ersten Hälfte der siebziger Jahre neue Großanlagen der Tierproduktion gebaut, die den größten Teil des zur Verfügung stehenden Investitionsvolumens beanspruchten, 1974 allein 85 Prozent. In vielen »Altanlagen« aus der Zeit der Kollektivierung, die nicht einmal zehn Jahre alt waren (!), fehlten in diesen und in den Folgejahren Investitionsmittel.

»Hier regiert jetzt die Landwirtschaft« – dieser Sachverhalt wurde in den siebziger Jahren denen, die sich im Bezirk mit dem Schutz und der Pflege der Landschaft befassten, überdeutlich. Die Veränderungen in der landwirtschaftlichen Betriebsorganisation, später auch in der forstwirtschaftlichen, und die Komplexmeliorationen führten zu gravierenden Veränderungen in der Landschaft.

Die geschilderte Entwicklung führte seit Ende der sechziger Jahre zu einer Verschärfung und Ausweitung des Problem- und damit des Themenspektrums, mit dem sich die Natur- und Umweltschützer auf ihren Veranstaltungen befassen mussten. Sie rief aber auch ein wachsendes Gefühl von Ohnmacht und Hilflosigkeit hervor, wenngleich die Diskussionen über den 1969 vorgelegten »Entwurf des Gesetzes über die sozialistische Landeskultur (Landeskulturgesetz)« zu zahlreichen kritischen Äußerungen an der Landschaftsentwicklung im Bezirk führten[33].

Die »Wochen der sozialistischen Landeskultur« vom Mai 1972 und Mai 1973 führten auf der Grundlage des Landeskulturgesetzes von 1970 zu einigen Maßnahmen im Erholungswesen und in der Landwirtschaft:

– Wildes, unkontrolliertes Bauen von Erholungseinrichtungen wurde verboten, Betriebe mussten sich zu »Interessengemeinschaften« zusammenschließen und gemeinsam Festlegungen treffen, etwa zu Standort und Abwasserbeseitigung.
– Im Kreis Neustrelitz wurden einige Seen für den Motorboot-Verkehr gesperrt.
– Meliorationsprojekte mussten von der Abteilung Landeskultur und Erholung (vormals Erholung und Naturschutz) beim Rat des Bezirkes bestätigt werden.

---

33 Vgl. unter anderen StUG, Bestand Brinkmann, Grundsatzdiskussion vom 10.12.1969 zum Entwurf des LKG; Brief Reddin an den Rat des Bezirkes Neubrandenburg betr. Gesetz über die planmäßige Gestaltung der sozialistischen Landeskultur, Neustrelitz, 12.12.1969 und Mitschrift der Redebeiträge zum Bezirkstreffen der Natur- und Heimatfreunde aus Anlass der Woche des Waldes und des Naturschutzes am 22.5.1970 in Waren.

– Vor Beseitigung von Bäumen oder Feldgehölzen musste ein Nachweis geführt werden, dass als Ersatz Anpflanzungen erfolgten.

– Standorte neuer Tierproduktionsanlagen mussten nun ebenfalls von der Abteilung Landeskultur und Erholung bestätigt werden. Siedlungsgebiete und Erholungslandschaften waren nunmehr für die Errichtung solcher Anlagen tabu[34].

Diese Regelungen führten zwar zu einer Formalisierung des Standortfestlegungs-Verfahrens, jedoch verhinderten sie die genannten negativen Erscheinungen nicht.

Die Großraumlandwirtschaft bewirkte nicht nur weitere negative Veränderungen, sondern auch Einschränkungen für das Erholungswesen insgesamt. Der Rat des Bezirkes nahm einige Gebiete aufgrund der Veränderungen in der Flur aus der Erholungsplanung heraus. Alte Feldwege und Fußsteige fielen dem Pflug zum Opfer. Darüber hinaus gingen Badeseen für die Erholung verloren. Neu angelegte Wege dienten allein landwirtschaftlichen Zwecken. 1975 wurde in der Jahresanalyse der Natur- und Heimatfreunde vermerkt, dass die Wandererbewegung »besonders schwach« entwickelt sei[35].

Letztlich blieben Kritik und Widerstand von Natur- und Landschaftsschützern gegen die »sozialistische Intensivierung« aus. Dies lag zum einen daran, dass sich die Naturschützer überwiegend den Aufgaben des »speziellen Naturschutzes« widmeten, eines oft an einzelnen Tier- oder Pflanzenarten orientierten Interesses in Schutzgebieten. Zudem gab es möglicherweise auch organisatorische Schwierigkeiten. Anfang der siebziger Jahre hatten die Natur- und Heimatfreunde im Kulturbund erhebliche »Kaderprobleme« zu lösen, ein »Generationswechsel« war zu bewältigen. Etliche »Führungspersonen« standen in hohem Alter. Bis 1977 finden sich in den Jahresberichten der Bezirkskommission der Natur- und Heimatfreunde immer wieder Hinweise auf Probleme bei der Anleitung der Fachgruppen[36].

---

34 Vgl. zu den Angaben »Eine Buche erzeugt den Sauerstoff für 50–70 Menschen«, in: »*Demokrat*« vom 19./20.5.1973.

35 Vgl. StUG, Bestand Brinkmann, Kulturbund der DDR, Bezirksleitung Neubrandenburg, Jahresanalyse 1975 Bereich Natur und Heimat.

36 Vgl. StUG, Bestand Brinkmann, Kulturbund der DDR, Bezirksleitung Neubrandenburg, Jahresanalyse 1976 Bereich Natur und Heimat: »Im Vordergrund der Arbeit stand die Aktivierung der Bezirkskommission. Gleichzeitig sollte die Überalterung der Leitungsorgane überwunden werden. Dieser komplizierte Prozeß wurde nun abgeschlossen. Die schon im Rentenalter stehenden Bundesfreunde wurden als Ehrenmitglieder der Bezirkskommission berufen.« Leitungsprobleme finden sich aber auch im Jahresbericht 1977.

Die Entwicklungen in der Landwirtschaft des Bezirkes in den siebziger Jahren hatten allerdings zur Folge, dass sich die Natur- und Heimatfreunde nicht nur einem ausgeweiteten Problemzusammenhang widmen, sondern sich vermehrt mit den politisch-planerischen Rahmenbedingungen des Naturschutzes auseinandersetzen mussten. Der Landschaftsarchitekt Festersen erfuhr dies am wachsenden Interesse an seinen Landschaftsplanungen im Erholungsgebiet Feldberger Seenlandschaft, die er in den siebziger Jahren begann[37].

Es gab in den siebziger Jahren nicht nur Ärger mit den ökologischen Folgen der »sozialistischen Intensivierung«, es gab auch einige erfreuliche Entwicklungen für den Naturschutz: In einigen Bezirken der DDR entstanden in dieser Zeit Naturschutzstationen. Sie dienten der Naturschutzweiterbildung, der Erforschung und Betreuung von Schutzgebieten (als Zuarbeit zum Institut für Landschaftsforschung und Naturschutz) und der Durchführung praktischer Naturschutzarbeit in Naturschutz- und Landschaftsschutzgebieten (NSG und LSG) sowie Flächennaturdenkmälern (FND). Dabei spielte der Bezirk Neubrandenburg eine Vorreiterrolle. Hauptinitiator für die Einrichtung solcher Stationen war der Bezirksnaturschutzbeauftragte Horst Ruthenberg.

Naturschutzstationen verbesserten die personelle Situation im Naturschutz spürbar. Im Bezirk Neubrandenburg gab es 1985 fünf Stationen (Serrahn, Galenbecker See, Nonnenhof, Putzar und Kamp) mit insgesamt 18 hauptamtlichen Mitarbeitern (sechs Frauen, zwölf Männer)[38]. Daneben gab es in nahezu jedem Kreis Stationen Junger Naturforscher und Techniker, die zum Teil von den Mitarbeitern der Naturschutzstationen angeleitet und unterstützt wurden und die ein gelungenes Beispiel für die Kinder- und Jugendarbeit im Naturschutz der DDR waren. Diese Stationen gab es vereinzelt schon seit 1953.

Naturschutzstationen und Stationen Junger Naturforscher und Techniker ergänzten die bereits seit Längerem im Bezirk Neubrandenburg vorhandenen, überregional bedeutsamen Naturschutzeinrichtungen wie die Zentrale Lehrstätte für Naturschutz der DDR in Müritzhof (seit 1954), die Biologische Station in Serrahn (Mecklenburg), die Außenstelle Müritzhof des Instituts für Forstschutz und Jagdwesen der Technischen Universität Dresden in Tharandt und die Biologische Station Fauler Ort (ebenfalls in der Nähe des NSG »Ostufer der Müritz«) des Zoologischen Instituts der Martin-Luther-Universität Halle-Wittenberg. Alles in Allem war der

---

37 Mündliche Mitteilung Olaf Festersen, 7.12.1999 und 27.1.2000.
38 Vgl. Ruthenberg, Horst, »Zu Aufgabenstellungen und Ergebnissen der Naturschutzstationen im Bezirk Neubrandenburg«, in: *Naturschutzarbeit in Mecklenburg*, 28 (1985) H. 2, S. 61–65.

Bezirk Neubrandenburg durch die Vielzahl und Größe von Schutzgebieten, Naturschutzstationen und Stationen Junger Naturforscher und Techniker vorbildlich für andere Bezirke in der DDR – trotz aller geschilderten Probleme. Am 28. und 29. April 1976 fand im Urlauberzentrum Klink bei Waren im Bezirk Neubrandenburg eine Zentrale Konferenz des Präsidialrates des Kulturbundes zu »Aufgaben des Kulturbundes auf dem Gebiet der sozialistischen Landeskultur« statt[39]. Ein weiteres wichtiges Ereignis war 1976 für die Natur- und Heimatfreunde im Bezirk Neubrandenburg ein Leitungsseminar des Zentralen Fachausschusses Botanik zum Thema »Erhaltung der floristischen Mannigfaltigkeit unter den Bedingungen der intensiv genutzten Landschaft in der DDR« vom 8. bis 11. April 1976 in Wesenberg. Beide Tagungen versuchten eine umweltpolitische Erweiterung der Ziel- und Aufgabenbestimmung des Naturschutzes und beide Male wurde ausdrücklich der Übergang zur industriellen Großraumwirtschaft als Anlass dafür benannt. Zudem dienten die Tagungen den Vorbereitungen für den zweiten Landschaftstag.

Ein zweiter Landschaftstag stand seit 1974 auf der Agenda der Natur- und Heimatfreunde, ein erstes »Problemgespräch« gab es am 12.12.1975[40], ein weiteres folgte am 13.3.1976. Der 2. Landschaftstag war eigentlich für den 20. bis 22. Mai 1977 vorgesehen, wurde dann aber um ein Jahr verschoben, da vorher auf Kreisebene ein Landeskulturtag durchgeführt werden sollte, der als »Test« für den bezirksweiten Landschaftstag dienen sollte[41]. Als Beispiel diente der Landeskulturtag des Kreises Neustrelitz in Feldberg vom 21. bis 22. Mai 1977. Neben einem »Rechenschaftsbericht« des Vorsitzenden des Rates des Kreises (RdK) Neustrelitz und einer Ausstellung des Landschaftsplanes Feldberg (Bearbeiter: Festersen) gab es einige Exkursionen zu Problem-Standorten der Ortsgestaltung, Denkmalpflege, Landschaftsgestaltung, Parkgestaltung, des Erholungswesens sowie des Umweltschutzes und der Wasserwirtschaft. Das zuletzt genannte Thema wurde anhand negativer Beispiele wie »Lagerplätze mineralischer Düngemittel, Gülleverwertung in Landschaftsschutzgebieten, Abwasserüberleitung Schlicht, Jaucheeinleitung Carwit-

---

39 Kulturbund der DDR, Sekretariat des Präsidiums, Information 9/76: »Aufgaben des Kulturbundes auf dem Gebiet der sozialistischen Landeskultur«, Beschluß der Zentralen Konferenz des Präsidialrates vom 28. und 29. April 1976 in Waren-Klink.

40 Vgl. StUG, Bestand Brinkmann, Kulturbund der DDR, Bezirksleitung Neubrandenburg, Jahresanalyse 1975 Bereich Natur und Heimat.

41 Vgl. StUG, Bestand Brinkmann, Konzeption für die Veranstaltungen zum 2. Landschaftstag im Bezirk Neubrandenburg, 20. bis 22.5.1977, Neubrandenburg, 12.3.1976.

zer See vom Kuhstall und Jaucheeinleitung in Lüttensee vom Schweinestall Tornowhof, Möglichkeiten der Haussee-Sanierung« diskutiert[42]. Einige Handlungsempfehlungen blieben folgenlos[43]. Der ausgestellte Landschaftsplan Feldberg wurde zwar durch den Rat des Bezirkes beschlossen, jedoch letztlich nicht umgesetzt, trotz einzelner örtlicher Bemühungen.

1978 folgten Landeskulturtage in fast allen übrigen Kreisen des Bezirks Neubrandenburg. Auf allen Landeskulturtagen wurde die Gewässerbelastung durch Agrarindustrie und Kommunen als wichtigstes Problem genannt. Auf dem Landeskulturtag des Kreises Altentreptow wurde die Forderung nach Schutzzonen für die Gewässer (500 Meter) erhoben, in denen weder Handels- noch Wirtschaftsdünger ausgebracht werden sollten. Weitere Probleme waren fehlende Düngepläne, mangelnde Wandermöglichkeiten und fehlende wirksame Durchführungsverordnungen für die Bestimmungen des Landeskulturgesetzes[44].

Die Bezirksleitung der Natur- und Heimatfreunde bewertete die Landeskulturtage positiv als »neue Form der Zusammenarbeit« zwischen Kulturbund und staatlichen Organen, als Beispiel für Bürgerbeteiligung und die Einbeziehung von Künstlern und Architekten in die Öffentlichkeitsarbeit. Im Zusammenhang mit den Landeskulturtagen bilanzierte die Bezirksleitung über 200 Vorträge, 17 Foren und Klubgespräche, 68 Ortsbegehungen und 43 Exkursionen zu landeskulturellen Problemen[45].

Alle Landeskulturtage liefen nach dem gleichen »Strickmuster« ab. Die Vorsitzenden der Räte der Kreise hielten Rechenschaftsberichte (sie sollten »abrechnen, was in der Vergangenheit getan wurde [...], andererseits neue Impulse auslösen«[46]), es folgten einige Wortbeiträge von Funktionsträgern und Exkursionen.

---

42 Vgl. StUG, Bestand Brinkmann, Der Rat der Stadt Feldberg, Brief an den Kulturbund der DDR, Kreisleitung Neustrelitz vom 26.4.1977, Vorschlag für Exkursionsgruppen zum Landeskulturtag.

43 Vgl. StUG, Bestand Brinkmann, Empfehlungen des Landeskulturtages Feldberg, o.O., o.D.

44 »Wo kann in unserem Flachland in der Umgebung von Städten noch gewandert werden? Die Fernstraßen sind wegen des Autoverkehrs nicht zu brauchen, die alten Feldwege und Fußsteige sind durch die Großraumwirtschaft vielfach übergepflügt und damit beseitigt worden.« – Vgl. hierzu »Wanderfreuden heute ein Problem. Bericht vom 2. Landschaftstag«, Freie Erde vom 23.6.1978. Zitiert wurde von der Redakteurin eine Äußerung von Paul Friedrich Brinkmann, Bezirkssekretär im Bereich Natur und Heimat des Kulturbundes.

45 Vgl. StUG, Bestand Brinkmann, Kulturbund der DDR, Bezirksleitung Neubrandenburg, Jahresanalyse 1978 Bereich Natur und Heimat.

46 *Wochenpost*, Nr. 6/1978.

Ähnlich verlief dann der 2. Landschaftstag »Mecklenburgisch- Brandenburgische Seenplatte der Bezirke Schwerin, Potsdam, Neubrandenburg – 16. und 17. Juni 1978« (vgl. Abbildung), dem das Motto: »Nutzung, Schutz und planmässige Gestaltung der Landschaft zur ständigen Verbesserung sozialistischer Arbeits- und Lebensbedingungen« vorangestellt worden war. Dieser zweite Landschaftstag, zu dem Vertreter der drei »Anrainerbezirke« der »M-B-S« (Mecklenburgisch-Brandenburgische Seenplatte) eingeladen worden waren, bezog sich auf ein überregionales Erholungsgebiet, während die Landeskulturtage regionale und lokale Erholungsgebiete behandelten (Beispiel: Feldberger Seengebiet). Die Dokumente des zweiten Landschaftstages spiegeln den genannten Bezug zu einer konkreten Landschaft jedoch nicht wider, denn es finden sich Beiträge zu allgemeinen Umweltproblemen aller drei Bezirke, schwerpunktmäßig des Bezirks Neubrandenburg.

Abb. 1: Plakat zum 2. Landschaftstag 1978.
Studienarchiv Umweltgeschichte, Plakatsammlung

Der Landschaftstag wurde am 16. Juni 1978 in den »gastgebenden Kreisen« Waren, Neuruppin, Templin und Neubrandenburg eröffnet und endete mit der zentralen Veranstaltung in Neubrandenburg am 17. Juni 1978.

In den Redebeiträgen finden sich nur vereinzelt kritische Stellungnahmen. Sogar von Naturschutzbeauftragten wurde betont, dass Prozesse wie der Übergang zur industriemäßigen Großraumlandwirtschaft »objektiv notwendig« seien und dass es gelte, »alle Intensivierungsfaktoren, die wichtigsten sind die Chemisierung, die Melioration und die komplexe Mechanisierung, voll durchzusetzen, um jedem Hektar landwirtschaftlicher Nutzfläche Hocherträge abzuringen.

Die Probleme, die durch den Übergang zur industriemäßigen Landwirtschaft in den Jahren zuvor entstanden waren, wurden allerdings auch durch solche Wortbeiträge deutlich. In der Schlusserklärung des zweiten Landschaftstages finden sich nur allgemeine Empfehlungen. Ein weiterer (3.) Landschaftstag sollte 1980 stattfinden[47].

Im Gegensatz zum ersten Landschaftstag kann der zweite wie folgt charakterisiert werden: Auf dem ersten Landschaftstag 1966 wurde ein Konfliktfeld (Erholung – Naturschutz) in einem begrenzten Raum (»Müritz-Seen-Gebiet«) diskutiert. Die Redebeiträge enthielten damals zum Teil scharfe Kritik. Offen wurden Fehlentwicklungen angeprangert. In Vorbereitung auf den ersten Landschaftstag waren zudem in den Bezirken der DDR von den Natur- und Heimatfreunden konkrete Maßnahmepläne für Erholungsgebiete erarbeitet worden.

Ganz anders der zweite Landschaftstag: Thematisch wurden sämtliche Problemfelder der Landeskultur behandelt. Der Raumbezug (»Mecklenburgisch-Brandenburgische Seenplatte«) war aus Sicht der einzelnen Natur- und Umweltschützer zu groß. Aus Sicht der Territorial- bzw. Landschaftsplanung war der Raumbezug Mecklenburgisch-Brandenburgische Seenplatte – auch als geografischer Begriff – hingegen sinnvoll, da die Probleme der Landschaftsentwicklung dort überall ähnlich waren.

Fast alle Redner und Rednerinnen versuchten nicht durch offene Kritik, durch mehr oder weniger deutliche Anprangerung von Missständen, sondern durch Verweis auf positive Beispiele der Zusammenarbeit zwischen Natur- und Umweltschutz einerseits sowie Land- und Forstwirtschaft, Wasserwirtschaft oder Erholungswesen andererseits zur »Nachahmung« anzuregen. Stets wurde lobend auf die vorbildhafte Arbeit der Natur- und Heimatfreunde, von Lehrern, Förstern usw.

---

47 Vgl. *Natur und Umwelt im Bezirk Neubrandenburg* 3/1979, 2. Landschaftstag »Mecklenburgisch-Brandenburgische Seenplatte« der Bezirke Schwerin, Potsdam, Neubrandenburg, 16. und 17. Juni 1978, Erklärung, S. 45f.

hingewiesen. Die realen Prozesse in Land-, Fischerei- und Forstwirtschaft (auch dort wurde zur industriemäßigen Holzproduktion übergegangen[48]) oder im Erholungswesen wurden offenbar als unabänderlich hingenommen oder als objektiv notwendig unterstützt.

Der zweite Landschaftstag und die dazugehörigen Landeskulturtage in den Kreisen endeten mit allgemeinen Empfehlungen. Konkrete Maßnahmen wurden nicht vereinbart, abgesehen vom Landeskulturtag Feldberg, in dessen Zusammenhang der Landschaftsplan Feldberg verabschiedet wurde, der aber auch folgenlos blieb.

Hervorzuheben ist allerdings, dass als Reaktion auf die unübersehbaren Eingriffe in den Naturhaushalt, in den siebziger Jahren die Bestellung von Umweltschutzbeauftragten in Betrieben begann. Es arbeiteten Mitte der achtziger Jahre schließlich ca. 200 betriebliche Umweltschutzbeauftragte im Bezirk Neubrandenburg.

Der 3. Landschaftstag 1986

Acht Jahre später als auf dem zweiten Landschaftstag 1978 angeregt, fand ein dritter Landschaftstag statt. Er fiel bereits in die »Niedergangsphase« der DDR. Politische Ereignisse wie der NATO-»Doppelbeschluss«, der Einmarsch der Sowjetunion in Afghanistan oder die Verhängung des Kriegszustandes in Polen trugen zur Polarisierung (Verschärfung des »Klassenkampfes nach innen«) bei und hatten somit unmittelbaren Einfluss auf das innenpolitische Klima in der DDR. Es wurde zunehmend nur noch hinter vorgehaltener Hand kritisiert, offene Diskussionen zu Fehlentwicklungen und Missständen erstarben, Resignation und Zynismus griffen um sich. Gleichzeitig führte die Energiekrise, die sich bereits seit Mitte der siebziger Jahre auch in der Landwirtschaft der DDR abzeichnete, dazu, dass die Zeit der »Experimente« vorbei war. Dies machte schon der IX. Parteitag der SED 1976 deutlich, indem er die »sozialistische Intensivierung« in der Landwirtschaft neu interpretierte. Unter dem Begriff wurde nicht mehr nur die Chemisierung, Mechanisierung, Melioration und technische Trocknung verstanden, sondern auch die »Rationalisierung und Rekonstruktion«. Dies führte dazu, dass bereits in den siebziger Jahren die Zahl der kurz zuvor gegründeten Zwischenbetrieblichen Einrichtungen

---

48 Vgl. hierzu Lenkat, Heinz, *Im Dienste der Staatsjagd*, Milow 2000.

drastisch abnahm und in den Landwirtschaftlichen Produktionsgenossenschaften und Volkseigenen Gütern wieder eigene Baubrigaden entstanden, die sich auch der Rekonstruktion älterer Wirtschaftsgebäude widmeten, wenngleich die Kapazitäten dafür kaum vorhanden waren.

Im Bezirk Neubrandenburg war die Trennung der Tier- und Pflanzenproduktion 1980 im Wesentlichen vollzogen und auf eine neue rechtliche Basis gestellt (»spezialisierte« Landwirtschaftliche Produktionsgenossenschaften Tierproduktion – (LPG (T) – und Landwirtschaftliche Produktionsgenossenschaften Pflanzenproduktion – LPG (P)). Für »spektakuläre Aktionen« fehlten in der Landwirtschaft in den achtziger Jahren dann jedoch die wirtschaftlichen Mittel[49]. Auf dem X. und XI. Parteitag der SED 1981 und 1986 wurden sogar vorsichtige Korrekturen in der Landwirtschaftspolitik eingeleitet, die bis zu seinem Tode 1981 maßgeblich durch die gigantomanischen Vorstellungen Gerhard Grünebergs geprägt war[50]. Es kam »Ruhe in die Schlageinteilung und deren Einordnung in Fruchtfolgen. [...] EDV-Düngungsempfehlungen wurden flächendeckend angewandt. ›Schlagbezogene Höchstertragskonzeptionen (HEK)‹ sollten, bezogen auf ›jeden m² Boden‹, differenzierte Maßnahmen festlegen, [...] Es war auch eine gewisse Stabilität der Anbaustruktur erreicht worden. [...] Auch in der Tierproduktion des Bezirkes Neubrandenburg deutete sich eine gewisse Stabilisierung an. [...] Außer für die Erweiterung der Schafbestände wurden Neubauten in der Tierproduktion seit 1980 so gut wie nicht mehr errichtet«[51].

Wichtigstes Umweltproblem blieb in der ersten Hälfte der achtziger Jahre die Gewässerbelastung durch Stoffeinträge aus der Land- und Fischereiwirtschaft sowie durch kommunale Abwässer. Im Bezirk Neubrandenburg wurden in den achtziger Jahren von insgesamt 1.412 Seen und Teichen über ein Hektar Größe immerhin 350 (ca. 55.000 Hektar) fischereiwirtschaftlich genutzt. Öffentliche Kritik war schwierig geworden, weil Daten zur Gewässer-Qualität bereits seit Anfang der achtziger Jahre nicht mehr veröffentlicht wurden und dadurch die empirische Grundlage für einen kritischen Umgang mit der Gewässernutzung fehlte. Offiziell wurde die Gewässersituation verharmlost. »Standardsprüche« waren: »Die Daten wurden verbessert« oder: »Die Daten konnten gehalten werden«[52].

---

49 Vgl. Krenz, *Notizen zur Landwirtschaftsentwicklung*, S. 165 und 167.
50 Vgl. ebd., S. 168.
51 Ebd., S. 172f.
52 Mündliche Mitteilung Paul-Friedrich Brinkmann, 28.1.2000.

Die Veränderungen der politischen Lage und die materiellen Engpässe spiegelten sich in einer Beschränkung der Arbeitsmöglichkeiten der Natur- und Heimatfreunde und in der »umweltpolitischen Kultur« wider. 1980 wurde im Kulturbund der Bereich Natur und Heimat in eine »Gesellschaft für Natur und Umwelt« (GNU) umgegründet[53]. Etwa zeitgleich begann im Aufgabenbereich Jagd und Naturschutz auf Bezirks- und Kreisebene die »Auswechslung von Kadern«: Funktionsträger, die bislang nicht Mitglied der SED waren, wurden ausgewechselt. Daneben gab es bis in die achtziger Jahre hinein den Aufgabenbereich UWE – Umweltschutz, Wasserwirtschaft und Erholung. Dort waren die Funktionsträger in der Regel Mitglieder der »befreundeten Parteien« Christlich-Demokratische Union (CDU), Demokratische Bauernpartei Deutschlands (DBD) oder Liberaldemokratische Partei Deutschlands (LDPD); sie hatten bei Entscheidungen kaum Stimmrecht, mussten jedoch für Fehlentwicklungen »gerade stehen«. Die Stellvertreter der jeweiligen Funktionsträger waren immer Mitglieder der SED. Der Aufgabenbereich Erholung wurde »abgehängt«. Die Funktionsträger in diesem Bereich, in dem jährlich saisonale Konferenzen stattfanden, waren allesamt Mitglieder der SED[54].

Die Arbeitsmöglichkeiten der Gesellschaft für Natur und Umwelt verschlechterten sich sowohl in finanzieller wie in räumlicher Hinsicht. Finanzielle Mittel wurden auf einige Großveranstaltungen konzentriert, zum Beispiel auf die Arbeiterfestspiele der DDR, die 1982 im Bezirk Neubrandenburg stattfanden. Das Papierkontingent für Veröffentlichungen verringerte sich drastisch[55]. In räumlicher Hinsicht kam es ebenfalls zu einer Einengung der Arbeitsgebiete: Zum einen wurden in Folge des NATO-»Doppelbeschlusses« militärische Übungsplätze vergrößert (zum Beispiel Torgelow, Altentreptow, Kratzeburg, Warenshof, Nossentiner Heide); zum anderen wurden Staatsjagdgebiete (zum Beispiel Groß Dölln, Nossentiner Heide) ausgeweitet, insbesondere nach Erlass des Jagdgesetzes der DDR 1984, in dem personengebundene Staatsjagdgebiete, Sonderstaatsjagdgebiete, »normale« Staats-

---

53 Vgl. zur Gründung der GNU Behrens, H./Benkert, U./Hopfmann, J./Maechler, U., *Wurzeln der Umweltbewegung. Die Gesellschaft für Natur und Umwelt im Kulturbund der DDR*, Marburg 1993.

54 Mündliche Mitteilung Paul Friedrich Brinkmann, 28.1.2000; die Nationale Front beschäftigte sich seit 1980 zunehmend nur noch mit Problemen der Ortsgestaltung und nicht mehr mit Problemen des Erholungswesens einschließlich des Natur- und Umweltschutzes.

55 Im Bezirk Neubrandenburg gab es drei »bezirksweite« Naturschutzveröffentlichungen: Den »botanischen Rundbrief des Bezirks Neubrandenburg«, den »zoologischen Rundbrief...« und den »naturkundlichen Rundbrief...« (heute: LABUS); hinzu kam das Periodikum »Natur und Umwelt im Bezirk Neubrandenburg«.

jagdgebiete und die Arbeit von Jagdgesellschaften geregelt waren[56]. In diesem Zusammenhang gingen dem Naturschutz zunächst einzelne Naturschutzstationen verloren, beispielsweise Gehren/Georgenthal im Staatsjagdgebiet Rothemühl, oder Serrahn. »Wer nicht Jäger war, kam gar nicht mehr hinein«, so beschrieb der langjährige Sekretär des Kulturbundes Paul-Friedrich Brinkmann die Situation auch für Naturschützer in Staatsjagdgebieten[57]. Später wurde vereinzelt Ersatz für die verloren gegangenen Stationen geschaffen, beispielsweise durch die Naturschutzstation Nonnenmühle als Ersatz für Serrahn, Kamp am Greifswalder Bodden oder das Zentrum für Landschaftspflege in Neu-Meiershof am Tollensesee, das aber erst nach dem dritten Landschaftstag eröffnet wurde.

Kritik an der staatlichen Umweltpolitik wurde in den achtziger Jahren nur noch in persönlichen Gesprächen oder anhand konkreter Probleme vor Ort geäußert. Eine öffentliche Kritik fand nicht statt, weder in Referaten, noch in schriftlichen Berichten oder in der Presse.

Auf Kreisebene wurden bis zum bezirksweiten dritten Landschaftstag zahlreiche Landeskulturtage sowie einzelne überregional bedeutsame Tagungen durchgeführt. Der dritte Landschaftstag »Mecklenburgisch-Brandenburgische Seenplatte« fand erst am 13. September 1986 in Neubrandenburg statt, dieses Mal ohne Beteiligung der Bezirke Potsdam und Schwerin. Er war verbunden mit einer Ausstellung eines weiteren wichtigen Landschaftsplanes, des Landschaftsplanes »Südkreis«, der von Festersen und dem Geografen Relling erarbeitet wurde.

Der Landschaftsplan »Südkreis« wurde auf dem dritten Landschaftstag durch das Ministerium für Umweltschutz und Wasserwirtschaft der DDR abgenommen und der Rat des Bezirkes sollte in einem entsprechenden Beschluss die Umsetzung des Planes einleiten. Doch der Rat des Bezirkes boykottierte dessen Umsetzung. Festersen erarbeitete bis zur »Wende« ca. zehn Beschlussvorlagen, die allesamt ohne Ergebnis blieben.

Hauptziel des Landschaftsplanes war es, »Regelungen zur langfristigen Mehrfachnutzung der natürlichen Ressourcen durch die verschiedenen Volkswirtschaftszweige zu treffen.« Insgesamt sollten »ökologische Zusammenhänge (Gratiswirkung der Produktivkraft Natur)« stärker berücksichtigt werden als bisher. In den Planun-

---

56 Vgl. zu Staatsjagdgebieten im Bezirk Neubrandenburg am Beispiel des Staatsjagdgebietes Rothemühl Lenkat, *Im Dienste*. Im Bezirk Neubrandenburg jagten die Politbüromitglieder Kleiber, Herrmann, Honecker, Stoph und Grüneberg.

57 Mündliche Mitteilung Paul-Friedrich Brinkmann, 28.1.2000; kritisiert wurde von den Naturschützern generell der Überbesatz an jagdbarem Wild in einzelnen Staatsjagdgebieten.

terlagen wurden die ökologischen Probleme in den Südkreisen deutlich beschrieben: Gewässerbelastungen durch Land- und Fischereiwirtschaft, Erholungswesen und kommunale Abwässer, die negativen Folgen der Meliorationen, Überdüngung, Strukturschäden an Böden, forstwirtschaftliche Monokulturen, besonders auf Sanderflächen und fehlende bzw. mangelhafte Abstimmung zwischen den einzelnen Volkswirtschaftszweigen[58].

Der Landschaftsplan »Südkreise« sollte diesen Problemen mit einem abgestimmten System von Ruhe- und Nutzungszonen und zahlreichen Vorschlägen für die einzelnen Volkswirtschaftszweige begegnen.

Nach dem dritten Landschaftstag fanden im Bezirk und in den Kreisen nur noch wenige überörtliche Veranstaltungen oder Aktivitäten statt. Vom 24. Februar 1989 datiert die letzte Bezirkskonferenz zum Thema »Nutzung und Schutz der Umwelt im Bezirk Neubrandenburg«, auf der wie in den Jahren zuvor vor allem die Gewässerreinhaltung als zentrales Problem diskutiert wurde.

Die Teilnehmer an der Konferenz diskutierten neben der Gewässerproblematik auch die Beseitigung von Söllen (»Noch immer werden solche komplexen Lebensräume beseitigt, was keine Pflegemaßnahme der Landschaft darstellt«[59]), das ungesetzliche Bauen in Landschaftsschutzgebieten, die Müllprobleme, den betrieblichen Umweltschutz in der Landwirtschaft, die Arbeit der Gesellschaft für Natur und Umwelt, philosophische Probleme des Umweltschutzes sowie den Stand der Naturschutzarbeit.

Erfolge im Naturschutz, speziell dem Arten- und Biotopschutz, sah Dieter Martin, seinerzeit Leiter der Zentralen Lehrstätte für Naturschutz Müritzhof, begrenzt auf die waldbestockten, seenreichen Regionen im Süden und Südwesten des Bezirks, »während bei den an die agrarisch genutzte Landschaft gebundenen Arten ... die negativen Tendenzen weiter anhalten. Bei den Pflanzenarten sind die Ergebnisse analog«[60].

In der agrarischen Bodennutzung wurden von den Landwirtschaftlichen Produktionsgenossenschaften Pflanzenproduktion allerdings im Zusammenhang mit

58 Vgl. StUG, Bestand Festersen, Informationsmaterial zum Landschaftsplan Südkreise (Stand 1984)

59 Krauß, Neidhardt, »Zum Schutz und zur Pflege der Landschaft«, in: Rat des Bezirks Neubrandenburg, Bezirksvorstand Neubrandenburg der URANIA, Bezirksvorstand Neubrandenburg der Gesellschaft für Natur und Umwelt im Kulturbund der DDR (Hg.), *Nutzung und Schutz der Umwelt im Bezirk Neubrandenburg, Vorträge und Schlußwort der Umweltkonferenz vom 24.02.1989, Referentenmaterial,* Neubrandenburg 1989, S. 20.

60 Martin, Dieter, »Stand und Aufgaben der Naturschutzarbeit«, in: ebd., S. 25.

dem Übergang zu »schlagbezogenen Höchstertragskonzeptionen (HEK)« entscheidende Verbesserungen der Bearbeitungsverfahren eingeleitet, die diese Bilanz mittelfristig möglicherweise hätten verbessern können. Seit Mitte der achtziger Jahre wurde eine »Schlagkarte – Bodenführung – in Verbindung mit den Grundlagenkarten Landwirtschaft verschiedener Maßstäbe einschließlich ihrer Gestaltung zu thematischen Karten Bodenfruchtbarkeit« eingeführt. Damit wurde versucht eine schlagbezogene Optimierung von Düngung und Pflanzenbehandlung zu erreichen. Dabei verringerten sich auch die Schlaggrößen (von durchschnittlich 53,1 Hektar/Schlag im Jahre 1984 auf 44,5 Hektar/Schlag 1987)[61].

Landschaftstage nach 1990

Der vierte Landschaftstag sollte eigentlich 1990 stattfinden. Dazu kam es durch die »Wende« nicht mehr. Die Fachhochschule Neubrandenburg veranstaltete fast zehn Jahre später, am 10. April 1999, den ersten Landschaftstag nach der »Wende« für die Region »Mecklenburgische Seenplatte«, also einen Teil des ehemaligen Bezirkes Neubrandenburg. Der Name wurde als Erinnerung an die Vergangenheit gewählt. Er sollte zwar nicht beanspruchen, die Tradition der Landschaftstage fortzuführen, aber verdeutlichen, dass nach der ersten Gebiets- und Verwaltungsreform nach der Vereinigung der beiden deutschen Staaten und der damit verbundenen Auflösung des Bezirks 1991 keine »zentralen« Treffen zum Thema Natur- und Umweltschutz mehr stattgefunden hatten. Der Landschaftstag war eine Vortragsveranstaltung zu einigen aktuellen Problemen des Naturschutzes und der Landschaftspflege in der Planungsregion »Mecklenburgische Seenplatte«[62].

Weitere Landschaftstage fanden am 23. und 24. November 2002 in Feldberg sowie am 17. September 2004 in Wittenhagen bei Feldberg statt. Es handelte sich um Vortragsveranstaltungen mit Diskussion und Exkursion. Themen der Vorträge waren auf dem Landschaftstag 2002 der Gewässerschutz und die Entwicklung touristischer Angebote im Naturpark Feldberger Seenlandschaft. Auf dem Landschaftstag 2004 standen wiederum Entwicklungsprobleme des Naturparks Feldberger Seenlandschaft im Mittelpunkt. Es wurde eine Bilanz der »nachhaltigen Ent-

---

61 Vgl. Ratzke, Ulrich, »Nutzung und Schutz des Bodens«, in: ebd., S. 26f.

62 Vgl. die Beiträge in Behrens, Hermann (Hg.), *Landschaftsentwicklung und Landschaftsplanung in der Region »Mecklenburgische Seenplatte«*, Schriftenreihe der Fachhochschule Neubrandenburg, Neubrandenburg 2000.

wicklung« im Naturpark gezogen, ferner gab es Vorträge zum Stand des Mühlenbach-Programms, zu touristischen Angeboten wie dem »Geopark« und der »Eiszeitroute«, zu einem Radwegekonzept des Landkreises Mecklenburg-Strelitz, zur Vereinheitlichung der Beschilderung der Havelwasserstraße und zur 50-jährigen Tätigkeit der Arbeitsgemeinschaft BONITO.

Zusammenfassung

Im ehemaligen Bezirk Neubrandenburg wurden zwischen 1966 und 1990 zahlreiche Landeskulturtage in den (früheren) Landkreisen und drei bezirks- bzw. regionsweite Landschaftstage durchgeführt. Begonnen hatte die Tradition der Landschaftstage und Landeskulturtage als offener und kritischer Austausch über Probleme der Landschaftsentwicklung und über Strategien des Naturschutzes in (bestimmten) Erholungsgebieten, als neuartiges Instrument einer kooperations- und kommunikationsorientierten Suche nach Problemlösungen und für die Verabschiedung eines Handlungsprogramms. Der erste (zentrale) Landschaftstag 1966 spiegelte seinerzeit noch die Hoffnung auf die progressiven Wirkungen der neuen Staats- und Gesellschaftsordnung wider.

Der zweite und dritte Landschaftstag 1978 bzw. 1986 im ehemaligen Bezirk Neubrandenburg war wie andernorts in der DDR gekennzeichnet durch eine umweltpolitische Ausweitung der Problem- und Themenfelder. Den Hintergrund dafür bildeten im (Agrar-)Bezirk Neubrandenburg die grundlegenden Veränderungen der Agrar- und Landschaftsstruktur im Zuge der »sozialistischen Intensivierung«. Die Natur- und Umweltschützer standen den negativen Veränderungen der Landschaft hilflos gegenüber. Eine offene und kritische Reflexion der Entwicklungen in der Agrarlandschaft findet sich in den Dokumenten des zweiten und dritten Landschaftstages nicht. Zudem fehlten konkrete Maßnahmekataloge bzw. Handlungsprogramme, es dominierten allgemeine Empfehlungen, die die Hoffnung auf »ökologischen« Bewusstseinswandel und darauf aufbauende freiwillige Schutz- und Pflegemaßnahmen der wichtigsten Landnutzer widerspiegelten. Ohnmacht und Resignation nahmen in der Zeit zwischen dem zweiten und dritten Landschaftstag vor dem Hintergrund eines allgemeinen politischen Wandels und der Ressourcenprobleme in der DDR zu.

Die Landschaftstage nach 1990 haben, auch auf Grund der veränderten gesellschaftlichen Rahmenbedingungen, mit den anderen Landschaftstagen nur noch wenig gemein.

Die Landschaftstage und Landeskulturtage in der DDR bleiben ein untersuchenswertes Beispiel für Ansätze der Auseinandersetzung über Probleme im Mensch-Natur-Verhältnis in einer anders strukturierten Gesellschaft als der heutigen Bundesrepublik Deutschland. Sie sind ein frühes Beispiel für den Versuch, am »Runden Tisch« zu Problemlösungen zu kommen. »Echte« Problemlösungen sind nur dann zu erwarten, wenn an diesem »Runden Tisch« prinzipiell alle Interessen bzw. alle Akteure *tatsächlich* gleichberechtigt sind und die Problemlösungen eine transparente und gerechtigkeitsorientierte Interessenabwägung widerspiegeln. Sie sind dann nicht zu erwarten, wenn eigentumsrechtlich, ökonomisch oder politisch den Interessen Einzelner oder einzelner Nutzergruppen wie der Landwirtschaft Vorrang gewährt wird. Insofern zeigten die beiden Gesellschaftssysteme hinsichtlich der Behandlung von Umweltproblemen mehr Gemeinsamkeiten als Unterschiede.

Die Entwicklung des Naturschutzes und der Landschaftsplanung nach dem Zweiten Weltkrieg

Stefan Körner

Einleitung

Anlass für die derzeitige intensive Beschäftigung mit der Geschichte des Naturschutzes und der Landschaftsplanung ist das aktuelle Akzeptanzdefizit des Naturschutzes. Dieses äußert sich beispielsweise bei der Ausweisung von Nationalparks in mitunter massiven Protesten seitens der Bevölkerung, die dem Naturschutz vorwirft, er beraube sie der Verfügungsgewalt über ihre Heimat. Im Kontext dieser Probleme wird die Forderung erhoben, dass der Naturschutz ein neues »soziales Naturideal« entwickeln müsse, das sich wieder auf die konkrete Lebenswelt der Leute und damit auf ihre Heimat richtet. Mit dieser Forderung ist eine Kritik an einem einseitig technologisch orientierten Umweltschutz als Schutz lebenswichtiger Ressourcen verbunden, der diese lebensweltliche Verbindung der Menschen zur Natur nicht beachte[1].

Heimat ist aber aufgrund der ideologischen Rolle des Naturschutzes und der Landschaftsgestaltung im Nationalsozialismus ein Reizthema. Daher wurde dieses Thema als Leitbild der Planung und des administrativen Naturschutzes nach dem Zweiten Weltkrieg als irrational und politisch nicht mehr vertretbar zunehmend in den Hintergrund gedrängt. Es entstand der massive Zwang, im Rahmen demokratischer Entscheidungsprozesse intersubjektiv nachvollziehbare, das heißt sachliche Gründe für Naturschutzziele zu formulieren. Das wesentliche sachliche Fundament des Naturschutzes sah man in der Ökologie als Naturwissenschaft.

Diese Entwicklung, die um 1970 abgeschlossen war, kann man sicherlich als einen entscheidenden Paradigmenwechsel im Naturschutz und in der Landschafts-

---

1 Vgl. Radkau, Joachim, »Grün ist die Heimat«, in: *Die Zeit* 28.9.2000; Radkau, Joachim, *Natur und Macht. Eine Weltgeschichte der Umwelt,* München 2000; Piechocki, Reinhard, *Altäre des Fortschritts und Aufklärung im 21. Jahrhundert,* Wettbewerbsbeitrag für das Jahrbuch für Ökologie, Manuskript, 2001; Piechocki, Reinhard, »Ein Regenwurm kennt nur Regenwurmdinge«, in: *Frankfurter Allgemeine Zeitung* 6.10.2001.

planung verstehen. Vor allem der administrative Naturschutz galt jetzt als eine sachlich-wertfreie, weil naturwissenschaftlich begründbare und für das materielle Überleben zwingende Aufgabe[2], eine Auffassung, die zwar ein Mythos ist[3], aber erst heute durch das angesprochene Akzeptanzdefizit nachhaltig irritiert wird. Die mit der Forderung nach einem neuen »sozialen Naturideal« wieder auftretende Heimatthematik richtet den Blick auf Heimatschutz vor dem Zweiten Weltkrieg, der nicht allein Interessen verfolgte, die man heute als ökologische bezeichnet, sondern darüber hinaus auch kulturelle. Es sind zwei Strömungen im Heimat- und Naturschutz zu unterscheiden, die kurz dargestellt werden sollen, weil nur so die Entwicklung nach dem Zweiten Weltkrieg verstanden werden kann.

Landespflege und Heimatschutz als Verbindung von Naturschutz im engeren und im weiteren Sinne

Walther Schoenichen, der ehemalige Leiter der Reichsstelle für Naturschutz, unterteilte 1942 den Heimat- und Naturschutz in zwei Bereiche mit ganz unterschiedlichen Aufgabenverständnissen: Die Landschaftsgestaltung als nutzenorientierte Ausgestaltung der heimatlichen Kulturlandschaft (Heimatschutz) wird als Naturschutz *im weiteren Sinne*, der Schutz der Urlandschaft und möglichst unberührter Natur als Naturschutz *im engeren Sinne* bezeichnet[4]. Beide verfügten über eine *unterschiedliche Logik*: Sei die Gestaltung eine *funktional-künstlerische* Aufgabe der Ausgestaltung der Landschaft nach menschlichen Zwecksetzungen, so sei der Urlandschaftsschutz überwiegend eine *ökologisch-naturwissenschaftliche*, also biologische Aufgabe. Er interessiere sich vorwiegend für möglichst ursprüngliche Pflanzengemeinschaften, die er für die vegetationskundliche Forschung unter Naturschutz stellen wolle.

---

2 Körner, Stefan, *Theorie und Methodologie der Landschaftsplanung, Landschaftsarchitektur und Sozialwissenschaftlichen Freiraumplanung vom Nationalsozialismus bis zur Gegenwart*, Berlin 2001, S. 77ff.; Körner, Stefan/Nagel, Annemarie/Eisel, Ulrich, *Naturschutzbegründungen*. Bonn, Bad Godesberg 2003.

3 Der Zwang zur Rationalität gebar somit gewissermaßen eine neue Form von Irrationalität.

4 Schoenichen, Walther, *Naturschutz als völkische und internationale Kulturaufgabe. Eine Übersicht über die allgemeinen, die geologischen, botanischen, zoologischen und anthropologischen Probleme des heimatlichen und des Weltnaturschutzes*, Jena 1942, S. 32f.

Tatsächlich aber beinhaltet auch der Schutz der Urlandschaft kulturelle und letztlich denkmalpflegerische Motive: Denn sie ist nicht nur ein naturwissenschaftliches Studienobjekt, sondern zum einen auch ein historisches Zeugnis. Zum anderen spielt ihre Eigenart eine entscheidende Rolle, denn Schoenichen zählte nicht nur weitgehend ursprüngliche Moore und Hochgebirgsregionen zur Urlandschaft, sondern auch Hutewälder, die Ergebnis der mittelalterlichen Landnutzung waren. Der Grund war, dass sie über eine besonders urwüchsige Individualität verfügten. Beide Schutzinteressen – vegetationskundliche und kulturelle – führten zur Schlussfolgerung, dass menschliche Einflüsse so weit wie möglich *hermetisch* aus den Naturschutzgebieten auszuschließen seien[5]. Damit war das Aufgabenverständnis formuliert, das heute als restriktiv und musealisierend bezeichnet wird. Um die wertvolle Eigenart der Natur zu erhalten, sei – wie man heute sagen würde – Biotoppflege notwendig[6]. Allerdings seien die pflegerischen Möglichkeiten des Naturschutzes begrenzt, weil nach der Aufgabe von Nutzungen die menschlichen Möglichkeiten, Pflanzengemeinschaften künstlich zu erhalten oder gar neu zu begründen, durch das Einsetzen der natürlichen Sukzession eingeschränkt seien. Da sich die Entwicklung der Pflanzengesellschaften im Laufe der Sukzession in einer gesetzmäßigen Stufenfolge in Richtung auf ein festgelegtes Klimax vollziehen würde, bliebe als einziger Weg letztlich nur, der Natur freien Lauf zu lassen[7]. Diese Problematik wird heutzutage unter dem Titel Prozessschutz im Sinne eines dynamisierten Arten- und Biotopschutzes diskutiert und soll unten behandelt werden.

Die kulturellen Motive des vordergründig ökologischen Naturschutzes im engeren Sinne wurde zudem politisch ausgelegt: Neben der Wertschätzung des Urtümlichen und Individuellen galt vorzugsweise das Geschehen in den Hochgebirgswäldern als ein Kampfgeschehen, das dem völkischen Kampf der ›nordischen Rasse‹ mit anderen Völkern um Lebensraum glich, insofern sich der (deutsche) Wald als überlegene Formation gegen andere ›niedere‹ Pflanzengemeinschaften durchsetzte[8].

Der Begriff der Heimat bildete die verbindende konzeptionelle und ideologische Klammer zwischen den beiden Naturschutzverständnissen, denn zur Heimat ge-

---

5 Ebd., S. 3; S. 14.

6 Ebd., S. 14.

7 Ebd., S. 27ff.

8 Vgl. dazu ausführlich Schulz, Jürgen, *Landschaft als Ideal oder als Funktionsträger? Die Interpretation des Naturschutzes im Nationalsozialismus durch die moderne ökologische Planung und eine Entgegnung aus ideengeschichtlicher Perspektive*, Diplomarbeit am Fachbereich Umwelt und Gesellschaft der TU Berlin, Berlin 2000.

hörte beides – Kultur- und Urlandschaft. Der Heimatschutz umfasste daher sowohl den Naturschutz im engeren als auch im weiteren Sinne. Allerdings emanzipierte sich der Naturschutz im engeren Sinne schon frühzeitig durch die Ausrichtung eigener Naturschutztage vom Heimatschutz[9].

Das heimatschützerische Aufgabenfeld wurde bereits von Robert Mielke auch als *Landespflege* bezeichnet[10], ein Begriff, der von Erhard Mäding wieder aufgegriffen wurde[11], allerdings ohne Kenntnis der Arbeit von Mielke[12]. Mäding hatte die Landespflege erstmals als kulturell und ökologisch orientierte *Staatsaufgabe* beschrieben, eine Charakterisierung, an die man nach dem Zweiten Weltkrieg anknüpfte. Aus der ökologisierten Landespflege entstand dann bis ca. 1970 die moderne Landschaftsplanung als Teil staatlicher Daseinsvorsorge.

Die Ökologisierung der Landespflege

Die beschriebene Ausrichtung des Naturschutzes an ökologischen Gesichtspunkten und die damit verbundene Verdrängung kultureller Inhalte aus seinem offiziellen Aufgabenspektrum war das Ergebnis eines diffizilen programmatischen Transformationsprozesses. Der Begriff *Heimat* als grundlegende Motivationsbasis planerischen Handelns wurde in diesem Prozess durch den Begriff der *Gesundheit* ersetzt. Gesundheit beinhaltete zwar weiterhin kulturelle und ideologische Motive, die sich in den Rahmen einer konservativen Zivilisationskritik einordnen lassen[13], kultureller Lebenssinn wurde aber jetzt vorwiegend von der biologischen Leistungsfähigkeit des menschlichen Körpers und des Naturhaushaltes und weniger von der völkischen Eigenart abhängig gemacht[14].

---

9 Das geschah ab 1925. Vgl. dazu Schoenichen, Walther, »Die Bedeutung des Naturschutzes für die wissenschaftliche Forschung«, in: *Beiträge zur Naturdenkmalpflege* 6 (1926), S. 519–528; Schoenichen, Walther, *Naturschutz im Dritten Reich. Einführung in Wesen und Grundlagen zeitgemäßer Naturschutzarbeit*, Berlin Lichterfelde 1934.

10 Mielke, Robert, »Heimatschutz und Landesverschönerung«, in: *Gartenkunst* X (1908), S. 143–145, S. 156–160, S. 182–186.

11 Mäding, Erhard, *Landespflege. Die Gestaltung der Landschaft als Hoheitsrecht und Hoheitspflicht*, Berlin 1942.

12 Mündlicher Hinweis von Heinrich Mäding.

13 Vgl. Körner, Stefan, *Theorie und Methodologie*, S. 99ff.

14 Es klangen aber durchaus noch völkische Denkmotive nach, wenn etwa von einem besonderen Landschaftsgefühl der Deutschen, das eine bestimmte Ausstattung der Landschaft notwendig

Der Mensch lebt nach den Worten des Spiritus Rector der Landespflege Konrad Buchwald, der diesen Transformationsprozess entscheidend betrieben hatte, gegen die Ordnungsprinzipien des Lebens und werde dafür mit der ›Krankheit‹ der Gesellschaft bestraft[15]. Die Kurierung der Gesellschaft soll dabei nicht allein durch eine ökologisch ausgerichtete Landnutzungsplanung auf Basis der Landschaftsplanung vollzogen werden, die die Gesellschaft an die Tragfähigkeit des Naturhaushaltes anpasst, sondern maßgeblich auch durch die Erholungsplanung. Dieser wird von Buchwald die Rolle eines pädagogischen Instruments für die Durchsetzung der seiner Ansicht nach notwendigen kulturellen Wende zugeschrieben[16]. Diese kulturell-politische Rolle der Erholungsplanung wird in folgendem Zitat besonders deutlich: »Die Erholungswerte der Landschaft verdichten sich im irrationalen Erlebnis der Natur; sie sind vorzügliche Läuterungskräfte, ihnen kehrt sich ein in seinem Sinn verdunkeltes, in seiner Ganzheit zerfetztes, an uralten Wertordnungen irregewordenes Daseinsschicksal zu.«[17]

Als Symbol ›gesunder‹ Lebensverhältnisse fungiert die traditionelle Kulturlandschaft: »In Mitteleuropa empfinden wir – abgesehen von der waldreichen höheren Bergregion und Mattenzone – die bäuerliche Kulturlandschaft dann als schön, wenn ein Gleichgewicht von Wald und Feld, Wiese und Weide und ausreichend Wasser in ihr vorhanden ist. Diese von uns als schön empfundenen Landschaften sind aber zugleich im biologischen Gleichgewicht und in ihrem Lebenshaushalt [...] ungestört, d. h. ›gesund‹ und damit stetig wirtschaftlich leistungsfähig.«[18] Die ästhetische Idee der schönen Landschaft wird hier mit der Idee des ökologischen Gleichgewichts gleichgesetzt. Buchwald blendet die Tatsache aus, dass schon in der traditionellen bäuerlichen Kulturlandschaft mitunter ein erheblicher Raubbau stattgefunden hat. Die Ursache ist das konservativ-zivilisationskritische Weltbild Buchwalds; die bäuerliche Gesellschaft wird im Gegensatz zur industriell-städtischen als intakt angesehen, sodass dann auch ihre Kulturlandschaft, die auf der ästhetischen Ebene harmonisch wirkt, ökologisch gesund sein muss.

---

machte, die Rede war. Vgl. Buchwald, Konrad, »Gesundes Land – gesundes Volk«, in: Baden-Württembergische Landesstelle für Naturschutz und Landschaftspflege (Hg.), *Landschaftsschutz und Erholung*, Bd. 1, München 1956, S. 64f.

15 Ebd., S. 56ff.

16 Ebd., S. 60.

17 Buchwald, Konrad, »Die Industriegesellschaft und die Landschaft«, in: Buchwald, Konrad/Lendholt, Werner/Meyer, Konrad (Hg.), *Festschrift für Heinrich-Friedrich Wiepking*, Stuttgart 1963, S. 25–41.

18 Buchwald, Konrad, *Gesundes Land – gesundes Volk*, S. 65.

Die konkreten Aufgabenfelder der Landespflege als ›Gesundungsplanung‹ werden dann als Naturschutz (im engeren Sinne), Landschaftspflege (Erhaltung der traditionellen Kulturlandschaft als ökologische Ideallandschaft) und Grünplanung (Anreicherung der Siedlungen mit ›gesunder‹ Natur) definiert[19]. Dieses Aufgabenverständnis setzte sich in der Landschaftsplanung allgemein durch[20] und ist auf der Ebene der Landschaftsgestaltung deutlich bewahrender ausgerichtet als der alte Heimatschutz. Ging es im Heimatschutz um die Ausgestaltung der Kulturlandschaft nach modernen Zwecksetzungen, wobei allerdings die traditionelle Kulturlandschaft als vorbildliches Muster von Schönheit und Zweckmäßigkeit diente, so muss jetzt diese Kulturlandschaft so gut wie möglich erhalten werden, denn sie ist das Idealbild vermeintlich ökologisch ›gesunder‹ Verhältnisse. Die Landschafts*gestaltung* wird zur Landschafts*pflege*. Zwar verändert auch die Pflege sukzessive einen Gegenstand, sie erhält ihn aber doch so gut es geht. Damit setzte sich auch in der Landschaftsplanung jene musealisierende Planungsmentalität durch, die Kennzeichen des Naturschutzes im engeren Sinne war.

Die Entstehung der Landschaftsplanung als funktionale Umweltplanung

Der zweite Modernisierungsschub bei der Verwissenschaftlichung der Landschaftsplanung begann 1967 in der Erholungsplanung. Die Landschaftsplanung sollte zur konsequent funktionalen Planung ausgebaut werden. Funktional bedeutet im Gegensatz zum heimatschützerischen Funktionalismus, dass nicht Gestaltungen als Einheit von Schönheit und Zweckmäßigkeit verwirklicht werden sollten, sondern dass sich die Planung an dem Prinzip genauer Definition der gesellschaftlichen – letztlich ökonomischen – Nutzungsinteressen, der Erfassung der auf die jeweiligen Nutzungen bezogenen Funktionen des Naturhaushaltes und der exakten Quantifizierung der Landschaftsbewertungen orientieren sollte. Auf diese Weise sollten

---

19 Vgl. Buchwald, Konrad/Lendholt, Werner/Preising, Ernst, »Was ist Landespflege?«, in: *Garten und Landschaft* 74 (1964), H. 7, S. 229–231.

20 Vgl. Forschungsausschuß Landespflege der Akademie für Raumforschung und Landesplanung, »Begriffe aus dem Gebiet der Landespflege«, in: *Landschaft und Stadt* 2 (1969), S. 57. Das von Buchwald und Engelhard in zahlreichen Auflagen herausgegebene Handbuch für Naturschutz und Landschaftspflege galt bis weit in die 1980er Jahre hinein als Lehrbuch der Landschaftsplanung.

intuitive Elemente des Planens eliminiert und damit Transparenz und Berechenbarkeit gestiftet werden. Natur war kein Sinnsymbol mehr, das intakte Verhältnisse verkörperte, sondern letztlich ein Potenzial ökonomischer Nutzungen. Das Leitbild der Planung bildete daher nicht wie bei Buchwald der Mensch als Teil einer ganzheitlichen Ordnung des Lebens, sondern der *Homo oeconomicus*, also der rational kalkulierende Mensch, der seinen individuellen Nutzen optimiert. Die Entwicklung der Planung bestand jetzt darin, auf dieser Basis ihre instrumentelle Durchsetzungsfähigkeit im politisch-administrativen System zu optimieren[21]. Kulturelle Fragen, die mit der Zweckrationalität politischer Entscheidungen nicht ohne Weiteres vermittelbar sind, galten damit als Privatsache.

Diese instrumentelle Orientierung zeigt sich deutlich an den von Wolfgang Erz aufgeführten Aufgaben der Naturschutzforschung, die sich aus den vom Bundesnaturschutzgesetz vorgegebenen allgemeinen Zielen ergeben, nämlich

– die Verbesserung von Rechtsvorschriften und Verwaltungsregelungen,
– die sachgerechte Gewährleistung ihres Vollzugs,
– die Bereitstellung fachlich objektiver Tatbestandsmerkmale für Einzelfallentscheidungen,
– die Erarbeitung von Argumentationshilfen für die Bürgerbeteiligung und
– die Erfolgskontrolle für alle politischen, administrativen und technischen Maßnahmen[22].

Im Rahmen des rationalen Planungs- und Politikverständnisses hat die »ökologische Wissenschaft [...] das (für jede Wissenschaft geltende) Ziel, durch Forschung ein objektiv wahres Abbild dieser untersuchten Gegenstände (Funktionsträger in ökologischen Systemen, Wechselbeziehungen usw.; d. Verf.) zu gewinnen und dadurch ein systematisches Wissen in Form von allgemeingültigen Grundprinzipien und gesetzesmäßigen Erkenntniszusammenhängen zu produzieren, die unabhängig von unterschiedlichen Betrachtungsweisen verschiedener Menschen (Subjektivität) bei jeder Überprüfung nach dieser Methodik gleich bleibt«[23].

Die Differenz zur alten ›Gesundungsplanung‹ liegt also in der Eliminierung metaphysischen Sinns zugunsten intersubjektiver Nachvollziehbarkeit der Bewer-

---

21 Vgl. Bechmann, Armin, *Grundlagen der Planungstheorie und Planungsmethodik*, Bern/Stuttgart 1981.

22 Erz, Wolfgang, »Ökologie oder Naturschutz.« Überlegungen zur terminologischen Trennung und Zusammenfassung, in: *Berichte der Bayerischen Akademie für Naturschutz und Landschaftspflege* 10 (1986), S. 11.

23 Ebd., S. 12.

tungen. Als objektives Kriterium gilt der Nutzen. Das zeigt sich besonders in der Erholungsplanung, die von Buchwald noch als Instrument einer kulturellen Wende verstanden worden war. Erholungswirksame Landschaften wurden nun als Ressource einer bestimmten gesellschaftlichen Nutzung verstanden, ohne dass der Erholung noch ein Erziehungsauftrag zugeschrieben wurde. Die erholungswirksamen Eigenschaften der Landschaft galt es so objektiv wie möglich zu erfassen, um sie dann im politischen Entscheidungsprozess mit anderen Nutzungsinteressen abwägen zu können. Aus diesem Interesse folgte die Einführung der Nutzwertanalyse in die Erholungsplanung, deren erste und am populärsten gewordene Methode in einem Verfahren zur Bestimmung des sogenannten Vielfältigkeitswertes einer Landschaft bestand. Man ging davon aus, dass eine stimmungsvolle Vielfalt die Landschaft besonders anregend und erholungswirksam mache. Das Verfahren zur Bestimmung des V-Werts basierte dann darauf, dass das Erholungspotenzial einer Landschaft durch das Vorhandensein arkadisch wirkender Landschaftselemente bestimmt sei. Diese Elemente wurden gemessen, indem unter anderem ihr Flächenanteil in einer Landschaft bestimmt wurde (z. B. die Länge von besonders vielfältigen und anregenden Randsituationen zwischen Wald und Feld oder an Gewässerrändern). Die dadurch gewonnenen Daten wurden mit einer einfachen Formel zu einem dimensionslosen Einheitswert verrechnet, der den Erholungswert einer Landschaft repräsentiere. Durch diese Quantifizierung wurde somit in standardisierter Form der Wert von Landschaften für die Erholung als Basis politischer Entscheidungen ermittelt[24].

Es zeigte sich jedoch bald, dass die erhoffte Zweckrationalität nicht zu verwirklichen war. Besonders in der Erholungsplanung aber auch in der Landschaftsplanung allgemein konnten *intuitive Momente* des Bewertens *nicht* vermieden werden. Dies galt für die Problembestimmung, die Auswahl von Indikatoren, die Antizipation möglicher Problemfälle, die Auswertung von Kartenmaterial und besonders auch für die Bestimmung erholungswirksamer Landschaftselemente. Der Erfinder des V-Wertes, Hans Kiemstedt, musste zugeben, dass bei der Bestimmung erholungswirksamer Landschaftselemente subjektive Momente des Bewertens keinesfalls auszuschließen waren, weil letztlich dieser Erholungswert immer von der Individua-

---

24 Kiemstedt, Hans, *Zur Bewertung der Landschaft für die Erholung*, Stuttgart 1967; zu den Einzelheiten vgl. Körner, *Theorie und Methodologie*, S. 169ff.

lität einer Landschaft abhängt. Eine standardisierte Bewertung war also zu schematisch[25].

Die stringente Zuordnung von natürlichen Potenzialen zu gesellschaftlichen Nutzungen in einem objektivierten Verfahren ließ sich daher in der Landschaftsplanung nicht verwirklichen. Dennoch wurden die kulturelle Dimension der Landschaftsplanung und der intuitive Gehalt des Bewertens von Natur nie systematisch reflektiert und transparent gemacht.

Die kulturelle Wertdimension der Landschaftsplanung kam erst dann wieder in die Diskussion, als Mitte achtziger Jahre das zentrale Erfolgskriterium der instrumentellen Planung, nämlich ihre Durchsetzungsfähigkeit im politisch administrativen System, in Frage gestellt wurde. Das geschah in der Debatte über das sogenannte »Vollzugsdefizit« der Landschaftsplanung[26]. Zwar beklagte die Landschaftsplanung entsprechend ihres Aufgabenverständnisses vor allem das Fehlen von instrumentellen Ressourcen (fehlender politischer Wille, Geld- und Stellenmangel etc.), aber die Inhalte kulturell motivierter Landschaftsgestaltung erlebten in Form einer sich neu formierenden Landschaftsarchitektur ihr Comeback. Die Landschaftsarchitektur hatte sich schon immer einem kulturellen und künstlerischem Aufgabenverständnis verpflichtet gesehen, wobei sich der künstlerische Anteil ihres Aufgabenverständnisses funktionalen Gesichtspunkten der Freiraumnutzung zu unterwerfen hatte. Landschaftsarchitektur ist daher keine freie Kunst. Trotz dieser funktionalen Begründung galt aber die Landschaftsarchitektur aufgrund ihrer künstlerischen Komponenten als subjektiv und irrational und wurde durch die Modernisierung der Planung zunächst marginalisiert. Sie positionierte sich nach dem Zweiten Weltkrieg – vorrangig an den Universitäten – in Kritik an der verwissenschaftlichten Landschaftsplanung und dem Naturschutz im engeren Sinne. Ihre Vertreter, Schüler von Mattern, kritisierten beide als unschöpferisch und regel-

---

25 Vgl. ausführlich Eckebrecht, Berthold, »Die Entwicklung der Landschaftsplanung an der TU Berlin – Aspekte der Institutionalisierung seit dem 19. Jahrhundert im Verhältnis von Wissenschaftsentwicklung und traditionellem Berufsfeld«, in: Eisel, Ulrich/Schultz, Stefanie (Hg.), *Geschichte und Struktur der Landschaftsplanung*, Berlin 1991, S. 369–424; Körner, *Theorie und Methodologie*, S. 169ff.

26 Vgl. Körner, Stefan, »Das Theoriedefizit der Landschaftsplanung: Eine Untersuchung am Beispiel der aktuellen Diskussion am Fachbereich 14, Landschaftsentwicklung der Technischen Universität Berlin, 1991«, in: Eisel, Ulrich/Schultz, Stefanie (Hg.), *Geschichte und Struktur der Landschaftsplanung*, Berlin 1991, S. 425–473; Eckebrecht, *»Entwicklung«*.

recht menschenfeindlich[27] und erklärten nicht mehr die traditionelle Kulturland-schaft, sondern die Stadt zum eigentlichen Wohnort des modernen Menschen[28]. Die Entwicklung der Landschaftsplanung als Verwissenschaftlichungsprozess erreichte um 1970 einen Höhepunkt. Mit dem Umweltprogramm der Bundesregie-rung von 1971 wurde parallel der *Umweltschutz* im Sinne eines überwiegend tech-nisch, medizinisch-hygienischen und biologisch-ökologischen Ressourcenschutzes politisch etabliert[29]. Die kulturellen und emotionalen Komponenten des Heimat-und Naturschutzes der Vorkriegszeit wurden bei der Entwicklung der Länder- und Bundesgesetzgebung als subjektiv und daher nicht objektiv begründbar verdrängt[30]. Neben der Landschaftsplanung entstand der Arten- und Biotopschutz als Weiter-entwicklung des Naturschutzes im engeren Sinne, der im Folgenden näher betrach-tet werden soll. Er hatte eine biologische Ausrichtung und verband den Bezug auf Arten mit einer räumlichen Perspektive, den Biotopen. Die spezifische Verbindung aus abiotischen Standortfaktoren und Biozönosen wird dabei als Ökosystem ver-standen. Damit konkretisierte sich das naturwissenschaftliche Selbstverständnis des Naturschutzes im engeren Sinne. Dieser Prozess war so erfolgreich, dass Natur-schutz heutzutage allgemein mit Arten- und Biotopschutz gleichgesetzt wird. Aller-dings ist heute eine restriktive und musealisierende Schutzmentalität weitverbreitet und erheblich für das Akzeptanzdefizit des Naturschutzes verantwortlich.

Der Arten- und Biotopschutz

Der Naturschutz im engeren Sinne profitierte vom Zwang zur Verwissenschaftli-chung. Er entwickelte sich nach dem Zweiten Weltkrieg zunehmend zum Arten-und Biotopschutz. Dieser vereint die alte, auf Eigenart bezogene physiognomisch-landschaftskundliche Perspektive des Naturschutzes mit einem ökologischen Auf-

27 Vgl. Bappert, Theseus/Wenzel, Jürgen, »Von Welten und Umwelten«, in: *Garten und Landschaft* 97 (1987), H. 3, S. 45–50.

28 Vgl. ebd.; Kienast, Dieter, »Die Poesie der Stadtlandschaft«, in: *Garten und Landschaft* 102 (1992), H. 3, S. 9–13.

29 Haber, Wolfgang, *Umweltschutz und Umweltpolitik im heutigen Deutschland aus wissenschaftlicher und politi-scher Sicht*, Vortrag auf der deutsch-italienischen Tagung des Alexander von Humboldt-Stiftung in Urbino, Manuskript 1997, S. 2.

30 Zwanzig, Günter Walter, »Wertewandel in der Entwicklung des Naturschutzrechtes«, in: *Berichte der Bayerischen Akademie für Naturschutz und Landschaftspflege*, Nr. 4, Laufen/Salzach 1989, S. 8.

gabenverständnis, insofern die Biotope als standortspezifische Einheiten, also als gestalthaft abgrenzbare Landschaftselemente verstanden werden. Diese Einheiten werden in der populären Sprechweise auch als Ökosysteme bezeichnet, die quasi ein eigenes, in ihrer Eigenart zum Ausdruck kommendes ›Wesen‹ haben.

Damit lässt sich bei aller Ökologisierung weiterhin eine unterschwellig vorhandene kulturelle Orientierung des herkömmlichen Arten- und Biotopschutzes erkennen: Die historisch entstandene Eigenart und damit die in spezifischen Gestalten in Erscheinung tretende Vielfalt der Arten und der Biotope spielt als Bewertungsmaßstab eine zentrale Rolle. Daher werden nur solche Kombinationen von Standorteigenschaften und Arten als wertvoll und intakt betrachtet, die eine spezielle *Typik* und *Repräsentativität* für einen räumlichen Gesamtkontext aufweisen[31]. Wertvoll ist damit das, was zum gewohnten Bild der Landschaft gehört und zu seiner kulturell formierten Eigenart beiträgt. Aus diesem Grund nennt der Landschaftsökologe Giselher Kaule, der das Grundlagenwerk über den Arten- und Biotopschutz geschrieben hat, unter den vom Menschen in jüngster Zeit zurückgedrängten und schützenswerten Arten maßgeblich solche, die sich als Ergebnis der historischen Landnutzung etabliert hatten, nämlich die Begleitarten von Flachs und Buchweizen, die Arten des Streuobstbaus und der Kopfweidenbestände, die Arten der Niederwaldnutzung und des an die Wanderweide angepassten Trockenrasens[32].

Wir haben bei Buchwald gesehen, wie der kulturelle und politische Hintergrund des Eigenartsdenkens dazu führt, dass die traditionelle Kulturlandschaft als ökologisch intakt angesehen wird, weil sie als Ausdruck intakter, nämlich bäuerlicher und von der Zivilisation unberührter Lebensverhältnisse gilt. Dieser Hintergrund ist wohl dafür verantwortlich, dass auch im heutigen Arten- und Biotopschutz weiterhin hartnäckig, gleichwohl mittlerweile unterschwellig, an der in der Ökologie umstrittenen Diversitäts-Stabilitäts-Hypothese festgehalten wird[33]. Denn es wird vorausgesetzt, dass die überlieferte kulturlandschaftliche Vielfalt einen maßgeblichen Beitrag zur funktionalen Stabilität und Leistungsfähigkeit der Ökosysteme

---

31 Vgl. Kaule, Giselher, *Arten- und Biotopschutz*, Stuttgart 1991.

32 Ebd., S. 254.

33 Vgl. Trepl, Ludwig, »Die Diversitäts-Stabilitäts-Diskussion in der Ökologie«, in: *Berichte der Bayerischen Akademie Naturschutz und Landschaftspflege*, Festschrift für Prof. Dr. Dr. h. c. Wolfgang Haber, Beiheft 12, Laufen/Salzach 1995, S. 35–49; Potthast, Thomas, *Die Evolution und der Naturschutz. Zum Verhältnis von Evolutionsbiologie, Ökologie und Naturethik*, Frankfurt, New York 1999.

leistet[34]. Es gibt jedoch eine Vielzahl empirischer Beispiele, die belegen, dass sich die geschätzten Landschaftsbestandteile und damit auch das Arteninventar der traditionellen Kulturlandschaft keinesfalls immer einer nachhaltigen Nutzungsweise verdanken[35]. Gerade die vom Naturschutz hoch geschätzten Hutewälder, Weinberge, Trockenrasen und Heiden sind Ausdruck von zum Teil erheblichen Eingriffen in den Naturhaushalt. Dadurch entstanden Extremstandorte mit spezifisch angepassten, daher ob ihrer Seltenheit und Charakteristik als wertvoll geltenden Arten[36]. Der Arten- und Biotopschutz schützt somit – und diese Einsicht setzt sich zunehmend durch – größtenteils keine natürlichen Ökosysteme, sondern die Spuren historischer Landnutzung. Er leistet damit einen wertvollen, im Grundsatz denkmalpflegerischen Beitrag im Rahmen des Kulturlandschaftsschutzes[37].

Der Ökologismus des Naturschutzes, der durch den Zwang zur Intersubjektivität entstanden ist, erweist nicht nur deshalb als problematisch, weil seine kulturelle Dimension als irrational gilt, sondern weil sich mit ihm auch eine museal-restriktive Schutzmentalität durchsetzte, die heute politisch nicht mehr durchsetzungsfähig ist. Daran gab es schon beginnend mit den fünfziger Jahren Kritik. Drei Kritiklinien sind zu beobachten:

1. wurde von Anfang an Kritik von der Landschaftsarchitektur an dem szientifischen Aufgabenverständnis der Landschaftsplanung und am musealen Ansatz des Naturschutzes geübt,

2. entstanden im Rahmen der gesellschaftlichen Neuorientierung nach 1968 die sozialwissenschaftlich orientierte Freiraumplanung sowie andere Formen emanzipatorischer Planungsansätze, wie die so genannte Kasseler Schule,

---

34 Vgl. z. B. Erz, *Ökologie oder Naturschutz*; Plachter, Harald, *Naturschutz*, Stuttgart 1991; Jedicke, Leonie/Jedicke, Eckhard, *Farbatlas der Landschaften und Biotope Deutschlands*, Stuttgart 1992.

35 Zimen, Erik, »Schützt die Natur vor den Naturschützern«, in: *Natur* 6 (1985), S. 54–57; Häpke, Ulrich, »Die Unwirtlichkeit des Naturschutzes. Böse Thesen«, in: *Kommune* 2 (1990), S. 48–53; Häpke, Ulrich, »Die Industrie, das Militär und der Naturschutz. Weitere böse Thesen«, in: *Kommune* 3 (1990), S. 53–57; Häpke,Ulrich, »... Und Pflanzen doch bloss Plasikbäume. Letzte böse Thesen zum Naturschutz«, in: *Kommune* 4 (1990), S. 65–69.

36 Häpke, *Die Unwirtlichkeit des Naturschutzes*; Konold, Werner, »Raum-zeitliche Dynamik von Kulturlandschaften und Kulturlandschaftselementen. Was können wir für den Naturschutz lernen?«, in: *Naturschutz und Landschaftsplanung* 30 (1998), H. 8/9, S. 279–284.

37 Vgl. Gunzelmann, Thomas/Schenk, Winfried, »Kulturlandschaftspflege im Spannungsfeld von Denkmalpflege, Naturschutz und Raumordnung«, in: *Informationen zur Raumentwicklung* 5/6 (1999), S. 347–360.

3. wurden innerhalb des Naturschutzes im engeren Sinne gegen Ende der achtziger Jahre vorwiegend von Wolfgang Scherzinger, Mitarbeiter im Nationalpark Bayerischer Wald, Prozessschutzkonzeptionen formuliert, um den Naturschutz zu dynamisieren.

Punkt eins und zwei kann man als Kritik an der mangelnden lebensweltlichen Orientierung des Naturschutzes verstehen, Punkt drei als Kritik an seiner ökologischen Begründung[38].

Die Kritik der Landschaftsarchitektur

Die Kritik der Landschaftsarchitektur am engen Naturschutzverständnis wurde erstmals von Hermann Mattern, dem seinerzeit renommiertesten deutschen Landschaftsarchitekten, formuliert. Er hielt an der kulturellen Dimension der Landschaftsgestaltung als einer schöpferisch-künstlerischen Ausgestaltung der menschlichen »Wohnlandschaft« fest[39]. Mattern bezeichnete den Naturschutz wegen seiner musealisierenden Stoßrichtung als eine ›tote‹ und damit lebensfremde Einrichtung, eine Einschätzung, die Schoenichen als »geradezu groteske Entstellung der Ziele und Aufgaben des Naturschutzes«[40] zurückwies. Mattern konnte sich aber mit seinem Gestaltungsverständnis zum damaligen Zeitpunkt nicht durchsetzen, weil Verwissenschaftlichung der Landespflege und des Naturschutzes Anfang der fünfziger Jahre als alternativlos erschien. Seine Kritik wurde erst wieder aufgenommen, als in den achtziger Jahren das angesprochene Vollzugsdefizit der Landschaftsplanung in die Diskussion kam[41]. Unter der Voraussetzung aber, dass Naturschutz als gesellschaftliches Handlungsfeld immer eine kulturelle Komponente hat und dass seine musealisierenden Konzeptionen überwunden werden müssen, ist er wieder auf das Naturschutzverständnis in weiterem Sinne verwiesen. Dieses sah eine funk-

---

38 Quellenangaben siehe im Folgenden.

39 Mattern, Hermann, »Über die Wohnlandschaft«, in: Ders. (Hg.), *Die Wohnlandschaft*, Stuttgart 1950, S. 7–24.

40 Schoenichen, Walther, »Wozu noch Natur?«, in: *Naturschutz und Landschaftspflege* 26 (1951), H. 3/4, S. 34.

41 Vgl. Bappert/Wenzel, *Von Welten und Umwelten*; zu dieser Diskussion an der TU Berlin ausführlich Eckebrecht, *Die Entwicklung der Landschaftsplanung an der TU Berlin*; Körner, *Das Theoriedefizit der Landschaftsplanung*; zum gesamten Kontext ausführlich Körner, *Theorie und Methodologie*.

tionale Gestaltung der Landschaft nach zeitgemäßen Zwecksetzungen vor. Das bedeutet, dass der Naturschutz auf die Kooperation mit den Landnutzern und ihren Fachplanungen sowie auf die Kooperation mit der Landschaftsarchitektur angewiesen ist[42]. Von Teilen des Naturschutzes, vor allem seitens des urbanen Naturschutzes, wird diese Kooperation aktiv gesucht.

Die Kritik der Freiraumplanung

Die Freiraumplanung entstand mit den Neuen Sozialen Bewegungen ab den siebziger Jahren und richtete sich vor allem auf die Gestaltung städtischer Freiräume. Sie steht bis heute sowohl dem Ökologismus der Landschaftsplanung und des Naturschutzes als auch der künstlerisch motivierten Landschaftsarchitektur kritisch gegenüber. Die Landschaftsarchitektur wird kritisiert, weil ihr Gestaltungsverständnis neben funktionalen auch künstlerisch entwerfende Aspekte enthält. Ein künstlerisches Aufgabenverständnis gilt aber als elitär und antidemokratisch. Dagegen hebt die Freiraumplanung vor allem auf die sozialen Verhältnisse ab, die die Nutzung von Freiräume bestimmen. Diese soziale Perspektive führt nicht nur dazu, dass der Ökologismus von Naturschutz und Landschaftsplanung kritisiert wird, sondern auch deren instrumentelle, zweckrationale Orientierung im Rahmen des politisch administrativen Systems. Statt dessen soll die volle menschliche Individualität und schöpferische Produktivität in einer emanzipatorisch orientierten Freiraumplanung berücksichtigt werden[43], was bedeutet, dass die Verfügungsgewalt über die eigene konkrete Lebenswelt zurückgewonnen werden müsse. Damit geht es letztlich, wie es die Anthropologin Ina-Maria Greverus formuliert hat, darum »Heimatbedingungen in den politischen Entscheidungsprozessen«[44] als Grundbedingung eines selbstbestimmten Lebens zu schaffen.

---

42 Vgl. dazu ausführlich ebd.

43 Exemplarisch Nohl, Werner, *Freiraumarchitektur und Emanzipation. Theoretische Überlegungen und empiri-sche Studien zur Bedürftigkeit der Freiraumnutzer als Grundlage einer emanzipativ orientierten Freiraumarchitektur,* Frankfurt/M., Bern, Cirencefter/U.K 1980; vgl. dazu ausführlich Körner, *Theorie und Methodologie,* S. 239ff.

44 Greverus, Ina Maria, *Auf der Suche nach Heimat,* München 1979, S. 17.

Der Prozessschutz als dynamisierter Arten- und Biotopschutz

Im Gegensatz zu der landschaftsarchitektonischen und freiraumplanerischen Kritik an der ökologischen Orientierung des Naturschutzes bemängelt der Prozessschutz gerade, dass jener nicht ökologisch genug sei und am ›eigentlichen‹ Wesen der Natur vorbeigehe. Dieses wird als ein dynamisches definiert, sodass die statisch-museale Konzeption des Arten- und Biotopschutzes, hinter der sich die alte Kulturlandschaft als Bezugspunkt verbirgt, überwunden werden müssten. Vor allem Wolfgang Scherzinger plädiert dafür, soviel an natürlicher Dynamik zuzulassen, wie möglich[45]. Damit ist aber keinesfalls eine völlig offene und damit beliebige Entwicklung der Natur gemeint, denn der Prozessschutz dürfe keinesfalls zum »Nichts-Tun verleiten und verkommen«[46]. Es muss also in die Natur eingegriffen werden, um eine sinnvolle Entwicklung zu initiieren oder sicherzustellen, dass die Qualität und Richtung der natürlichen Dynamik stimmt. Diese sinnvolle Qualität gipfelt bei Scherzinger im Klimaxstadium des mitteleuropäischen Waldes.

Der Wald wird jedoch nicht als homogenes Ganzes interpretiert, sondern als ein mosaikhaftes Ensemble unterschiedlicher Sukzessionsstufen, verursacht durch natürliche, nicht anthropogene Störungen wie Überalterungen oder Windbruch. Nach der ökologischen Mosaik-Zyklus-Theorie ist damit in einem Raum immer eine maximale Artenvielfalt und innerhalb des ›natürlichen Ganzen‹ ein gewisses Maß an Dynamik gegeben. Wie im (musealen) Arten- und Biotopschutz wird aber eine sinnvolle Naturentwicklung nicht an der reinen Artenzahl, sondern in letzter Instanz an der Eigenart der jeweiligen Landschaft gemessen, die sich in typischen Symbolarten ausdrückt. Daher kann eine ›natürliche‹ Entwicklung auch dadurch vollendet werden, dass seltene heimische Arten ausgewildert werden[47].

Somit wird mit dieser Theorie der herkömmliche Arten- und Biotopschutz dynamisiert, sie bleibt aber wegen der weiterhin zentralen Bedeutung der Kategorie der Eigenart weitgehend dessen Verständnis über einen sinnvollen Schutz der Natur

---

45 Vgl. Scherzinger, Wolfgang, »Biotop-Pflege oder Sukzession«, in: *Garten und Landschaft* 101 (1990), H. 2, S. 24–28.

46 Scherzinger, Wolfgang, »Tun oder unterlassen? Aspekte des Prozeßschutzes und Bedeutung des ›Nichts-Tuns‹ im Naturschutz«, in: *Wildnis – ein neues Leitbild!? Möglichkeiten und Grenzen ungestörter Naturentwicklung in Mitteleuropa* (Berichte der Bayerischen Akademie für Naturschutz und Landespflege, Nr. 1), Laufen/Salzach 1997, S. 35.

47 Scherzinger, Wolfgang, »Das Dynamikkonzept im flächenhaften Naturschutz, Zieldiskussion am Beispiel der Nationalpark-Idee«, in: *Natur und Landschaft* 65 (1990), H. 6, S. 292–298.

verhaftet, auch wenn die dynamische Natur nicht mehr durch die Kulturlandschaft, sondern durch den in Grenzen wilden Wald verkörpert wird.

Fazit

Die Neuorientierung des Naturschutzes und der Landschaftsplanung, die um 1970 einen Höhepunkt erreichte, war tiefgreifend. Das ehemals überwiegend kulturelle Aufgabenverständnis wurde im Zuge des Demokratisierungspostulats der Planung in ein einseitig naturwissenschaftlich-ökologisches sowie zweckrational-instrumentelles transformiert. Der Nutzen dieses Transformationsprozesses bestand darin, dass Naturschutz und Landschaftsplanung zu selbstverständlichen Bestandteilen des staatlichen Planungssystems wurden. Auf den mit der Verwissenschaftlichung verbundenen musealisierenden, letztlich unschöpferischen Charakter des Naturschutzes machte zum Einen die Landschaftsarchitektur lange Zeit erfolglos aufmerksam. Zum Anderen wurde in der Freiraumplanung aufgrund ihrer sozialen Orientierung ein erweiterter Rationalitätsbegriff formuliert, der die Reflexion über gesellschaftliche Wertentscheidungen einschloss.

Hieran muss angesichts des Akzeptanzdefizits des Naturschutzes angeknüpft werden, wenn zum Einen die Forderung nach einem »sozialen Naturideal« erfüllt werden soll. Zum Anderen muss sich der Naturschutz wieder auf sein weiteres Aufgabenverständnis, also auf seine funktional-gestalterische Tradition besinnen, die die Ausgestaltung der Kulturlandschaft nach menschlichen Zwecksetzungen zum Ziel hatte. Für die Öffnung des Naturschutzes gegenüber gestalterischen Ansätzen existieren mittlerweile einige Beispiele im Stadtnaturschutz. Diese Forderung bedeutet nicht, dass der (museale) Arten- und Biotopschutz überflüssig würde, im Gegenteil: er sollte lediglich offensiver seine eigentlichen kulturellen Motive vertreten, weil er dann im Rahmen denkmalpflegerischer Ansätze glaubwürdiger sein Anliegen vertreten könnte, die historische Eigenart als Basis räumlicher Identität zu bewahren.

AUFBRUCH UM 1970

Erfolglosigkeit als Dogma? Revisionistische Bemerkungen zum Umweltschutz zwischen dem Ende des Zweiten Weltkriegs und der »ökologischen Wende«

Frank Uekötter

Die Umweltbewegung ist die einzige soziale Bewegung, die großen Wert darauf legt, ihre Erfolglosigkeit zu betonen. Das jedenfalls ist der Eindruck, der sich ergibt, wenn man die Umweltliteratur der Gegenwart mit Blick auf ihre Geschichts- und Zukunftsbilder durchsieht. Dazu muss man gar nicht auf eine Person wie Herbert Gruhl verweisen, der in seinem Buch »Himmelfahrt ins Nichts« jede Hoffnung auf eine Rettung der Menschheit vor der ökologischen Katastrophe fahren ließ und zum Beispiel schrieb, dass »das Ende des Menschen ein ganz natürliches, nämlich naturgesetzliches sein« würde[1]. Es reicht ein Blick auf vordergründig unauffällige Verhaltensweisen und Denkmuster, wie sie in ökologischen Veröffentlichungen immer wieder durchschimmern. In einem neueren Sammelband zum Naturschutz in Deutschland findet sich etwa ein Beitrag »zur Akzeptanz und Durchsetzbarkeit des Naturschutzes«, der ausschließlich die vorhandenen Defizite thematisiert – ohne die Frage nach dem Erreichten überhaupt nur zu stellen[2]. Dieses pessimistische Gesellschaftsbild ist im Naturschutz weder außergewöhnlich noch überhaupt neu. Schon Hans Klose, seit 1938 Direktor der Reichsstelle für Naturschutz, verheddert sich bei seinem Geschichtsbild kräftig. So beschwor er emphatisch die »hohe Zeit des deutschen Naturschutzes« nach der Verabschiedung des Reichsnaturschutzgesetzes 1935 – nachdem er wenige Seiten zuvor noch geklagt hatte, die Naturschützer hätten nach 1933 aufgrund der allfälligen Kultivierungen nur noch »blutige Tränen weinen« können[3].

1 Gruhl, Herbert, *Himmelfahrt ins Nichts. Der geplünderte Planet vor dem Ende,* München 1992, S. 370.

2 Beirat für Naturschutz und Landschaftspflege beim Bundesministerium für Umwelt, Naturschutz und Reaktorsicherheit, »Zur Akzeptanz und Durchsetzbarkeit des Naturschutzes«, in: Erdmann, Karl-Heinz/Spandau, Lutz (Hg.), *Naturschutz in Deutschland. Strategien, Lösungen, Perspektiven,* Stuttgart 1997, S. 263–296.

3 Klose, Hans, *Fünfzig Jahre Staatlicher Naturschutz,* Gießen 1957, S. 35, 32.

Erst in jüngster Zeit mehren sich die Veröffentlichungen, die Zweifel an diesem Selbstverständnis äußern – mit zum Teil recht guten Argumenten, auch wenn es merkwürdig berührt, wie leichtfüßig manche Autoren auf den gängigen Pessimismus mit einem frisch-fröhlichen Optimismus reagieren[4]. Viel zu wenig ist bislang jedoch beachtet worden, dass diese Kontroverse auch eine Herausforderung für die Geschichtswissenschaft darstellt: Ist die Umweltgeschichte wirklich – zumindest bis zum Anbruch des Zeitalters der Ökologie – eine schlichte Geschichte von Verschmutzen und Versagen? Es ist erstaunlich, wie wenig Umwelthistoriker bislang an diesem Geschichtsbild gekratzt haben. Die von Arne Andersen verfasste »Alltags- und Konsumgeschichte vom Wirtschaftswunder bis heute« nimmt beispielsweise gängige Muster der Konsumkritik auf, wie sie in der deutschen Umweltbewegung seit den siebziger Jahren einen festen Platz haben[5]. Auch in Periodisierungsfragen herrscht bislang weitgehendes Einvernehmen zwischen Umweltbewegung und Umweltgeschichte. Wolfgang Erz bezeichnete 1987 die Zeit zwischen 1940 und 1969 als »Latenz-Phase«, auf die seit 1970 eine »Emanzipations-Phase« mit »deutlichen Akzentsetzungen im politischen und programmatischen Bereich« gefolgt sei[6]. Entsprechende Thesen finden sich auch in der historiographischen Literatur, wobei jedoch in jüngster Zeit ein gewisses Abrücken von solchen Stereotypen festzustellen ist[7]. Tatsächlich greift es zu kurz, die Zeit vor 1970 als »Latenz-Phase« zu charakterisieren. Schon vor den siebziger Jahren gab es öffentliche Kampagnen für den Schutz der Umwelt, die den Vergleich mit jenen des »ökologischen Zeitalters« keineswegs zu scheuen brauchen. Mehr noch: Die Kampagnen der Nachkriegszeit erwiesen sich nicht selten als erstaunlich erfolgreich; von einem Primat industrieller Interessen lässt sich deshalb für die Nachkriegszeit zumindest nicht ohne Einschränkungen sprechen. Dieser Beitrag schildert zunächst einige dieser Kampagnen, um sodann ein vorläufiges Fazit zu ziehen.

---

4 Vgl. als wohl bekanntestes deutsches Beispiel Maxeiner, Dirk/Miersch, Michael, *Öko-Optimismus*, Düsseldorf und München 1996.

5 Andersen, Arne, *Der Traum vom guten Leben. Alltags- und Konsumgeschichte vom Wirtschaftswunder bis heute*, Frankfurt und New York 1997.

6 Erz, Wolfgang, »Naturschutz im Wandel der Zeit. Eine Bewertung«, in: *Geographische Rundschau* 39 (1987), S. 307–315; S. 308.

7 Vgl. dazu ausführlich Uekötter, Frank, »Umweltbewegung zwischen dem Ende der nationalsozialistischen Herrschaft und der ›ökologischen Wende‹« Ein Literaturbericht, in: *Historical Social Research* 28 (2003), S. 270–289.

Die Kampagne gegen die Sprengung der Balver Höhle

Einige hundert Meter nördlich der sauerländischen Ortschaft Balve befindet sich die größte Kulturhöhle Deutschlands: die Balver Höhle. Etwa seit Mitte des 19. Jahrhunderts galt die Höhle, die ursprünglich fast bis zur Decke mit Ablagerungen verfüllt war, als wichtiger Fundort prähistorischer Objekte. Heute ist die Balver Höhle vor allem als Veranstaltungsort bekannt, so etwa durch ein alljährliches Jazz- und Blues-Festival. Interessanterweise wurde die Balver Höhle erst 1950 unter Naturschutz gestellt, obwohl sie unter Natur- und Heimatschutzgesichtspunkten zweifellos zu den herausragenden Objekten der Gegend gehört[8]. Die Balver Höhle war eines jener Naturobjekte, die so tief im Leben der örtlichen Bevölkerung verankert waren, dass ein expliziter rechtlicher Schutz im Grunde obsolet war.

Dieser Umstand verhinderte freilich nicht, dass die Höhle im Zweiten Weltkrieg für Zwecke der Kriegswirtschaft genutzt wurde. Die Uerdinger Waggonfabrik verlagerte gegen Ende des Krieges einen Teil ihrer Produktion in die Balver Höhle und beschäftigte dort etwa 400 bis 500 Zwangsarbeiter[9]. Im Sommer 1947 plante die britische Militärverwaltung deshalb die Sprengung der Höhle, ein Plan, der sich schnell im Ort herumsprach. Achselzuckend erklärte der Leiter der Arnsberger Entwaffnungsstelle, »daß die Balver-Höhle als kriegswirtschaftliche Anlage dem Kontrollrat für Deutschland gemeldet sei, und daß von dort aus eine Beseitigung der Höhle gefordert würde, um für alle Zeiten eine Verwendungsmöglichkeit des Höhlenraumes für kriegswirtschaftliche Zwecke auszuschalten«[10]. Die Proteste der eigens nach Arnsberg gereisten städtischen Vertreter fanden »keinen eigentlichen Widerhall«[11].

Die Bevölkerung von Balve reagierte prompt und mit einer Vehemenz, die durchaus im Widerspruch zu gängigen Klischees über die Bewohner des Sauerlandes steht. Nur zwei Tage nach dem Gespräch in der Arnsberger Entwaffnungsstelle verabschiedete die Stadtvertretung zu Balve einen einstimmigen Beschluss: »Vertretung und Bevölkerung der Stadt Balve haben kein Verständnis dafür, dass dieses ehrwürdige Natur- und Kulturdenkmal, diese Fundgrube der prähistorischen Forschung, dieses Wahrzeichen der Stadt Balve und des Hönnetals der Vernichtung

---

8 Kreisarchiv des Märkischen Kreises A Ba 1621, Vermerk über eine Besprechung am 9.4.1953.

9 Polenz, Harald, *Zur Geschichte des ehemaligen Amtes und der Stadt Balve*, Balve 1980, S. 334.

10 Kreisarchiv des Märkischen Kreises A Ba 2037, Aktennotiz vom 27.8.1947.

11 Ebd.

anheim fallen soll«[12]. Die Heimwacht Balve, der 1921 gegründete örtliche Heimatverein, produzierte in Windeseile eine Denkschrift über die Bedeutung der Balver Höhle, in der von der naturhistorischen Bedeutung bis zum Platz der Höhle in der westfälischen Sagenwelt alle nur erdenklichen Gründe für den Erhalt aufgeführt wurden; an einer Stelle wurde die Balver Höhle gar mit dem Kölner Dom verglichen. Am Ende stand die rhetorische Frage, warum die Höhle »jetzt noch, zwei Jahre nach Beendigung des Krieges, blindlings zerstört werden« sollte. »Die Weltöffentlichkeit würde es nicht fassen!«[13]

Gewiss war örtlicher Protest gegen die Pläne der Besatzungsmacht grundsätzlich zu erwarten gewesen, zumal es sich ja offenkundig um einen Akt sinnloser Zerstörung handelte. Dennoch muss das große Interesse der Balver Bevölkerung als überraschend bezeichnet werden; in der schwierigen Situation zwei Jahre nach Kriegsende war eigentlich etwas weniger Leidenschaft zu erwarten[14]. Tatsächlich entwickelte sich jedoch binnen kürzester Zeit eine überregionale Kampagne, die an Nachdruck nichts zu wünschen übrig ließ. Protest kam vom Westfälischen Heimatbund, vom Münsteraner Ordinarius für Vorgeschichte August Stieren, zugleich Direktor des Vorgeschichtlichen Museums in Münster, vom Rektor der Westfälischen Landesuniversität, vom Präsidenten des Deutschen Archäologischen Instituts, der auf einer Tagung in Bielefeld weilte, und vom Naturhistorischen Verein der Rheinlande und Westfalens[15]. Der Stadtdirektor von Schwerte hoffte »auf ein menschliches Empfinden für Heimatliebe zur Erhaltung uralter Kulturgüter für lebende und kommende Geschlechter«[16]. Und ein Jugendtreffen des Sauerländischen Gebirgsvereins verabschiedete einen emotionalen Appell: »Zerstört nicht grundlos, was in friedlicher Forschung unserem und anderen Völkern dient, zerstört nicht grundlos, was die Gottesnatur uns schenkte, zerstört nicht grundlos, was unserer Jugend lieb und heilig ist!«[17]

Die britische Militärverwaltung traf die Welle der öffentlichen Empörung offenbar völlig unvorbereitet, schließlich hatten sich die Offiziere bei der Vorberei-

---

12 Kreisarchiv des Märkischen Kreises A Ba 2037, Beschluß der Stadtvertretung zu Balve über die beabsichtigte Sprengung der Balver Höhle, 29.8.1947.

13 Hauptstaatsarchiv Düsseldorf NW 60 Nr. 693 Bl. 64R.

14 Vgl. Abelshauser, Werner, *Wirtschaftsgeschichte der Bundesrepublik Deutschland 1945–1980*, Frankfurt/M. 1983, S. 40.

15 Vgl. Hauptstaatsarchiv Düsseldorf NW 60 Nr. 693, Bl. 71–90.

16 Kreisarchiv des Märkischen Kreises A Ba 2037, Stadt Schwerte, Der Stadtdirektor an die Militärregierung Iserlohn, 23.9.1947.

17 Hauptstaatsarchiv Düsseldorf NW 60 Nr. 693 Bl. 102.

tung der Sprengung noch nicht einmal um besondere Geheimhaltung bemüht[18]. So trat die britische Besatzungsmacht sang- und klanglos den Rückzug an und blies die Sprengung ab[19]. Zwar drohte die Entwaffnungsstelle in einem Schreiben an den Bürgermeister von Balve, dass er die Sprengung zu gewärtigen habe, wenn die Höhle nicht bis zum 15. November 1947 von allen Einbauten befreit sein würde, aber das war offenkundig nicht mehr als verbale Kraftmeierei, um die Stadtverwaltung auf Trab zu bringen und die eigene Niederlage zu kaschieren[20]. Der gut vernetzte Protest des westfälischen Natur- und Heimatschutzes hatte bei der Militärverwaltung offenbar Eindruck gemacht.

Der Konflikt um die Fluoremissionen der Aluminium-Werke Rheinfelden am Oberrhein

Konflikte um Säureemissionen waren in Deutschland schon im 19. Jahrhundert nichts Ungewöhnliches[21]. Auch wenn manche dieser Konflikte in langwierigen Gutachterkriegen eskalierten, blieb das Thema lange Zeit politisch erstaunlich unkontrovers, da die Streitigkeiten in vielen Fällen dadurch entschärft wurden, dass sich Emittenten und Geschädigte auf eine Entschädigungsregelung verständigten[22]. Von daher war es im Prinzip keineswegs ungewöhnlich, als die Aluminium-Werke GmbH Rheinfelden 1951 begann, umliegenden Landwirten für die durch sie verursachten Fluorschäden eine Entschädigung zu zahlen. Allenfalls war auffallend, dass

---

18 Vgl. Kreisarchiv des Märkischen Kreises A Ba 2037, Aktennotiz vom 27.8.1947.

19 Hauptstaatsarchiv Düsseldorf NW 60 Nr. 693 Bl. 62, 135.

20 Vgl. Kreisarchiv des Märkischen Kreises A Ba 2037, H. G. Locke, Disarmament Branch Officer an Bürgermeister Balve, 23.9.1947, und die folgenden Dokumente.

21 Vgl. dazu etwa die Arbeiten über den Freiberger Hüttenrauch (Andersen, Arne/Ott, René/ Schramm, Engelbert, »Der Freiberger Hüttenrauch 1849–1865. Umweltauswirkungen, ihre Wahrnehmung und Verarbeitung«, in: *Technikgeschichte* 53 (1986), S. 169–200; Andersen, Arne/Ott, René, »Risikoperzeption im Industrialisierungszeitalter am Beispiel des Hüttenwesens«, in: *Archiv für Sozialgeschichte* 28 (1988), S. 75–109; Andersen, Arne, »Historische Technikfolgenabschätzung am Beispiel des Metallhüttenwesens und der Chemieindustrie 1850–1933«, *Zeitschrift für Unternehmensgeschichte* Beiheft 90, Stuttgart 1996, S. 38–225; Brüggemeier, Franz-Josef, *Das unendliche Meer der Lüfte. Luftverschmutzung, Industrialisierung und Risikodebatten im 19. Jahrhundert*, Essen 1996, S. 152–198.).

22 Vgl. dazu Uekötter, Frank, *Von der Rauchplage zur ökologischen Revolution. Eine Geschichte der Luftverschmutzung in Deutschland und den USA*, Essen 2003, Kap. 10.

der Umfang der Zahlungen schnell eine ungewöhnliche Höhe erreichte: 1951 hatten die Aluminium-Werke noch 10.000 DM bezahlt, 1952 waren es dann schon 52.000 DM und 1953 88.000 DM[23]. Dann jedoch geschah etwas Ungewöhnliches: Im April 1953 gründeten die betroffenen Landwirte die »Interessengemeinschaft der durch die Aluminium-Werke Geschädigten« und drängten nicht mehr nur auf möglichst üppige Entschädigungszahlungen, sondern auch auf eine Bekämpfung der Emissionen selbst[24]. Vormals hatte die Regel gegolten, dass sich Grabesruhe breit machte, sobald der Geschädigte sein Geld erhielt. Das war nun offenkundig anders.

Gewiss war der Unterschied nur ein gradueller. Schließlich machten die Mitglieder der Interessengemeinschaft der durch die Aluminium-Werke Geschädigten deutlich, dass sie nach wie vor an Entschädigungszahlungen interessiert waren. Vermutlich war die Knauserigkeit der Aluminium-Werke auch eines der Motive für die Gründung der Interessengemeinschaft gewesen[25]. Aber vor dem Hintergrund der vormaligen Entschädigungspraxis war die Gründung der Interessengemeinschaft doch ein neuartiger Schritt, der bis dahin unbekannte Möglichkeiten der Mobilisierung eröffnete. Mahnend betonten die Bauern, es dürfe »nicht so weit kommen, daß sich die Abgase eines solchen Unternehmens zum Nachteil der Landwirte bemerkbar machen, die schon seit Jahr und Tag dort ansässig sind und dadurch Gefahr laufen, daß ihre Existenz eines schönen Tages völlig bedroht ist«[26].

Der Protest der deutschen Landwirte verblasste jedoch im Vergleich mit dem der Schweizer Bauern auf der anderen Seite des Rheins, wo sich eine regelrechte Volksbewegung formierte. Dabei hatte das Unternehmen – ein Betrieb auf deutschem Boden, aber in Schweizer Besitz – die dortigen Forderungen besonders großzügig bedient: Im Jahre 1956 zahlten die Aluminium-Werke nicht weniger als 740.000 DM an Landwirte in der Schweiz[27]. Trotzdem kam es am 22. Juni 1958 zu einer Protestversammlung gegen die Fluorschäden, an der mehr als 5.000 Personen teilnahmen, darunter zwei Mitglieder der Regierung des Kantons Aargau, mehrere Nationalräte und eine Delegation des Schweizerischen Bauernverbandes. Aus einigen ländlichen Gemeinden erschienen Abordnungen mit schwarzumflorten Gemeindebannern. Sämtliche Kirchenglocken der geschädigten Gegend läuteten vor Beginn der Veranstaltung. Am Schluss verabschiedeten die Anwesenden einen

---

23 Hauptstaatsarchiv Düsseldorf NW 50 Nr. 1212 Bl. 91.
24 Hauptstaatsarchiv Düsseldorf NW 268 Nr. 437 Bl. 76, 78.
25 Vgl. ebd. Bl. 76.
26 Ebd. Bl. 78.
27 Hauptstaatsarchiv Düsseldorf NW 50 Nr. 1212 Bl. 91.

leidenschaftlichen Hilferuf an den Bundesrat in Bern: »Schützt unser Land und Eigentum gegen die Verwüstungen, die ein Schweizer Unternehmen bei Tag und bei Nacht aus dem Ausland her auf schweizerischem Boden anrichtet.« Einige jüngere Bauern blockierten nach der Veranstaltung sogar die Rheinbrücke zwischen dem deutschen und dem schweizerischen Rheinfelden, veranstalteten ein Hupkonzert und bildeten Sprechchöre, die von der deutschen Seite, vermutlich von Arbeitern der Aluminiumwerke, zum Teil durch Pfiffe erwidert wurden[28]. Dass es diesen Landwirten nicht nur um möglichst üppige Entschädigungszahlungen ging, war offenkundig.

Kleinblittersdorf

Auch in der saarländischen Gemeinde Kleinblittersdorf war es ein grenzüberschreitendes Immissionsproblem, das die Gemüter erregte. Hier verliefen die Fronten jedoch genau umgekehrt: Die Ursache des Übels war ein Kraftwerk des französischen Staatskonzerns HBL (Houillères du Bassin de Lorraine) in Großblittersdorf, das sich nur einen Steinwurf vom deutschen Kleinblittersdorf entfernt auf der anderen Seite der Saar befand. Die erste Kraftwerkseinheit mit einer Leistung von 110 Megawatt ging 1954 in Betrieb, eine zweite Einheit mit gleicher Leistung folgte ein Jahr später. Sofort stellte sich ein massives Immissionsproblem ein: Das Kraftwerk verfügte nur über sehr niedrige Schornsteine, verfeuerte eine aschenreiche Ballastkohle – und der vorsorglich eingebaute Elektrofilter verfehlte den vorgesehenen Entstaubungsgrad von 97 Prozent offenkundig deutlich[29]. Die Konsequenz: lautstarker Protest und der Schrei nach Hilfe, »bevor unser einst so blühender Ort durch diesen verheerenden Aschenregen zu einem Pompeji wird und alles menschliche und pflanzliche Leben im Staub erstickt«[30].

Vergleichbare Konflikte führten gewöhnlich zu einer Teilung des Dorfes in zwei Fraktionen, nämlich jene, die von dem Betrieb direkt oder indirekt profitierten, und den Rest der Bevölkerung. Das war in Kleinblittersdorf anders. Von dem französi-

---

28 Bundesarchiv Koblenz B 136/5343, Generalkonsulat der Bundesrepublik Deutschland Basel an das Auswärtige Amt, 23.6.1958.

29 Landesarchiv Saarbrücken AA 320, Schreiben an das Auswärtige Amt Bonn, 8.4.1957.

30 Ebd., Schreiben des von der Bevölkerung gewählten und bevollmächtigten Ausschusses zur Bekämpfung der Staub- und Lärmplage vom 21.2.1957, S. 5.

schen Großkraftwerk bekamen die Bewohner des Dorfes nur die negativen Folgen zu spüren. So konnte sich der Unmut ungebremst entfalten, und kaum jemand stand dabei zur Seite, der Angelsportverein Kleinblittersdorf e.v. beschwerte sich ebenso wie der Saarländische Bauern-Verein und die Vereinigung der Kriegsbeschädigten und Hinterbliebenen[31]. Die Verbitterung der örtlichen Bevölkerung kannte kaum Grenzen:»Man muß stark zurückhalten, um nicht in übelsten Beschimpfungen sich auszulassen über das was hier geschieht. Ich glaube aber nicht zu übertreiben, wenn ich sage, daß dieses ein Verbrechen wider die Menschlichkeit darstellt«, hieß es in der Beschwerde eines Rentners[32].

Medizinische Untersuchungen zeigten, dass die Klagen in der Tat begründet waren. Das hygienische Untersuchungsamt im Saargebiet fand etwa heraus,»daß seit Inbetriebnahme des Werkes in zunehmendem Maße vegetative Störungen, Schwindelanfälle und Blutdruckänderungen, und auch Augenerkrankungen durch Fremdkörper festgestellt wurden«; insgesamt handelte es sich um 300 bis 400 Krankheitsfälle[33]. Nur erschwerte der grenzüberschreitende Charakter des Immissionsproblems zwangsläufig die administrative Behandlung des Problems, zumal parallel zum Kleinblittersdorfer Konflikt auch die Auseinandersetzungen um die völkerrechtliche Zugehörigkeit des Saarlands stattfanden. So rekurrierte man notgedrungen auf allgemeine humanitäre Prinzipien:»Die Saarregierung ist seiner Zeit der Konvention über die Menschenrechte beigetreten. Wir sehen es als einen Verstoß gegen die Menschenrechte an, wenn die hiesigen Einwohner durch die lebensbedrohende Emissionen zum Verlassen ihrer angestammten Heimat gezwungen werden«, hieß es in einer in öffentlicher Bürgerversammlung einstimmig verabschiedeten Resolution[34]. Außerdem beschloss man,»allen künftigen Wahlen, insbesondere der bevorstehenden Bundeswahlen fernzubleiben« – eine im saarländischen Kontext besonders brisante Entscheidung, die allerdings auf ein Schreiben des Bundesaußenministers hin revidiert wurde[35]. Außerdem riefen die Kleinblittersdorfer einen

---

31 Ebd., Angelsportverein Kleinblittersdorf an Amtsvorsteher Lang, 30.12.1954, Saarländischer Bauern-Verein an den Amtsvorsteher des Amtsbezirks Kleinblittersdorf, 3.8.1954, und Vereinigung der Kriegsbeschädigten und Hinterbliebenen, Ortsgruppe Kleinblittersdorf, an den Amtsvorsteher in Kleinblittersdorf, 2.2.1955.

32 Ebd., Aktenvermerk vom 20.1.1955.

33 Hauptstaatsarchiv Düsseldorf NW 50 Nr. 1222 Bl. 46.

34 Landesarchiv Saarbrücken AA 320, Resolution vom 29.1.1956, S. 1.

35 Ebd., Schreiben des von der Bevölkerung gewählten und bevollmächtigten Ausschusses zur Bekämpfung der Staub- und Lärmplage vom 21.2.1957, S. 3 (Zitat), Notgemeinschaft Kleinblittersdorf und Umgebung an den Bundesminister des Auswärtigen, 13.9.1957.

»Steuerstreik« aus, indem sie sich seit 1957 weigerten, Grund- und Gebäudesteuern zu zahlen, »da die Gebäude in ihrem Wert ganz enorm gesunken und heute praktisch unverkäuflich sind«[36]. Selbst von drohenden Gewaltakten war die Rede: »Empörte Bevölkerung zum Äußersten entschlossen«, hieß es in einem Telegramm der Notgemeinschaft Kleinblittersdorf und Umgebung an den Ministerpräsidenten des Saarlands[37]. Nach eigenen Angaben gehörten dieser Notgemeinschaft 98 Prozent der Bürger von Kleinblittersdorf sowie sechs umliegende Gemeinden an[38].

Bemerkenswert ist, dass dieser Konflikt in der westlichen Ecke der Bundesrepublik auch überregional Beachtung fand. »Ein Dorf erstickt im Staub«, lautete etwa der Titel eines Beitrags in der *Frankfurter Allgemeinen*[39]. Aber auch die Beilegung des Konflikts wurde publizistisch dokumentiert: »Kleinblittersdorf atmet auf«, titelte die *Westdeutsche Allgemeine Zeitung* im November 1958[40]. Tatsächlich erreichte der Unmut 1957 seinen Höhepunkt und flaute in den Folgejahren deutlich ab, da die HBL mit dem Bau zweier großer Schornsteine begann und außerdem neue Elektrofilter mit einem vom Hersteller garantierten Wirkungsgrad von 99 Prozent einbaute[41]. Aber der Fall blieb offenkundig an der Saar im öffentlichen Gedächtnis: Als sich im Völklinger Stadtteil Fürstenhausen Protest gegen die Emissionen und Geräusche einer Kokereianlage der Saarbergwerke erhob, gründete sich auch dort ein Bürgerverein mit dem seinerzeit nicht sehr gebräuchlichen Namen »Notgemeinschaft«[42]. Der Protest der Bürger von Kleinblittersdorf hatte einen Präzedenzfall geschaffen.

---

36 Ebd., Schreiben des von der Bevölkerung gewählten und bevollmächtigten Ausschusses zur Bekämpfung der Staub- und Lärmplage vom 21.2.1957, S. 3.

37 Bundesarchiv Koblenz B 136/5364, Telegramm vom 31.10.1957.

38 Landesarchiv Saarbrücken AA 320, Notgemeinschaft Kleinblittersdorf und Umgebung an den Bundesminister des Auswärtigen, 13.9.1957, S. 2.

39 *Frankfurter Allgemeine Zeitung* Nr. 65 (18.3.1957), S. 5.

40 *Westdeutsche Allgemeine Zeitung* Nr. 277 (29.11.1958), S. 27.

41 Ebd.; *Saarbrücker Zeitung* Nr. 159 (13.7.1961), S. 7.

42 *Saarbrücker Zeitung* Nr. 216 (21.9.1959), S. 9.

Der Kampf um den Königsdorfer Wald im rheinischen Braunkohlengebiet

In den fünfziger Jahren wurden im rheinischen Braunkohlenrevier zunehmend tiefer liegende Braunkohlenlager erschlossen. Neben einer Reihe von schwerwiegenden Umweltproblemen entstanden dadurch auch erhebliche Mengen Abraum, die nicht ohne Weiteres in ausgekohlten Tagebauen verfüllt werden konnten. Mitte der fünfziger Jahre wurde deshalb in der Nähe von Frechen die Kippe Glessen eingerichtet, um Abraum aus dem benachbarten Tagebau Fortuna-Nord zu deponieren. 291 Hektar sollte die Kippe nach einer Darstellung der Landesplanungsgemeinschaft Rheinland vom Oktober 1958 im Endzustand umfassen und Platz für etwa 110 Millionen Kubikmeter Erdboden bieten[43]. Schon bald stellte sich jedoch heraus, dass Rheinbraun damit nicht zufrieden sein würde. In einer interministeriellen Besprechung vom Dezember 1958 war von einem Schreiben des Bergbautreibenden die Rede, »daß die ursprünglich zur Aufkippung vorgesehenen Abbaumassen sich nunmehr von 110 Millionen cbm auf 470 Millionen cbm gesteigert hätten«[44]. Erst nach und nach stellte sich heraus, dass dazu vor allem Waldflächen in Anspruch genommen werden sollten. Es drohte die praktisch vollständige Vernichtung des Königsdorfer Waldes.

Als erstes meldete sich im Oktober 1960 die Schutzgemeinschaft Deutscher Wald zu Wort. Es gehe »um die einzige geschlossene Waldfläche im Gebiete von Lövenich, Groß-Königsdorf, Glessen und Brauweiler [...], die bisher vom Braunkohlenbergbau verschont geblieben ist«, außerdem sei der Königsdorfer Wald »ein beliebtes Ausflugsziel der Kölner Bevölkerung.« Schon zu diesem Zeitpunkt war die »Beunruhigung in der Bevölkerung« nach Einschätzung der Schutzgemeinschaft »besonders groß«, zumal »immer mehr Menschen ein Gegengewicht gegen den gesundheitlichen Verschleiß des modernen Arbeitstempos« suchten. »Unsere Bevölkerung möchte für Stunden dem Gewühl und dem Lärm, unter denen sie ihren Alltag verbringt, sich entziehen. Dieses Bestreben tritt in unseren Tagen bei verkürzter Arbeitszeit und verlängertem Wochenende immer deutlicher hervor«[45].

---

43 Hauptstaatsarchiv Düsseldorf NW 310 Nr. 292, Landesplanungsgemeinschaft Rheinland, Bezirksstelle Köln, Erläuterungen zum Teilplan 4/3 – Kippe Glessen –, 20.10.1958.
44 Ebd., Vermerk über die interministerielle Besprechung am 8.12.1958, S. 1.
45 Hauptstaatsarchiv Düsseldorf NW 310 Nr. 293, Schutzgemeinschaft Deutscher Wald, Landesverband Nordrhein-Westfalen an den Ministerpräsidenten des Landes Nordrhein-Westfalen, 25.10.1960.

Diese Einschätzung war offenkundig nicht völlig falsch, wie die folgenden Ereignisse zeigen sollten. »Schärfsten Protest« legte etwa die Gemeinde Lövenich ein, schließlich sei das Gebiet »an arbeitsfreien Tagen während des ganzen Jahres das Ziel vieler Erholung suchender Spaziergänger, besonders auch aus dem Kölner Stadtgebiet«[46]. Auch die Gemeinde Brauweiler, immerhin Sitz der RWE-Schaltzentrale, forderte den Erhalt des Waldes: Dieser sei »ein unberührtes Stück Natur, in dem ein Ausspannen vom Betrieb und Lärm der Großstadt noch möglich ist, und er liegt in so naher Nachbarschaft der Großstadt Köln und der westlich von ihr gelegenen Gemeinden, daß er ohne großen zeitlichen und finanziellen Aufwand zu erreichen ist«, meinte der Gemeinderat[47]. Ein Kölner Kinderarzt protestierte im Namen seiner an Asthma erkrankten Patienten, betonte »die Bedeutung einer Durchgrünung unserer industrialisierten Heimat« und fügte im Nachsatz an: »Und wenn man einmal auch emotionale Motive erwägen darf, wäre die Ehrfurcht vor einem Stück gewachsener Natur das Schlechteste?«[48] Neben einigen weiteren Gemeinden schlug sich auch der Kölner Oberstadtdirektor Max Adenauer im Namen der 800.000 Einwohner seiner Stadt für den Königsdorfer Wald in die Bresche und betonte in zahlreichen Gesprächen, »daß es geradezu ein Schildbürgerstreich wäre, den über 100 Jahre alten Wald aus rein kommerziellen Erwägungen verschwinden zu lassen«[49].

Es ist hier nicht der Platz, um die taktischen Winkelzüge der Braunkohlenlobby im Einzelnen zu beschreiben, die sich am Niederrhein wie die Könige der Landschaft gerierten. Vermutlich gelang es Rheinbraun nur durch eine skrupellose Politik der vollendeten Tatsachen, die völlige Ablehnung des Projekts zu verhindern[50]. Allerdings musste Rheinbraun einige keineswegs unwesentliche Konzessionen machen. Im September 1963 gab Rheinbraun in einer Ausschusssitzung bekannt, dass

---

46 Hauptstaatsarchiv Düsseldorf NW 310 Nr. 294, Entschließung des Rats der Gemeinde Lövenich, 3.4.1963.

47 Hauptstaatsarchiv Düsseldorf NW 310 Nr. 295, Gemeinde Brauweiler an den Regierungspräsidenten Köln als Vorsitzenden des Braunkohlenausschusses, 4.3.1964, S. 3.

48 Hauptstaatsarchiv Düsseldorf NW 310 Nr. 294, Dietrich Zschocke an den Ministerpräsidenten des Landes Nordrhein-Westfalen, 22.5.1963.

49 Hauptstaatsarchiv Düsseldorf NW 310 Nr. 295, Gemeinde Brauweiler an den Regierungspräsidenten Köln als Vorsitzenden des Braunkohlenausschusses, 4.3.1964, S. 3. Vgl. auch Hauptstaatsarchiv Düsseldorf NW 310 Nr. 293, Oberstadtdirektor Köln an Ministerpräsident Dr. Franz Meyers, 8.4.1963.

50 Vgl. dazu Uekötter, Frank, *Die stille Macht. Eine Geschichte des Naturschutzes in Nordrhein-Westfalen 1945–1980*, Frankfurt und New York 2004, Kap. 4.

es die Grenze der Kippe im Südosten um etwa 580 Meter zurücknehmen werde, so dass ein 86 Hektar großer Waldstreifen unberührt geblieben wäre[51]. Auch dieser Vorschlag erwies sich als nicht durchsetzbar. Rheinbraun erklärte sich am Ende einverstanden, nur 252 Hektar Wald zu überkippen und 150 Hektar zu verschonen. Nach Angaben der Braunkohlenindustrie verbanden sich damit Mehrkosten gegenüber den ursprünglichen Planungen von 9,25 Millionen DM[52]. Das war aus Sicht der anliegenden Bevölkerung zweifellos enttäuschend, wie die heftigen Klagen im Genehmigungsverfahren verdeutlichen[53]. Aber im Rückblick relativiert sich diese Sichtweise: Die machtbewussten Herren von Rheinbraun hatten durch das massive Engagement der Öffentlichkeit für die Belange des Naturschutzes die Grenzen ihrer Möglichkeiten kennen gelernt.

Das Projekt eines »Sauerlandrings«

Das Projekt eines »Sauerlandrings« ist zweifellos das kurioseste der fünf hier vorgestellten Fallbeispiele. Es ging dabei um den Plan, im Tal der Elpe bei Gevelinghausen im Kreis Meschede eine Autorennstrecke zu bauen. Initiator des Projekts war der 1937 geborene Karl Freiherr von Wendt, der in Gevelinghausen einen land- und forstwirtschaftlichen Betrieb von gut 2.000 Hektar Größe führte und im Schloss Gevelinghausen wohnte, seit Generationen Sitz seiner Familie. Wendt trieb das Projekt nicht nur mit dem Eifer eines fanatischen Autorennfahrers voran, er trug auch das unternehmerische Risiko: Das Stammkapital der Sauerlandring GmbH in Höhe von 120.000 DM stammte bis auf einen Anteil von 10.000 DM der Amtsverwaltung Bestwig aus seiner Privatschatulle, gebaut werden sollte auf seinem privaten Grund und Boden. Und schnell sollte es gehen: Anfang 1967 wurde das Projekt öffentlich bekannt, die ersten Rennen plante Wendt für das Frühjahr 1969[54].

---

51 Hauptstaatsarchiv Düsseldorf NW 310 Nr. 295, Niederschrift über die 1. Sitzung des Braunkohlenausschusses Nr. 15 – Aussenkippe des Tagebaues Fortuna – am 12.9.1963, S. 2.

52 Ebd., Der Regierungspräsident als Vorsitzender des Braunkohlenausschusses an den Minister für Landesplanung, Wohnungsbau und öffentliche Arbeiten des Landes Nordrhein-Westfalen, 21.7.1964, S. 5f, und Niederschrift über die 2. Sitzung des Braunkohlenausschusses Nr. 15 – Aussenkippe des Tagebaues Fortuna – am 21.10.1963, S. 2.

53 Vgl. die entsprechenden Eingaben in Hauptstaatsarchiv Düsseldorf NW 310 Nr. 295.

54 Westfälisches Wirtschaftsarchiv Dortmund F 142 Nr. 199, Wendt an das Finanzamt Meschede, 5.1.1967.

In Gevelinghausen und Umgebung erhielt das Projekt breite Unterstützung. Die Gemeindevertretung von Gevelinghausen beschloss mit fünf Stimmen bei einer Gegenstimme eine Änderung des örtlichen Flächennutzungsplans und betonte, »daß sie daran interessiert ist, daß das Genehmigungsverfahren für den Bau des Sauerlandringes baldmöglichst zum Abschluß gebracht wird«[55]. Auch der örtliche Bundestagsabgeordnete Martin Wendt – mit dem Freiherrn weder verwandt noch verschwägert – begrüßte das Vorhaben, da »die Arbeitsplätze im Landkreis Meschede knapp und besonders gefährdet seien«[56]. Der Oberkreisdirektor von Meschede gab sich gar der euphorischen Hoffnung hin, »dass dieser Ring als Statussymbol für das ganze obere Sauerland dienen und damit über den engeren Raum hinaus dem gesamten Fremdenverkehrsgebiet ›Hochsauerland‹ neue Impulse geben wird.«[57] Selbst der Sauerländer Heimatbund stellte seine Bedenken mit Blick auf den Erholungscharakter des Sauerlands zurück, da er sich von der Realisierung des Projekts eine Stärkung der lokalen Wirtschaftsstruktur versprach[58]. Wendt fühlte sich offenkundig in völliger Übereinstimmung mit der Bevölkerung des Sauerlands: Ernsthaft bat er das Finanzamt Meschede »um wohlwollende Prüfung, ob der Sauerlandring G.m.b.H. zumindest für den Bau der Rennstrecke die Gemeinnützigkeit wegen der Förderung des Deutschen Automobilsports und der mittelbaren Verbesserung der Wirtschaftsstruktur des oberen Sauerlandes zugestanden werden« konnte[59]. Den Protest, den sein Vorhaben heraufbeschwor, hat Wendt allem Anschein nach nie wirklich verstanden.

Es war eine breite und durchaus bunte Allianz, die sich dem Projekt des Freiherrn entgegenstellte. Der Bezirksbeauftragte für Naturschutz in Arnsberg warnte, »daß die Verwirklichung des Vorhabens eine Landschaftszerstörung bedeuten

---

55 Hauptstaatsarchiv Düsseldorf NW 453 Nr. 405, Beglaubigter Auszug aus der Niederschrift über die Sitzung der Gemeindevertretung Gevelinghausen am 30.5.1968 in der Turnhalle der Volkshochschule in Gevelinghausen, S. 2f (Zitat S. 3).

56 Ebd., Vermerk vom 22.4.1968, S. 1.

57 Hauptstaatsarchiv Düsseldorf NW 453 Nr. 406, Landkreis Meschede, Der Oberkreisdirektor an den Chef der Staatskanzlei des Landes Nordrhein-Westfalen, 27.9.1968.

58 Hauptstaatsarchiv Düsseldorf NW 453 Nr. 405, Westfälische Rundschau Nr. 21 vom 25.1.1968 und Westfalenpost Nr. 21 vom gleichen Tage.

59 Westfälisches Wirtschaftsarchiv Dortmund F 142 Nr. 199, Wendt an das Finanzamt Meschede, 5.1.1967.

würde, wie wir sie seit langem im Sauerland nicht mehr gehabt haben«[60]. Zwangsläufig würde »der Erholungseffekt des Naturparks Rothaargebirge nahezu bis auf Null abgewertet«, die zur Finanzierung des Projekts unvermeidliche Reklame hätte außerdem »eine Verrummelung des ganzen nördlichen Sauerlandes zur Folge«[61]. Auch die Schutzgemeinschaft Deutscher Wald befürchtete, »daß diese schöne Landschaft zerstört wird«: »Die lärm- und rauchgeplagte Bevölkerung des Ruhrgebietes – von der das Sauerland hauptsächlich übers Wochenende aufgesucht wird – käme vom Regen in die Traufe«[62]. Die hier durchschimmernden Motive wurden in einem zweiten Schreiben noch deutlicher angesprochen: »Die Schutzgemeinschaft Deutscher Wald ist diesem Projekt gegenüber besonders kritisch, weil dadurch [...] zumindest ein Lärmzentrum geschaffen wird, welches im Sauerland als Erholungsraum für das Ruhrgebiet wohl kaum geeignet erscheint«, erklärte der Verband, dessen erster Vorsitzender Ernst Schlochow übrigens Bergassessor a.D. und Vorstandsmitglied der Hamborner Bergbau AG war[63]. Noch schärfer war der Protest des Naturschutzwarts des Westdeutschen Skiverbands: »Der Naturschutz wäre eine Phrase und hätte in Nordrhein-Westfalen seine Bedeutung verloren, wenn dem Großwaldbesitzer und Rennfahrer Frhr. von Wendt die Genehmigung erteilt würde, vor seinem kleinen Schloß in Gevelinghausen bei Bestwig, im romantischen Elpetal, eine permanent offene Autorennbahn zu bauen.«[64]

Auch in Gevelinghausen regte sich nach einiger Zeit zaghafter Widerstand, eine Schutzgemeinschaft gegen den Sauerlandring sorgte sich, »daß sich die hiesige Bevölkerung nach einem evtl. Bau der Rennstrecke in einem von Lärm und Rummel erfüllten Hexenkessel befinden wird«[65]. Solche Bedenken hielt auch der Deutsche Arbeitsring für Lärmbekämpfung für »absolut berechtigt«, ganz abgesehen davon, dass aus Sicht seines ersten Vorsitzenden Werner Klosterkötter »ein echter Bedarf

---

60 Hauptstaatsarchiv Düsseldorf NW 453 Nr. 405, Bezirksstelle Naturschutz und Landschaftspflege im Regierungsbezirk Arnsberg an den Landesbeauftragten für Naturschutz und Landschaftspflege, 24.1.1967, S. 3.

61 Ebd., S. 3f.

62 Hauptstaatsarchiv Düsseldorf NW 453 Nr. 405, Schutzgemeinschaft Deutscher Wald an das Ministerium für Landesplanung, Wohnungsbau und öffentliche Arbeiten, 9.2.1967.

63 Ebd., Ernst Schlochow an Ministerialdirigent Ley beim Chef der Staatskanzlei des Landes Nordrhein-Westfalen, 2.3.1967.

64 Ebd., Westdeutscher Skiverband an den Minister für Landesplanung, Wohnungsbau und öffentliche Arbeiten als oberste Naturschutzbehörde, 11.7.1967.

65 Ebd., Schutzgemeinschaft gegen den Sauerlandring an Prof. Dr. Ley, Leitender Minister, Staatskanzlei, 13.2.1968.

an zusätzlichen Rennstrecken nicht besteht«[66]. Allerdings hatte Klosterkötter als Direktor des Instituts für Hygiene und Arbeitsmedizin im Klinikum Essen der Ruhr-Universität Bochum auch private Gründe für seinen Protest, wie sein Schreiben erkennen ließ: »Mir ist der Landstrich, in dem der Sauerlandring geplant ist, als ein auch von mir gerne besuchtes Erholungsgebiet sehr genau bekannt. Es wäre m. E. unverantwortlich, im Sauerland, das für zahlreiche Bewohner des nahen Ballungsraumes Ruhrgebiet ein bedeutendes Gebiet für Ruhe und Entspannung darstellt, eine Rennstrecke anzulegen«[67]. Touristisch geprägt waren wohl auch die Motive des Sauerländischen Gebirgsvereins, der ebenfalls Einspruch gegen das Projekt erhob[68]. Abgerundet wurde der Protest schließlich durch eine Stellungnahme des Deutschen Rats für Landespflege, die sämtliche Argumente noch einmal rekapitulierte und schließlich nüchtern aber bestimmt den nordrhein-westfälischen Ministerpräsidenten Heinz Kühn bat, »eine Entscheidung herbeizuführen, die im Sinne einer nachhaltig leistungsfähigen Kulturlandschaft liegt«[69].

Der Landesregierung fehlte es daher nicht an Argumenten, als sie im Juli 1968 das Ende des Projekts beschloss. »Gegen den Sauerlandring sind u.a. vor allem Gründe des Immissionsschutzes, des Landschaftsschutzes und der Gestaltung des Landschaftsbildes, der Erhaltung des Erholungswertes des Elpetales, aber auch besonders der baulichen und verkehrsmäßigen Folgelasten einer solchen Rennstrecke vorzubringen«, berichtete der Minister für Wohnungsbau und öffentliche Arbeiten[70]. Dass es am Ende eines Kabinettsbeschlusses bedurfte, unterstreicht allerdings, wie stark die Lobby der Befürworter tatsächlich war. Der Gemeinderat von Gevelinghausen verschickte noch einmal Protesttelegramme an den Ministerpräsidenten und alle Landesminister, und die Einwohner des Amtes Bestwig wurden für den Samstag nach der Entscheidung per Postwurfsendung zu einer Demonstration

---

66 Ebd., Deutscher Arbeitsring für Lärmbekämpfung an Prof. Dr. Ley, Leitender Ministerialdirigent, Staatskanzlei, 5.3.1968.

67 Ebd.

68 Westfälisches Archivamt Münster Bestand 906 Nr. 357, Niederschrift über die 16. Sitzung des Verwaltungs- und Planungsausschusses der Landesplanungsgemeinschaft Westfalen am 12.7.1967 in Meschede, S. 4.

69 Hauptstaatsarchiv Düsseldorf NW 453 Nr. 405, Deutscher Rat für Landespflege an den Ministerpräsidenten von Nordrhein-Westfalen, 26.4.1968, S. 7.

70 Hauptstaatsarchiv Düsseldorf NW 453 Nr. 403, Der Minister für Wohnungsbau und öffentliche Arbeiten des Landes Nordrhein-Westfalen an das Verkehrsamt Bestwig, 6.8.1969.

eingeladen[71]. Aber das war nur noch ein letztes Aufbäumen in Anbetracht des Unvermeidlichen.

Zusammenfassung

Stärker als andere Bereiche der Geschichtswissenschaft ist Umweltgeschichte Kampagnengeschichte. Von Anfang an hat deshalb die Beschreibung und Analyse von Kampagnen für den Schutz der Umwelt einen prominenten Platz in der historiographischen Literatur besessen. Für das frühe 20. Jahrhundert wäre etwa der Kampf des Bundes Heimatschutz um die Laufenburger Stromschnellen oder der Konflikt um das Walchenseekraftwerk zu nennen[72]. Mit Blick auf die Nachkriegszeit seien die Auseinandersetzungen um den Knechtsand, die Anna Wöbse für das Museum der Stiftung Naturschutzgeschichte wieder entdeckt hat, sowie der Anti-Atom-Protest in Wyhl erwähnt, der Gegenstand einer beständig anwachsenden Literatur sowie inzwischen ausweislich eines entsprechenden Beitrags in dem von Etienne François und Hagen Schulze herausgegebenen Sammelband auch ein »deutscher Erinnerungsort« ist[73]. Die in diesem Beitrag geschilderten Kampagnen waren gewiss weniger prominent und sollten mit Laufenburg oder Knechtsand nicht auf eine Stufe gestellt werden. Aber gerade deshalb lohnt die Betrachtung dieser Kampagnen: Offenkundig gab es nicht nur die »Leuchtturm-Kampagnen«, die landesweit die Gemüter erregten, sondern auch eine bislang kaum zu überschauende Zahl von regionalen Initiativen. Es erscheint lohnend, gerade diese räumlich begrenzten Aktivitäten näher zu betrachten unter der Frage, ob sich in ihnen ein neues gesellschaftliches Naturverhältnis andeutete. Kampagnen sind schließlich stets auch ein Lackmustest für gesamtgesellschaftliche Befindlichkeiten.

Klar ist: Von Latenz-Zeit im eigentlichen Sinne des Wortes kann für die Zeit zwischen 1945 und 1970 keine Rede sein. Das heißt nicht, dass der Unterschied zum folgenden Zeitalter der Ökologie letztlich marginal gewesen wäre. Die Unterschiede zwischen den geschilderten Kampagnen und der heutigen Umweltbewe-

---

71 *Die Welt* Nr. 161 (13.7.1968), S. 9.

72 Vgl. Linse, Ulrich,/Falter, Reinhard/Rucht, Dieter/Kretschmer, Winfried, *Von der Bittschrift zur Platzbesetzung. Konflikte um technische Großprojekte,* Berlin und Bonn 1988.

73 Vgl. Rusinek, Bernd-A., »Wyhl«, in: François, Etienne/Schulze, Hagen (Hg.), *Deutsche Erinnerungsorte* II, München 2001, S. 652–666.

gung fallen schließlich nur zu deutlich ins Auge. Eine überörtliche Vernetzung ist in den geschilderten Fällen ebenso wenig zu erkennen wie eine übergreifende ökologische Vision. Stets stand der lokale Konflikt im Mittelpunkt des Interesses, und sobald das lokale Ziel erreicht war, erlahmte der Protest denn auch. Zudem fällt auf, dass die Nutzung der Natur als Erholungsgebiet noch als uneingeschränkt positiv interpretiert wurde; die Beschädigung der Natur durch solche Nutzungen, die sich in der bekannt ambivalenten Haltung der Umweltbewegung zum Tourismus niederschlug, war außerhalb eines engen Zirkels von Naturschützern, die das Wüten des »Reklameteufels« beklagten[74], noch kein Thema. In den Immissionskonflikten ist auch bemerkenswert, dass Gesundheitsargumente noch nicht jene tragende Rolle besaßen, die ihnen in späteren Zeiten zukommen sollte. Im Zweifelsfall rangierte das Sauberkeitsargument *vor* dem Gesundheitsargument: Es sei »unmöglich, unsere Erholungskinder in unserem Gelände sich tummeln zu lassen, da jedesmal ein Bad nötig wäre, wenn sie zurückkehren«, lautete die Klage des Alters- und Kindererholungsheims Hanns-Joachim-Haus in Kleinblittersdorf[75]. Und schließlich waren und blieben die Ziele der einzelnen Kampagnen stets deutlich begrenzt. Die Einwohner von Kleinblittersdorf sprachen sogar offen über »die Umsiedlung des Ortes als letzte Konsequenz« – und zwar nicht als ein Horrorszenario, das man tunlichst zu vermeiden habe, sondern als eine von mehreren Handlungsoptionen, über die man diskutieren könnte[76].

An deutlichen Unterschieden zwischen den Kampagnen der unmittelbaren Nachkriegszeit und jenen des ökologischen Zeitalters herrscht also offenkundig kein Mangel. Aber wenn man diese Grenzen des zeitgenössischen Protests allzu sehr betont, läuft man geradewegs in jene Falle, die dazu geführt hat, dass die Zeit zwischen dem Ende des Zweiten Weltkriegs und der ökologischen Wende zu den am wenigsten untersuchten Epochen der Umweltgeschichte gehört. Bislang dominierte eine Sichtweise, die diese Zeit stets nur unter dem Blickwinkel des »Noch-nicht-Umweltbewegung« betrachtete. Das ist per se nicht falsch – nur eben unvollständig. Die bislang dominierende Sichtweise muss ergänzt werden durch den Blick des »Bereits-in-die-Richtung-Gehenden«. Gewiss sollte man die fünfziger und sechziger Jahre nicht in simple lineare Teleologien zwängen, indem man hier eine folge-

---

74 So etwa Wilhelm Münker, Hauptstaatsarchiv Düsseldorf NW 60 Nr. 692 Bd. 2 Bl. 78R.

75 Landesarchiv Saarbrücken AA 320, Alters- und Kindererholungsheim, Hanns-Joachim-Haus an Amtsvorsteher Lang, Kleinblittersdorf, 26.6.1954.

76 Landesarchiv Saarbrücken AA 320, Schreiben des von der Bevölkerung gewählten und bevollmächtigten Ausschusses zur Bekämpfung der Staub- und Lärmplage vom 21.2.1957, S. 4.

richtige Entwicklung hin zu einer schlagkräftigen organisierten Umweltbewegung ausmachte. Nur scheint die Gefahr einer derart vereinfachenden Sichtweise recht gering zu sein, solange das Klischee einer radikalen Zäsur irgendwann in den frühen siebziger Jahren dominiert[77].

Es lohnt sich deshalb, die bislang gängige Fragerichtung einmal umzukehren und zu fragen, inwiefern sich in den erwähnten Fallbeispielen eine Entwicklung hin zu einem »ökologischen Zeitalter« bereits andeutete. Ist in den erwähnten Fallbeispielen eine Veränderung traditioneller Verhaltensmuster und Denkweisen zu erkennen? Ein fundamentaler Bruch ist in dieser Beziehung sicherlich nicht zu konstatieren. Aber es gibt eine Reihe gradueller Veränderungen, auf die zum Teil bereits hingewiesen wurde. Die Fluorgeschädigten von Rheinfelden schielten nicht mehr nur auf möglichst üppige Entschädigungszahlungen, sondern drängten zugleich auf eine Verminderung der Schadstoffbelastung. Außerdem organisierten die Landwirte eine besondere »Interessengemeinschaft«, was zuvor nur selten vorgekommen war, und für die Notgemeinschaft Kleinblittersdorf lassen sich ebenfalls nur mit Mühe organisatorische Vorläufer finden. Die Aktionsformen ließen teilweise ein wachsendes zivilgesellschaftliches Selbstvertrauen erkennen: Nicht länger beschränkte man sich auf unterwürfige Petitionen an die geehrten Behörden, vielmehr signalisierten die Protestierenden oft schon durch ihre Sprache, dass sie der Ansicht waren, einen Anspruch auf ein energisches Einschreiten der Beamten zu haben – bis hin zum Steuer- und Wahlstreik in Kleinblittersdorf. Überhaupt scheint der Protest gegenüber früheren Jahrzehnten eine Spur aggressiver im Ton geworden zu sein, auch wenn man nach wie vor bereit war, beide Seiten der Medaille zu betrachten und abzuwägen. Die neue Vehemenz umweltbezogener Forderungen ist insbesondere bemerkenswert, weil der Protest oft eine erstaunlich breite Basis in der Öffentlichkeit besaß.

Über die Triebkräfte, die hinter diesem Wandlungsprozess standen, sollte man sich beim derzeitigen Stand der Forschung wohl nur sehr vorsichtig äußern. Aber die geschilderten Fallbeispiele enthalten doch einige Hinweise, in welche Richtung man auf der Suche nach einer Erklärung zu schauen hat. So ist deutlich zu erkennen, dass der Wandlungsprozess weite Teile der bundesdeutschen Gesellschaft erfasst haben muss. Es handelte sich schließlich nicht um einen Unmut, der einer kleinen, klar umgrenzbaren Gruppe zugeschrieben werden konnte, vielmehr kam der Protest aus der Mitte der Gesellschaft, wie die zahlreichen Resolutionen von

---

77 Vgl. dazu Uekötter, »Umweltbewegung«.

Gemeinderäten und öffentlichen Bürgerversammlungen beweisen. Zudem fällt auf, dass die Bereitschaft, sich für den Umwelt- und Naturschutz zu engagieren, anscheinend ein überwiegend urbanes Phänomen war. Am deutlichsten zeigte sich dies beim Kampf gegen den Sauerlandring, der eben nicht von der lokalen Bevölkerung, sondern vor allem von Ruhrgebietsbewohnern getragen wurde, die für die Bewahrung des Erholungsraums Sauerland eintraten. Und es ist bemerkenswert, wie oft der Erholungswert der Natur als Argument ins Feld geführt wurde. Wieder war der touristische Blick im Falle des Sauerlandrings am deutlichsten zu erkennen. Aber auch für die zumindest teilweise Rettung des Königsdorfer Waldes war der Hinweis auf dessen Funktion als Naherholungsgebiet für die Kölner Bevölkerung von zentraler Bedeutung. Gerade der wiederholte Hinweis auf die hart arbeitende Stadtbevölkerung, die zum Ausgleich des Aufenthalts in der freien Natur bedürfe, erhellt schlaglichtartig die Motivationsstrukturen des Protests, zeigt sich hier doch eine Verbindung zwischen den geschilderten Entwicklungen und dem Wirtschaftsboom der Langen Fünfziger Jahre. Naturliebe war noch kein Kontrastprogramm zum Industrialismus, sondern ein Komplementärphänomen. Und damit zeigt sich zugleich, wie künstlich jene Gegenüberstellung materieller und postmaterieller Wertvorstellungen ist, die in der längst steril gewordenen Debatte der Inglehart-These immer noch vorgenommen wird[78].

Noch etwas fällt bei der Betrachtung der geschilderten Fallbeispiele auf: die erstaunliche Effektivität des Protests. Selbst im Konflikt mit Rheinbraun konnten zumindest erhebliche Konzessionen für den Naturschutz herausgeschlagen werden. Offenkundig konnte man in der Nachkriegszeit dort, wo sich der vorhandene Unmut in nachhaltigen öffentlichen Protest verwandelte, erstaunlich viel erreichen. Das heißt gewiss noch lange nicht, dass die Umweltgeschichte der Nachkriegszeit eine Erfolgsgeschichte gewesen wäre. Die aus heutiger Sicht wohl wichtigsten ökologischen Entwicklungen der fünfziger und sechziger Jahre – die Zersiedelung und der Anstieg des Energieverbrauchs – wurden, soweit bislang bekannt, nicht Gegenstand größerer Kampagnen und waren wohl auch von ihrer Struktur her nur begrenzt »kampagnenfähig«. Aber die bemerkenswerten Erfolge der geschilderten Kampagnen mögen als Mahnung dienen, dass die Umweltgeschichte der Nachkriegszeit weitaus mehr zu bieten hat als Defizite und Versagen. Es ist an der Zeit, dass Umweltbewegung und Umweltgeschichte diese Herausforderung annehmen.

---

78 Vgl. dazu als Kritik mit Hilferuf-Charakter Bürklin, Wilhelm/Klein, Markus/Ruß, Achim, »Postmaterieller oder anthropozentrischer Wertewandel? Eine Erwiderung auf Ronald Inglehart und Hans-Dieter Klingemann«, in: *Politische Vierteljahresschrift* 37 (1996), S. 517–536, insbes. S. 517.

1972 – Epochenschwelle der Umweltgeschichte?

Kai F. Hünemörder

Einleitung

Seit den achtziger Jahren werden Überlegungen angestellt, in welcher Weise sich das historische Interesse an Umweltfragen auf die Epochengliederung der Geschichte auswirken könnte. So hat Joachim Radkau in seinen Reflexionen über die Periodisierung der Umweltgeschichte wiederholt festgestellt, dass unterschiedliche Natur-Perspektiven historischen Veränderungen unterworfen und »die Natur kein Gegenpol zur Geschichte« sei, »sondern ein Element, das den Epochenwandel eher noch deutlicher hervortreten läßt«[1]. Eine Veränderung der Konturen des Begriffs »Umwelt« im Sinne eines Problemfeldes könne etwa eine Epochenwende markieren[2].

Einige Jahre später hat Christian Pfister der Geschichtswissenschaft den Versuch nahegelegt, »unserer Gesellschaft ein Epochenbewusstsein zu vermitteln, das sich an der Mensch-Umwelt-Problematik orientiert«[3]. Basierend auf dem materiellen Kriterium der ökologischen Verträglichkeit des Wirtschaftens versuchte der führende Vertreter der Historischen Klimatologie mit einem interdisziplinär zusam-

---

1 Radkau, Joachim, »Umweltprobleme als Schlüssel zur Periodisierung der Technikgeschichte«, in: *Technikgeschichte*, Bd. 57 (1990), H. 4, S. 345–361, hier: S. 347.

2 Vgl. Radkau, Joachim, »Wald- und Wasserzeiten, oder: Der Mensch als Makroparasit? Epochen und Handlungsimpulse einer humanen Umweltgeschichte«, in: Callies, Jörg/Rüsen, Jörn/Striegnitz, Meinfried (Hg.), *Mensch und Umwelt in der Geschichte*, Pfaffenweiler 1989, S. 139–174, hier: S. 141.

3 Pfister, Christian, »Das ›1950er Syndrom‹ Die umweltgeschichtliche Epochenschwelle zwischen Industriegesellschaft und Konsumgesellschaft«, in: Ders. (Hg.), *Das 1950er Syndrom. Der Weg in die Konsumgesellschaft*, Bern u.a. ²1996, S. 51–95, hier: S. 53. – Für die erste Version des Aufsatzes siehe Pfister, Christian, »Das 1950er Jahre Syndrom. Eine Epochenschwelle der Mensch-Umwelt-Beziehungen zwischen Industriegesellschaft und Konsumgesellschaft«, in: *GAIA* 3 (1994), H. 2, S. 71–90, und die Kritik von Andersen, Arne, »Das 1950er Syndrom: Woran's noch hapert«, in: *GAIA* 3 (1994), H. 5, S. 248, und Siegenthaler, Hans-Jörg, »Zur These des ›1950er Syndroms‹ Die wirtschaftliche Entwicklung der Schweiz nach 1945 und die Bewegung relativer Energiepreise«, in: Pfister, *1950er Syndrom*, S. 97–104.

mengesetzten Team, den ölpreisinduzierten Boom der »langen 1950er Jahre« (Werner Abelshauser) als wesentliche Epochenschwelle von der Industriegesellschaft zur heutigen Konsumgesellschaft plausibel zu machen. Während Pfister zunächst den Faktor der sinkenden relativen Energiepreise für fossile Energien stark hervorhob, verweist er neuerdings ergänzend auf die Wirkung kultureller Einflüsse auf die Nutzung der erweiterten Handlungsspielräume und das Verbrauchsverhalten der Menschen in den westlichen Ländern[4].

Auch Rolf Peter Sieferle beschäftigte sich in seinem umfangreichen Essay »Epochenwechsel. Die Deutschen an der Schwelle zum 21. Jahrhundert« mit Fragen der Periodisierung der Zeitgeschichte. Sein Interesse richtet sich dabei auf die »Konturen neuer Wirklichkeiten«[5], die sich in der Zukunft abzeichnen würden. Namentlich nennt er den globalen Strukturwandel des Industriesystems, die Kontrolle der Technikentwicklung, die Bewältigung des Umweltproblems und die sozialen und ideologischen Erschütterungen im Gefolge der Einwanderung in die Wohlstandszonen[6].

Im Rahmen seiner Auseinandersetzung mit der »Umweltkrise« zieht Sieferle in Erwägung, dass sich eine zukünftige Periodisierung weniger an dem orientieren könnte, was den Zeitgenossen als einschneidend erschienen sei, sondern von den Problemen der Zukunft[7] aus vorgenommen würde. »Die neue Epoche begänne [dann] nicht mit dem definitiven Abschluß einer überholten Formation, sondern mit dem spektakulären Auftreten neuer Problemlagen.«[8] Gegenüber dem in anderer Beziehung häufig genannten Jahr 1989 sieht Sieferle die Zeit um 1973 als »gewichtigen Kandidat[en] für die neue Epochenschwelle« an. Im Einzelnen führt er aus:

»Um das Jahr 1973 trat eine neuartige Problemlage in das Bewußtsein der westlichen Gesellschaften, die rasch die älteren ›sozialen‹ Fragen in den Hintergrund drängte. 1972 war die spektakuläre Studie zu den Grenzen des Wachstums erschienen, deren Prognose künftiger Ressourcenknapp-

4 Vgl. Pfister, Christian, »Energiepreis und Umweltbelastung. Zum Stand der Diskussion über das ›1950er Syndrom‹«, in: Siemann, Wolfram (Hg.), *Umweltgeschichte. Themen und Perspektiven*, München 2003, S. 61–86, hier: S. 84ff.

5 Sieferle, Rolf Peter, *Epochenwechsel. Die Deutschen an der Schwelle zum 21. Jahrhundert*, Berlin 1994, S. 11; zur Reaktion auf die Diagnose eines Epochenwechsels siehe etwa die Rezension von Dirk van Laak, in: *Politische Vierteljahresschrift*, 35 (1994), S. 766f., und Beer, Wolfgang, *Politische Bildung im Epochenwechsel: Grundlagen und Perspektiven*, Weinheim u.a. 1998.

6 Vgl. Sieferle, *Epochenwechsel*, S. 12.

7 An anderer Stelle stellt Sieferle klar, dass wir von Problemen der Zukunft nur insofern reden können, als es sich bereits um Probleme der Gegenwart handelt. Vgl. ebd., S. 12.

8 Ebd., S. 247f.

heit von der im darauffolgenden Jahr (freilich aus rein außenpolitischen Gründen) eintretenden ersten Ölkrise nachdrücklich bekräftigt wurde. Das Jahr 1973 gab das Startsignal dafür, daß die in bestimmten Zirkeln schon länger vorhergesagte Umweltkrise zu einem manifesten Gegenstand des politischen und öffentlichen Bewußtseins wurde. Dieser Gedanke einer drohenden Umweltkrise hatte nachhaltige Folgen für das Selbstverständnis der modernen Gesellschaft. Er versetzte dem liberalen Modernisierungsprojekt zu einem Zeitpunkt einen tödlichen Stoß, als viele Beobachter glaubten, es zeichne sich sein endgültiger Sieg ab.«[9]

Ziel dieses Aufsatzes ist es, die essayistischen Erwägungen Sieferles für die Bereiche der bundesrepublikanischen Politik und Gesellschaft zu überprüfen und zu präzisieren. Nach einigen begrifflichen Klärungen soll zunächst die Herausbildung der deutschen Umweltpolitik skizziert werden. Anschließend wird überprüft, ob die Wahrnehmungsprozesse der frühen siebziger Jahre in bestimmten gesellschaftlichen Gruppen so tiefgreifend waren, dass sich bereits um das Jahr 1972 der Beginn eines einschneidenden Wandels des gesellschaftlichen Selbstverständnisses abzuzeichnen begann. Als Quellengrundlage dienen neben Ministerialakten aus dem Koblenzer Bundesarchiv und dem Düsseldorfer Hauptstaatsarchiv die umfangreichen Bestände der Zeitungsausschnittssammlung des Kieler Instituts für Weltwirtschaft zu den Themen Umweltschutz und Zukunftsforschung.

Auf eine Konfrontation der verschiedenen Periodisierungsvorschläge, die entweder auf materialen oder auf wahrnehmungszentrierten Kriterien beruhen, wird bewusst verzichtet. Gestützt auf Joachim Radkau versuche ich demgegenüber, »Epochen als Spannungsfelder zu bestimmen und nicht an einzelnen Kriterien festzumachen«[10].

Die Erfindung der Umweltpolitik

Der Brockhaus definiert den Begriff Epoche als »größere[n] geschichtlichen Zeitabschnitt, dessen Beginn [...] und Ende durch einen deutlichen, einschneidenden Wandel der Verhältnisse gekennzeichnet ist«[11]. Die Festlegung solcher Zeitabschnitte galt schon in Zedlers »Universal-Lexikon aller Wissenschaften und Künste« aus der ersten Hälfte des 18. Jahrhunderts als »überaus grosse Mühe«, die »eine

---

9 Ebd., S. 248.
10 Radkau, *Umweltprobleme*, S. 350.
11 Stichwort »Epoche«, in: *Brockhaus Enzyklopädie*, Bd. 6, Mannheim 1988, S. 472.

überaus grosse Belesenheit«[12] in den Geschichten alter und neuer Zeiten erfordere. Dementsprechend gibt Jürgen Kocka zu bedenken, dass die Auszeichnung einer Zäsur als besonders tiefgreifend leicht »etwas Willkürliches«[13] an sich habe. Besonders intensiv hat sich der Philosoph Hans Blumenberg mit den Strukturen des Epochenwandels auseinandergesetzt. Bereits Mitte der 1960er Jahre sah er eine Ursache des zeitgenössischen »Überdruß am klassischen Fortschrittsbegriff« darin, dass er eine Prozessdefinition von Geschichte und ein Geschichtsbild ohne Absätze anbiete, »die keine Halte- und Wendepunkte von lebensweltlicher Wahrnehmbarkeit und Erreichbarkeit zulässt«[14]. Im gleichen Atemzug gab er zu Bedenken, es sei als historischer Sachverhalt nirgendwo sicherzustellen, »dass irgendwann von einem Hier und Heute eine ›neue Epoche‹ der Weltgeschichte ausgehen und man dabei gewesen sein könnte«[15]. Mit der Einführung des Begriffs der Epochenschwelle reflektierte Blumenberg die aufkommende Skepsis gegenüber kohärenten Epocheneinteilungen und fokussierte den Blick auf die »Zonen des Übergangs«[16]. Anhand einer Neubeschreibung geistesgeschichtlicher Übergänge von Spätantike, Mittelalter und Neuzeit konnte er zeigen, wie sich nach alternativer Lesart der Quellen ehemals revolutionär verstandene Umbrüche zu einer eigenen Epoche mit komplexen Wechselspielen von Wandel und Konstanz auszuweiten schienen[17]. Blumenbergs Warnung vor »allzu kräftig geschnittenen Bildern« soll uns im Folgenden begleiten. Schließlich muss derjenige, der von der Realität einer Epochenwende spricht, den Nachweis erbringen, »daß da etwas ist, was nicht wieder aus der Welt geschafft werden kann, dass eine Unumkehrbarkeit hergestellt ist«[18].

Als wichtiges Zeichen für die Ankündigung eines einschneidenden Wandels in den frühen siebziger Jahren könnte die schnelle »Karriere« des neuen Politikfeldes des Umweltschutzes interpretiert werden. Der neu formierte politisch-administrative Bereich umfasste zwar zunächst in der Tradition des Nachbarschaftsschutzes vor allem die unterschiedlichen Facetten der Luft- und Gewässerverschmutzung

---

12 Stichwort »Epocha«, in: *Großes vollständiges Universal-Lexikon*, Bd. 8, verlegt von Johann Heinrich Zedler, Halle und Leipzig 1734, Sp. 1436. [Faksimile von 1994]

13 Jürgen Kocka, zitiert nach Pfister, *1950er Syndrom*, S. 59.

14 Blumenberg, Hans, *Die Legitimität der Neuzeit*, Frankfurt/Main 1996, S. 537.

15 Ebd., S. 531.

16 Blumenberg, Hans, »Epochenschwelle und Rezeption«, in: *Philosophische Rundschau* 6 (1958), H. 1/2, S. 94–120, hier S. 94.

17 Vgl. Stichwort »Epochenschwelle«. In: Nünning Ansgar (Hg.), *Metzler-Lexikon Literatur- und Kulturtheorie*, Stuttgart, Weimar 1998, S. 123–124.

18 Blumenberg, *Legitimität*, S. 544.

sowie des Lärms. Bald wurden allerdings auch Fragen des Bestehens natürlicher Grenzen im Bereich der Bevölkerungsentwicklung und des exponentiell steigenden Ressourcenverbrauchs thematisiert[19]. In der Ministerialverwaltung von Bund und Ländern hatten Fragen der Luftreinhaltung und der Trinkwasseraufbereitung bereits seit Mitte der fünfziger Jahre an Bedeutung gewonnen. Auf der originär politischen Ebene wurden Umweltfragen allerdings erst ab 1969 sprunghaft wichtiger. Neben den sich verdichtenden Nachweisen konkreter Gesundheitsgefährdungen über die Industriezonen hinaus sorgte man sich in der nordrhein-westfälischen Landespolitik etwa um die Abwanderung von Fachkräften aus dem Ruhrgebiet. Von mehreren Gutachtern wurde diese auf die Umweltsituation zurückgeführt[20]. Einflussreicher allerdings waren die umweltrelevanten Erkenntnisse und Prognosen, die in den internationalen Organisationen in den sechziger Jahren gebündelt wurden[21]. Insbesondere Organisationen wie die NATO, der Europarat, die OECD und mehrere UN-Sonderorganisationen gaben ihre Erkenntnisse über die Vernetzung und die weltweite Dimension der Umweltgefahren zum Ausklang des Jahrzehnts gehäuft an Regierungen, darunter auch die Bundesregierung weiter und ergänzten damit den Informationsgewinn bilateraler wissenschaftlich-technischer Austauschprogramme[22]. Dabei spielten Umweltbeeinträchtigungen durch den weiträumigen Transport von Schwefeldioxid und das Bedrohungsszenario einer weltweiten Zunahme der

---

19 Siehe Hünemörder, Kai F., *Die Frühgeschichte der globalen Umweltkrise und die Formierung der deutschen Umweltpolitik (1950–1973)*, Stuttgart 2004.

20 Vgl. Zühlke, W., *Zu- und Abwanderung im Ruhrgebiet 1967. Ergebnisse einer Umfrage*, Essen 1968, S. 22, Tabelle 1, (Schriftenreihe SVR, Heft 20).

21 Siehe weiterführend Hünemörder, Kai F., »Vom Expertennetzwerk zur Umweltpolitik. Frühe Umweltkonferenzen und die Ausweitung der öffentlichen Aufmerksamkeit für Umweltfragen in Europa (1959 – 1972)«, in: *Archiv für Sozialgeschichte*, Jg. 43, (2003), S. 275–296.

22 Vgl. etwa die laufend ergänzte Loseblattsammlung *Ausschuß zur Verbesserung der Umweltbedingungen* A 431 ab 11/69, in: *Handbuch der NATO*, Frankfurt am Main 1969ff., S. 1–154, zur politischen Intention siehe Kilian, Michael, *Umweltschutz durch internationale Organisation. Die Antwort des Völkerrechts auf die Krise der Umwelt?* Berlin 1987. – Das bedeutendste dieser Programme war das nach dem US-amerikanischen Innenminister benannte Udall-Programm, in dessen Rahmen seit 1966 US-amerikanische und deutsche Wissenschaftler und Techniker etwa auf dem Gebiet der Luftreinhaltetechnik zusammenarbeiteten. Vgl. »Natural Resources Mission to Germany. A Special Report to the President of The Secretary of the Interior, Stewart L. Udall, Mai 1966«, in: BA Koblenz, B 142/5009; siehe auch BA Koblenz, B 106/22110.

Durchschnittstemperaturen durch einen zusätzlichen anthropogenen Treibhauseffekt bereits 1969 eine wichtige Rolle[23].

Die sozial-liberale Bundesregierung reagierte mit der Aufnahme des Umweltschutzes in das Reformprogramm der Koalition. Im Winter 1969/70 bündelte Innenminister Hans-Dietrich Genscher die als unzureichend erkannten administrativen Maßnahmen im Bereich des Schutzes gegen Luft- und Gewässerverunreinigungen im neuen Politikfeld der »Umweltpolitik« und erhob sie zum eigenständigen Bestandteil der Reformpolitik der Regierung. Innerhalb der Ministerialverwaltung konnte er sich dabei mit Peter Menke-Glückert auf einen ehemaligen Mitarbeiter der OECD stützen, der sich intensiv mit Zukunftsforschung und Systemanalyse beschäftigt hatte und Probleme der Luftreinhaltung und des Gewässerschutzes als Teil »weltökologischer« Gefährdungslagen ansah. Bereits 1968 hatte er den Kerngehalt der Metapher des »Raumschiffs Erde« von Kenneth Boulding offengelegt, um in seinen »Ecological Commandments«[24] auf den weltweiten Zusammenhang der Verschmutzungs- und Ressourcenprobleme hinzuweisen.

Offiziell wurde die Umweltpolitik zunächst weniger als Problem der Überlastung der Regenerationssysteme des Planeten Erde oder ihrer Ressourcen begriffen, sondern vielmehr als technisches und Finanzierungsproblem[25]. Bei der Entwicklung von Gegenstrategien gegen die Luft- und Gewässerverschmutzung in besonders belasteten Gebieten blieben dadurch die sektoralen Eindämmungsstrategien und Verwaltungstraditionen prägend, die ihren Ausgang in den Gewerbeordnungen der

---

23 Vgl. Handbuch der NATO, S. 13; vgl. auch die Übersetzung der Rede des schwedischen UN-Botschafters Sverker Aaström vor der UNO-Vollversammlung v. 3.12.1968, in: BA Koblenz, B 106/35862.

24 Menke-Glückert, Peter, *Working Paper »Eco-Commandments for world citizens«*, presentet at UNESCO conference »Man and Biosphere« March 9, Paris 1968. – Die Raumschiffmetapher des US-amerikanischen UN-Botschafters Adlai A. Stevenson wurde von Kenneth E. Boulding erstmalig 1966 in folgendem Aufsatz ausführlich beschrieben: »The Economics of the Coming Spaceship Earth«, in: Jarrett, Henry (Hg.), *Environmental Quality in a Growing Economy*, Baltimore 1966, S. 3–14; Reprints in: Boulding, Kenneth E., *Beyond economics. Essays on society, religion, and ethics*, Ann Arbor 1968, S. 275–287; *Global ecology. Readings toward a rational strategy for man*, New York [u.a.] 1971; *The futurists*, New York 1972, S. 235–243; *Economic growth vs. The environment*, Belmont/Calif. 1971, S. 58–68.

25 Vgl. etwa *Neue Zürcher Zeitung* v. 31.3.1971 (»Umweltprobleme als Aufgabe und als Geschäft«), *FAZ* v. 19.4.1971 (»Herausgeforderte Unternehmer«), *Wirtschaftswoche*, Frankfurt am Main, Nr. 17 v. 23.4.1971 (»Der Konsument muß zahlen«), *FAZ* v. 24.4.1971 (»Die Kosten, die die anderen tragen«) und *Handelsblatt*, Düsseldorf, v. 26.4.1971 (»Umweltschutz: Geordnete Flucht nach vorn«); vgl. auch Glagow, Manfred/Murswieck, Axel, »Umweltverschmutzung und Umweltschutz in der Bundesrepublik Deutschland«, in: *Aus Politik und Zeitgeschichte* B27/1971, S. 3–31, hier: S. 26.

zweiten Hälfte des 19. Jahrhunderts genommen hatten. Ansätze eines integrierten, medienübergreifenden und vorsorgenden Umweltschutzes wurden bis in die achtziger Jahre gegenüber dem Ausbau des bestehenden Systems nachsorgender Umweltschutztechniken vernachlässigt. Die neue »Architektur des Umweltbegriffs« mit ihrer Einbeziehung ökologischer Dynamiken und der Beachtung globaler Prozesse schlug sich erst allmählich auf den realen umweltpolitischen Vollzug nieder.

Ihren ersten programmatischen Höhepunkt fand die westdeutsche Umweltpolitik im Umweltprogramm der Bundesregierung. Es definierte im September 1971 »Umweltpolitik« als »Gesamtheit aller Maßnahmen, die notwendig sind,

– um dem Menschen eine Umwelt zu sichern, wie er sie für seine Gesundheit und für ein menschenwürdiges Dasein braucht,
– um Boden, Luft und Wasser, Pflanzen- und Tierwelt vor nachteiligen Wirkungen menschlicher Eingriffe zu schützen und
– um Schäden oder Nachteile aus menschlichen Eingriffen zu beseitigen«[26].

Auf fast 200 Seiten folgten dieser Begriffsbestimmung zahlreiche Vorschläge für Gesetzesinitiativen und Gegenmaßnahmen gegen die meisten der nachgewiesenen Umweltgefahren. Die bis heute anerkannte Qualität des Umweltprogramms[27] beruhte auf der Hinziehung von über 450 Experten, die seit Winter 1970 in einem Dutzend Projektgruppen seine Grundlage schufen[28]. Mittels einer konsequenten Anwendung des Verursacher-, Vorsorge- und Kooperationsprinzips sollte der Umweltschutz vorangebracht werden. Lücken bestanden vor allem in den Ausführungen zu globalen Umweltproblemen, da über viele wissenschaftliche Theorien und Beobachtungen zu Veränderungen in der Biosphäre und der Atmosphäre noch keine weitgehende Einigkeit erzielt worden war.

---

26 »Umweltprogramm der Bundesregierung«, in: *»betrifft«* 9, hrsg. vom Bundesministerium des Inneren, Referat Öffentlichkeitsarbeit, Bonn o.J., S. 6.

27 Siehe etwa Fritz Vorholz' Artikel »Umweltschützer bei Gelegenheit«, in: *DIE ZEIT*, Nr. 38, v. 12.9.2002.

28 Vgl. Materialienanhang zum Umweltprogramm der Bundesregierung, zu BT-Drucksache VI/2710, Bonn 1971.

1972 – Der erste Höhepunkt der umweltpolitischen Debatte

Im Verlauf des Jahres 1972 verstärkte sich die internationale Ausrichtung der Umweltpolitik der Bundesregierung. Dies lag vor allem an den intensiven Vorbereitungen für die erste UN-Umweltkonferenz, die Anfang Juni 1972 in Stockholm stattfand und aus politischen Gründen schon im Vorfeld hohe Wellen schlug. Wichtig war ferner die Diskussion um die Studie des *Massachusetts Institute of Technology* (MIT) »The Limits to Growth«, die der Club of Rome im Frühjahr 1972 in mehreren Sprachen veröffentlichte.

Für die konkrete Koordinierung der Vorbereitungen von Bund und Ländern für die Umweltkonferenz wurde der sogenannte Stockholm-Ausschuss gegründet[29]. Seine zentrale Aufgabe bestand in der Erstellung eines deutschen Nationalberichts über den Zustand der Umwelt und der Erarbeitung von Positionspapieren zu den Entschließungsvorlagen der offiziellen internationalen Vorbereitungsausschüsse. Die intensive interministerielle Zusammenarbeit unter Federführung des Bundesinnenministeriums führte dazu, dass seit Sommer 1971 erstmals große Teile des bundesdeutschen Verwaltungsapparates zur Erarbeitung einer umfassenden nationalen Stellungnahme zu den weltweiten Degradationstendenzen gezwungen waren. Diese Aufgabe ging qualitativ über die bestehenden Kooperationen etwa im Rahmen der Länderarbeitsgemeinschaft Wasser hinaus.

Bald erkannte man die Bedeutung der zwischenstaatlichen Sammlung von Umweltdaten. Neben den direkten umweltwissenschaftlichen Expertenaustausch rückte die internationale Verfügbarkeit des »Umweltwissens« ins Zentrum der strategischen Zielvorstellungen. Computergestützte Informationssysteme sollten bestehende Schwierigkeiten mindern helfen und dazu beitragen, Doppelarbeit zu vermeiden. Die Bundesregierung sprach sich uneingeschränkt für die Einrichtung internationaler Datenbanken als »unverzichtbare Ergänzung der nationalen Systeme«[30] aus. Sie setzte sich auf der UN-Umweltkonferenz sogar dafür ein, die Mittel des geplanten Umweltfonds prioritär für ein »global assessment« und die Einrichtung eines Referenzsystems in Genf zu verwenden, um dadurch den menschlichen

---

29 Siehe Hünemörder, *Frühgeschichte*, Kapitel VIII.

30 Vgl. Bundesminister für Arbeit und Sozialordnung, »Erzieherische, informatorische, soziale und kulturelle Aspekte der Umwelteinflüsse, Entwurf eines Positionspapiers« vom 12.5.1972, in: HStA Düsseldorf, NW 455–721.

Einfluss auf die Biosphäre zu untersuchen[31]. Da zugleich der Bedarf an eigenen Forschungskapazitäten immer deutlicher wurde, begann die Zeit der Gründung neuer Institute, die die blinden Flecken des Umweltproblems ausleuchten sollten[32]. Zwar hatte sich die Ministerialverwaltung bereits in den sechziger Jahren an zahlreichen Konferenzen und Tagungen zur Luftreinhaltung und Gewässerverschmutzung beteiligt. Doch dies hatte nur zu einem punktuellen Wissenszuwachs bei einzelnen Fachvertretern in den Ministerien geführt. Vor der politischen Wahrnehmung der neuen Qualität der Bedrohung der Umwelt des Menschen war der handlungsorientierte internationale Informationsaustausch innerhalb der Administration des Bundes und der Länder im Wesentlichen auf einige grenzüberschreitende Projekte wie die Internationale Rheinschutzkommission beschränkt geblieben. Punktuelle inhaltliche Beiträge der Bundesrepublik, etwa für europäische Naturschutzprojekte, wurden zumeist an Institutionen wie die *Bundesanstalt für Vegetationskunde, Naturschutz und Landschaftspflege* in Bad Godesberg delegiert, ohne dass eine wirkungsvolle Bündelung der so gewonnenen umweltrelevanten Informationen und Erfahrungen aus dem internationalen Bereich an höherer Stelle des administrativen Apparates erfolgte.

Erst als 1971 innerhalb der Abteilung Umweltschutz beim Bundesinnenminister ein eigenes Referat für die internationale Umweltpolitik und den Kontakt mit den umweltpolitisch tätigen Organisationen eingerichtet wurde, konkretisierten sich die vorhandenen übergeordneten Befürchtungen, einer umfassenden Umweltkrise entgegen zu steuern, sukzessive mit der Bündelung von Fakten an einem Ort[33]. Die Ministerialbeamten und mit ihnen die Regierung und die Parlamentarier begannen die These vieler Mahner aus den internationalen Organisationen zu übernehmen, dass die »durch menschliche Eingriffe hervorgerufene[n] Änderungen in der Biosphäre [...] noch gar nicht abzusehende Folgen für die gesamte Menschheit [haben]«[34].

---

31 Vgl. Vermerk über die Sitzung des Stockholm-Ausschusses im BMI v. 19.5.1972, in: HStA Düsseldorf, NW 455–721.

32 Vgl. die Aufstellung der Neugründungen bei Küppers, Günter/Lundgreen, Peter/Weingart, Peter, *Umweltforschung – die gesteuerte Wissenschaft? Eine empirische Studie zum Verhältnis von Wissenschaftsentwicklung und Wissenschaftspolitik,* Frankfurt am Main 1978, S. 278f.

33 Für den Wandel der Referats- und Abteilungsstruktur im BMI siehe Müller, Edda, *Innenwelt der Umweltpolitik: Sozial-liberale Umweltpolitik – (Ohn)macht durch Organisation?,* Opladen 1986, S. 547–556.

34 Bericht der Bundesrepublik Deutschland über die Umwelt des Menschen, zusammengestellt für die Umweltkonferenz der Vereinten Nationen im Juni 1972 in Stockholm von der Bundesregierung mit Unterstützung durch die Länder, Bonn 1971, in: HStA Düsseldorf, NW 455–721.

Mehr als eine Ahnung von den potentiellen Folgen mehrerer zentraler Entwicklungsprozesse versuchte die MIT-Studie »Die Grenzen des Wachstums« zu vermitteln[35]. Sie war der Höhepunkt einer Welle umweltapokalyptischer Warnrufe, die seit 1970 viele Bundesbürger erreichten und der Umweltpolitik zunächst eher Rückenwind gaben[36]. Kern der Studie war die systemanalytische Vernetzung fünf allgemeiner Trends. Neben den Problemen der Begrenztheit wichtiger Rohstoffe, wachsender Umweltverschmutzung und den Auswirkungen der dynamischen Wirtschaftsentwicklung wurden die Folgen des technischen Wandels und des exponentiellen Bevölkerungswachstums in ein so genanntes Weltmodell gebracht. Mehrere Modellverläufe sollten zeigen, warum die Forscher um Dennis Meadows die bisherigen Gegenstrategien als unzureichend erachteten und der Wirtschaftsprozess selbst verändert werden müsste, um nicht den exponentiellen Entwicklungsprozessen zum Opfer zu fallen.

Joachim Radkau hat im Rahmen seiner Überlegungen zur Periodisierung der Technikgeschichte konstatiert, dass Veränderungen in den Dimensionen der Umweltprobleme in der Regel etwas mit technischem Wandel zu tun hätten[37]. Die MIT-Studie und andere Zukunftsszenarien zeigen, dass diese Aussage nicht nur für neue Produktions- und Verfahrenstechniken, sondern gleichermaßen für verbesserte Analyse-, Diagnose- und Prognosetechniken plausibel ist: Bei ihrem Versuch, die als fatal beschriebene Entwicklungsdynamik der Industriegesellschaften zu verdeutlichen, verfügten die Wissenschaftler nunmehr im Gegensatz zu früheren Mahnern wie Albert Schweitzer über Computer und die modernen Methoden der Kybernetik und damit auch über eine neuartige argumentative Schlagkraft. Da sich die errechneten Risiken der erfahrungsfundierten Wahrnehmung entzogen, mussten sie den Wissenschaftlern zudem entweder »geglaubt«[38] oder von den Bürgern verdrängt werden. In einer Zeit, in der die Medien an jedem Tag mit neuen Umweltgefahren aufwarteten, verstanden viele Beobachter den ersten Club of Rome-Bericht als Koordinatennetz für die Einordnung der Einzelmeldungen. Undogmatische Sozialisten lehnten demgegenüber seine skeptischen Prognosen ab, da die elitäre Beset-

35 Meadows, Dennis/Meadows, Donella/Zahn, Erich/Milling, Peter u.a., *Die Grenzen des Wachstums. Bericht [an] de[n] Club of Rome zur Lage der Menschheit.* Stuttgart 1972.

36 Vgl. ausführlich Hünemörder, Kai F, »Kassandra im modernen Gewand. Die umweltapokalyptischen Mahnrufe der frühen 1970er Jahre«, in: Uekötter, Frank/Hohensee, Jens (Hg.), *Wird Kassandra heiser? Beiträge zu einer Geschichte der »falschen Öko-Alarme«*, Stuttgart 2004.

37 Radkau, *Umweltprobleme*, S. 347.

38 Beck, Ulrich, *Risikogesellschaft. Auf dem Weg in eine andere Moderne*, Frankfurt am Main 1986, S. 96.

zung des Clubs und seine tendenziell technokratischen Lösungsstrategien vehement gegen ihre emanzipatorischen Hoffnungen verstießen. Auch die Koordinatoren des deutschen Stockholm-Ausschusses gaben intern die Losung aus, dass die Studie »in ihren Prämissen und Folgerungen den Vorstellungen der Bundesregierung nicht entspricht«[39]. Dennoch schärfte sie auch in der Ministerialverwaltung den Blick für globale Zusammenhänge der Umweltkrise, was die zunehmende Verwendung der Metapher des »Raumschiffes Erde« in offiziellen Schriften zeigte[40].

Zur Wirkung der umweltpolitischen Debatte auf das gesellschaftliche Selbstverständnis

Deutlich lässt sich für die Zeit um 1972 nachweisen, wie umwelt- und wachstumsbezogene Diskussionen für wenige Jahre einen vorderen Platz auf der politischen Agenda einnahmen. Sehr viel schwieriger ist es, auf dieser Grundlage den Beginn eines Wandels des gesellschaftlichen Selbstverständnisses zu konstatieren. Zumal für eine Zeit der Pluralisierung der Lebensstile könnte sich ein solch monolithischer Begriff als ungeeignet erweisen.

An der Schwelle zu einer neuen Epoche zu stehen, bedeutet im Sinne von Sieferle nicht nur die konstituierenden neuen Determinanten tastend zu erahnen, sondern freien Blickes auf die neuen Problemlagen zu schauen. Es gilt also zu prüfen, ob die Vorgänge um die spektakuläre öffentliche Aufnahme der MIT-Studie zu den Grenzen des Wachstums[41], die vielbeachtete erste UN-Umweltkonferenz in Stockholm und der Ölpreisschock einen Durchbruch der Wahrnehmung einer bereits vorhandenen oder drohenden Umweltkrise darstellte. Darüber hinaus muss überprüft werden, für welche Gruppen bereits in den frühen siebziger Jahren der Beginn eines Bewusstseinswandels attestiert werden kann. Denn die Wahrnehmungshori-

---

39 Vermerk über die Sitzung des Stockholm-Ausschusses im BMI v. 19.5.1972, in: HStA Düsseldorf, NW 455–721.

40 Vgl. etwa Hartkopf, Günter/Bohne, Eberhard, *Umweltpolitik Bd. 1. Grundlagen, Analysen und Perspektiven*, Opladen 1983, S. 21.

41 Martin Jänicke bezeichnete die Veröffentlichung des ersten Club of Rome-Berichts zu Recht als das bis heute »dramatischste und umweltpolitisch einflußreichste Informations-Ereignis«. Ders, in: Jänicke, Martin/Kunig, Philip/Stitzel, Michael, *Lern- und Arbeitsbuch Umweltpolitik. Politik, Recht und Management des Umweltschutzes in Staat und Unternehmen*, Bonn 1999, S. 94.

zonte etwa der Landkommunebewegung unterschieden sich nur allzu sehr vom Lebensstil und den Wertvorstellungen des kleinen und mittleren Bürgertums.

Wie bereits erwähnt, hat Joachim Radkau vorgeschlagen »Epochen als Spannungsfelder zu bestimmen«[42]. »Nicht nur die ökonomischen Wachstumsschübe, sondern auch die epochenspezifischen Grenzen des Wachstums und die diversen Gegenreaktionen geben der Umweltgeschichte des Industriezeitalters ihre Struktur«[43]. Bezogen auf die Untersuchung von Wandlungsprozessen in gesellschaftlichen Teilöffentlichkeiten zu Beginn der siebziger Jahre eignet sich auch der Blick auf die Vorstellungen von der nahen Zukunft als Beispiel eines solchen Spannungsfeldes. Zum Ausklang der sechziger Jahre zeigte nicht nur die akademische Jugend verstärktes Interesse an dem, was die Jahrzehnte bis zum Jahr 2000 an neuen Zuständen und technischen Möglichkeiten bringen würden. Vielmehr gewann die von Seiten der Industrie und des Staates finanziell unterstützte »Futurologie« darüber hinaus in breiten Schichten öffentliche Aufmerksamkeit[44].

Eine Medienanalyse zeigt, dass die populären futurologischen Zukunftsphantasien eines Herman Kahn seit Ende der sechziger Jahre verstärkt von pessimistischen Zukunftsbildern zurückgedrängt wurden[45]. Beispielhaft lässt sich dies an einer groß angelegten Serie aufzeigen, die im November 1969 in der Tageszeitung *Die Welt* erschien. Die von der *Times* übernommenen Beiträge einiger der bekanntesten zeitgenössischen Zukunftsforscher und Naturwissenschaftler zeigen die Ambivalenz der Wende des Jahrzehnts, wie schon die Ankündigung »Der Mensch in zehn Jahren: Herr oder Sklave?«[46] andeutete. Anders als auf den »Futurologischen Kongressen« der Vorjahre mischten sich äußerst pessimistische Zukunftsbilder unter die Visionen. Nach Arthur Koestler, der eine »Gesellschaft der Mittelmäßigkeit« in einer »kühlen Welt ohne Glauben und Tabus«[47] heraufziehen sah, entwarf der Gründer des *Hudson Institute*, Herman Kahn, das Bild des bevorstehenden »Zeitalters des Computers«. Unter das optimistische Szenario einer Gesellschaft, in welcher der Computer in alle Lebensbereiche eindringen werde, mischten sich sogar bei Kahn Andeutungen problematischer Tendenzen. So prognostizierte er

---

42 Radkau, *Umweltprobleme*, S. 350.

43 Radkau, Joachim, *Natur und Macht. Eine Weltgeschichte der Umwelt*, München 2000, S. 237.

44 Vgl. Hölscher, Lucian, *Die Entdeckung der Zukunft*, Frankfurt am Main 1999, S. 220.

45 Vgl. Hünemörder, *Frühgeschichte*, Kap. VII.

46 *Die Welt* v. 8.11.1969. – Die Serie wurde in *The Times* ab 6.10.1969 unter dem Titel »Life in 1980« abgedruckt.

47 *Die Welt* v. 8.11.1969 (»Eine kühle Welt ohne Glauben und Tabus«).

vage eine »zunehmende Bedeutung der technischen und finanziellen Voraussetzungen zur Veränderung der Umwelt und der Gesellschaft, die in Zusammenhang stehen mit den Problemen der Gesundheit, Sicherheit, Erholung [...]«. Zudem meinte er, dass seine Liste von Entwicklungstendenzen und Problemen »mit Sicherheit für viele eine ziemlich unerfreuliche und vielleicht erschreckende Vision unserer ›schönen neuen Welt‹ heraufbeschwöre«[48].

Tags darauf präsentierte der bekannte Biologe, Sir Julian Huxley, den Lesern der *Welt* ein weitaus bedrohlicheres Szenario. In aufrüttelnder Deutlichkeit vertrat er die These, dass die Neugestaltung des Verhältnisses der Menschen zur Natur und zur Umwelt geradezu die Bedingung der Möglichkeit von Zukunft überhaupt sei[49]. Das Kernproblem sah er in der »blinden Dynamik« der technischen Entwicklung; blind, weil das allgemeine Bewusstsein mit den technischen Möglichkeiten nicht Schritt halte:

»Im Augenblick ist es so, daß sich die Offiziere und Mannschaften, die das Kommando über das große Raumschiff der Menschheit übernommen haben, kaum für die Probleme interessieren, die das sichere Navigieren dieses Raumschiffes mit sich bringt. Übrigens sind die meisten Passagiere dieses Schiffes ebenso gleichgültig.«

Im Einzelnen betonte Huxley besonders die »Bevölkerungsexplosion« und die Steigerung des privaten Verkehrsaufkommens in den Städten, die zur fortschreitenden »Verseuchung von Stadt und Land«[50] beitrage. Die Verbesserung der Umwelt werde zur dringlichen Notwendigkeit in den siebziger Jahren.

Zum Abschluss der Serie schilderte der britische Historiker und Geschichtsphilosoph Arnold J. Toynbee seine Vorstellung vom »beschwerlichen Leben in der Welt des Überflusses«[51]. Bereits im September hatte die *Zeit* Toynbees Vision einer zukünftigen »Ökumenopolis« viel Platz eingeräumt. In der »weltweiten City« drohe die »vom Menschen [...] geschaffene Umwelt den Menschen selbst zu überwältigen.« Der Zustand sei »so bedrohlich, daß wir ihn wahrscheinlich nicht überleben

---

48 *Die Welt* v. 10.11.1969 (»Computer als Babysitter und Spielkameraden«) – Kahn selbst war allerdings von der grundsätzlichen Lösbarkeit der Probleme überzeugt.

49 In: *Die Welt* v. 11.11.1969 (»Der Mensch auf Kollisionskurs«).

50 Ebd.

51 *Die Welt* v. 14.11.1969 (»Wir werden wieder lernen, unsere Schuhe selber zu flicken«). – Zwei weitere Zukunftsforscher hatten sich zuvor konkreten technischen und sozialen Aspekten der Zukunft gewidmet. Vgl. Sir Bernard Lovell, in: *Die Welt* v. 12.11.1969 (»Bemannte Marsflüge als äußerste Grenze«); Asa Briggs, in: *Die Welt* v. 13.11.1969 (»Das ›Zeitalter der Freizeit‹ kommt nicht«).

werden, wenn wir uns der Macht unserer Umwelteinflüsse nicht entziehen können«[52].

Die Futurologie konnte sich trotz großen Aufwandes mittelfristig nicht zu einer anerkannten »Wissenschaft von der Zukunft« weiterentwickeln[53]. Zu hoch war der Anspruch, »Prognostik, Planung und Philosophie der Zukunft zu einer neuen Einheit zusammenzufügen«, wie es der Politologe Ossip K. Flechtheim forderte[54]; und zu umstritten das technokratische Konzept des Zukunftsforschers Karl Steinbuch, der, gestützt auf die Methoden der Systemanalyse, mittels einer »rationalen Zukunftsplanung« die »Starrheit der Konservativen« und die »Heilsentwürfe der Neuen Linken«[55] überwinden wollte. Einflussreich in der Umweltbewegung waren vor allem die Versuche von Robert Jungk, der kreativen Phantasie in »Zukunftswerkstätten« Raum zu geben[56].

Entscheidend ist, dass die zum Teil verwirrenden Stellungnahmen der Avantgarde der Zukunftsforscher gegenüber der Planungs- und Reformeuphorie der ersten Jahre der sozial-liberalen Koalition bald die Meinungsführerschaft in den Medien erlangten. Als 1972 die Studie »Die Grenzen des Wachstums« erschien und die UN-Umweltkonferenz in Stockholm mit ihrem Slogan »Only One Earth« große politische Wellen schlug, erreichte die zeitgenössische umweltpolitische Medienresonanz ihren ersten Höhepunkt. Zugleich geriet das bisher vorrangige Ziel des Wohlstandes mittels wirtschaftlichen Wachstums unter Beschuss. Unter inhaltlichen Gesichtspunkten entpuppte sich die Wachstumsdiskussion als Herausforderung, weil mit dem Ruf nach einem »Nullwachstum« das bis dahin noch weitreichende Vertrauen in einen wirksamen technischen Umweltschutz innerhalb der sozialen Marktwirtschaft als nicht ausreichend unterminiert wurde. Nun standen Glaubenssätze gegeneinander, der Politisierung folgte die Ideologisierung des Umweltschutzes.

---

52 *Die Zeit* v. 27.9.1969 (»Halb Venedig – halb Brasilia«). Diesen Beitrag entnahm *die Zeit* der u.a. von IBM herausgegebenen amerikanischen Zeitschrift *Think*. Für eine zeitgenössische Zusammenstellung der prägnantesten Zukunftsentwürfe siehe *Der Spiegel* Nr. 1–2 v. 5.1.1970 (»Ritt auf dem Tiger«).

53 Vgl. Prause, Gerhard/Randow, Thomas v., *Der Teufel in der Wissenschaft. Wehe wenn Gelehrte irren. Vom Hexenwahn bis zum Waldsterben*, Hamburg, Zürich 1985.

54 Vgl. Flechtheim, Ossip K., *Futurologie. Der Kampf um die Zukunft*, Frankfurt am Main 1972, S. 8.

55 Steinbuch, Karl, *Mensch, Technik, Zukunft. Probleme von morgen*, Reinbek bei Hamburg 1973, S. 25.

56 Vgl. Jungk, Robert, »Die Imagination des »Homo faber«. Phantasie als interdisziplinärer Forschungsgegenstand«, in: *TUB* 2 (1970) 2, S. 97–102, u. rückblickend Jungk, Robert: *Trotzdem. Mein Leben für die Zukunft*, München 1994.

Die Auswirkungen des »medialen Umweltschocks« scheinen nur schwach in das kollektive Gedächtnis eingegangen zu sein. Zum einen wurden sie nicht von allen gesellschaftlichen Gruppen rezipiert und zum anderen standen ab dem Herbst 1973 die deutlich wahrnehmbaren energiepolitisch induzierten Zwänge im Vordergrund des allgemeinen Interesses. Die erste Ölpreiskrise und die sich anschließende Rezession überlagerte zunächst die vielstimmige Wachstumsdebatte und verdrängte sie schließlich. An die »autofreien Sonntage« mit ihren leeren Autobahnen erinnert sich noch heute fast jeder Zeitgenosse[57]; an die frühen Diskussionen, die unter dem Emblem der Gasmaske in den Tages- und Wochenzeitungen bis Oktober 1973 geführt wurden, kaum jemand[58]. Dennoch lässt sich die These aufstellen, dass die Jahre 1970 bis 1973 das argumentative und emotionale Fundament legten für die folgenden umweltpolitischen Entwicklungen.

Auch die Politik passte sich dem neuen Sprachduktus der Dringlichkeit an. In einer Broschüre des US-Informationsdienstes für die UN-Umweltkonferenz in Stockholm hieß es, dass die Erde mit ihrer dünnen Biosphäre nur begrenzt belastungsfähig, nicht unerschöpflich und sehr viel empfindlicher sei, als wir je dachten. »Ja, sie ist sogar so empfindlich, daß der moderne Mensch mit seinen ungeheuren Möglichkeiten zum Manipulieren der Natur und mit der rapide wachsenden Weltbevölkerung eines Tages seinen Heimatplaneten in tödliche Gefahr bringt, wenn er nicht größere Sorgfalt walten läßt«[59]. Innenminister Genscher forderte nicht weniger pathetisch in Stockholm und zu anderen Anlässen einen »weltweiten friedlichen Feldzug gegen die Umweltgefahren, einen Feldzug, in dem es nur Verbündete geben darf«[60]. Während neue Umweltmetaphern in der Zeitungsberichterstattung und

---

57 Vgl. die von Jens Hohensee zitierten Umfrageergebnisse, in: *Die Zeit*, Nr. 48 v. 19.11.1998 (»Der Stillstand, der ein Fortschritt war«); vgl. grundlegend Hohensee, Jens, *Der erste Ölpreisschock 1973–1974*, Stuttgart 1996; zum Einfluss der ersten Ölpreiskrise auf die Energieversorgungsunternehmen vgl. Radkau, Joachim, »Das RWE zwischen Kernenergie und Diversifizierung 1968–1988«, in: Schweer, Dieter/Thieme, Wolf (Hg.), *»Der gläserne Riese«. RWE – ein Konzern wird transparent*, Wiesbaden 1998, S. 221–244.

58 In vielen Varianten wurde die Gasmaske seit Ende 1970 zum Teil makabrer Ausdruck für die Gefährdung der Menschen. So z. B. als Geschenkidee in *Christ und Welt*, Stuttgart, v. 25.12.1970 (»Dicke Luft in Oberbayern«); als Logo für eine Serie zum Thema Umweltschutz in *Publik* ab 25.12.1970 (»Die Menschheit mordet sich selbst«); als Accessoire bei Karnevalumzügen in *Hamburger Abendblatt* v. 23.2.1971 (»Giftkrank ohne es zu wissen«).

59 *Nur diese eine Erde*, Broschüre des US-Informationsdienstes (USIS), Bonn 1972, S. 3f.

60 Bull.Reg. Nr. 86 v. 13.6.1972; vgl. auch Ansprache von Bundesinnenminister Hans-Dietrich Genscher zur Eröffnung der Umweltministerkonferenz in Bonn am 31.10.1972, hrsg. v. Pressedienst des BMI, in: HStA Düsseldorf, NW 331–12.

in der Politik deutlich festzustellen sind, ist die Frage ihrer Rezeption in den einzelnen gesellschaftlichen Gruppen deutlich schwieriger zu beantworten. Schon der Sachverständigenrat für Umweltfragen erkannte 1978, dass in der Frühphase der erweiterten Umweltberichterstattung nicht von einer weitgehenden Übereinstimmung von veröffentlichter Meinung und öffentlicher Meinung auszugehen sei. Vielmehr hätten sich viele Journalisten der Aufgabe angenommen, ein öffentliches Bewusstsein durch engagierte Berichte erst zu wecken. Damit seien sie zu »Sprechern eines allgemeinen Unbehagens«[61] geworden. Zunächst popularisierten sie den neu geschaffenen Begriff der Umweltpolitik als Sammelbezeichnung für ein koordiniertes Vorgehen gegen Luft- und Gewässerverschmutzung, Landschaftszerstörung und Lärm. *Infas*-Erhebungen zeigen, dass die Zahl derjenigen, die den Begriff Umweltschutz kannten, von September 1970 bis November 1971 von 41 Prozent auf 92 Prozent gestiegen war[62]. Dies lag vor allem daran, dass die Medien die Initiative der sozial-liberalen Regierung aktiv unterstützten und Umweltschutz zum Modewort machten. Ob sich diese Kenntnis in allen sozialen Gruppen auf ein tieferes Wissen stützen konnte, ist allerdings mehr als fraglich.

Um nicht in den Fallstricken des Begriffs der Öffentlichkeit hängen zu bleiben, haben Karl Christian Führer, Knut Hickethier und Axel Schildt jüngst vorgeschlagen, bei der Untersuchungen von Veränderungen der modernen Gesellschaft »zwischen einer idealtypisch gedachten allgemeinen ›Öffentlichkeit‹ und einem konkret zu untersuchenden Ensemble von ›Öffentlichkeiten‹ zu unterscheiden«[63]. Diesem Aufsatz liegt die Analyse der umweltpolitischen Presseberichterstattung zugrunde. Da diese weitgehend auf überregionalen Tages- und Wochenzeitungen beruht, gelten die folgenden Ausführungen vor allem für den sogenannten »gut informierten Bürger«[64], um eine zeitgenössische idealtypisierende Bezeichnung des Soziologen Alfred Schütz zu übernehmen. Gegenüber dem »Experten« auf der einen und

---

61 Rat von Sachverständigen für Umweltfragen: Umweltgutachten 1978, in: Verhandlungen des Deutschen Bundestages, Anlagen zu den Stenographischen Berichten, BT-Drucksache VIII/1938, S. 444.

62 *Umweltpolitisches Bewußtsein 1972*, Eine Untersuchung des Instituts für angewandte Sozialwissenschaft, bearb. v. Axel R. Bunz, Berlin 1973, S. 4. – Für eine Übersicht über die frühen Umfragen siehe Umweltgutachten 1978, S. 608f.

63 Führer, Karl Christian/Hickethier, Knut/Schildt, Axel, »Öffentlichkeit – Medien – Geschichte. Konzepte der modernen Öffentlichkeit und Zugänge zu ihrer Erforschung«, in: *Archiv für Sozialgeschichte*, Bd. 41 (2001), S. 1–38, hier: S. 1.

64 Schütz, Alfred, »Der gut informierte Bürger. Ein Versuch über die soziale Verteilung des Wissens«, in: Brodersen, Arvid (Hg.), *Alfred Schütz. Gesammelte Aufsätze*. Bd. II: Studien zur soziologischen Theorie, Den Haag 1972, S. 85–101.

dem »Mann auf der Straße« auf der anderen Seite, der nur über ein Rezept-Wissen verfügt, ist es das Ziel dieses bürgerlichen Typus »zu *vernünftig begründeten* Meinungen auf den Gebieten zu gelangen, die seinem Wissen entsprechend ihn zumindest mittelbar angehen«[65].

In den frühen siebziger Jahre hat sich der Umweltschutz in wenigen Monaten zu einer solchen »Wissensregion« entwickelt. Auch die soziale Zusammensetzung der frühen Umweltinitiativen, die sich 1972 im *Bundesverband Bürgerinitiativen Umweltschutz* zusammenschlossen, zeigt, dass sich in bestimmten Schichten das Interesse an einer gesünderen Umwelt bereits vor dem Ölpreisschock von 1973 ausbreitete. Insbesondere in den Mittelschichten begannen viele Bürger die umweltbedingten Einschränkungen der städtischen Wohn- und Lebensverhältnisse für das körperliche und das geistige Wohlbefinden nicht mehr als Preis für bessere Verdienst- und Konsummöglichkeiten zu akzeptieren[66]. Während in den sechziger Jahren das Gros der Bundesbürger noch mehr oder weniger unreflektiert an die segensreichen Wirkungen von Wissenschaft und Technik glaubte, hinterließen die ersten Jahre des neuen Jahrzehnts einen tiefsitzenden Zweifel[67]. Ständig neue Berichte von massiven Umweltschäden verunsicherten den informierten Bürger. In vielen Randzonen der Ballungsgebiete schienen die Grenzen einer weiteren Industrialisierung deutlich zu werden. Bald gelangten einige Gruppen zu der Auffassung, dass es Grenzen auch für die Belastung des ganzen Planeten gab, und sie unterstützten etwa die Proteste gegen die Verschmutzung der Weltmeere. Im Verlauf der siebziger Jahre wandelte sich Umweltschutz so von einem exklusiven Sachproblem der Eliten in Administration und Industrie zu einem in den Medien kontrovers debattierten Politikfeld, eine Entwicklung, die bald starke Auswirkungen auf die Handlungsbedingungen aller umweltpolitischen Akteure hatte.

Als relativ unscharfes Ziel konnte Umweltschutz sowohl von den auf Sicherheit bedachten älteren Generationen mit den prägenden Erfahrungen der Kriegszeit, als auch von den Nachkriegsgenerationen, die in materieller Sicherheit aufgewachsen waren und neue soziale Bedürfnisse formulierten oder gar auslebten, akzeptiert werden. Wie die Gründung mehrerer Interessengemeinschaften gegen Luftverschmutzung im Ruhrgebiet zeigt, machten sich auch ältere Menschen Gedanken darüber, welchen Preis sie angesichts neu erkannter Gesundheitsgefahren für die

---

65 Ebd., S. 88.

66 Vgl. grundlegend Mayer-Tasch, Peter Cornelius: *Die Bürgerinitiativbewegung. Der aktive Bürger als rechts und politikwissenschaftliches Problem*, Reinbek bei Hamburg ⁴1981.

67 Siehe Umweltgutachten 1978, S. 462.

Prosperität ihrer Region zahlten. Junge Mütter hatten Grund zur Sorge um ihren Nachwuchs, hatte man doch bereits chemische Rückstände in der Muttermilch festgestellt[68]. Auch das Bedürfnis nach einer schönen Natur war generationenübergreifend.

Der Konsens für den Schutz der Umwelt verschleierte, dass weniger Einigkeit darüber bestand, wie man sich für die Erhaltung der Natur einsetzen sollte und welche Opfer dafür zu erbringen waren. Meinungsumfragen belegen, dass die Mehrheit es für eine vordringliche Aufgabe der Politik hielt, mittels einer wirksamen Durchsetzung staatlicher Auflagen die gesellschaftspolitischen Rahmenbedingungen für ein allgemeines Wohlbefinden sicherzustellen[69]. Der jüngeren Generation ging dieses allerdings oft nicht weit genug. Viele junge Leute misstrauten den großangelegten Planungskonzepten und wollten sich aktiv engagieren. Sie waren davon überzeugt, dass die Umweltkatastrophe nur mittels grundlegender Änderungen in den Werten und Institutionen der Industriegesellschaften vermieden werden könnte[70]. Wohlwollend beobachtet von zeitgenössischen Sozialwissenschaftlern[71] fand man sich in Initiativen zusammen, die neue Formen des Bürgerprotestes aufgriffen und weiterentwickelten. Zumeist wandte sich der Protest gegen staatlich genehmigte umweltrelevante Infrastrukturprojekte. In den ersten Jahren stießen Bürgerinitiativen in der Öffentlichkeit auf eine hohe Sympathie, da viele Menschen ihre Aktivität als legitim ansahen. Erst als ab Mitte der siebziger Jahre im Zuge der Auseinandersetzung um die Kernenergie neue Aktionsformen wie Bauplatzbesetzungen aufkamen, spaltete sich die öffentliche Meinung[72]. Zudem verschoben sich in der Rezession und der Wachstumsschwäche Mitte der siebziger Jahre die Prioritäten zugunsten wirtschaftlicher Maßnahmen. Gegen diese Prioritätenverschiebung be-

---

68 Vgl. *Der Spiegel* Nr. 41 v. 4.10.1971 (»Wildes Gemisch«).

69 Umweltpolitisches Bewußtsein 1972, passim.

70 Vgl. Cotgrove, Stephen, *Catastrophe or Cornucopia*, London 1982, S. 5. Vgl. auch McCormick, John, *The Global Environmental Movement. Reclaiming Paradise*, London 1989, S. 48. – Spätestens in den neunziger Jahren wurde deutlich, dass der Trend zu postmaterialistischen Werten keine Einbahnstraße war. Hedonistische Werte gewannen wieder stark an Einfluss. »The claim of a new postmaterialistic personality is total fiction.« Renn, Ortwin, »Individual and Social Perception of Risk«, in: Fuhrer, Urs (Hg.), *Ökologisches Handeln als sozialer Prozeß*. Basel u.a. 1995, S. 27–50, hier: S. 37.

71 Der Sozialwissenschaftler Ronald Inglehart sprach bereits 1971 von einer »stillen Revolution« und von einem »allgemeinen Wertewandel«. Wie Franz-Josef Brüggemeier auf dem diesem Sammelband zugrunde liegenden Workshop konstatiert hat, wurde er damit selbst Teil der Deutungs- und Zeitgeschichte des Phänomens. Inglehart, Ronald, »The Silent Revolution in Europe. Intergenerational Change in Post-Industrial Societies«, in: *The American Political Review* 65 (1971), S. 991–1017.

72 Vgl. Umweltgutachten 1978, S. 461–468.

gann sich mit der Umweltbewegung eine neue gesellschaftliche Kraft zu etablieren, die in den achtziger Jahren zunehmenden Einfluss auf weite Bereiche der Öffentlichkeit erlangte.

Fazit

Viele Faktoren haben in den frühen siebziger Jahren zur Entstehung eines Krisenbewusstseins beigetragen. Neben der Aufnahme und Verarbeitung der Mahnungen aus den internationalen Organisationen im expandierenden Verwaltungsapparat erwies sich die ausführliche Medienberichterstattung über Prognosen, Konferenzen und umstrittene Studien als wichtiger Katalysator für die beginnende gesellschaftliche Debatte. Das weiterwirkende Vertrauen in komplexe Planungsprozesse zeigte sich zum einen in handlungsorientierten Programmen wie dem Umweltprogramm der Bundesregierung. Zum anderen flankierte dasselbe Vertrauen die Weltsicht pessimistischer Zeitgenossen, die von der Möglichkeit der Entschleierung des katastrophalen Verlaufs der Zukunft durch leistungsfähige Computer überzeugt waren. Eingängige Metaphern sorgten für eine weite Verbreitung der umweltbezogenen Krisendiagnosen.

Wenn man den Beginn einer Epoche mit dem spektakulären Auftreten neuer Problemlagen zeitlich fixieren wollte, so könnten die Ereignisse um das Jahr 1972 es also rechtfertigen, vom Beginn eines neuen historischen Abschnittes zu sprechen. In diesem Sinne wurde gezeigt, dass nicht erst die im Herbst 1973 einsetzende Ölpreiskrise als Kandidat für eine Zäsur in Frage kommt, sondern die umweltpolitischen Vorgänge im Frühjahr und Sommer 1972 zumindest in Teilen der Mittelschichten als Beginn eines Wandels des gesellschaftlichen Selbstverständnisses interpretiert werden können. Doch dieser Wandel verlief (und verläuft auch weiterhin) keineswegs linear. Er unterlag wie die Intensität des Umweltdiskurses seit 1972 starken Schwankungen. Zudem lassen sich bereits vor 1960 regionale Veränderungen in der gesellschaftlichen Toleranzschwelle feststellen, die zu schärferen Gesetzen etwa im Bereich der Luft- und Gewässerreinhaltung führten und sich bis in die siebziger Jahre nicht nur auf die administrative Praxis auswirkten[73]. Noch lange

---

73 Vgl. etwa Hünemörder, *Frühgeschichte*, Kap. II und III. Siehe weiterführend für den Bereich der Luftreinhaltung Uekötter, Frank, *Von der Rauchplage zur ökologischen Revolution. Eine Geschichte der Luftverschmutzung in Deutschland und den USA 1880–1970*, Essen 2003.

nach 1972 nahmen viele insbesondere die düsteren Zukunftsprognosen nicht zur Kenntnis. Nicht nur für sie blieb die Zukunft, wie Johan Galtung es ausdrückte, eine »vergessene Dimension der menschlichen Existenz«[74]. Andere beschäftigten sich bewusst mit näherliegenden Problemen, auch weil gute Gründe vorgebracht wurden, den Bericht des Club of Rome und andere Prognosen skeptisch zu betrachten.

Anstelle einer Suche nach einschneidenden Zäsuren und der vorschnellen zeitlichen Fixierung eines Epochenwandels erscheint es daher zum gegenwärtigen Zeitpunkt nützlicher zu sein, Unterschiede in der zeitgenössischen Interpretation der Zerstörungsdynamik herauszuarbeiten und den historischen Wandlungen des gesellschaftlichen Krisenbewusstseins weiter nachzuspüren. Zudem sollten Überschneidungen und Widersprüche zwischen allgemeinen politischen Epocheneinteilungen und umwelthistorisch indizierten Überlegungen näher untersucht werden. Nur indem man zudem retardierende Momente in Zeiten des beschleunigten Wandels ernst nimmt, wird man dem Blumenbergschen Gehalt des Begriffs der Epochenschwelle gerecht. Fest steht, dass einem »Zeitalter der Extreme« nicht einfach ein »Zeitalter der Umweltprobleme« folgte. Vielmehr wurden Umweltfragen häufig verbunden mit anderen Themenfeldern wahrgenommen. Emanzipation von gesellschaftlichen Zwängen und ein neuer Naturbezug gehörten für Teile der Umweltbewegung zusammen[75]. Von anderen wurden ökologische Grundannahmen mit sozialistischen Zielen zum Politikmodell des Ökosozialismus verwoben[76]. Schon vor der Formierung der Neuen Sozialen Bewegungen ist eine Trennung von Umweltthemen von allgemeinen politischen Prozessen häufig nur auf der analytischen Ebene möglich und sinnvoll. Schließlich durchdrangen historische Kontexte wie allgemeine gesellschaftliche Modernisierungsschübe und Wandlungen in der Medien- und Öffentlichkeitssphäre alle Bereiche des Lebens.

Und dennoch: Lucian Hölscher hat aufgezeigt, wie sich mit dem Konzept der »Zukunft« seit seiner Entstehung in der frühen Neuzeit immer die Vorstellung von deren Offenheit verband[77]. Heute deutet etwa die weite Verbreitung bedrohlicher

74 Studie des Europäischen Koordinationszentrums für Forschung und Dokumentation in den Sozialwissenschaften, zitiert in *Die Zeit*, Nr. 1, v. 1.1.1971 (»Mit dem Rücken zur Zukunft«).

75 Siehe etwa Vollmer, Klaus-B., *Alternative Selbstorganisation auf dem Lande. Beiträge zur Theorie und Praxis von Gruppen in der BRD*, Berlin 1976.

76 Siehe Strasser, Johano/Traube, Klaus: *Die Zukunft des Fortschritts. Der Sozialismus und die Krise des Industrialismus*, Berlin 1984.

77 Vgl. Hölscher, *Entdeckung*, S. 227.

Klimaprognosen und -szenarien darauf hin[78], dass sich daran Grundlegendes geändert haben könnte. Jedenfalls hat sich der Raum für die Imagination von konkurrierenden plausiblen Zukunftsvorstellungen, in denen menschliche Gesellschaften als souverän planende und gestaltende Akteure auftreten, innerhalb der letzten drei Dekaden deutlich verengt.

---

78 Vgl. stellvertretend Third Assessment Report of Working Group I of the Intergovernmental Panel on Climate Change (IPCC) (Shanghai Draft 21–01–2001; Summary for Policymakers). – Die Grundlage der Kurzform des IPCC-Berichtes basiert auf älteren Untersuchungen der Klimaforschung und bezieht die Forschungsergebnisse der letzten fünf Jahre mit ein. Insgesamt arbeiteten 123 Co-ordinating Lead Authors and Lead Authors, 516 Contributing Authors, 21 Review Editors und 300 Expert Reviewers mit an der Erstellung des mehr als 1000 Seiten starken Berichts. Vgl. auch Die Zeit, Nr. 5, v. 25.1.2001 (»Wer im Treibhaus sitzt ...«).

Gestalten statt Bewahren: Die umweltpolitische Wende der siebziger Jahre am Beispiel des Atomenergiediskurses im Schweizer Naturschutz

Patrick Kupper

»Der Naturschutzrat [...] unterstützt die [...] Auffassung, direkt den Schritt zur Gewinnung von Atomenergie zu tun.« Schweizerischer Bund für Naturschutz, Dezember 1965[1]

»[Es kann] nur eine Lösung geben: Weniger Energieverbrauch statt weitere Atomkraftwerke.« Schweizerischer Bund für Naturschutz, Juli 1974[2]

In jüngster Zeit ist unter Historikern und Historikerinnen eine Diskussion entbrannt, ob die siebziger Jahre eine umwelthistorische Epochenschwelle darstellen[3]. Der folgende Text nähert sich dieser Frage am Beispiel des Atomenergiediskurses in der schweizerischen Naturschutzbewegung. Die Untersuchung der Atomenergiediskussion im organisierten Naturschutz bietet sich aus drei Gründen an: Erstens beschäftigte sich der Naturschutz vor und nach 1970 intensiv mit der Atomenergie. Zweitens fanden die Naturschutzorganisationen innerhalb weniger Jahre zu einer grundlegenden Neubewertung der Atomenergie. Drittens schließlich ist das Scheitern monokausaler Reiz-Reaktions-Ansätze, welche die umweltpolitische Bewegung der siebziger Jahre mit der steigenden Umweltbelastung der vorangehenden Jahrzehnte erklären wollen, an der Geschichte der Atomenergie offensichtlich[4].

Was hatte sich zwischen Mitte der sechziger Jahre und Mitte der siebziger Jahre geändert? 1965 forderte der Schweizerische Bund für Naturschutz (SBN, heute Pro

---

1 »Stellungnahme des Naturschutzrates zur Energiepolitik«, vom 11.12.1965, in: *Schweizer Naturschutz* (1966), H. 1, S. 14.

2 SBN (Hg.), *Stop der Energie-Verschwendung, Energiepolitisches Manifest des Bundes für Naturschutz*, Basel 1974, S. 1.

3 Ausführlich Kupper, Patrick, »Die 1970er Diagnose: Grundsätzliche Überlegungen zu einem Wendepunkt der Umweltgeschichte«, in: *Archiv für Sozialgeschichte* 43 (2003), S. 325–348. Im vorliegenden Band siehe insbesondere die Beiträge von Frank Uekötter und Kai F. Hünemörder.

4 Zur Geschichte der Atomenergie in der Schweiz siehe Kupper, Patrick, *Atomenergie und gespaltene Gesellschaft, Die Geschichte des gescheiterten Projektes Kernkraftwerk Kaiseraugst*, Zürich 2003 und Wildi, Tobias, *Der Traum vom eigenen Reakto, Die schweizerische Atomtechnologieentwicklung 1945–1969*, Zürich 2003.

Natura) den möglichst raschen Einsatz der zivil genutzten Atomenergie. Keine zehn Jahre später sagte der SBN hingegen, im Verbund mit neu entstandenen Umweltorganisationen, dem Bau weiterer Atomkraftwerke den Kampf an. Wie lässt sich dieser ebenso rasche wie radikale Meinungsumschwung erklären? Die folgende Betrachtung schlägt hierzu nicht den Weg einer Darstellung der Ereignisse ein. Vielmehr wird beabsichtigt, die Hintergründe des angetönten Gesinnungswandels offen zu legen. Es soll rekonstruiert werden, in welchen Kategorien die historischen Akteure Problemlagen erfassten und welchen Einfluss diese Deutungsmuster auf die Wahrnehmung von Handlungsspielräumen hatten. Die Analyse zielt primär auf das ab, was Hansjörg Siegenthaler die »kognitiven Regelsysteme« nennt: ein historisch wandelbares Set von Regeln, mit Hilfe derer Akteure Informationen selektieren, klassifizieren und interpretieren[5].

Vorgehen

In den sechziger und siebziger Jahren war der SBN die mitgliederstärkste und einflussreichste Naturschutzorganisation der Schweiz. Eine serielle Auswertung von Dokumenten des SBN ergab, dass sich die Meinungen innerhalb der Organisation zur Atomenergie 1972 zu ändern begannen. Dieser Meinungswandel wurde durch intensive, im Sommer 1971 einsetzende Diskussionen vorangetrieben, die sowohl innerhalb der eigenen Gremien, als auch mit zielverwandten Organisationen geführt wurden. Einzelheiten dieses kommunikativen Lernprozesses können an dieser Stelle nicht geschildert werden[6]. Die folgenden Ausführungen beschränken sich vielmehr auf einen mikroskopischen Blick auf wenige ausgesuchte Quellen[7].

In der oben erwähnten Absicht wurde ein Korpus von Texten, die im *Schweizer Naturschutz*, der Mitgliederzeitschrift des SBN, zum Thema Atomenergie veröffent-

---

5 Siegenthaler, Hansjörg, *Regelvertrauen, Prosperität und Krisen, Die Ungleichmässigkeit wirtschaftlicher und sozialer Entwicklung als Ergebnis individuellen Handelns und sozialen Lernens*, Tübingen 1993, S. 10.

6 Siehe dafür Kupper, Patrick, *Abschied von Wachstum und Fortschritt, Die Umweltbewegung und die zivile Nutzung der Atomenergie in der Schweiz (1960–1975)*, Preprints zur Kulturgeschichte der Technik 2, Lizentiatsarbeit Universität Zürich 1998.

7 Zur Verknüpfung serieller Strategien mit solchen des »mikroskopischen Blicks« siehe Sarasin, Philipp, »Subjekte, Diskurse, Körper, Überlegungen zu einer diskursanalytischen Kulturgeschichte«, in: Hardtwig, Wolfgang/Wehler, Hans-Ulrich (Hg.): *Kulturgeschichte heute*, Geschichte und Gesellschaft Sonderheft 16, Göttingen 1996, S. 131–164, hier S. 145f.

licht wurden, ausgewählt und systematisch untersucht[8]. Der eine Schwerpunkt wurde auf die Mitte der sechziger Jahre gelegt, wo sechs zwischen Mitte 1964 und Anfang 1966 erschienene Artikel der Analyse zugeführt wurden. Drei Artikel entstammten der Feder von Jakob Bächtold, dem Präsidenten des SBN von 1961 bis 1969. Zwei Artikel verfassten Zeitungsredakteure: Heinz Kreis von den *Basler Nachrichten* und Erwin Ruchti von der Berner Zeitung *Der Bund*. Der sechste untersuchte Beitrag stammte von Otto Kraus, dem bayerischen Landesbeauftragten für Naturschutz[9]. Den anderen Schwerpunkt bildete die im Juli 1974 als Beiheft zum *Schweizer Naturschutz* erschienene Broschüre »Stop der Energieverschwendung: Energiepolitisches Manifest des Bundes für Naturschutz«[10]. Vorstand und Naturschutzrat des SBN hatten das Manifest diskutiert und seine Thesen zu offiziellen Vorschlägen des SBN erhoben. In der Öffentlichkeit stieß der Text auf eine außerordentliche Resonanz.

Das methodische Vorgehen sah wie folgt aus: In einem wechselseitigen Prozess von theoretischem Vorwissen, Erkenntnisinteresse und Arbeit am konkretem Material wurde ein Raster von Fragen an die Texte erarbeitet. Dieses Vorgehen, das man als regelgeleitete Hermeneutik bezeichnen könnte, verfolgt zwei Ziele: Erstens verbessert sich die Vergleichbarkeit der Resultate, indem die Texte mit denselben Fragen konfrontiert werden. Zweitens können zusätzliche Erkenntnisse gewonnen werden, indem die Texte auf bestimmte Fragen ›abgeklopft‹ werden. Insbesondere wird auf diesem Wege angestrebt, die erwähnten kognitiven Regelsysteme der Akteure ansatzweise zu dechiffrieren[11].

Konkret ergab sich ein Raster von acht Fragen, die wiederum zu vier Paaren gruppiert wurden. Das erste Fragenpaar lautet: Was bezeichnen die Schreibenden

---

8 Für eine Analyse der Atomenergiediskussion in weiteren Zeitschriften des schweizerischen Natur- und Umweltschutzes siehe Kupper, *Abschied*.

9 In chronologischer Reihenfolge: Kreis, Heinz, »Kraftwerke sind nur ein Teilaspekt unseres Wasserhaushaltes«, in: *Schweizer Naturschutz* (1964), H. 5, S. 129–131; Kraus, Otto, »Energiewirtschaft des Alpenraums im Umbruch, Am Ende der Wasserkraftnutzung«, in: *Schweizer Naturschutz* (1965), H. 2, S. 33–36; Bächtold, Jakob, »Energiepolitik«, in: *Schweizer Naturschutz* (1965), H. 3, S. 63–67; Ruchti, Erwin, »Umbruch in der Elektrizitätswirtschaft«, in: *Schweizer Naturschutz* (1965), H. 3, S. 67–70; Bächtold, Jakob, »Energiepolitik und Naturschutz«, in: *Schweizer Naturschutz* (1965), H. 5, S. 113–114; Bächtold, Jakob, »Thermische Kraftwerke«, in: *Schweizer Naturschutz* (1966), H. 1, S. 1–3.

10 SBN, *Stop*. Die Autoren waren Leo Schmid, Heribert Rausch und Ruedi Müller-Wenk.

11 Wichtige Anregungen für das Untersuchungsdesign gab die Lektüre von Steinmetz, Willibald, *Das Sagbare und das Machbare, Zum Wandel politischer Handlungsspielräume, England 1780–1867*, Stuttgart 1993. Die hier vorgestellte Methode unterscheidet sich aber grundlegend von Steinmetz' Vorgehen, sowohl was das Frageraster wie auch das Verfahren der Datenerhebung und -auswertung betrifft.

als (vor-) gegeben, was als unbekannt oder unklar? Die Fragen sollen entschlüsseln, wie die Akteure die Situation allgemein wahrnahmen. Was galt ihnen als Selbstverständlichkeiten? Welches Wissen hielten sie für gesichert, welches für unsicher? Das zweite Fragenpaar zielt auf die von den Akteuren wahrgenommenen Handlungsspielräume. Es lautet: Was bezeichnen die Verfasser der Texte als zwingend, was als unmöglich? Worin sahen die Akteure Imperative, denen sie die Macht zuschrieben, bestimmte Entwicklungen zu erzwingen oder zu verunmöglichen? Das dritte Fragenpaar lässt sich folgendermaßen formulieren: Was bezeichnen die Schreibenden als wünschenswert, was befürchten sie? Dieses Fragenpaar soll sowohl die Motive offen legen, welche die Akteure für ihr eigenes Handeln hatten, als auch die Werte eruieren, die diese mit den verschiedenen Handlungsoptionen verbanden. Das vierte Fragenpaar schließlich lautet: Welche Zeit- und Ortsbestimmungen werden in den Texten gemacht? Dadurch sollen die zeitlichen und räumlichen Dimensionen, die in den Texten angesprochen werden, erschlossen werden. In welchen räumlichen und zeitlichen Maßstäben dachten die Akteure? Wo liegen die diesbezüglichen Grenzen ihrer Wahrnehmung?

Kurz gesagt, wurden die Texte systematisch auf Aussagen durchgesehen, die sich auf folgende Sachverhalte bezogen:

1. Gegebenes und Offenes (Unbekanntes und Unklares),
2. Zwingendes und Unmögliches,
3. Wünschenswertes und Befürchtetes,
4. Zeitbestimmungen und Ortsbestimmungen.

Der Atomenergiediskurs Mitte der sechziger Jahren

Alle untersuchten Texte aus den Jahren 1964 bis 1966 sprachen grundsätzliche Fragen der Elektrizitätswirtschaft und Energiepolitik an, wobei die Ausführungen inhaltlich weitgehend übereinstimmten. Impliziter oder expliziter Dreh- und Angelpunkt jeder Argumentationsführung war der steigende Energiebedarf. Jakob Bächtold führte aus:

»Als grundsätzliche Bemerkung sei vorausgeschickt, dass der Energiebedarf (auch elektrische Energie) dank fortschreitender Mechanisierung, dank Zunahme der Bevölkerung und des Lebensstandards stetig zunimmt (im Mittel 6 Prozent pro Jahr). Ein Ende dieser Entwicklung ist nicht abzusehen«[12]. Wenn man keine behördlichen Einschränkungen wolle, ergänzte Bächtold, müsse man »davon ausgehen, dass der Energiebedarf gedeckt werden muss!«[13] Um die Elektrizitätsproduktion der wachsenden Nachfrage anzupassen, standen drei technische Möglichkeiten im Vordergrund: erstens hydraulische Kraftwerke, zweitens mit Öl oder Kohle betriebene sogenannte konventionell-thermische Kraftwerke und drittens Atomkraftwerke.

In ihren Beiträgen stellten die Autoren diese drei Technologien einander gegenüber, was in ihren Augen zum Resultat führen musste, den weiteren Ausbau der Wasserkraftnutzung von wenigen Ausnahmen abgesehen sofort zu unterbinden und den Übergang zur Atomtechnologie voranzutreiben. Ihr zentrales Argument war kein naturschützerisches, sondern ein ökonomisches. Die Kosten des Wasserkraftwerkbaus stiegen seit Jahren kontinuierlich an. Hingegen verkündete die internationale Fachpresse Anfang 1964 den kommerziellen Durchbruch der Atomtechnologie, nachdem bei einer Kraftwerkausschreibung in den USA erstmals ein AKW-Projekt die konkurrierenden Angebote für Kohlekraftwerke ausgestochen hatte. In der Folge kündigten eine ganze Reihe von Elektrizitätsunternehmen, unter anderem auch schweizerische, den Bau von Leistungsreaktoren an[14].

Die Autoren des *Schweizer Naturschutz* machten daher einen energiewirtschaftlichen »Umbruch« aus, eine »Wende«, das »Ende einer Epoche«. Der Eintritt ins Atomzeitalter der Stromversorgung, seit Jahren angekündigt, aber bis dahin stets mit vagen Zeitangaben verbunden, war nun endlich greifbar nah. War zunächst noch unklar, wie viel Zeit die Phase der Umstellung von der hydraulischen auf die nukleare Energiegewinnung beanspruchen würde, wurden die diesbezüglichen Aussagen in den Texten immer optimistischer. Damit einher ging eine veränderte Einstellung zu den konventionell-thermischen Kraftwerken. Konnte sich Jakob Bächtold 1964, trotz schwerwiegender Vorbehalte vor allem in Bezug auf die Lufthygiene, noch ganz wenige thermische Werke als Zwischenlösung bis zur Einführung der Atomenergie vorstellen, vertrat er Anfang 1966 den Standpunkt, es sollten keine solche Anlagen mehr gebaut werden[15].

---

12 Bächtold, *Energiepolitik*, S. 64.
13 Ebd., S. 65.
14 Siehe Kupper, *Atomenergie*, S. 27–59.
15 Schweizer Naturschutz (1964), H. 5, S. 123; Bächtold, *Thermische Kraftwerke*.

Der Bau neuer Wasserkraftwerke würde sich, argumentierten die Autoren, angesichts der offenkundigen Vorteile der Atomenergie verbieten. Diese werde nicht nur billiger sein, sondern den Strom auch näher beim Verbraucher erzeugen können. Die Atomkraftwerke würden darüber hinaus Natur und Landschaft schonen, und selbst die Unabhängigkeit vom Ausland, ein wichtiges Element in der schweizerischen Energiepolitik, bliebe weitgehend gewahrt. Die erforderlichen Brennelemente seien auf dem Weltmarkt leicht erhältlich, und Vorräte, die für Jahre reichten, ließen sich auf kleinstem Raume lagern[16].

Bächtold und Kraus zählten aber nicht nur die Vorzüge der Atomenergie auf, sondern diskutierten auch die Frage, welche Risiken mit deren Nutzung verbunden seien[17]. Beide Männer thematisierten die Möglichkeit einer Reaktorexplosion, die Gefahr einer radioaktiven Verseuchung und das Problem der Beseitigung der radioaktiven Abfälle. Während Bächtold darauf hinwies, dass vor allem in den USA und England bereits reiche Erfahrungen mit dem Reaktorbau bestünden, sprach für Kraus gerade die Neuheit der Atomtechnik für ihre zukünftige Sicherheit:

»Nachdem die Technik aber erst am Anfang dieser Entwicklung steht, dürfte kaum ein Zweifel darüber bestehen, dass das *Problem der Sicherung* vor Strahlungsschäden wie auch der risikofreien Beseitigung des Atommülls so gut wie *vollkommen beherrscht* werden wird«[18].

Bei der Nutzung insbesondere hochalpiner Gewässer bestehe dagegen ein »latentes Dauerrisiko« durch Naturkräfte, »deren Beherrschung nicht in jedem Fall in der Macht des Menschen steht. Sind aber bei der friedlichen Nutzung der Atomkraft nicht jederzeit kontrollierbare Kräfte am Werk?«[19] Auch Bächtold insistierte, dass die Sicherheit in Atomkraftwerken »wie auf keinem andern Gebiet gewährleistet« sei. Immerhin warnte der Präsident des SBN vor allzu großem Optimismus und plädierte für unterirdische Anlagen und »eine strenge, wirksame Kontrolle der Luft und des Wassers im Einflussbereich eines Atomkraftwerks«[20].

---

16 Siehe Kraus, *Energiewirtschaft*; Bächtold, *Energiepolitik*; Bächtold, *Energiepolitik und Naturschutz*; Bächtold, *Thermische Kraftwerke*; Ruchti, *Umbruch*. Das Argument der geringen Auslandabhängigkeit entkräftete einen Haupttrumpf in den Händen der Wasserkraftbefürworter – die autarke Energieproduktion – und schuf gleichzeitig einen Vorteil gegenüber den ölbetriebenen thermischen Kraftwerken.

17 Kraus, *Energiewirtschaft*, S. 35f.; Bächtold, *Energiepolitik*, S. 66f.; Bächtold, *Energiepolitik und Naturschutz*, S. 114; Bächtold, *Thermische Kraftwerke*, S. 2.

18 Kraus, *Energiewirtschaft*, S. 35.

19 Ebd., S. 36.

20 Bächtold, *Energiepolitik*, S. 66f.

Die Zukunft der Energieversorgung sahen die Autoren in einem Zusammenspiel von Atomanlagen und hydraulischen Speicherwerken. Ab 1970 könne, rechnete Jakob Bächtold vor, der anfallende Mehrbedarf an Elektrizität vollständig durch den Bau von Atomkraftwerken gedeckt werden. Da sich Atomkraftwerke aber zumindest vorerst nur für den Dauerbetrieb und somit für die Deckung der Grundlasten eignen würden, sollten sie durch (Pump-)Speicherwerke ergänzt werden, welche die Bedarfsspitzen übernehmen könnten. Die Erstellung einiger kleiner Speicherwerke sei deshalb noch wünschenswert, obwohl »im Prinzip die Ära der Wasserkraftnutzung abgeschlossen« sei[21]. Daneben frönte Bächtold einigen technizistischen Utopien: Dank den ständigen Fortschritten auf dem Gebiet der Energieübertragung, postulierte er, »dürften Energielieferungen nach der Schweiz aus Gezeitenkraftwerken der Atlantikküste, ja sogar von den gewaltigen Wasserkraftreserven Grönlands bald keine Utopie mehr sein.« Kraus seinerseits träumte bereits von der Renaturierung der »Flussleichen«[22].

Welche Ergebnisse zeitigt eine Konfrontation der Texte mit dem eingangs erläuterten Frageraster? Zunächst einmal kann festgestellt werden, dass zwei Sachverhalte den Ausführungen der Autoren inhaltliche Grenzen setzten: Wachstum und Fortschritt, respektive der wachsende Energiebedarf und die fortschreitende technische Entwicklung wurden als gegeben erachtet. Insbesondere das Wachstum besaß einen zwingenden Charakter: Der Energiebedarf stieg »unaufhaltsam« und »musste« gedeckt werden[23]. Den Hintergrund dieser Aussagen bildeten Statistiken, die den in den fünfziger und sechziger Jahren rasch anwachsenden Energieverbrauch dokumentierten. Die Wachstumsraten der zurückliegenden Jahre wurden daraufhin in die nähere Zukunft extrapoliert und allen folgenden Gedankengängen zugrunde gelegt[24].

---

21 Diese Zukunftsvision findet sich in sämtlichen Texten Bächtolds, bei Kraus, *Energiewirtschaft*, S. 36; bei Ruchti, *Umbruch*, S. 69. Konkrete Berechnungen bei Bächtold, *Energiepolitik und Naturschutz*, S. 113f.

22 Bächtold, *Energiepolitik und Naturschutz*, S. 113; Kraus, *Energiewirtschaft*, S. 36. Neben den »gewaltigen Möglichkeiten der Ausnützung der Schmelzwasser auf Grönland«, dachte Bächtold auch »an die noch ungenützten Wasserkräfte in Afrika«, wobei er einräumte, dass diese für die Entwicklung jenes Kontinents benötigt würden. Bächtold, *Thermische Kraftwerke*, S. 3. Die Grönland-Idee spukte dann auch in den 1970er-Jahren wieder in den Köpfen herum. Häsler, Alfred A., *Mensch ohne Umwelt? Die Vergiftung von Wasser, Luft und Erde oder die Rettung unserer bedrohten Welt*, Olten 1972, S. 138.

23 Bächtold, *Energiepolitik*, S. 65; Kreis, *Kraftwerke*, S. 129.

24 Besonders einflussreich waren in der Schweiz die sogenannten 10-Werke-Berichte, die seit 1963 von den zehn grössten Elektrizitätsproduzenten des Landes periodisch erstellt wurden.

Auch der technische Fortschritt schien seinen eigenen Gesetzen zu gehorchen. Nicht ohne Pathos bemerkte Otto Kraus:

»Muss man es im Grunde nicht fast wie ein Wunder empfinden, dass Wirtschaft und Technik ausgerechnet zu diesem äussersten Zeitpunkt diese *Grenzmarke* erreichen? Und fast grotesk mag es wirken, dass dieser Umstand keineswegs nur Überlegungen zu verdanken ist, die in die Wertskala des Kulturellen und Ethischen fallen; vielmehr musste sich eben dieselbe Wirtschaft und Technik durch ihren eigenen Fortschritt diese Grenze setzen – ein Segen für die Natur und damit für den Menschen.«[25]

Der technische Fortschritt wurde im Endeffekt ebenfalls als zwingend wahrgenommen. Nochmals Otto Kraus:

»Nachdem sich immer deutlicher abzeichnet (...), dass auf weite Sicht gesehen, die (...) Wasserkraft (...) nur ein *kurzfristiges Provisorium* in der Entwicklung von Wirtschaft und Technik darstellt, so wird die *friedliche Nutzung der Atomkraft wohl weiter ausgebaut* werden, ob wir sie wollen oder nicht«[26].

Die Determiniertheit, die dieser Entwicklung zugeschrieben wurde, illustriert die zeitgenössische Terminologie der »Stufen«: Auf die Wasserkraft folgte die »Zwischenstufe« der thermischen Kraftwerke, die sodann »übersprungen« werden sollte zugunsten der Atomenergie. Andere technische Möglichkeiten, etwa die Photovoltaik, wurden nicht wahrgenommen. Als Jakob Bächtold in einem seiner Texte auf die »Sonnenenergie« zu sprechen kam, meinte er damit die Verbrennung von Kohle und Erdöl. Die Vorstellungswelten über die zukünftige Energieversorgung wurden durchs Band hindurch von der Atomtechnologie besetzt.

Für die Naturschützer lagen die Dinge bezüglich der Atomenergie im großen Ganzen klar. Einzig über Stand und Geschwindigkeit des technischen Fortschritts der Atomkraftnutzung herrschten vorerst einige Unsicherheiten, die sich in der anfänglich ambivalenten Haltung gegenüber den konventionell-thermischen Kraftwerken niederschlugen. Auch in den Bewertungen der Risiken der Atomkraftnutzung versteckten sich in Worten wie »so gut wie« und »weitgehend« kleine Unsicherheiten. Diese Relativierungen drückten aber keine grundsätzliche Skepsis aus, sondern kultivierten in erster Linie den Gemeinplatz, dass Technik nie hundertprozentig sicher sein könne. Insgesamt vertrauten die Naturschützer den Aussagen und Berichten der Experten und glaubten an die Lösungskapazitäten des technischen Fortschritts.

---

25 Kraus, *Energiewirtschaft*, S. 35. Hervorhebungen im Original.
26 Ebd., S. 36. Hervorhebungen im Original.

Eine Deckung des Energiebedarfs durch den weiteren Ausbau der Wasserkräfte hielten die Naturschützer hingegen für unmöglich. Natürliche Grenzen würden eine Steigerung der Produktion früher oder später verhindern. »Der Griff nach den letzten Naturschönheiten am Wasser sei nichts anderes als ein Ausverkauf am Ende einer Epoche«, enervierte sich Otto Kraus[27]. Für die Atomenergie sahen Kraus und seine Mitstreiter hingegen nahezu unbegrenzte Entfaltungsmöglichkeiten.

Obwohl die Naturschützer den generellen Ablauf der technischen Entwicklung als gegeben erachteten, erkannten sie die politischen Möglichkeiten, die kommerzielle Einführung der Atomtechnologie entweder zu verzögern, was sie den Behörden und Elektrizitätsunternehmen vorwarfen, oder zu beschleunigen. In der politischen Förderung der Atomkraftnutzung sahen die Naturschutzorganisationen denn auch ihren Handlungsspielraum. Ihr handlungsleitendes Motiv war eine Befürchtung: die Angst, dass auch die letzten naturnahen Flusslandschaften dem Kraftwerkbau zum Opfer fallen. Ihr Ansatzpunkt war also defensiver Natur. Die Zeit drängte: Die Befürchtungen bezogen sich auf die Gegenwart und die folgenden Jahre, ihre Bezugspunkte waren die Kraftwerkbauten und -projekte der Elektrizitätswirtschaft. Die wünschenswerte Zukunft ergab sich aus einem Zusammenspiel von Fortschrittsideologie und Verlusterfahrungen. Diese kognitiven Systeme machten aus den Naturschützern eifrige Befürworter der Atomenergie.

Die Naturschützer akzeptierten in den sechziger Jahren die Zwänge des Wachstums. Im vorangegangenen Jahrzehnt hatten Naturschutzverbände mehrfach versucht, Wasserkraftwerkprojekte zu Fall zu bringen. Die größten Wellen warfen die Auseinandersetzungen um die Kraftwerkprojekte bei Rheinau und an der Spöl beim Schweizer Nationalpark, zu denen nationale Volksabstimmungen stattfanden. Die Naturschützer erhoben die diesbezüglichen Auseinandersetzungen zum neuartigen Kulturkampf, in dem sich der naturschützerische »Idealismus« dem modernen »Materialismus« erwehre[28]. Allerdings verließen sie die Schlachtfelder als Verlierer[29]. In der Folge wichen sie mehrheitlich von dem bis dahin betriebenen Konfrontationskurs ab und gingen zu einer verstärkten Kooperation über. Grundsätzliche Fortschrittskritik äußerten die Naturschutzkreise kaum mehr. Sie forderten

---

27 Ebd., S. 33.

28 Urs Dietschi im Geleitwort zu Zbinden, Hans, *Das Spiel um den Spöl, Grundsätzliches zum Kampf um den Nationalpark*, Bern 1953.

29 Siehe Skenderovic, Damir, »Die Umweltschutzbewegung im Spannungsfeld der 50er Jahre«, in: Blanc, Jean-Daniel/Luchsinger, Christine (Hg.), *achtung: die 50er Jahre! Annäherungen an eine widersprüchliche Zeit*, Zürich 1994, S. 119–146.

lediglich, die materiellen Auswüchse der Entwicklung seien einzudämmen, wozu sie einer umfassenden Planung und einer Beschränkung des Ausländeranteils das Wort redeten[30].

Mitte der sechziger Jahre waren sie dann überzeugt, nicht mehr gegen den Strom der Zeit anzuschwimmen, sondern vielmehr auf der vordersten Woge des Fortschritts zu reiten. Die Naturschützer frohlockten bei jeder Ankündigung, die noch tiefere Gestehungskosten für Atomstrom prophezeite. Der Gedanke, dass sinkende Energiepreise eine höhere Nachfrage nach sich ziehen könnten, war ihnen offensichtlich fremd.

Zeitlich konzentrierten sich die Befürchtungen, Wünsche und Erwartungen auf die nahe Zukunft, die ihrerseits aus den Erfahrungen der jüngsten Vergangenheit konstruiert wurde. Es ging um die Gestaltung der entscheidenden »Übergangszeit« zwischen dem »hydraulischen« und dem »atomaren Zeitalter« der Energieversorgung, dessen Anbruch die Naturschützer mitzuerleben glaubten. Zwar sprachen sie auch von der Notwendigkeit einer Planung der »ferneren Zukunft«, und in fast jedem Artikel war die Rede von den »Rechten der kommenden Generationen«. Die konkreten Zukunftsentwürfe schauten aber maximal zehn Jahre voraus. Mit dem Topos der »Rechte zukünftiger Generationen« war das Recht auf unverbaute Flussläufe gemeint, ein Recht also, das die Naturschützer in den nächsten Jahren als gefährdet ansahen.

Ort der sprachlichen Handlungen war die Schweiz. Ein gutes Beispiel hierfür sind die Ausführungen Bächtolds zur Problematik des radioaktiven Abfalls:

»Ausgebrannte Uranstäbe aus unseren Kraftwerken können wir an das europäische Zentrum in Belgien (...) senden. Die Rückstände brauchen also nicht bei uns gelagert zu werden.«[31]

Was dort mit ihnen passierte, schien ihn nicht weiter zu kümmern. Aus dem Lande, aus dem Sinn! Die Schweiz wurde in den Texten nur verlassen, wenn es um technische Entwicklungen auf internationaler Ebene ging oder wenn technizistische Utopien ausgeheckt wurden. Gerade letztere aber offenbarten die Schweiz-, respektive Heimatzentriertheit dieses Denkens. Während Bächtold die Gewässer der Schweiz vor der Elektrizitätswirtschaft retten wollte, sah er in den »noch ungenutzten Wasserkräften« von Grönland und Afrika – frei von naturschützerischen Bedenken – eine zukünftige Energiequelle. Dieser begehrlich Blick auf die Naturgüter jenseits

---

30 Siehe Kupper, *1970er Diagnose.*
31 Bächtold, *Thermische Kraftwerke,* S. 3.

der nationalen Grenzen ist um so bemerkenswerter, als der SBN seit Jahrzehnten im internationalen Naturschutz tätig war.

Vermeintliche Sachzwänge in Form eines unabänderlich voranschreitenden Wachstums und Fortschritts, sowie eine starke Technikgläubigkeit prägten Mitte der sechziger Jahre den naturschützerischen Diskurs zur Atomenergie. Darüber hinaus kennzeichneten kurze Zeithorizonte – die jüngste Vergangenheit verkündete die nahe Zukunft – und die räumliche Begrenztheit auf die Schweiz die Redeweisen der Naturschützer. Diese Wahrnehmungs- und Deutungsstrukturen verbanden sich mit der Befürchtung, dass auch noch die letzten unverbauten Gewässer der Elektrizitätsgewinnung geopfert würden. In der Atomenergie sahen die Naturschützer die schon lang ersehnte Retterin. Sie verhieß einen goldenen Mittelweg, auf dem Fortschritt und Naturschutz Hand in Hand in die Zukunft schreiten könnten.

Der Glauben in Wachstum, Fortschritt und Technik wurde Mitte der sechziger Jahre von der großen Mehrheit der Menschen geteilt. Nur kleine Minderheiten warnten vor den Gefahren der Atomenergie, ohne aber die Atomenergiediskussion beeinflussen zu können. Diese Minderheiten waren, um mit Michel Foucault zu sprechen, »Monstren«, die in der Außenwelt des öffentlichen Diskurses herumschlichen[32]. Erst die Umbruchphase zu Beginn der siebziger Jahre ebnete ihren damals ungeheuerlichen Argumenten den Weg in die gesellschaftspolitische Arena.

»Stop der Energieverschwendung«: Das SBN-Manifest von 1974

Im Vorwort der Broschüre von 1974 erklärte der Präsident des SBN, Willy Plattner, warum seine Organisation ein Manifest zur Energiepolitik herausgab:

»Sicher stellt die Energiepolitik keine Frage des engern Arbeitsbereiches des Naturschutzes dar. Indirekt aber ist das Problem von grösster Bedeutung, denn ein sparsamer Gebrauch von Energie schont nicht nur Naturgüter, sondern bremst auch die indirekt mit dem Energieverbrauch verbundene zusätzliche Belastung der Landschaft. Somit spielt die Energiepolitik eine ganz entscheidende Rolle auch für den Naturschutz im engeren Sinne.«[33]

Das Manifest gliederte sich in drei Kapitel: 1. »Problematisches Wirtschaftswachstum«, 2. »Grenzen der Energieproduktion«, 3. »Grundzüge einer Neuorientierung«.

---

32 Foucault, Michel, *Die Ordnung des Diskurses,* Frankfurt a. M. 1991, S. 24.
33 SBN, *Stop,* Vorwort.

Vorwort und Aufbau charakterisierten bereits den neuen Blickwinkel des SBN auf den Energiebereich und die Atomenergie.

Zwischen dem wirtschaftlichen Wachstum und der Umweltbelastung wurde ein direkter Zusammenhang postuliert. Die Energie sei ihrerseits der »Motor des Wachstums«, das sich in der bisherigen Form als zerstörerisch erwiesen habe. Deshalb dürfe die Energiepolitik nicht mehr länger im Zeichen der Nachfragebefriedigung stehen. »Die Energiepolitik ist vielmehr bewusst in den Dienst der Wachstumsbeschränkung und Wachstumslenkung zu stellen«, forderte das Manifest[34]. Die Menschheit sei an einem Wendepunkt angelangt. »Die Verantwortung gegenüber künftigen Generationen« gebiete, augenblicklich mit der Beschränkung des Energieumsatzes zu beginnen. »Andernfalls überfordern uns die Probleme der Klimabeeinflussung, des Raumbedarfs, der Luft- und Gewässerverschmutzung sowie der Radioaktivität, wenn nicht einzeln, so in ihrer Gesamtheit«[35]. Konkret hieß dies für den SBN: »Weniger Energieverbrauch statt weitere Atomkraftwerke«[36].

Den Bau solcher Anlagen wurde aus drei Gründen abgelehnt: Erstens würde der Strom aus zusätzlichen Atomkraftwerken nur ein energieintensives Wachstum begünstigen und die Umwelt zusätzlich belasten. Zweitens werde die Ressourcenbasis der Atomkraftwerke in absehbarer Zeit aufgebraucht sein. Drittens schließlich verbiete sich die Nutzung der Atomenergie auf längere Sicht wegen der Umweltbelastungen durch die radioaktiven Stoffe. Als Alternative schlug das Manifest drei Lösungsansätze vor: In erster Linie propagierten es das Energiesparen: »Stop der Energieverschwendung«. Zweitens forderte es, soweit als möglich die Substitution alter, umweltschädigender Technologien durch neue Technologien wie die Sonnen- oder die Windenergie, die »sich nicht gegen die Natur« richten[37]. Drittens schließlich müsse eine Gesellschaft angestrebt werden, die auf einem beschränkten Energieniveau leben könne. Die Folge sei zwar eine Minderproduktion von Materie, dafür aber eine Mehrproduktion von Geist und eine Steigerung der »Lebensqualität«.

Bei der Konfrontation des Manifesttexts mit unserem Frageraster kristallisiert sich heraus, dass ein vorgegebener Sachverhalt die Ausführungen dominierte: die »Grenzen des Wachstums«. Diese Grenzen offenbarten sich auf Seiten der natürlichen Ressourcen ebenso wie auf Seiten der Umweltbelastung durch Produktion und

---

34 Ebd., S. 7.
35 Ebd., S. 14.
36 Ebd., S. 1.
37 Ebd., S. 14.

Konsum. Sie beschränkten die Erzeugung wie auch den Verbrauch von Energie. Die Grenzen galten im Besonderen für die Atomenergie: Deren Ressource Uran sei beschränkt, die direkte Umweltbelastung durch die Radioaktivität könne nicht verantwortet werden, und das Mehr an Strom, das die Atomkraftwerke produziere, belaste indirekt (beim Verbrauch) ebenfalls die Umwelt.

Wo die behaupteten natürlichen Grenzen genau verliefen, war den Umweltschützern 1974 weitgehend unbekannt. Unklar war etwa, ob und wie eine Veränderung der Energiebilanz der Erde oder die Erhöhung des CO_2-Gehalts der Atmosphäre das weltweite Klima beeinflussten. Klar war hingegen, dass in einer begrenzten Welt ein unbegrenztes Wachstum unmöglich sei. Die natürlichen Grenzen besaßen daher einen zwingenden Charakter. Sie durchbrechen zu können, hielten die Umweltschützer für eine fatale, jeder Logik widersprechende Strategie. Früher oder später werde jede Wachstumsgesellschaft auf unüberwindbare Barrieren stoßen. Solange Wirtschaft und Energieverbrauch exponentiell wachsen würden, spiele die exakte Berechnung der natürlichen Grenzen keine erhebliche Rolle, da selbst eine Verdoppelung der Ressourcenbasis oder der Tragfähigkeit der Umwelt das Erreichen der Grenzen nur um wenige Jahre hinausschieben würde[38].

Bei diesem exponentiellen Wachstum setzten die Umweltorganisationen nun an, wobei sie den Energiesektor als strategischen Bereich, »als Motor der Entwicklung«, identifizierten. Über die Energiepolitik wollten sie daher die gesamte Entwicklung steuern. »An die Stelle von ›Berechnungen‹ des künftigen Bedarfs müssen Überlegungen über das unter ökologischen Gesichtspunkten verantwortbare Mass des Energieumsatzes treten«, forderte das Manifest[39]. Dass Wirtschaft und Energieverbrauch wachsen müssten, sahen sie keineswegs als zwingend an. Ebenso setzten die Umweltschützer ein dickes Fragezeichen hinter den »technischen Fortschritt«. Den Möglichkeiten der Technikfolgenabschätzung standen sie skeptisch gegenüber. Einerseits verwiesen sie auf vergangene Fehlschläge, etwa bei der Beurteilung des Insektizids DDT. Andererseits machten sie auf die Unabwägbarkeiten der Probleme

---

38 Diesen Aussagen lagen, wie unschwer zu erkennen ist, die Berechnungen des bekannten Meadows-Berichts zugrunde: Meadows, Dennis, et al., Die Grenzen des Wachstums: Bericht des Club of Rome zur Lage der Menschheit, Stuttgart 1972. Zur Geschichte dieses Berichts siehe Kupper, Patrick, »Weltuntergangs-Vision aus dem Computer: Zur Geschichte der Studie ›Die Grenzen des Wachstums‹ von 1972«, in: Hohensee, Jens/Uekötter, Frank (Hg.): *Wird Kassandra heiser? Beiträge zu einer Geschichte der falschen Öko-Alarme*, Beihefte der Historischen Mitteilungen der Ranke-Gesellschaft (HMRG), Stuttgart 2004.

39 SBN, *Stop*, S. 1.

aufmerksam, die sich einer solchen Abschätzung entziehen würden. Das Misstrauen gegenüber Versprechen, die Umweltprobleme rein auf technischem Weg in den Griff zu bekommen, brachte die Rede vom »Faustischen Handel«, den die Menschen mit der Nutzung der Atomenergie eingegangen seien, zum Ausdruck[40].

Für die Entwicklung von Wirtschaft, Technik und Gesellschaft stellten die Umweltschützer Alternativen zur Diskussion, die den »Übergang vom Wachstum zum Gleichgewicht« und einen Verzicht auf die Atomenergie ermöglichen sollten: Die wirtschaftliche Praxis wollten sie durch das Vermeiden von Verschwendung optimieren; »sanfte Technologien« sollten erforscht und angewandt, die gesellschaftliche Entwicklung in »sanfte« Bahnen umgelenkt werden.

Ihre Handlungsweise begründeten die Umweltschützer zum Einen mit Befürchtungen: Die Menschheit sei daran, ihre eigenen Lebensgrundlagen zu zerstören, das Damoklesschwert der Ökokatastrophe hänge über ihr. Zum Anderen waren sie aber auch ob der Ergebnisse der vergangenen Entwicklung ernüchtert. Die ersten Sätze des Manifests lauteten:

»Seit dem Zweiten Weltkrieg hat die Bevölkerung unseres Landes von rund 4,5 auf 6,3 Millionen zugenommen. In derselben Zeitspanne hat sich das Volkseinkommen vervierfacht. Von einer solchen Entwicklung hätte man früher erwartet, sie mache die Menschen glücklicher. Diese Erwartung hat sich als Illusion erwiesen«[41].

Die Umweltorganisationen kritisierten die zeitgenössische »Zivilisation« und postulierten eine Neuorientierung der Werte: Sie redeten nun von »Lebensstil«, »Lebenshaltung« und »Lebensqualität«. Nicht die Menge produzierter Güter, sondern die Möglichkeiten, »Sinn« zu stiften und »glücklich« zu sein, sollten Ziele der Wohlstandsgesellschaft sein. Neben die Furcht vor einer Apokalypse trat die Vision einer erstrebenswerten, besseren und sinnerfüllteren Welt.

Die Zeithorizonte, welche die Umweltschützer in ihre Analysen einbezogen, erstreckten sich über Jahrzehnte, Jahrhunderte oder gar Jahrtausende. Die Entwicklung von Wirtschaft und Gesellschaft, des Rohstoffverbrauchs und der Umweltbelastung betteten sie in diese langfristige Perspektive ein, ebenso die Problematik der radioaktiven Abfälle:

---

40 Die Metapher wurde interessanterweise erstmals vom Direktor des Oak Ridge National Labatory, Alvin Weinberg, einem prominenten Befürworter der Atomenergie, verwendet. Weinberg, Alvin, »Social Institutions and Nuclear Energy«, in: *Science* 177 (1972), S. 27–34.

41 SBN, *Stop*, S. 1.

»Man stelle sich einmal vor, die alten Ägypter hätten sich einer Technologie verschrieben, deren gefährliche Abfallprodukte wir noch heute, also nach Tausenden von Jahren, unter Kontrolle halten müssten. Die Zerfallzeit radioaktiver Stoffe bemisst sich aber gar nach Zehntausenden von Jahren (Plutonium 24.000 Jahre). Können wir heute garantieren, dass in Zukunft jederzeit die erforderliche gesellschaftliche Stabilität bestehen wird, um radioaktive Stoffe unter Kontrolle zu halten?«[42]

Die Umweltschützer forderten ein sofortiges Handeln. Der in den letzten Jahrzehnten mit immer höherer Geschwindigkeit beschrittene Entwicklungspfad wurde als Irrweg beurteilt, der eine unverzügliche Kurskorrektur notwendig mache. Viele negative Folgen der gegenwärtigen Entwicklung würden zwar erst in einiger Zeit spürbar, den Preis dafür müssten dann aber die zukünftigen Generationen bezahlen. Die Verantwortung ihnen gegenüber gebiete es, in der Gegenwart zu handeln. Ein auf lange Frist ausgelegter Plan des gesellschaftlichen Wandels unter ökologischen Gesichtspunkten sollte auch die sozialen Krisen vermeiden, die unweigerlich drohten, wenn die natürlichen Grenzen erreicht würden und die bisherige Wirtschaftsweise plötzlich zusammenbräche.

Ort des umweltschützerischen Redens war die Schweiz als Teil der Welt. Das Manifest rechnete mit globalen Vorräten an Ressourcen und globalen Umweltbelastungen und verglich den Energieverbrauch der Schweiz mit demjenigen von Ländern der Dritten Welt. Diese neue Sichtweise fand später die prägnante Formel »Think globally, act locally«.

1974 waren es ökologisch definierte Grenzen des Wachstums, die den Atomenergie-Diskurs in den Umweltschutzkreisen prägten. Damit einher ging die Auflösung bisheriger Sachzwänge: Wirtschaftswachstum und technischer Fortschritt wurden nicht mehr länger als eigenständige Mächte verstanden, sondern als gesellschaftlich bestimmbare Größen. Die politischen Forderungen der Gegenwart orientierten sich nicht vorrangig an den Erfahrungen der Vergangenheit, sondern an erwünschten, respektive befürchteten Zukunftsszenarien. Zudem charakterisierten lange Zeithorizonte und globale Räume die Problemanalysen. Unter diesem Blickwinkel wurde aus dem technischen Problem »AKW« im Laufe der ersten Hälfte der siebziger Jahre ein ökologisches, ein wirtschaftliches und ein soziales Problem, kurz ein Problem, dass die gesamte Gesellschaft betraf. Aus der zehn Jahre zuvor erhofften Versöhnung von Technik und Natur wurde nichts. Vielmehr wurde die Option Atomenergie nun als Irrweg angesehen.

---

42 Ebd., S. 13.

Fazit

Ein Vergleich der Argumentationsstrukturen in den beiden ausgewählten Textkorpora führt zu überraschenden Befunden. In beiden Fällen wurden die Probleme im Energie-Umwelt-Bereich auf dieselbe Ursache zurückgeführt: auf das wirtschaftliche Wachstum. Und in beiden Fällen glaubten die Autoren, dass ein Wendepunkt in der Entwicklung erreicht sei. Allerdings zogen die Autoren aus ihren Analysen entgegengesetzte Schlüsse: 1964/65 forderten sie den Bau von Atomkraftwerken, 1974 lehnten sie diesen hingegen ab.

Licht in diesen vorerst einmal verwunderlichen Befund bringt ein detaillierter Vergleich der vorgebrachten Argumente. Als erster wichtiger Punkt ergibt sich, dass die unterschiedliche Beurteilung der Atomenergie nicht auf einen unterschiedlichen Wissensstand bezüglich der Gefahren dieser Technologie zurückgeführt werden kann: Die Möglichkeit eines Reaktorunfalls, das Risiko einer radioaktiven Verseuchung oder die Probleme der Beseitigung atomarer Abfälle wurden bereits in den sechziger Jahren angesprochen. Der hauptsächliche Unterschied bestand diesbezüglich vielmehr in der Bewertung des technischen Lösungspotenzials.

Der entscheidende Punkt war aber, dass sich die ausgemachten Sachzwänge verschoben: Wirtschaftswachstum und technischer Fortschritt, welche die Ausführungen in den sechziger Jahren prägten, wurden 1974 nicht mehr länger als quasi naturgegebene, eigenständige Mächte verstanden, sondern als gesellschaftlich bestimmbare Größen. Nun waren es die ökologisch definierten Grenzen des Wachstums, die dem Atomenergiediskurs ihren Stempel aufdrückten. Damit einher ging eine nachhaltige Erschütterung des Glaubens in die Möglichkeiten zukünftiger Technik. Die Natur wurde aus ihren diskursiven Reservaten herausgeholt und mobilisiert für die politischen Auseinandersetzungen um die Geltungsmacht neuer Gesellschaftsentwürfe. Das Hauptanliegen der Umweltbewegung war nicht mehr länger das Bewahren von Teilen der Vergangenheit in der Gegenwart, sondern das ganzheitliche Gestalten der Zukunft.

Mit der Auflösung der Sachzwänge der sechziger Jahre wurden auch gesellschaftliche Kompetenzen und politische Handlungsspielräume erobert. Die Entwicklungen der Vergangenheit wurden nun kritisch hinterfragt und bildeten nicht mehr die unreflektierte Grundlage für die zukunftsbestimmenden Entscheidungen der Gegenwart. Die politischen Forderungen orientierten sich dementsprechend nicht mehr vorrangig an den Entwicklungen dieser Vergangenheit, sondern an erwünschten, respektive befürchteten Zukunftsszenarien. Die in den Texten reflektierten Dimensionen in Zeit und Raum explodierten geradezu: Zeithorizonte über Jahrhunderte und Jahrtausende sowie globale Räume charakterisierten die Problemanalysen im Manifest von 1974. In den Zeitschriftenartikeln des vorhergehenden Jahrzehnts wurde dagegen um das zeitlich und örtlich nahe Schicksal der heimatlichen Flussläufe gekämpft.

Die Politik, welche die schweizerische Naturschutz- und Umweltbewegung in den sechziger und siebziger Jahren gegenüber der zivilen Nutzung der Atomenergie vertrat, zeugt vom tiefgreifenden inhaltlichen Wandel, den diese Bewegung Anfang der siebziger Jahre durchmachte. Dabei gilt für die Positionsbezüge zur Atomenergie dasselbe wie für diejenigen zur Umwelt insgesamt: Nicht so sehr das Problem veränderte sich, sondern das Problemverständnis[43].

---

43 Diese These führe ich andernorts weiter aus: Kupper, *Atomenergie*; Kupper, *1970er Diagnose*.

Grün ist die Hoffnung – Umweltpolitik und die Erwartungen hinsichtlich einer Reform der Institutionen der Europäischen Gemeinschaften um 1970

Norman Pohl

Internationale Umweltpolitik war zu Beginn der siebziger Jahre angesichts der global zu verzeichnenden politischen Krisen ein »Nebenkriegsschauplatz«[1]. Doch umweltpolitische Fragen konnten der Diskussion »gewichtigerer Probleme« dienen, ohne diese direkt ansprechen zu müssen. Dieses Motiv war auch maßgeblich für die Geburt der Umweltpolitik der EG. EG-Kommission und Europa-Parlament versuchten durch sie, die eigene Position in der institutionellen Machtbalance zu verbessern. Dem Ministerrat und den nationalen Regierungen sollte sie europapolitische Erfolge ermöglichen, ohne Kompetenzen an die europäische Ebene abzugeben[2]. Den verschiedenen Akteuren soll nicht abgesprochen werden, dass es ihnen auch um die Sache selbst ging, dass sie beabsichtigten, in internationaler Kooperation etwas für den Schutz der Umwelt zu erreichen. Eine emotionale, den Prozess der europäischen Integration beflügelnde Komponente entstand durch die im Ergebnis bürokratische und technokratische Form jedoch nicht. Die Umwelt selbst als Gegenstand der EG-Politik erfuhr bis 1987 nur mittelbar Schutz oder eine Verbesserung. Eine vorausschauende und vorsorgende Politik kam in dieser Zeit nicht zustande[3].

---

1 Verwendete Abkürzungen: ABl. – Amtsblatt der Europäischen Gemeinschaft(en), HB – Hohe Behörde, Komm. – Kommission der EWG bzw. der EG, SA – Schriftliche Anfrage, Antw. – Antwort, EuGH – Europäischer Gerichtshof, EuGH-Slg. – Sammlung der Urteile des Europäischen Gerichtshofs, EG-Bull. – EG-Bulletin und Bulletin der EG, BT-Drs. – Bundestags-Drucksache, BR-Drs. – Bundesrats-Drucksache, EP-Dok. – Europäisches Parlament, Dokument.

2 Ähnliche Beweggründe lagen dem gescheiterten Vorhaben einer europäischen Universität zugrunde.

3 Vgl. die Beiträge in Gündling, Lothar/Weber, Beate (Hg.), *Dicke Luft in Europa. Aufgaben und Probleme der europäischen Umweltpolitik,* Heidelberg 1988.

Europapolitische Entwicklungen bis zum Haager Gipfel 1969

Den Tenor europäischer Gemeinschaftspolitik nach dem Zweiten Weltkrieg formulierte Hans von der Groeben 1974 prägnant: »Einig war man sich aber darüber, daß Europa sein Gewicht als Ganzes in die Waagschale werfen müsse, wenn es nicht zum Objekt der Geschichte herabsinken wollte. Diese politische Zielvorstellung stand bei allen Entwürfen und der Verwirklichung europäischer Projekte, ganz gleich, ob sie wirtschaftlicher, militärischer oder allgemein politischer Natur waren, im Vordergrund der Erwägungen«[4].

In besonderem Maße wirkte stets die innenpolitische Situation in Deutschland und in Frankreich auf die europäische Politik ein. So ebnete die Politik der (west-) europäischen Einigung Deutschland den Weg zurück in die internationale Staatengemeinschaft. Die Gründung der Europäischen Gemeinschaft für Kohle und Stahl (EGKS) 1951 war ein friedenssichernder Schritt. Er bot der Kohle- und Stahlindustrie eine europäische Perspektive, entzog diese rüstungsrelevanten Wirtschaftssektoren nationaler Machtpolitik und sicherte den vertragsschließenden Staaten dennoch Einfluss durch gemeinsame Kontrolle[5]. Der durch die UdSSR niedergeschlagene Aufstand in Ungarn sowie die Suezkrise beschleunigten 1956 das Zusammenrücken der EGKS-Staaten, denen die sowjetische Drohung des atomaren Angriffs auf Paris und London ihre weltpolitisch schwindende Bedeutung bewusst machte. Die mit den Römischen Verträgen vom 25. März 1957 neu geschaffenen Gemeinschaften – EWG und Euratom – sollten durch einen gemeinsamen europäischen Binnenmarkt und vereinte energiepolitische Anstrengungen wenigstens die wirtschaftliche Zukunft Europas sichern. Aus dem entstehenden Wohlstand sollte, bei allgemeiner Zustimmung, als »spill-over«-Effekt eine politische Integration erwachsen. Damit war die ständige Frage nach den Kompetenzen der neuen Institutionen aufgeworfen, nämlich der einzelnen Kommissionen und der »Parlamentarischen Versammlung«. Zum Aufgeben politischer Souveränitätsrechte

---

4 Groeben, Hans von der, »Einleitung«, in: ders./Boeckh, Hans von/Thiesing, Jochen, *Kommentar zum EWG-Vertrag*, Band I, Baden-Baden ²1974, S. 41–62, hier S. 44.

5 Vgl. Loth, Wilfried, *Der Weg nach Europa. Geschichte der europäischen Integration 1939–1957*, Göttingen 1990 (Kleine Vandenhoeck-Reihe 1551), zur Abwehr von Stalins Vorschlag zur Internationalisierung der Ruhr, zum Scheitern der Europäischen Verteidigungsgemeinschaft und zu den weiteren, den europäischen Einigungsprozess begleitenden Krisen der 1950er Jahre.

waren die europäischen Regierungen jedoch kaum bereit[6]. Die mit der Gründung der V. Republik in Frankreich kurz darauf einhergehende Entmachtung der Nationalversammlung führte ungeachtet der durch Charles de Gaulle und Konrad Adenauer vorangetriebenen deutsch-französischen Aussöhnung[7] zur europapolitischen Stagnation, in ein »Abgleiten in einen technokratischen Zentralismus in den Nationalstaaten«. Rasch verpuffte angesichts der französischen Politik des leeren Stuhls vom 29./30. Juni 1965 bis zum 17./18. Januar 1966 die erhoffte Belebung des Integrationsprozesses durch den »Vertrag zur Einsetzung eines gemeinsamen Rates und einer gemeinsamen Kommission der Europäischen Gemeinschaften«[8].

Neue, durch die Verträge nicht gedeckte Modalitäten in der Arbeitsweise der europäischen Institutionen erbrachte die Luxemburger Erklärung vom 29. Januar 1966. Sie beinhaltete eine verkappte Zustimmung zum Vetorecht eines einzelnen Staates und legte der EG-Kommission bei allen Vorhaben eindringlich die Konsultation der Ständigen Vertreter der Mitgliedstaaten nahe. Die sechziger Jahre können in der Summe als eine Phase der durch Frankreich erzwungenen Re-Nationalisierung der europäischen Politik aller EG-Mitgliedstaaten gelten[9].

Der Rücktritt de Gaulles am 20. April 1969 war dessen Konsequenz aus einem gescheiterten Referendum mit dem Ziel, die politische Landschaft in Frankreich nachhaltig zu verändern. Bemäntelt als Dezentralisierung hätte de Gaulle de facto den Senat entmachtet und damit die ohnehin gering ausgeprägten parlamentarischen Kontrollmöglichkeiten weiter geschwächt. Auch nach der Wahl von Georges Pompidou zum französischen Staatspräsidenten war unklar, welche Traditionen und Regeln bewahrt blieben und welche überkommenen Einrichtungen geändert würden. Die Situation im Juni 1969 ließ in Frankreich demzufolge eine Neuordnung des politischen Kräftegleichgewichts zwischen Präsident, Premierminister, Parlament und Senat als möglich erscheinen[10].

---

6 Die BRD hatte diese durch die am 5. Mai 1955 in Kraft getretenen Pariser Verträge vom 23. Oktober 1954 erst kurz zuvor in größerem Umfang überhaupt wiedererlangt.

7 Ein damit verbundener wesentlicher Eingriff in die Natur war die Kanalisierung der Mosel, die lothringisches Erz mit rheinischer Kohle zusammenführen sollte. Die damit zugleich verbundenen Hoffnungen auf einen dauerhaften Hochwasserschutz erfüllten sich nicht.

8 Vom 8.4.1965.

9 Lipgens, Walter (Hg.), *45 Jahre Ringen um die Europäische Verfassung. Dokumente 1939–1984. Von den Schriften der Widerstandsbewegung bis zum Vertragsentwurf des Europäischen Parlaments,* Bonn 1986, S. 380.

10 Zu Einzelheiten Rémond, Réne, *Frankreich im 20. Jahrhundert. Zweiter Teil: 1958 bis zur Gegenwart,* Ausgabe Stuttgart 1995 (Geschichte Frankreichs Bd. 6, Hg. Jean Favier), S. 179f., 192–197.

Das Europäische Parlament reagierte am 2. Juli 1969, nur wenige Tage nach der Wahl Pompidous. Es hielt die Zeit für eine umfassende europapolitische Neuordnung gekommen, »vor allem im Hinblick auf die Erweiterung der Gemeinschaft, die Stärkung der Rolle des Parlamentes und die allgemeine Wahl seiner Mitglieder, die Erweiterung der Befugnisse der Organe der Gemeinschaft und die Beseitigung der Praxis des Vetorechts«[11]. Diese Entschließung des Europäischen Parlaments unterstützte im Oktober auch die EG-Kommission. Für sie war die Gemeinschaft »zu einem großen Gemeinwesen herangewachsen, das wie ein nationales Hoheitsgebiet regiert und verwaltet werden muß«[12]. Die Kommission reagierte damit auf die Regierungserklärung des neuen französischen Premierministers Jacques Chaban-Delmas am 16. September 1969, der einen Aufbruch hin zu einer Liberalisierung Frankreichs verkündete[13].

Der politische Wechsel in Deutschland hin zur sozial-liberalen Koalition im Oktober 1969 vergrößerte die Chancen auf eine politische Neuorientierung. Nebst der neuen Ostpolitik galt der Umwelt als Gegenstand der Innenpolitik von Beginn an besondere Aufmerksamkeit. Jedoch mahnte Hans-Dietrich Genscher 1971 bei der Vorlage des Umweltberichtes der Bundesregierung zur Geduld: »Die Versäumnisse der letzten hundert Jahre können nicht von heute auf morgen aufgeholt werden[14].« Europapolitisch zeigte sich bald, dass die Mitgliedstaaten der Gemeinschaft den Institutionen der EG weiterhin die demokratische Legitimation durch direkte Wahlen verweigerten und die wahre Macht auf europäischer Ebene den Nationalstaaten vorbehielten.

---

11 Entschliessung des Europäischen Parlaments vom 2. Juli 1969, Europa-Archiv 24, S. D 414f., zit. nach Lipgens, *45 Jahre*, S. 494/497.

12 Kommission der EG: Das Funktionieren der Organe, aus: Kommission der Europäischen Gemeinschaften, Stellungnahme zu den Beitrittsgesuchen des Vereinigten Königreiches, Irlands, Dänemarks und Norwegens, KOM (69) 1000, vom 1.10.1969, zit. nach, Lipgens, *45 Jahre*, Dokument 107, S. 498–501, hier S. 499.

13 Rémond, *Frankreich*, S. 202, benennt vier maßgebliche Ziele: »bessere Information des Bürgers, Reduzierung der Rolle des Staates, Verbesserung der Wettbewerbsfähigkeit der französischen Wirtschaft und Erneuerung der Sozialstrukturen«, letztere in der Art heutiger, aber erfolgreicher Konsensgespräche.

14 Genscher, Hans-Dietrich, »Einführung des Bundesministers des Innern«, in: Umweltprogramm der Bundesregierung. Bundestag 6. Wahlperiode, BT-Drs. VI/2710, S. 3.

Gemeinschaftliche Umweltpolitik – die Ausgangslage

Während der Zeit der französischen Blockadepolitik sah die EG-Kommission keine umweltpolitische Kompetenz der Gemeinschaft. So beschied sie die schriftliche Anfrage der Abgeordneten des Europaparlamentes Jonkheer Marinus van der Goes van Naters und Gerard Marinus Nederhorst – »Ist der Hohen Behörde bekannt, daß das Aosta-Tal und einige seiner Seitentäler – die zu den schönsten in der Gemeinschaft gehören – durch den Rauch und den Gestank von Abfallprodukten der in die Gerichtsbarkeit der Gemeinschaft fallenden Stahlfabrik ›Cogne‹ buchstäblich verpestet werden?«[15] – bedauernd, »daß es ihr die Befugnisse, über die sie verfügt, nicht ermöglichen, auf diesem Gebiet alle geeigneten Maßnahmen zu ergreifen.« In ihrer Antwort auf eine ergänzende Anfrage verwies die Hohe Behörde explizit auf die alleinige Kompetenz des zuständigen nationalen Gesetzgebers[16]. Drei Jahre später räumte die Kommission ein, dass trotz wissenschaftlicher Fortschritte sowie Anstrengungen seitens der Industrie eine technische und wirtschaftliche Lösung ausblieb. Zugleich bekannte sie, nicht über Unterlagen zu verfügen, um die Anwendung der Ergebnisse von ihr geförderter Forschungsvorhaben überprüfen zu können[17]. Innerhalb von zwanzig Jahren schuf weder das Werk Abhilfe, noch war die Kommission in der Lage, für Abhilfe zu sorgen – ein Offenbarungseid, was die Möglichkeiten der Einflussnahme einer europäischen Politik betraf.

In der Frage der Gewässerverunreinigung wurde zudem deutlich, dass sich die Kommission eher in der Rolle einer Kontaminationsmanagerin sah. Die tatsächlichen Anstrengungen zur Bekämpfung der Verschmutzung blieben dahinter zurück. Die Belastung der Binnengewässer betrachtete die Kommission unter dem Gesichtspunkt des Wettbewerbs. Keinem Unternehmen sollte gegenüber vergleichbaren Unternehmen in einem anderen Staat ein wirtschaftlicher Vorteil aus geringeren Anforderungen an die Gewässerreinhaltung erwachsen[18]. Dazu führte die Kommission 1967 aus: »Soweit diese Kosten jedoch von natürlichen Gegebenheiten, etwa von besonderem Abwasseranfall bei einem bestimmten Herstellungsverfahren (...) oder von Art und Größe der Gewässer (...) bestimmt werden, scheint ihre Gleichgestaltung weder möglich noch zweckmäßig. Insoweit sollte sich vielmehr nach den Prinzipien der internationalen

---

15 SA Nr. 51, van der Goes van Naters, Nederhorst an HB, ABl. vom 5.11.1965, S. 2847/65–2848/65, hier 2847/65.

16 Ebd., S. 2847/65.

17 SA Nr. 295/68, Oele an Komm., ABl. Nr. Cu37 vom 20.3.1969, S. 10–11, Antw. HB, S. 11.

18 SA Nr. 159/66 Vredeling an Komm., ABl. vom 28.4.1967, S. 1650/67.

Arbeitsteilung und Standortwahl allmählich ein wirtschaftliches Gleichgewicht im Gemeinsamen Markt entwickeln; z. B. sollten die natürlichen komparativen Kostenvorteile, die sich für ein an geeigneten Gewässern verhältnismäßig reiches Land bei abwasserintensiven Produktionen ergeben, im Interesse der Gemeinschaft in erster Linie zur Geltung kommen.«[19] Entgegen späteren Behauptungen ging die Kommission bis 1969 nicht von einer eigenen umweltpolitischen Kompetenz der gemeinschaftlichen Organe aus.

Die Entdeckung der Umweltpolitik

Zwischen der Gipfelkonferenz der Staats- bzw. Regierungschefs und der Außenminister am 1./2. Dezember 1969 in Den Haag und dem völlig gescheiterten Gipfel in Kopenhagen Ende 1973, der eine erneute europapolitischer Stagnation einleitete, lag eine Phase erwartungsvoller Europapolitik, die mit der Erweiterung der Gemeinschaft um Großbritannien, Irland und Dänemark ihren Höhepunkt fand und die gemeinschaftliche Umweltpolitik »entdeckte«.

Umweltpolitik fand im Schlusskommuniqué der Haager Konferenz keinerlei Erwähnung. Sie war im Zeichen französischer Anti-Atomkraft-Demonstranten und bundesdeutscher Regierungserklärung ein innenpolitisches Themenfeld, obwohl ihre internationale Relevanz durch die Rheinverschmutzung im europäischen Bewusstsein verankert war[20]. Das Jahr 1970 stand europapolitisch im Zeichen des »Werner-Berichts«. Die nach dem luxemburgischen Ministerpräsidenten Pierre Werner benannte Arbeitsgruppe versuchte die Absichtserklärungen des Haager Gipfels zur Schaffung einer Wirtschafts- und Währungsunion zu substantiieren. Die EG-Umweltpolitik trat hingegen auf der Stelle. Die durch die EGKS seit 1958 vorangetriebene Forschung »über die Entstaubung des braunen Konverterrauches«[21] im Zuge des Rahmenprogramms »Technische Staubbekämpfung – Eisen- und Stahlindustrie« vom 16. Juli 1958[22] fand in den Folgejahren ihre Fortsetzung und Ausdehnung auch auf andere Gebiete, wie die Entschwefelung und Entaschung von Abgasen aus Kohlenfeuerun-

---

19 SA Nr. 129 Bading an Komm., ABl. Nr. 262 vom 28.10.1967, S. 2–3, Komm., S. 3.

20 Rémond, *Frankreich*, S. 209; Genscher, »Einführung«, S. 3; Bungarten, Harald H., *Umweltpolitik in Westeuropa. EG, internationale Organisationen und nationale Umweltpolitiken*, Bonn 1978, S. 130.

21 HB, ABl. vom 20.5.1958, S. 42/58; HB, ABl. vom 10.9.1958, S. 373/58.

22 Vgl. zu Details HB, ABl. vom 20.9.1958, S. 379/58–380/58.

gen, einschließlich des Problems des Fluorgehaltes[23]. Diese durch die EGKS finanzierten Forschungen führten 1970 jedoch dazu, dass in das »Mittelfristige Beihilfeprogramm zur Förderung Kohle (1970–1974)« die ausdrücklich erwähnten Gebiete der Sektoren »Umweltbelästigung« nicht eingingen[24]. Das Problem einer Schadstoffverringerung in den Autoabgasen galt als technisches Handelshemmnis und wurde in der im März 1970 verabschiedeten Richtlinie auf Kohlenmonoxid und Kohlenwasserstoffe beschränkt, der Gehalt an Blei, Schwefeldioxid und nitrosen Gasen nicht berücksichtigt[25].

Gegen Ende des Jahres 1970 ist ein Bewusstseinswandel zu erkennen, der sich in der Behandlung der Frage der Reinhaltung der Binnengewässer und vor allem des Rheins durch das Europäische Parlament widerspiegelte. Das Europaparlament ging in seiner Entschließung vom 19. November 1970 von einer neuen Qualität der Umweltpolitik aus, die über den Rahmen der wirtschaftlichen Harmonisierung hinausreiche und die Abwehr von Gesundheitsgefahren für die Bevölkerung als konkretes Ziel benannte. Damit erweiterte es die bis zu diesem Zeitpunkt gebräuchliche Auslegung des EWG-Vertrages[26]. Es mag sich dabei auch um ein Echo auf das von der Bonner Koalition im September 1970 aufgestellte Umweltsofortprogramm gehandelt haben.

Binnen acht Tagen, vom 9. bis zum 17. Februar 1971, nahm die gemeinschaftliche Umweltpolitik dann Konturen an. Ausgangspunkt war die Sitzung des Rats am 9. Februar, die »die Verbesserung der Lebensqualität als wesentliche Aufgabe der Gemeinschaft« und ihrer künftigen Politik definierte, und zwar durch »energischere Bekämpfung der schädlichen Auswirkungen des Wachstums auf die Umwelt (Verschmutzungen von Luft und Wasser, Lärmbelästigung, übermäßige Ballung in den Städten)«.[27] Franco M. Malfatti als Präsident der Kommission betonte tags darauf im Europäischen Parlament, die EG müsse steuernd eingreifen, um Beeinträchtigungen des gemeinsa-

23 HB, ABl. vom 19.3.1962, S. 379/62; Rat, ABl. vom 9.6.1962, S. 1380/62; HB, ABl. vom 9.6.1962, S. 1377/62; HB, ABl. vom 19.12.1959, S. 1281/59; Rat, ABl. vom 19.5.1960, S. 792/60; HB, ABl. vom 25.5.1960, S. 812/60; HB, ABl. vom 8.8.1962, S. 2061/62; Rat, ABl. vom 17.10.1962, S. 2501/62; HB, ABl. vom 25.10.1962, S. 2532/62; HB, ABl. vom 23.6.1965, S. 1872/65; Rat, ABl. vom 8.10.1965, S. 2669/65–2670/65; HB, ABl. vom 8.10.1965, S. 2668/65; HB, ABl. vom 31.5.1966, S. 1553/66; Rat, ABl. vom 22.7.1966, S. 2533/66; HB, ABl. vom 25.7.1966, S. 2555/66; HB, ABl. vom 4.8.1965, S. 2435/65; Rat, ABl. vom 25.3.1966, S. 796/66; HB, ABl. vom 30.3.1966, S. 869/66.

24 Komm., ABl. Nr. C 99 vom 31.7.1970.

25 ABl. Nr. L 76 vom 6. April 1970.

26 Europaparlament, ABl. Nr. C 143 vom 3.12.1970, S. 29–31.

27 ABl. Nr. L 49 vom 1.3.1971, S. 10: 3. Programm für die mittelfristige Wirtschaftspolitik, vom Rat angenommen am 9.2.1971, zit. nach Bungarten, *Umweltpolitik*, S. 132.

men Marktes durch Wettbewerbsverzerrungen zu vermeiden, die sich aus der Vielzahl unkoordiniert ergehender nationaler Regelungen ergeben mochten. Malfatti unterbreitete aber keine Vision einer eigenständigen Umweltpolitik, sondern sah den Schwerpunkt in aufklärender und unterstützender Forschungsarbeit durch ein mehrjähriges gemeinschaftliches Forschungsprogramm[28]. Demgegenüber hob das Europaparlament in seiner Entschließung zum Gesamtbericht 1970 der Kommission und dem Arbeitsplan für 1971 hervor, dass »der Umweltschutz eine besonders große Rolle [...] für die Zukunft der Gemeinschaft spielen« werde[29].

In der dem EG-Kommissar Altiero Spinelli zuarbeitenden Generaldirektion für Industrie, Technologie und Wissenschaft setzte deren Generaldirektor Robert Toulemon am 17. Februar 1971 eine unter seinem Vorsitz arbeitende »Verwaltungsgruppe Umweltfragen« ein, die die umweltpolitischen Aktivitäten der Kommission koordinieren und bündeln sollte und mit ihren wenigen Mitarbeitern auch für die Außenkontakte zu internationalen Organisationen und für die Abstimmung mit den einzelnen Mitgliedstaaten verantwortlich zeichnete. Selbstständig handeln durfte die Gruppe nicht, sie hatte die Geschäftsbereiche der anderen Generaldirektionen zu beachten[30]. Dennoch eröffnete sich damit die Chance, Umweltpolitik als Motor der Integration zu instrumentalisieren, war doch mit Spinelli ein Politiker verantwortlicher EG-Kommissar, der bereits während seiner Internierung zur Zeit der faschistischen Diktatur in Italien in der etwa im Oktober 1941 verfassten Schrift »Gli stati Uniti d'Europa e le varie tendenze politiche« Organe, Kompetenzen und die Grundzüge der Verfassung der »Europäischen Föderation« ausgearbeitet hatte und der seit Ende des Zweiten Weltkrieges auf die Verwirklichung der europäischen Einigung entschlossen hinarbeitete[31].

Zudem erzielte die EG-Kommission gegenüber dem Ministerrat und folglich mittelbar gegenüber den nationalen Regierungen einen beachtlichen Erfolg in der Frage der politischen Kompetenzen. Obwohl sie mit ihrer Klage vor dem Europäischen Gerichtshof (EuGH) über die Zuständigkeiten der Gemeinschaftsorgane bei dem Abschluss des Europäischen Übereinkommens über die Arbeit der im internationalen Straßenverkehr beschäftigten Fahrzeugbesatzungen (AETR) schließlich unterlegen war,

---

28 Bungarten, *Umweltpolitik*, S. 131.

29 ABl. Nr. C 19 vom 1.3.1971, S. 22, Entschließung mit Stellungnahme des Europäischen Parlamentes zu dem Memorandum der Kommission an den Rat über die Industriepolitik der Gemeinschaft vom 10.2.1971, zit. nach: Bungarten, *Umweltpolitik*, S. 132.

30 Bungarten, *Umweltpolitik*, S. 132.

31 Lipgens, *45 Jahre*, S. 71–73, Dokument 12 mit Erläuterungen, dt.: Die Vereinigten Staaten von Europa und die verschiedenen politischen Tendenzen.

sprach der EuGH der Kommission doch weitreichende Befugnisse für die Verhandlungsführung und den Abschluss internationaler Übereinkommen zu[32]. Doch die in der Ratssitzung am 9. Februar 1971 zur Umsetzung des Werner-Plans beschlossenen Ansätze scheiterten bereits im Mai, da der französische Präsident Pompidou sich den erforderlichen Kompetenzzuweisungen an die Gemeinschaftsorgane strikt widersetzte: »Diese Staaten sollten nicht auf ihre Vorrechte zugunsten von Gemeinschaftsinstanzen verzichten, außer freiwillig und im Zuge der Entwicklung, d.h. des Fortschritts der Gemeinschaft.«[33]

Vor diesem Hintergrund stellte die von der Verwaltungsgruppe Toulemon ausgearbeitete, von der EG-Kommission am 22. Juli 1971 gebilligte und wenig später in Auszügen veröffentlichte »Erste Mitteilung über die Politik der Gemeinschaft auf dem Gebiet des Umweltschutzes« einen Versuch der Kommission dar, an einem bislang auf Gemeinschaftsebene noch unverbrauchten Politikfeld mit einleuchtenden Argumenten die Diskussion über institutionelle Umstrukturierungen und Kompetenzzuweisungen neu zu beleben. In einem begleitenden Kommentar sprach EG-Kommissar Spinelli von der Notwendigkeit »eine[r] tiefgreifende[n] Veränderung der Wertskala«.[34] Zugleich beschwor er über die Gefahr des Scheiterns einer europäischen Umweltpolitik hinaus – »wenn man sie mit einer unübersehbaren Vielzahl unkoordinierter Maßnahmen verwirklichen will« – das Risiko für die Kostenentwicklung »einer erheblichen Zahl von Wirtschaftsgütern« mit dem noch viel größeren Risiko, »daß damit entweder das Ende der Umweltpolitik oder der Abbruch des zwischen den einzelnen Teilen dieser Gemeinschaft bis dato vollbrachten Integrationsprozesses herbeigeführt würde«.[35] Der grenzüberschreitende Charakter der Umweltbelastungen erfordere nicht die Konzentration von Zuständigkeiten – »politisch unmöglich und außerdem völlig unvernünftig« –, wohl aber eine »Koordinierung auf allen Ebenen unter aktiver und intensiver Teilnahme der lokalen, regionalen, nationalen, supranationalen und internationalen Instanzen«[36]. Die Organe der EG müssten daher parallel zur Einrichtung eines europäischen Forschungsinstitutes in die Lage versetzt sein, Rahmengesetze festzule-

---

32 EuGH, Rechtssache 22/70, Urteil vom 31.3.1971, EuGH-Slg. (1971), S. 263–295, hier vor allem S. 274/75. Vgl. hierzu Schmitz, Stefan, *Die Europäische Union als Umweltunion. Entwicklung, Stand und Grenzen der Umweltschutzkompetenzen der EU.* Diss. Uni Kiel 1995, Berlin 1996.

33 *EG-Bull.* 4 (1971), Nr. 7, Von Tag zu Tag, 19. Mai 1971, S. 134.

34 Spinelli, Altiero, »Die Umweltpolitik der Europäischen Gemeinschaft«, in: *EG-Bull.* (1971), Nr. 9/10, S. 5–7.

35 Ebd.

36 Ebd, S. 6.

gen und »die unmittelbare Verantwortung für bestimmte Maßnahmen zu übernehmen, die nur gemeinsam in Angriff genommen werden können«[37]. Die sich dafür aus den Römischen Verträgen ergebenden Grundlagen sah Spinelli nur in der Präambel gegeben, mit der sich die Vertragsstaaten die »stetige Besserung der Lebensbedingungen ihrer Völker zum Ziel setzten«, eine Basis, die ihm als zu schmal erschien und deren »recht begrenzte Aktions- und Finanzmittel« eine »Neufestlegung der Kompetenzen und der Mittelbereitstellung (...) unbedingt notwendig« machten. Und: »Die Neufestlegung der Kompetenzen der Gemeinschaft und ihrer Entscheidungsprozesse betrifft nicht nur die Umweltpolitik. Eine ganze Reihe schwieriger interner und internationaler Probleme stellen die Gemeinschaft und ihre – alten und neuen – Mitgliedstaaten immer mehr vor die entscheidende Frage: ›mend or end‹, reformieren oder kapitulieren. Es ist jedoch wichtig, daß, wenn der Augenblick der großen Entscheidungen über die Zukunft der Gemeinschaft kommt – und er muß kommen –, auch die Umweltpolitik berücksichtigt wird.«[38] Spinelli erteilte einer Umweltpolitik auf ausschließlich nationaler Ebene eine klare Absage und betonte den unauflöslichen Zusammenhang von Wirtschafts- und Umweltpolitik.

Ungeachtet des Pathos' – »Umweltschutz und Umweltgestaltung müssen als wahrhaft zivilisatorische Verpflichtung künftig als eine wesentliche Aufgabe der Europäischen Gemeinschaft betrachtet werden[39]« – setzte die EG-Kommission nur auf Studien und Forschungen unter der Randbedingung, dass »der Umweltschutz nicht zu einer generellen Bekämpfung des Wirtschaftswachstums und des Fortschritts führen darf«[40]. Das Augenmerk galt der Sicherung von Ressourcen, möglichen Wettbewerbsverzerrungen, Handelseinschränkungen und durch Umweltschutzauflagen verursachten Kosten, die der fortgesetzten Verwirklichung des gemeinsamen Marktes entgegen stehen könnten.

Am 9. September 1971 legte Spinelli der Sozialistischen Fraktion des Europäischen Parlamentes einen Bericht zur Notwendigkeit der Reform der Gemeinschaft vor, in dem er diese Forderungen wiederholte: »Um die Wirtschafts- und Währungsunion zu ermöglichen, muß die Gemeinschaft eine gemeinsame Regional-, Sozial- und Indust-

---

37 Ebd.. Im Ergebnis resultierte eine Wiederbelebung der darniederliegenden Forschungsstelle der Euratom in Ispra. Ehring, Hubert, »Kommentar zu Art. 235«, in: von der Groeben u.a., *Kommentar,* Band II, S. 748–796, hier S. 754.

38 Spinelli, »Umweltpolitik«, S. 6/7.

39 *EG-Bull.* (1971), Nr. 9/10, IV. Die Politik der Gemeinschaft auf dem Gebiet des Umweltschutzes, S. 62–69, hier S. 63.

40 Ebd., S. 62.

riepolitik sowie eine Politik der wissenschaftlichen und technischen Forschung und des Umweltschutzes einführen, die Verkehrs- und Energiepolitik vorantreiben und die Reform der Agrarpolitik in die Wege leiten. Diese Tätigkeit ist aber nur dann möglich, wenn die Gemeinschaft mit legislativen und exekutiven Befugnissen ausgestattet wird, die über die derzeitigen Möglichkeiten weit hinaus gehen.«[41] Spinelli rief zum Verzicht auf, neue gemeinsame Politikforen in Konkurrenz zur EG zu gründen und trat nachdrücklich für eine demokratische Legitimierung vor allem des Europäischen Parlamentes ein.

Im europapolitischen Tagesgeschäft behauptete die Kommission jetzt, sie sei bereits unwidersprochen umweltpolitisch tätig gewesen. Die Richtlinie des Rates vom 27. Juni 1967 zur Angleichung der Rechts- und Verwaltungsvorschriften für die Einstufung, Verpackung und Kennzeichnung gefährlicher Stoffe stand aber ganz im Zeichen der Beseitigung von Handelshindernissen und der Rechtsharmonisierung[42]. Die Agrarpolitik ging ebenfalls nur indirekt auf Umweltbelange ein, bei der Frage von Höchstkonzentrationen von Pestizidrückständen in Lebensmitteln[43] und beim marginal behandelten Thema der Flächenstilllegungen, das mit der Modernisierung der landwirtschaftlichen Betriebe im Zusammenhang stand. So waren bei der Aufgabe der Tätigkeit als Landwirt die bislang bewirtschafteten Flächen entweder den modernen Betrieben zu übertragen – womit die Kommission den Weg zur Agrarfabrik vorbereitete, auf dem sie heute nur zu gerne umkehren möchte – oder in regionale Aufforstungs- bzw. Erholungsprogramme zu integrieren[44].

Auch die Frage der Umweltschädlichkeit der für den Vertrieb vorteilhaften Wegwerfverpackungen, beispielsweise aus Glas, Aluminium oder Kunststoff, prüfte die Kommission 1970/71 vor dem Hintergrund eines später in Dänemark tatsäch-

---

41 Bericht des Mitglieds der Kommission der Europäischen Gemeinschaften, Altiero Spinelli, der Sozialistischen Fraktion des Europäischen Parlaments am 9. September 1971 in Perugia vorgelegt, in: *Europa-Archiv* Folge 21 (1971), S. D 498–505, hier D 499.

42 ABl. Nr. 196/1–5 + Anhang vom 16.8.1967.

43 SA Nr. 122 (1965–1966) Lenz an Komm., ABl. vom 6.5.1966, S. 1264/66–1265/66; SA Nr. 49 Merten an Komm., ABl. vom 29.7.1966, S. 2576/66–2577/66; SA Nr. 79 Lenz an Komm., ABl. Nr. 178 vom 2.8.1967, S. 4–5; Komm., Vorschlag einer ersten Verordnung des Rates betreffend die Festlegung von Höchstgehalten für die Rückstände von Schädlingsbekämpfungsmitteln auf und in Obst und Gemüse, ABl. Nr. C 139 vom 28.12.1968, S. 19–24; SA Nr. 262 Vredeling an Komm., ABl. Nr. C 12 vom 21.2.1968, S. 5–6; Wirtschafts- und Sozialausschuß, ABl. Nr. C 40 vom 25.3.1969, S. 4–7; Europaparlament, ABl. Nr. C 97 vom 28.7.1969, S. 35–41.

44 Rat. Entschließung des Rates vom 25. Mai 1971 über die Neuausrichtung der gemeinsamen Agrarpolitik, ABl. Nr. C 52/1–7 vom 27.5.1971.

lich verabschiedeten Verbots der Einwegverpackungen für Bier und Mineralwasser alleine unter dem Blickwinkel der Beseitigung von Handelshemmnissen[45]. Die Kommission sah es ferner als unproblematisch an, zum Zwecke der Konservierung bestrahlte Lebensmittel zum Markt zuzulassen[46].

Die seit 1968 auf schwedische Initiative vorbereitete »Konferenz der Vereinten Nationen über die Umwelt des Menschen« strahlte bereits im Vorfeld auf die Umweltpolitik der EWG aus – oder eben nicht: Denn eine von der Kommission wohl kurz nach der Haager Gipfelkonferenz in Auftrag gegebene »vergleichende Studie über die in der Gemeinschaft geltenden Rechts- und Verwaltungsvorschriften auf dem Gebiet der Bekämpfung der Wasserverschmutzung« diente nur der »Erfüllung der Aufgaben, welche der Gemeinschaft nach dem Vertrag von Rom, insbesondere gemäß den Vorschriften betreffend die Rechtsangleichung (Artikel 100 bis 102) obliegen«[47]. Umweltpolitik, in der Frage des Abgeordneten Pierre-Bernard Cousté umschrieben als die »Bekämpfung der Verschmutzung von Wasser und Luft, die Probleme der physischen und biologischen Umwelt des Menschen und der Probleme der oft unmenschlichen Entwicklung der Städte in Europa«, war zu diesem Zeitpunkt und in den folgenden Jahren beileibe keine Querschnittsaufgabe, deren zentrale Bedeutung für die Zukunft vom »Management« voll erfasst war. Die Kommission begrüßte die »zahlreichen Initiativen« innerhalb und außerhalb der EG, sah ihre Aufgabe aber alleine in der Koordination und darin, »eine genügende Übereinstimmung der Politik und der Reglementierungen sicherzustellen«[48].

Das neue Politikfeld

Die Kommission verlor das verheißungsvolle Feld der Umweltpolitik nicht mehr aus dem Blick, obwohl andere Ereignisse rasch ihre Aufmerksamkeit beanspruchten – etwa die von den USA im Mai 1971 hervorgerufene Währungskrise, während derer die

---

45 SA Nr. 403/70 Vredeling an Komm. (18. Dezember 1970), Antw. (8. März 1971), ABl. Nr. C 26/14–15 vom 23.3.71.
46 SA Nr. 421/69 Vredeling an Komm. (15. Januar 1970), Antw. (26. Februar 1970), ABl. Nr. C 28/3.
47 SA Nr. 429/69 Cousté an Komm. (20. Januar 1970), Antw. (20. März 1970), ABl. Nr. C 41/2 vom 4.4.70.
48 Ebd.

amerikanische Regierung zur Durchsetzung ihrer wirtschaftspolitischen Interessen damit drohte, ihre Streitkräfte aus Westeuropa abzuziehen[49].

Vor weiteren Schritten waren jedoch die Kommentare aus den Mitgliedstaaten zur Ersten Mitteilung abzuwarten. Die Bundesregierung übermittelte ihr am 14. Oktober 1971 vorgelegtes Umweltprogramm, das inklusive Anlagen 622 Seiten umfasste[50]. Etwa weitere vier Monate später reagierte die französische Regierung. Sie erteilte in einem am 3. Februar 1972 dem Rat übergebenen Memorandum einer Übertragung von umweltpolitischen Kompetenzen an die Kommission eine Absage und favorisierte regelmäßige Treffen der EG-Umweltminister. In der Summe aller Vorschläge sollten die Kompetenzen der Kommission auch für andere Politikbereiche deutlich reduziert werden, wodurch der intergouvernementale Aspekt de Gaulle'scher Europapolitik eine nachhaltige Wiederbelebung erfuhr[51]. Die Antwort auf das französische Memorandum war das »politische Testament« des niederländischen Sozialdemokraten Sicco Leendert Mansholt, zum Zeitpunkt der Publikation Vizepräsident und kurz darauf von März 1972 bis Januar 1973 Interimspräsident der Kommission. Vertraut mit den ihm vorab bekannten Schlussfolgerungen des Club of Rome-Berichtes »Limits of Growth«[52] formulierte er als Schwerpunkte künftiger Gemeinschaftspolitik: »Vorrang der Nahrungsmittelproduktion, Drosselung des Pro-Kopf-Verbrauches materieller Güter, Beendigung der Verschwendungswirtschaft, Erhaltung der Umwelt und der nicht regenerierbaren Ressourcen«[53]. Die EG-Mitgliedstaaten sollten im Rahmen einer »strengen Planwirtschaft« einen maximalen »Bruttosozialnutzen« anstreben und im Zuge eines »umweltschonenden Produktionssystems« auf der Basis »clean and recycling« sowie der Förderung der Langlebigkeit der Produkte in eine »Recycling economy« einsteigen[54]. Mansholt formulierte damit, in einflussreicher Stellung, eine ökologische Kriterien berücksichtigende Wirtschaftsweise.

Auf diesen Stellungnahmen und der »Ersten Mitteilung« vom 22. Juli 1971 baute die »Mitteilung der Kommission an den Rat über ein Umweltschutzprogramm der

---

49 *EG-Bull.* (1971), Nr. 7, Von Tag zu Tag, 17. Mai 1971, S. 132/133.
50 Bundestag 6. Wahlperiode, BT-Drs. VI/2710.
51 Ratsdokument R/111/72 (ENV.1) vom 14.2.1972, nach Bungarten, *Umweltpolitik*, S. 138.
52 Meadows, Dennis L., *Die Grenzen des Wachstums*, Stuttgart 1972.
53 Bungarten, *Umweltpolitik*, S. 135, mit Verweis auf das Schreiben von Sicco L. Mansholt an Franco Malfatti, 9.2.1972, vom Kommissionssekretariat als Dokument SEC (72) 596 am 14.2.1972 an die Kommissionsmitglieder verteilt.
54 Ebd., S. 136.

Europäischen Gemeinschaften« vom 24. März 1972 auf[55]. Als dessen Ziel benannte sie die Verbesserung der natürlichen, der sozialen und der kulturellen Umwelt. Die Verringerung von Schadstoffemissionen und anderen Belastungen wie der Bereitstellung von Verkehrs- und Nachrichtennetzen sollte die natürliche Umwelt verbessern. Steigerungen der Realeinkommen, Sicherheit von Beschäftigung, Reformen im Gesundheitswesen und der Arbeits-, Wohn- und Ausbildungsbedingungen zielten auf eine bessere soziale Umwelt. Die Pflege des Stadt- und Landschaftsbildes, die Verbesserung der Ausbildung, der Information sowie der »Strukturen des Geisteslebens« und der Freizeitgestaltung sollten die kulturelle Umwelt verbessern. Bemerkenswert ist, dass im Rahmen der Diskussion über Umweltqualitätsziele von regional unterschiedlichen Zielen ausgegangen wurde, die sich nach ökologischen, wirtschaftlichen und sozialen Gegebenheiten richten könnten[56]. Die erweiterte Auslegung des Umweltbegriffs würde einer Gemeinschaft, die sich bisher auf wirtschaftliche Fragen beschränken musste, noch Kompetenzen in allen übrigen »klassischen« Regierungsressorts bringen: Haushalt, Verkehr, Post, Kommunikation, Kultur, Schule und Hochschule, Bauwesen, Arbeit und Soziales. Ausgenommen blieb eine »Gemeinsame Außen- und Sicherheitspolitik«. Die Kommission beanspruchte eine erheblich gestärkte Position und sah folgerichtig die Abgrenzung der Zuständigkeiten der Gemeinschaft nach Art und Umfang gegenüber den Mitgliedstaaten einerseits und den internationalen Organisationen andererseits als essentiell an[57].

Die Kommission listete zahlreiche Regelungen des EWG-Vertrages auf, um eine Anknüpfung für eine Umweltpolitik innerhalb des bestehenden Vertragswerkes zu finden. Sie warf dem Rat vor, Vorschläge für Richtlinien oder Verordnungen trotz eines vom Rat selbst erstellten Zeitplans nicht verabschiedet zu haben[58]. Dabei ist die Nennung einer Richtlinie des Rates über Konfitüren, Marmeladen, Gelees und Maronencreme nur dann verständlich, wenn der Schutz des Verbrauchers und hier im konkreten Fall die Frage der Schädlichkeit von Zusätzen von färbenden oder konservie-

---

55 Komm., ABl. Nr. C 52 vom 26.5.1972, S. 1–40. Als weitere »Blaupause«, deren konkreter Einfluß hier nicht zu verfolgen ist, diente Nixon, Richard, *Umweltschutzprogramm 1971. Wortlaut der Botschaft Präsident Nixons an den US-Kongreß*, Berlin 1971 (Beiträge zur Umweltgestaltung A 1).

56 Komm., ABl. Nr. C 52 vom 26.5.1972, S. 11.

57 Ebd., S. 8.

58 Ebd., S. 36, 37.

renden Stoffen als Bestandteil der Umweltschutzpolitik in den genannten vielfältigen Facetten gilt[59].

Der Vorschlag der Kommission fiel in eine europapolitisch kritische Phase. Aus innenpolitischen Gründen verfolgte Präsident Pompidou die Idee, ein Referendum über die Erweiterung der EG durchzuführen. Pompidou rechnete mit einer klaren Zustimmung, als er am 16. März 1972, also acht Tage vor der »Mitteilung der Kommission an den Rat über ein Umweltschutzprogramm der Europäischen Gemeinschaften« mit diesem Plan an die Öffentlichkeit trat. Doch der Versuch, europapolitisch schon Vereinbartes, aber eben noch nicht Vollzogenes für die Innenpolitik zu instrumentalisieren und die Opposition zu spalten, misslang gründlich. Das Referendum am 23. April 1972 verzeichnete einen Rekord der Stimmenthaltungen und hinterließ trotz einer Zustimmung von 68 Prozent schließlich einen negativen Eindruck in der Öffentlichkeit[60].

Die Kommission griff mit ihrer Mitteilung vom 24. März 1972 andererseits auch in nationale – deutsche – Kompetenzbalancen ein. Durch die Änderung der Grundgesetzes vom 12. April 1972 verschob sich die konkurrierende Gesetzgebung zwischen Bund und Ländern für Abfallbeseitigung, Luftreinhaltung und Lärmbekämpfung zugunsten des Bundes (Art. 74 Nr. 24 GG). Für Jagdwesen, Naturschutz und Landschaftspflege sowie Bodenverteilung, Raumordnung und Wasserhaushalt (Art. 75 Abs. 1 Nrn. 3 und 4) stand dem Bund weiterhin nur die Möglichkeit der Rahmengesetzgebung nach Art. 72 GG offen, für die Art. 75 Abs. 2 GG bestimmte: »Rahmenvorschriften dürfen nur in Ausnahmefällen in Einzelheiten gehende oder unmittelbar geltende Regelungen enthalten.« Somit hatten Bundestag und Bundesrat streng genommen erst während der laufenden Überlegungen zur Etablierung einer europäischen Umweltpolitik die Bundesregierung mit einer Grundlage zur Verhandlungsführung ohne Beteiligung der Bundesländer versehen – und dies auch nur in umweltpolitischen Teilbereichen, wie der spätere Widerstand des Bundesrates in den Jahren 1973 und 1974 gegen europarechtliche Bestimmungen des Wasserschutzes zeigen sollte. Die Bundesländer konnten durchaus den

---

59 Ungeachtet dessen gehen Grundzüge der gemeinschaftlichen Umweltpolitik auf die Probleme der Färbung und Konservierung von Lebensmitteln zurück. Die Gemeinschaft entschied sich dafür, fragliche Substanzen erst einmal zuzulassen und nur bei eindeutig erwiesener, gravierender Schädlichkeit die Zulassung – dann aber auch nachträglich – zu versagen. Vgl. dazu SA Nr. 47 Frau Strobel an Komm. (10. Juli 1964), Antw. (7. Oktober 1964), ABl. vom 23.10.64, S. 2609/64–2611/64, sowie Rindermann, Holger, *Die Entwicklung der EG-Umweltpolitik von den Anfängen bis 1991*, Münster 1992.

60 Rémond, *Frankreich*, S. 217–218.

Verdacht hegen, der Bund versuche auf dem Umweg über europäisches Gemein-
schaftsrecht weitere Gegenstände der konkurrierenden Gesetzgebung an sich zu
ziehen. Diese ablehnende Haltung sollte sich erst ab 1975 ändern[61].

In der Diskussion über die Mitteilung der Kommission vor dem Europaparlament,
zusammen mit dem »Bericht im Namen des Rechtsausschusses (Berichterstatter Armengaud) über die im Rahmen der Gemeinschaftsverträge gegebenen Möglichkeiten
für den Umweltschutz und die ggf. hierzu vorzuschlagenden Änderungen«[62] unterbreitete Spinelli in Abkehr von seiner bisher stringent vertretenen Position am 18. April
1972 den Vorschlag, »eine europäische Institution zu schaffen, die in der Lage wäre,
alle anstehenden Probleme des Umweltschutzes zu behandeln«.[63] Der deutsche
Europaabgeordnete Hans Edgar Jahn forderte dagegen die Bestellung eines EG-
Kommissars für Umweltschutz. A. Armengaud als Berichterstatter setzte sich für die
Stärkung bestehender Institutionen ein, zumal angesichts der ablehnenden Haltung
Frankreichs gegenüber bereits vorhandenen Organisationsstrukturen die Forderung
nach Gründung weiterer organisatorischer Einheiten die europäische Integration nur
zusätzlich schwächen musste – womit er die Position Spinellis vom September 1971
vertrat! Das Europaparlament kam im Ergebnis zu keiner gemeinsamen Haltung und
demzufolge auch zu keinem Entschluss.

An der »Konferenz der Vereinten Nationen über die Umwelt des Menschen« vom
5. bis zum 16. Juni 1972 in Stockholm waren nicht nur starke Delegationen aus den
EG-Mitgliedstaaten und den Beitrittskandidaten Dänemark, Großbritannien, Irland
und Norwegen vertreten, sondern auch die EG selbst mit dem Präsidenten der Kommission Mansholt und Emile Krieps als Vertreter des amtierenden Ratspräsidenten und
Leiter einer hochrangigen Beamtendelegation. Mansholt bezeichnete es als »sinnlos,
den Kampf gegen die Meeresverschmutzung und den Verfall der natürlichen Umwelt
aufzunehmen, wenn man nicht gleichzeitig gegen das ungezügelte Wachstum von
Produktion und Konsum im reichen Teil der Welt und gegen die grenzenlose Armut
und das unsägliche Elend im armen Teil der Welt vorgehe.« Er plädierte in aller Form
für eine gemeinsame, supranationale Umweltpolitik. Krieps präsentierte »die Erfahrun-

---

61 BR-Drucks. 120/73, 23.2.1973, Stellungnahme des Bundesrates zu der Mitteilung der Kommission
an den Rat über ein Umweltschutzprogramm der EG. BR-Drucks. 119/74, 31.5.1974. Beschluß des
Bundesrates zum Vorschlag einer Richtlinie (EWG) des Rates betreffend Qualitätsanforderungen an
Oberflächenwasser für die Trinkwassergewinnung in den Mitgliedstaaten. Erwähnt auch bei Bungarten, *Umweltpolitik*, S. 124f.
62 EP-Dok. 15/72, 17.4.1972, zit. nach Bungarten, *Umweltpolitik*, S. 140.
63 Ebd.

gen der Gemeinschaft in der regionalen Zusammenarbeit« als Modell zur Lösung der internationalen Umweltprobleme. Mansholt betonte den hohen Stellenwert einer solchen Politik für die EG und vor allem die EG-Kommission, die beabsichtige, »die Staats- und Regierungschefs der zehn [sic] Länder auf der Gipfelkonferenz in Paris aufzufordern, ausdrücklich zu beschließen, daß der Schutz und die Verbesserung der Umwelt Gegenstand einer wirklich gemeinsamen Politik sein sollen«, weil »sich die Supranationalität doch am besten auf dem Gebiet des Umweltschutzes verwirklichen lassen müßte«.[64]

Zu Hause, in »Europa«, formulierte inzwischen der parteilose Kommissar für Wirtschaft und Finanzen Raymond Barre eine politische Gegenposition zum »Mansholt-Testament«, die just während der Stockholmer Konferenz in Umlauf kam. Barre lehnte Mansholts »Testament« rundweg ab; die Pläne unterminierten die Wettbewerbsfähigkeit und gefährdeten Arbeitsplätze[65]. Den Gedanken einer umweltorientierten Reform stand somit wieder das »weiter-so« in der Zieldiskussion um die beste Wirtschaftsweise gegenüber, verknüpft mit dem Gegensatz von Plan- und Marktwirtschaft.

Die in Frankreich und Deutschland aufbrechenden innenpolitischen Krisen sollten diese Diskussion wie auch die Frage erweiterter Kompetenzen für Organe der Gemeinschaft rasch überlagern und die Rahmenbedingungen der Pariser Gipfelkonferenz am 19. und 20. Oktober in den nächsten Wochen stark verändern. Der französische Premierminister Chaban-Delmas hatte zwar am Ende einer dreitägigen Debatte vom 23. bis 25. Mai 1972 über seine grundlegende Regierungserklärung mit 368 gegen 96 Stimmen ein überwältigendes Vertrauensvotum in der Nationalversammlung erzielt. Pompidou verweigerte ihm jedoch am 27. Juni, nach der Stockholmer Konferenz, die Auflösung des Parlaments. Vielmehr veranlasste er den Premierminister zum unfreiwilligen, am 5. Juli 1972 vollzogenen Rücktritt. Das politische Frankreich sah das Parlament desavouiert. Das neue Kabinett unter Premierminister Pierre Mesmer, getreuer Gefolgsmann de Gaulles, ließ sich länger als ein Vierteljahr, bis zum Oktober, nicht vom Parlament bestätigen und dann auch nur indirekt über die Ablehnung eines Tadelsantrags der Opposition. Es verdeutlichte so den politischen Führungsanspruch des Präsidenten[66]. Im Hinblick auf die europapolitische Zukunft sprach dies gegen eine Ausweitung der supranationalen politischen Kompetenzen.

---

64 *EG-Bull.* (1972) Nr. 7, IV. Die Stockholmer Umweltschutz-Konferenz (5–16. Juni 1972), S. 38–43, hier S. 39/40. Mansholt ging von einem Beitritt auch Norwegens aus.

65 SEK (72) 2 068, 9.6.1972, Überlegungen zu dem Schreiben von Herrn Mansholt an den Präsidenten der Kommission (Vermerk Barre), zit. nach Bungarten, *Umweltpolitik*, S. 136/137.

66 Rémond, *Frankreich*, S. 221–224.

Auch die innenpolitische Krise in der Bundesrepublik vereitelte wohl mit die umfassenden Pläne der EG-Kommission. Nach Unterzeichnung des Schlussprotokolls zum Viermächteabkommen über Berlin am 3. Juni 1972 drohte dem Kabinett Brandt-Scheel der Verlust der parlamentarischen Mehrheit, so dass nach der gescheiterten Vertrauensfrage am 22. September 1972 die Auflösung des Deutschen Bundestages erfolgte und im November Neuwahlen durchzuführen waren.

Somit fiel die erste Gipfelkonferenz der erweiterten Gemeinschaft der Neun am 19. und 20. Oktober in Paris mitten in den bundesdeutschen, staatspolitisch bestimmten Wahlkampf. Bundeskanzler Willy Brandt sah es als »zur Zeit für nicht opportun« an, direkte Wahlen zum Europäischen Parlament durchzuführen, räumte aber ein, »daß die Gemeinschaft angesichts der zu erwartenden Entwicklung der Wirtschafts- und Währungsunion den Erfordernissen einer institutionellen Erneuerung nicht mehr allzu lange aus dem Weg gehen könne«.[67] Präsident Pompidou erklärte den Verzicht auf Änderungen der Verträge mit der Absicht, im Hinblick auf die erforderlichen Anpassungen in den neuen Mitgliedstaaten gegenwärtig einen »Dogmenstreit« zu vermeiden. Damit waren die Hoffnungen von Kommission und Parlament in institutioneller Hinsicht erledigt.

Dessen ungeachtet war die »Schaffung eines wirksamen europäischen Umweltschutzes« erstmalig Gegenstand einer Gipfelkonferenz der EG, auch wenn das Ergebnis lapidar zusammengefasst nur lautete: »Die Staats- und Regierungschefs betonen die Bedeutung einer Umweltpolitik in der Gemeinschaft. Sie fordern daher die Organe der Gemeinschaft auf, bis zum 31. Juli 1973 ein Aktionsprogramm mit einem genauen Zeitplan auszuarbeiten.«[68]

Elf Tage später bereitete eine Ratstagung der für Umweltschutz zuständigen Minister am 31. Oktober 1972 in Bonn die später vom Rat gebilligten »Grundsätze einer Umweltpolitik in der Gemeinschaft« vor. Diese lauteten, konzeptionell zusammengefasst[69]:

1. Es ist besser, Umweltbelastungen zu vermeiden, anstatt ihre Auswirkungen zu bekämpfen.

---

67 Die Gipfelkonferenz der erweiterten Europäischen Gemeinschaft in Paris im Oktober 1972, in: Europa-Archiv, Folge 21 (1972), S. D. 501–508, hier S. 501. Quelle des Beitrages: Bulletin, Presse- und Informationsamt der Bundesregierung, Nr. 148, 24.10.1972.

68 Ebd., S. D 506.

69 Rat, ABl. Nr. C 112 vom 20.12.1973, S. 6–7.

2. Die Auswirkungen aller Maßnahmen, Planungen und Entscheidungen auf die Umwelt müssen zum frühest möglichen Zeitpunkt berücksichtigt werden.

3. Optimale Verwaltung der natürlichen Umwelt bei ihrer Nutzung zur Vermeidung erheblicher Schäden für das ökologische Gleichgewicht.

4. Verbesserung der wirtschaftlichen und technologischen Kenntnisse durch Forschungsvorhaben.

5. Verursacher von Umweltbelastungen tragen die Kosten von Vermeidung und Beseitigung.

6. Vermeidung grenzüberschreitender Umweltschädigungen.

7. Umweltpolitik darf die wirtschaftliche Entwicklung von und den Handel mit Entwicklungsländern nicht zu deren Nachteil beeinflussen.

8. Verbesserungen der weltweiten internationalen Zusammenarbeit.

9. Aufklärung der Öffentlichkeit, um die Verantwortung des Handelns des Einzelnen für die kommenden Generationen sichtbar zu machen.

10. Es muss für jede umweltpolitische Aktion die Ebene (internationale, gemeinschaftliche, nationale, regionale, lokale) gefunden werden, auf der die beste Wirkung voraussichtlich erzielt werden kann.

11. Harmonisierung und Koordinierung der Umweltpolitik der einzelnen Mitgliedstaaten durch die Organe der Europäischen Gemeinschaft.

Im Rahmen der internationalen Umweltpolitik sollte zum einen die regionale Zusammenarbeit (zum Beispiel mit den Ländern des damaligen Ostblocks) als auch die Arbeit in den Unterorganisationen der Vereinten Nationen verstärkt werden. Besondere Beachtung sollte künftig die gemeinsame Haltung der Gemeinschaft und der EG-Mitgliedstaaten bei der Vertretung ihrer Interessen in internationalen Organisationen und Gremien finden. Robert Poujade (Frankreich) verkündete die französische Absage an neue Institutionen, verwies auf die für eine gemeinschaftliche Umweltpolitik fehlende Grundlage in den EG-Verträgen und regte daher eine vorzugsweise intergouvernementale Politik an. Jens Kampmann (Dänemark) sah dagegen die Umweltpolitik auf dem Weg zur zentralen Gemeinschaftsaufgabe überhaupt und forderte eine Überprüfung der technischen und wirtschaftlichen Entwicklung, ohne aber auf die Frage der Verlagerung von Kompetenzen einzugehen. Kampmann warnte vor der Möglichkeit, dass gemeinschaftliche Regelungen auf nationaler Ebene Rückschritte bewirken könnten. Spinelli sprach die differierenden Ansichten über die Durchführung einer gemeinschaftlichen Umweltpolitik nochmals direkt an: Sollte die Umweltpolitik eine gemeinschaftliche sein, eine intergouvernementale gemäß französischen Vorstellungen, sollte beides parallel stattfinden, sollte Umweltpolitik einem außergemeinschaftlichen, aber gemeinsamen Organ übertragen werden? Oder sollte ein mit entsprechenden Kompetenzen ausgestattetes und demokratisch legitimiertes Europäisches Parlament zuständig sein[70]? Die politische Werteskala Spinellis und der Kommission hatte sich wieder einmal verschoben, weg von der Kommission hin auf das Europaparlament.

Das Schlusskommuniqué ging auf Spinellis Fragen nicht ein. Damit war klar, dass sich eine gemeinschaftliche europäische Umweltpolitik nur im Rahmen der bestehenden Verträge und mit den vorhandenen gemeinschaftlichen Institutionen entwickeln konnte. Alle Versuche, eine Ausweitung von Kompetenzen für Organe der Gemeinschaft oder eine verbesserte demokratische Legitimation dieser Organe zu erreichen, waren damit zunächst von der Tagesordnung abgesetzt.

Nach der Bonner Tagung erlahmte der europapolitische Schwung in den Mitgliedstaaten der EG. Umweltpolitische Aktivitäten wurden im März 1973 ungeachtet des vertraglichen Initiativrechts der EG-Kommission den im Rat vereinigten Vertretern der Regierungen der Mitgliedstaaten überwiesen[71], das Erste Aktionsprogramm vom 22. November 1973[72] nur knapp vor dem »Kopenhagener Gipfeldebakel« ins Ziel gerettet. Das Aktionsprogramm wies den im Rat vereinigten Vertretern eine maßgebliche Rolle zu und zeichnete damit eine bürokratisch orientierte Umweltpolitik für die nächsten Jahre vor, die sich auf ein »Kontaminationsmanagement« beschränkte.

Ausblick

Eine Umweltpolitik der EG setzte, sofern sie rechtlich in den Mitgliedstaaten Wirkung entfalten sollte, bis zum Inkrafttreten der Einheitlichen Europäischen Akte[73] am 1. Juli 1987 erst eine gegen den gemeinsamen Markt und damit gegen ein we-

---

70 Anonymus, *Erste Konferenz der Umweltminister der Europäischen Gemeinschaften. Bonn, 30./31. Oktober 1972*, Berlin 1973 (Beiträge zur Umweltgestaltung A 17). Poujade, S. 18–21, Kampmann, S. 31–34, Spinelli, S. 41–44.

71 Rat, ABl. Nr. C 9/1–2 vom 15.3.1973, Vereinbarung der im Rat vereinigten Vertreter der Regierungen der Mitgliedstaaten vom 5. März 1973 über die Unterrichtung der Kommission und der Mitgliedstaaten im Hinblick auf die etwaige Harmonisierung von Dringlichkeitsmaßnahmen im Bereich der Umweltschutzes für das gesamte Gebiet der Gemeinschaft.

72 Rat, ABl. Nr. C 112/1–53 vom 20.12.1973, Erklärung des Rates der Europäischen Gemeinschaften und der im Rat vereinigten Vertreter der Regierungen der Mitgliedstaaten vom 22. November 1973 über ein Aktionsprogramm der Europäischen Gemeinschaften für den Umweltschutz.

73 Diese änderte maßgeblich den Vertrag von Rom vom 25. März 1957.

sentliches Ziel der Gemeinschaft gerichtete Politik von mindestens einem der Mitgliedstaaten voraus. Nur so ergab sich das Erfordernis einer Harmonisierung[74]. Die Vielzahl der in Deutschland bestehenden Regelungen bot dazu mehrfach Anlass und führte so zu dem Vorurteil, Deutschland sei umweltpolitischer Vorreiter in Europa. Integrationspolitische Hemmnisse waren also Bedingung, dass es zu einer europäischen Umweltpolitik kam, eine Entwicklung, die ganz im Gegensatz zu Spinellis Absichten lag, dessen Befürchtungen aber auf eindrucksvolle Weise bestätigte. Die Hoffnungen auf eine Umweltpolitik, die auch zu institutionellen Machtverschiebungen führen würde, erfüllten sich nicht.

In zahlreichen Anfragen an die Kommission versuchten die Abgeordneten des Europaparlamentes in den folgenden Jahren, die Umweltpolitik der EG für Streitfälle auf nationaler Ebene zu instrumentalisieren. Stets führte die Kommission – zurecht – aus, dass sie keine Kompetenz zu den angesprochenen Problemen auf der Ebene der einzelnen Mitgliedstaaten oder Regionen habe[75].

Die Zurückhaltung der Nationalstaaten gegenüber einer Ausweitung der Gemeinschaftskompetenzen setzte sich auch unter Valéry Giscard d'Estaing und Helmut Schmidt in der Ablehnung des Tindemans-Berichts 1975 fort[76]. Umweltpolitik war fortan auch nur eine unter vielen Politiken der Gemeinschaft, selbst wenn im 1975 geschlossenen Pariser Abkommen gegen die Verschmutzung der Meere vom Lande aus die EG-Kommission ihre 1971 vor dem EuGH erstrittenen Kompetenzen erstmals auch im Umweltschutz anwandte. Die Frage, ob der EG durch eine Ergänzung der Verträge formal eine Kompetenz für Umweltfragen eingeräumt werden müsste, hatte sich im November 1977 nach Auffassung der Kommission »durch die Ereignisse beantwortet«.[77] Was immer dies auch heißen mochte: die nach der erklärten Vollendung des Binnenmarktes aufgelöste Generaldirektion XI wurde 1983 neu gegründet und ihr die Zuständigkeit für »Umwelt« übertragen. Die Einheitliche Europäische Akte verankerte schließlich 1987 formal die gemeinschaftliche Umweltpolitik in den EG-Verträgen und gab ihr so endlich eine abgesicherte Basis.

---

74 In diesem Sinne auch SA Nr. 326/71 Schwörer an Komm. (22. September 1971), Antw. (25. Januar 1972), ABl. Nr. C 12/3–4 vom 8.2.1972.

75 Zum Folgenden vgl. Fuchsloch, Norman, *Die Umweltpolitik der EG zwischen 1957 und 1984 aus chemiehistorischer Sich,* Dipl.-Arbeit FB Math. Uni Hamburg 1992, unveröffentlicht, S. 153–157.

76 Dazu allgemein Lipgens, *45 Jahre,* S. 521.

77 Gemeint war die Verabschiedung der beiden Aktionsprogramme und die inzwischen ergangenen Rechtsakte und Empfehlungen. Komm., SA Nr. 584/77, Jahn an Komm., ABl. Nr. C 311 vom 27.12.1977, S. 8–9.

ZUR ANATOMIE VON
KONFLIKTEN UND BEWEGUNGEN:
STILE, BILDER, EMOTIONEN

»Politischer Verhaltensstil«: Vorschläge für ein Instrumentarium zur Beschreibung politischen Verhaltens am Beispiel des Natur- und Umweltschutzes

Jens Ivo Engels

Um 1970 wurde der Umweltschutz innerhalb kurzer Zeit ein politisches Top-Thema[1]. Im Arsenal der »neuen« Umweltschützer fanden sich eine ganze Reihe von Einstellungen, Forderungen und Wirklichkeitskonzeptionen der »alten« Naturschützer. Viele Themen des Umweltschutzes wurden zudem lange vor 1970 intensiv diskutiert. Trotz aller Kontinuitäten wäre jedoch nichts weniger richtig, als in der neuen Umweltbewegung nur einen zweiten Aufguss der immer gleichen Naturromantik zu erkennen[2]. Dabei kann man sich getrost von der ersten Anmutung inspirieren lassen. Stehen uns in den (Bild-)Quellen der fünfziger Jahre verbindlich auftretende Bundhosenträger gegenüber, so treffen wir in den Siebzigern auf eine größere Vielfalt bis hin zum langhaarigen Parka-Träger.

Der vorliegende Beitrag geht aus von diesem empirischen Befund und versucht ein Instrumentarium zu skizzieren, mit dem man den vermeintlich »weichen Faktoren« politischen Handelns auf die Spur kommen kann, nämlich den Handlungsroutinen und den unausgesprochenen Botschaften einer politischen Bewegung bzw. eines Verbandes. Dabei sollen einzelne Aspekte des politischen Stils identifiziert werden, um die politischen Akteure in ihrem Auftreten präziser miteinander vergleichen zu können. Es wird unterstellt, dass der politische Stil die Handlungsmargen eines Akteurs markiert und dessen Erfolgsaussichten beeinflusst[3].

---

1 Für kritische Lektüre und wichtige Anregungen danke ich Franz-Josef Brüggemeier, Martin Dinges, Ulrich Eith, Ulrike Krampl, Alf Lüdtke, Lutz Sauerteig, Hillard v. Thiessen.

2 Adam, Thomas, »Die Verteidigung des Vertrauten. Zur Geschichte der Natur- und Umweltschutzbewegung in Deutschland seit Ende des 19. Jahrhunderts«, in: *Zeitschrift für Politik* 45 (1998), S. 20–48.

3 Zum Thema dieses Aufsatzes vgl. auch Engels, Jens Ivo, »Verhaltensstile im Umweltprotest. Elemente einer vergleichenden Untersuchung von Protestbewegungen«, in: *vorgänge* 164 (2003), S. 50–58. Der Versuch einer empirischen Anwendung bei Engels, Jens Ivo, *Ideenwelt und politische Verhaltens-*

Zur Beschaffenheit des politischen Verhaltensstils

Der Begriff »politischer Verhaltensstil« bezieht sich auf einen Artikel von Martin Dinges, der sich den Handlungsroutinen in frühneuzeitlichen Gesellschaften widmet. Nach Dinges bezeichnet »Verhaltensstil« stabile, aber nicht vollkommen fixierte Verhaltensweisen von Personen oder Gruppen angesichts eines bestimmten lebensweltlichen Problems. Dinges führt als Beispiel die von komplexen Regeln bestimmten Ehrenhändel an[4].

»Politischer Verhaltensstil«, wie er hier eingeführt wird, benennt die politisch relevanten Handlungsweisen der untersuchten Akteure. Ähnlich wie bei Dinges ist der Begriff »politischer Verhaltensstil« von zwei Konzepten aus der sozialwissenschaftlichen Debatte beeinflusst, nämlich Habitus und (Lebens-)Stil. Bei der Beschreibung sozialer Ungleichheit in westlichen Gesellschaften trat neben die traditionelle Kategorie der sozialen Lage in den letzten Jahrzehnten die Analyse von Alltagsroutinen und ästhetischer Stilisierung als Abgrenzungsmodi[5]. Beide Konzepte weisen viele Überschneidungen auf. Ihre Grundidee ist folgende: Handlungen, insbesondere alltägliche Handlungen, laufen häufig routiniert nach immer gleichen Mustern ab. Es entsteht ein sozial distingierendes Handlungsprofil, das Verhaltensweisen häufig sogar voraussagbar macht.

Nach den Worten von Alois Hahn ist der Stil eine »Formung von Handlungen [...], die für einen Handelnden [...] typisch sind und sich in verschiedenen Sphären des Daseins als identifizierbar manifestieren«[6]. Besondere Bedeutung liegt auf der »Formung«: Lebensstile definiert Werner Georg als »Muster der Organisation von expressiv-ästhetischen Wahlprozessen«, was auch auf den politischen Verhaltensstil

---

stile von Naturschutz und Umweltbewegung in der Bundesrepublik Deutschland 1950–1980, Habilitationsschrift Universität Freiburg 2004.

4 Vom »Verhaltensstil« unterscheidet er den »Lebensstil«, der die *Gesamtheit* der Verhaltensweisen aller Mitglieder einer Gesellschaft in den *unterschiedlichen* Lebenssituationen beschreibt. Dinges, Martin, »Historische Anthropologie‹ und ›Gesellschaftsgeschichte‹. Mit dem Lebensstilkonzept zu einer ›Alltagskulturgeschichte‹ der frühen Neuzeit?«, in: *Zeitschrift für historische Forschung* 24 (1997), S. 179–214.

5 Überblicksartig Georg, Werner, *Soziale Lage und Lebensstil. Eine Typologie*, Opladen 1998.

6 Es versteht sich von selbst, dass wir im Kontext der politischen Auseinandersetzungen niemals mit rein »instrumentellen« oder »technischen« Handlungen zu tun haben, sondern sie stets eine expressive Komponente enthalten, so wie Hahn es verlangt; Hahn, Alois, »Soziologische Relevanzen des Stilbegriffes«, in: Gumbrecht, Hans Ulrich/Pfeiffer, Karl Ludwig (Hg.), *Stil. Geschichten und Funktionen eines kulturwissenschaftlichen Diskurselements*, Frankfurt a.M. 1986, S. 603–611, Zitat S. 604.

zutrifft[7]. Es geht also um Einstellungen und Verhaltensmuster. Jedoch ist zu beachten, dass diese Muster sich nur im Verhalten manifestieren und durch die Handlungspraxis verstetigt, aber auch verändert werden können (Bedeutung der Performanz)[8]. Ein historischer Ansatz wird stets das tatsächliche Geschehen privilegieren. Erhebliche Differenzen gibt es in den Arbeiten zu Habitus und Lebensstil jedoch hinsichtlich der Autonomie der Handelnden. Zwei Tendenzen bestimmen die Diskussion. Auf der einen Seite steht vor allem Pierre Bourdieus Habitus-Konzept. Es betont die enge Bindung von Lebensstilen an die Klassenlage der Betroffenen und die Starrheit von einmal verinnerlichten Handlungsroutinen. Bourdieu zufolge bleiben sie auch unter geänderten gesellschaftlichen und kulturellen Umständen weitgehend stabil, bis hin zur Dysfunktionalität[9]. Auf der anderen Seite steht die Auffassung von Gerhard Schulze, der den Handelnden bei der Gestaltung ihres Lebensstils und der Auswahl ihres kulturellen Milieus nahezu unbegrenzte Wahlmöglichkeiten attestiert[10].

Im Zusammenhang mit dem politischen Verhaltensstil spricht viel für eine mittlere Position[11]. In einigen Fällen bestimmen habitualisierte, reflexhafte Automatismen das politische Handeln. Andererseits ist Politik nicht mit Alltagsroutinen gleichzusetzen. Politische Akteure bemühen sich um Erfolg und reflektieren (mehr oder weniger) jene Mittel und Strategien, die ihn ermöglichen sollen. Vielen politisch Handelnden ist bewusst, dass Stilisierung und Inszenierung mit über den Er-

---

7 Georg, *Lage*, S. 13.

8 Ähnlich Dinges, »Anthropologie«, und Karl Rohe über die Beschaffenheit von »politischer Kultur«: Rohe, Karl, »Politische Kultur und ihre Analyse. Probleme und Perspektiven der politischen Kulturforschung«, in: *Historische Zeitschrift* 250 (1990), S. 321–346, hier S. 326, sowie Meuser, Michael, *Geschlecht und Männlichkeit. Soziologische Theorie und kulturelle Deutungsmuster*, Opladen 1998, S. 116. Vgl. hierzu auch das ähnlich von Anthony Giddens geschilderte Verhältnis von sozialen Strukturen und sozialem Handeln, das mit dem Begriff der »Rekursivität« bezeichnet wird; zitiert nach Schimank, Uwe, *Handeln und Strukturen. Einführung in die akteurtheoretische Soziologie*, Weinheim/München ²2002, S. 15 sowie 189.

9 Bourdieu, Pierre/Wacquant, Loïc J.D., *Réponses. Pour une anthropologie réflexive*, Paris 1992, insbes. S. 91–115; ähnlich Willems, Herbert, »Rahmen, Habitus und Diskurse. Zum Vergleich soziologischer Konzeptionen von Praxis und Sinn«, in: *Berliner Journal für Soziologie* 7 (1997), S. 87–107, hier S. 94; Meuser, *Geschlecht*, S. 108–111.

10 Schulze, Gerhard, *Die Erlebnisgesellschaft. Kultursoziologie der Gegenwart*, Frankfurt a.M. 1992; dazu auch Georg, *Lage*, hier S. 79–81. Zusammenfassend und mit deutlichem Hinweis auf die Grenzen der Lebensstilforschung Geißler, Rainer, *Die Sozialstruktur Deutschlands*, Bonn ³2002, S. 126–144.

11 So auch Dinges, »Anthropologie«, S. 200.

folg entscheiden[12]. Daher dürfte hier der Anteil zielgerichteter Stilentscheidungen höher liegen als in vielen anderen Lebensbereichen[13].

Allerdings gibt es auch in der politischen Auseinandersetzung Habitualisierungen, und zwar vermutlich um so stärker, je unmittelbarer sie sich aus lebensweltlichen Stilisierungen ableiten. So reflektierten die Mitglieder von Antikernkraftinitiativen über den strategischen Einsatz von zivilem Ungehorsam oder über interne »Lernprozesse«[14], kaum jedoch über die von ihnen gewählte Sprache und den Kleidungsstil, obwohl diese zwei Faktoren ihr Bild in der Öffentlichkeit mindestens ebenso stark prägten.

Auch im strategischen Bereich ist an Habitualisierungen auf der »mittleren Ebene« zu denken. Erfolgreiche Handlungsweisen werden routinisiert und in analogen Situationen reflexartig abgespult. Allerdings gibt es bei vielen politischen Akteuren so etwas wie eine Erfolgskontrolle. Verfehlen die Handlungsroutinen mehrfach ihr Ziel, so ist die Chance groß, dass sie korrigiert werden.

Korrekturen und Veränderungen der Handlungsmuster müssen nicht zwangsläufig auf reflektierte Entscheidungen der Handelnden zurückgehen; oft verändern sich Handlungsmuster in einem schleichenden, ungerichteten, eigendynamischen und situativ bedingten Prozess. Dies betrifft vermutlich in besonderem Maß Einzelpersonen und informelle Bewegungen unterhalb der Ebene von Verbänden und Parteien, ist aber auch bei letzteren nicht ausgeschlossen. Wie solch ein schleichender Prozess aussieht, kann nur im konkreten Fall beschrieben werden. In Anlehnung an Alf Lüdtkes Konzept des »Eigen-Sinn« sind Veränderungsmodelle denk-

---

12 Vgl. etwa Henggeler, Paul R., *The Kennedy Persuasion. The Politics of Style Since JFK*, Chicago 1995. Hierzu in jüngerer Zeit auch die Diskussion über »symbolische Politik«, die sich nur mehr der mediengerechten Selbstdarstellung widme und Sachentscheidungen darüber vernachlässige, Korte, Karl-Rudolf/Hirscher, Gerhard (Hg.), *Darstellungspolitik oder Entscheidungspolitik? Über den Wandel von Politikstilen in westlichen Demokratien*, München 2000; Meyer, Thomas/Ontrup, Rüdiger/Schicha, Christian, *Die Inszenierung des Politischen. Zur Theatralität von Mediendiskursen*, Wiesbaden 2000; Sarcinelli, Ulrich, »Politische Inszenierung im Kontext des aktuellen Politikvermittlungsgeschäfts«, in: Arnold, Sabine R./Fuhrmeister, Christian/Schiller, Dietmar (Hg.), *Politische Inszenierung im 20. Jahrhundert. Zur Sinnlichkeit der Macht*, Wien 1998, S. 146–157.

13 Dass die Gefangenschaft historischer Akteure oft überschätzt wird, sei es in Lebensstilen oder Weltbildern, unterstreichen mit Blick auf die Frühe Neuzeit Dinges, »Anthropologie« und Engels, Jens Ivo/Thiessen, Hillard v., »Glauben. Begriffliche Annäherungen anhand von Beispielen aus der Frühen Neuzeit«, in: *Zeitschrift für Historische Forschung* 28 (2001), S. 333–357.

14 Z.B. Beer, Wolfgang, *Lernen im Widerstand. Politisches Lernen und politische Sozialisation in Bürgerinitiativen*, Hamburg 1978; Leinen, Josef/Vogt, Roland, »Kalkar – die Wende?«, in: *bbu-aktuell* 1 (1977), S. 24–25.

bar, in denen Einzelne sich zwar den fundamentalen Handlungsregeln unterwerfen, die in einer Lebenssituation oder in einer sozialen Gruppe gelten, im »Binnenraum« der Regeln aber individuelle Freiräume ausloten[15]. Lüdtkes Konzept beruht auf einer Untersuchung von Industriearbeitern, die sich am Arbeitsplatz zwar der Logik des Produktionsprozesses unterordneten, zugleich aber ganz eigene Geselligkeitsformen entwickelten. Dazu gehörten körperbetonte Neckereien, die eine informelle Hackordnung unter den Kollegen etablierten. Aus diesen mikroskopischen Handlungssequenzen spontanen, häufig auch impulsiv-emotionalen Charakters bildeten sich sozusagen nebenbei neue Handlungsmuster heraus, die neben oder sogar an die Stelle bestehender Muster treten und damit einen schleichenden Stilwandel bewirken konnten.

Als Träger eines gemeinsamen Stils oder von Stilwandel kommen insbesondere Generationen in Betracht. Politische Generationen sind dabei weniger durch ihr Geburtsdatum konstituiert, als vielmehr durch ein aktives Bekenntnis ihrer Angehörigen. Die Generation entsteht also durch die Annahme eines gemeinsamen (nicht nur politischen) Verhaltensstils, der freilich häufig auf gemeinsame Erlebnishorizonte zurückgreift[16]. Den westdeutschen Nachkriegsnaturschutz beherrschte die »Wandervogel-Generation«, deren Angehörige sich immer wieder auf Erlebnisse in der Bündischen Jugend während Kaiserreich und Weimarer Republik bezogen. Zum stilistischen Profil dieser Generation gehörte neben typischer Wanderkleidung auch ein bestimmtes Modell asketisch-disziplinierter und verinnerlichter Naturaneignung[17].

---

15 Lüdtke, Alf, *Eigen-Sinn. Fabrikalltag, Arbeitererfahrungen und Politik vom Kaiserreich bis in den Faschismus*, Hamburg 1993, insbes. S. 11f, 380. Ähnlich zu den Freiräumen frühneuzeitlicher Unterschichten Dinges, Martin, »Materielle Kultur und Alltag. Die Unterschichten in Bordeaux im 16./17. Jahrhundert«, in: *Francia* 15 (1987), S. 257–279. Eine ähnlich »eigensinnige« Wirkung sogar auf die materiellen Ergebnisse des Produktionsprozesses hatten die ästhetischen und qualitätsorientierten Vorstellungen von französischen Möbelherstellern; Auslander, Leora, *Taste and Power. Furnishing Modern France*, Berkeley 1996.

16 Schulz, Andreas, »Individuum und Generation. Identitätsbildung im 19. und 20. Jahrhundert«, in: *Geschichte in Wissenschaft und Unterricht* 52 (2001), S. 406–414. Ein Abfolgemodell der politisch relevanten Generationen in der Geschichte der Bundesrepublik bei Herbert, Ulrich, »Liberalisierung als Lernprozeß. Die Bundesrepublik in der deutschen Geschichte – eine Skizze«, in: Ders. (Hg.), *Wandlungsprozesse in Westdeutschland. Belastung, Integration, Liberalisierung 1945–1980*, Göttingen 2002, S. 7–49, hier S. 44f. Vgl. auch Schulz, Andreas/Grebner, Gundula (Hg.), *Generationswechsel und historischer Wandel*, München 2003; Reulecke, Jürgen, *Generationalität und Lebensgeschichte im 20. Jahrhundert*, München 2003.

17 Engels, *Ideenwelt*, Kap. 1.

Habitualisierte Handlungen und Lebensstile organisieren nicht nur das Leben, sondern auch Normen und Gefühle der Akteure und stellen Beurteilungsmaßstäbe zur Verfügung[18]. Folglich ist beim politischen Verhaltensstil auf die Sinnproduktion zu achten, und zwar auch jenseits expliziter Äußerungen. Die Art und Weise politischen Handelns lässt erkennen, welche Vorstellungen von der Welt ihm zugrunde liegen[19]. Wenn sich politische Akteure als Mitglieder eines Stilmilieus zu erkennen geben, verknüpfen sie ihr Anliegen mit einem ganzen lebensweltlichen Universum, inklusive bestimmter Werte, Lebensmodelle, Schönheitsvorstellungen, Emotionen. Das geschieht auch in umgekehrter Richtung. Ulrich Herbert hat dies mit Blick auf die antiautoritäre Bewegung der späten sechziger Jahre folgendermaßen beschrieben: Indem die populäre Konsum- und Jugendkultur die »Implikationen« der Emanzipationsbewegungen in sich aufnahm, erlaubte sie es vielen Menschen, sich deren »Zielen und Werthaltungen« anzuschließen, ohne sich »damit je näher beschäftigt zu haben«[20]. Ein in bestimmter Weise stilisiertes Alltagsverhalten verwies auf ein (wenn auch diffuses) politisches Weltbild.

Einer der wichtigsten Gründe für den Wandel des Natur- bzw. Umweltschutzes ab 1970 liegt wohl darin, dass seine Vertreter ihn in neuen Stilen kontextualisierten. Die Folge ist allerdings nicht einfach »alter Wein in neuen Schläuchen«; vielmehr ändern sich Wein und Schläuche niemals unabhängig voneinander. Die kulturwissenschaftlich informierte Geschichtsforschung der letzten Jahrzehnte hat großen Wert auf die Bedeutung der Kontexte historischer Ereignisse und Phänomene gelegt. Dem liegt die Erkenntnis zugrunde, dass Aussagen ihren Gehalt verändern können, wenn sich ihr (Bedeutungs-)Rahmen ändert[21]. Ein wichtiger Vorteil der politischen Verhaltensstilanalyse könnte in der Präzisierung von Kontextualisierungsmöglichkeiten liegen. Sie weisen über das politische Geschehen im engeren Sinne hinaus auf den weiteren politischen und gesellschaftlichen Rahmen.

---

18 So Willems, »Rahmen«, S. 91. Vgl. auch Rohe, »Kultur«, S. 334; Georg, *Lage*, S. 237.

19 Rohe, »Kultur«, insbes. S. 333; Hörning, Karl H., »Kultur und soziale Praxis. Wege zu einer ›realistischen‹ Kulturanalyse«, in: Hepp, Andreas/Winter, Rainer (Hg.), *Kultur-Medien-Macht. Cultural Studies und Medienanalyse*, Opladen ²1999, S. 33–47.

20 Herbert, »Liberalisierung«, S. 43.

21 Willems, »Rahmen«, S. 89f, 98. Ein Beleg für das Interesse von Historikern an der Kontextualisierung ist die Rezeption der »dichten Beschreibung«; Geertz, Clifford, *Dichte Beschreibung. Beiträge zum Verstehen kultureller Systeme*, Frankfurt a.M. 1991. In der Sozialwissenschaft spielt vor allem das Konzept des »Rahmens« eine Rolle: Goffman, Erving, *Frame Analysis. An Essay on the Organization of Experience*, New York 1974; Heinich, Nathalie, »À propos de frame analysis (une introduction à la cadre-analyse)«, in: *Revue de l'Institut de Sociologie* 1–2 (1988), S. 127–142.

Dies kann man etwa an der Rezeption von Naturschutz-Kampagnen in den Medien nachvollziehen. Obwohl in ihren Themen und Zielen, der Entschiedenheit und Schärfe ihrer Beiträge sehr ähnlich, besaßen die TV-Sendungen Bernhard Grzimeks und Horst Sterns in den siebziger Jahren unterschiedliche Images. Zuschauerzuschriften belegen, dass Stern für die jüngere Generation sowie »kritisch« Eingestellte hohe Akzeptanz besaß, Grzimek hingegen nicht. Auch in der Fernsehkritik stand Grzimek häufig für eine angeblich unpolitische süßliche Tierliebe, während Stern als gesellschaftskritischer Aufklärer von Umweltskandalen erschien. Der Grund: Die beiden Moderatoren stilisierten sich in geradezu gegensätzlicher Weise. Während Grzimek sich darum bemühte, seine Kritik mit Signalen von Vertrautheit und Geborgenheit zu verbinden, betätigte sich Stern als Spielverderber der Feierabendlaune[22].

Bislang war hauptsächlich von den kognitiven Leistungen des Verhaltensstils die Rede. Doch er besitzt zwei weitere wichtige Aspekte: Ästhetik und Gefühl. Die Forschungen zum Lebensstil verweisen auf ästhetische Grundsätze, nach denen die Akteure ihr privates Leben gestalten, etwa ihre Kleidung oder Wohnungseinrichtung. »Stil« beruht auf ästhetischen Maximen. Dies gilt in gewandelter Form auch für den politischen Verhaltensstil. Seine weiter unten angesprochenen Einzelelemente folgen oft, wenn auch nicht notwendigerweise, *einer* zugrundeliegenden ästhetischen Vorstellung. Der fachlichen und sozialen Exklusivität des Deutschen Rates für Landespflege beispielsweise entsprach das luxuriöse und sorgfältig gestaltete Briefpapier, während die bis an den Rand mit altersschwachen Maschinen vollgetippten Flugblätter der Ökobewegung dem nachlässigen Kleidungsstil der Akteure analog waren. Ästhetische Vorstellungen finden sich auch in politischen Programmen wieder. Ein zentrales Element im Naturparkkonzept des Vereins Naturschutzpark waren Ordnung und Sauberkeit, denn die Landschaft sollte als Erholungsraum genießbar und die Erholungssuchenden von ihrer Zerstörung abgehalten werden. Allein Ordnung und Sauberkeit, so die Naturparkphilosophie, ermöglichten eine gedeihliche Integration von Mensch und Natur. Ästhetik verdichtete in diesem Fall weitreichende Vorstellungen über Gesellschaft und Landschaft. Falsch gestellt wäre allerdings die mögliche Frage danach, was »zuerst« da war: soziale Norm oder ästhetische Vorstellung. Beide sind miteinander verwoben, aber eine Bedeutungshierarchie lässt sich kaum aufstellen.

---

22 Dazu ausführlich Engels, Jens Ivo, »Von der Sorge um die Tiere zur Sorge um die Umwelt. Tiersendungen als Umweltpolitik in Westdeutschland zwischen 1950 und 1980«, in: *Archiv für Sozialgeschichte* 43 (2003), S. 297–323.

Eine Verdichtungsfunktion erfüllt der politische Verhaltensstil auch für die Gefühlswelt der Handelnden. Dies kommt dort am deutlichsten zum Ausdruck, wo politische Aktionsformen Zorn artikulieren oder lange Haare Verachtung gegenüber dem »Establishment« zum Ausdruck bringen. Das gilt auch für die Soziabilitätsformen der modernen Umweltbewegung, die den Erlebnis- und Gefühlshaushalt ihrer Mitglieder etwa bei Liederabenden stimulierten[23].

Der politische Verhaltensstil »speichert« und verdichtet ästhetische Vorstellungen und Emotionen. Er sendet beiläufig komprimierte Botschaften aus und reduziert damit die Komplexität der Wirklichkeit. In vielen Fällen stellt er wohl auch klar, worüber aus Sicht der Handelnden eine explizit-sprachliche Verständigung nicht nötig scheint oder was nicht »verhandelbar« ist. Der politische Verhaltensstil beschreibt Politik in zwei Spannungsfeldern: zum einen Handlungen von habitualisierten Routinen über die schleichende Stiländerung bis hin zu zielgerichteter Stilisierung, zum anderen manifeste Handlungen und die mit ihnen verbundene Sinn- und Gefühlsproduktion.

Strukturierungsvorschläge

Zur Debatte steht das Handeln von Akteuren. Einzelpersonen können ebenso gut untersucht werden wie Gruppen (etwa Verbände, Parteien, Initiativen oder deren Teile). Dabei ist zu beachten, dass die kollektiven Akteure sich aus Einzelpersonen mit möglicherweise unterschiedlichen Stilpräferenzen zusammensetzen. Andererseits hat das gemeinschaftliche Handeln wohl häufig Stilkonvergenzen zur Folge. Im Fall der kollektiven Akteure ist es im Sinne einer »Quersumme« der Verhaltensweisen verschiedener Einzelpersonen einfacher, habitualisierte Verhaltensweisen als solche zu erkennen. Bei Organisationen mit großer Mitgliederzahl wird es schwierig sein, Aussagen zum politischen Verhaltensstil unterhalb der Führungs- oder Vorstandsebene zu treffen. Allerdings prägt der Verhaltensstil des Vorstands das Profil einer Organisation in der Regel in einer Weise, dass die so gewonnenen Aussagen große Repräsentativität beanspruchen dürfen. Strikte Trennungen zwischen dem Verhalten von »Einzelpersonen« und »Gruppen« wären illusorisch.

---

23 Vgl. Paris, Rainer, »Situative Bewegung. Moderne Protestmentalität und politisches Engagement«, in: *Leviathan* 17 (1989), S. 322–336, hier S. 327f. Zum Thema Emotionen vgl. auch den Beitrag von Albrecht Weisker in diesem Band.

Ich schlage drei Betrachtungsebenen vor[24]: politische Ziele und Interessen, Handlungsformen, Bedeutungsgehalt. Die Ebenen und ihre Elemente gehen ineinander über und überlappen sich. Es handelt sich um forschungsstrategische Anhaltspunkte und nicht um trennscharfe Kategorien. Eine bestimmte Rhetorik beispielsweise ist stets Teil der politischen Strategie, die Grenzen zwischen Bildsprache und Sprache sind fließend, und so fort.

1. Politisches Handeln dient dem Erreichen bestimmter *Ziele*, die aus *Interessen* resultieren. Der Verhaltensstil ist gewissermaßen der Code, in dem sie (nach außen und innen) vermittelt werden. Doch die scheinbar so klaren »Ziele« und »Interessen« sind häufig diffus. So können sich Ziele und Interessen im Verlauf einer politischen Auseinandersetzung verändern. Zumeist findet man Kombinationen verschiedener Interessen und Ziele vor, die einander bisweilen auch widersprechen. Eine befriedigende Definition von »Interessen« in politischen Auseinandersetzungen ist schwierig[25]. So setzt Paul Sabatier an die Stelle von »Interessen« als Movens politischer Koalitionen gemeinsame Glaubenssysteme und Wertvorstellungen[26]. Da aber die meisten politischen Akteure fortlaufend Ziele und Interessen formulieren, muss man sich in der historischen Analyse auf diese, wenn auch unklaren, Kategorien einlassen.

Jedenfalls bilden Interessen keineswegs die unveränderliche »Basis« des politischen Verhaltensstils, der sozusagen sekundär aus ihnen abgeleitet würde. Sie können einen Einfluss auf den Verhaltensstil besitzen, doch auch der umgekehrte Weg ist denkbar: Die Routinen eines Verhaltensstils überlagern Ziele oder verschieben Interessen. Daher wäre es falsch, politischen Akteuren in jedem Fall striktes Handeln nach dem Kosten-Nutzen-Prinzip zu attestieren[27]. Im Zusammenhang mit Protesten gegen die Gefährdung von Brandgänsen durch Luftwaffenmanöver im Wattenmeer der Nordsee während der fünfziger Jahre griff in Gestalt eines örtli-

---

24 Vgl. dazu die drei Dimensionen des Lebensstils bei Georg, *Lage*, S. 92f.

25 Zu diesem Problem Mergel, Thomas, »Überlegungen zu einer Kulturgeschichte der Politik«, in: *Geschichte und Gesellschaft* 28 (2002), S. 574–606, hier S. 604.

26 Sabatier, Paul A., »Advocacy-Koalitionen, Policy-Wandel und Policy-Lernen. Eine Alternative zur Phasenheuristik«, in: Héritier, Adrienne (Hg.), *Policy-Analyse*, Opladen 1993, S. 116–148, hier inbes. S. 120–130.

27 Sabatier, »Advocacy-Koalitionen«, S. 131; Rohe, »Kultur«, S. 333, der im politischen Geschehen eine Kombination von Interessen und Handlungsmustern sieht. Anders jedoch Barnes, Samuel H./Kaase, Max u.a., *Political Action. Mass Participation in Five Western Democracies*, Beverly Hills 1979, S. 39.

chen Volksschullehrers eine charismatische und äußerst mediengewandte Persönlichkeit erfolgreich in die Debatte ein. Maßgebende Vertreter des amtlichen Naturschutzes reagierten geradezu reflexhaft ablehnend auf einen aus ihrer Sicht nicht sachkundigen und vor allem nicht unterordnungsbereiten Aktivisten und führten eine Rufmordkampagne gegen ihn[28]. Sie stellten damit die Einhaltung ihrer habituell verankerten Strategie der Einheitlichkeit über den (öffentlichen) Erfolg. Dies wirkte zusätzlich dysfunktional, indem der Eindruck eines zerstrittenen Naturschutzes entstand.

Im Fall von Protestbewegungen sind die Ziele der Betroffenen in der Regel leicht zu bestimmen, so zum Beispiel die Verlegung einer Autobahntrasse. Die Motivationen sind oft vielfältig und reichen von ökonomischen (Grundstückswert) über gesundheitliche bis hin zu ästhetischen Gründen. Häufig gesellen sich aber Beweggründe hinzu, die aus der Dynamik des Protests entstehen und nicht als Interessen im klassischen Sinn gewertet werden können. Es schließen sich beispielsweise Personen dem Protest an, weil eine Mehrheit der lokalen Elite sich dafür ausspricht[29].

Bei Verbänden, deren Aktivitäten über »one-point-issues« hinaus gehen, sind die Zielsetzungen diffuser. Hier muss man zwischen dem übergeordneten, allgemeinen Verbandsziel und Teilzielen in konkreten Auseinandersetzungen unterscheiden. Auch die Interessen sind weniger leicht zu bestimmen, sieht man einmal davon ab, die eigene Position im politischen Prozess zur Geltung zu bringen. Im Unterschied zu vielen Lobbyverbänden vertreten Natur- und Umweltschutzorganisationen selten eine fest umrissene Klientel. Allerdings lassen sich in einigen Fällen Interessenallianzen und fast immer -kollisionen mit bestimmten Kräften wie Forstleuten, Landwirten, Verkehrsplanern und deren Verbänden ausmachen.

2. Auf der zweiten Ebene sind die Kernbestandteile des politischen Verhaltensstils zu finden. Hier geht es um die manifesten Handlungsweisen der politischen Akteure, die »distinkte Handlungspraxis«[30], die oft einer bestimmten Ästhetik folgt. Auf dieser Ebene gilt dem bereits angesprochenen Verhältnis von reflexhaften

---

28 Verschiedene Bestände in Bundesarchiv Koblenz B 116 und Hauptstaatsarchiv Hannover Nds 50 und Nds 600; zu diesem Konflikt vgl. auch den Beitrag von Frank Uekötter in diesem Band.

29 Beispiele in Engels, *Ideenwelt*, insbes. Kap. 4 und 9.

30 Angelehnt an Meuser, *Geschlecht*, S. 112, der mit dieser Formulierung das Wesen von Geschlechterrollen kennzeichnet.

Verhaltensprägungen einerseits und bewussten Stilisierungen andererseits besondere Aufmerksamkeit. Folgende Handlungsbereiche können untersucht werden:

– *»Politische Aktion«* im engeren Sinne. Dies meint zum einen alle Handlungen, mit denen ein Akteur versucht, sein Anliegen zur Geltung zu bringen. Zu denken wäre an Kontaktaufnahme mit der Verwaltung, das Erstellen von Expertisen, Klageerhebung, Demonstrationen oder Öffentlichkeitsarbeit. Zu beachten ist jeweils auch die zugrunde liegende *Strategie*[31]: zum Beispiel Lobbying hinter verschlossenen Türen oder der Aufbau von Druck im Umweg über Dritte, sei es die Medienöffentlichkeit oder ein Gerichtsurteil. Habitualisierungen wird man hier vermutlich in erster Linie in der Wahl der Strategie finden, vor allem dann, wenn darüber interne Debatten ausbleiben.

– Politische *Rhetorik und Sprache*[32]. Gemeint ist die Art und Weise, in der Forderungen, Lagebeurteilungen oder andere relevante Mitteilungen gegenüber der Öffentlichkeit oder dem politischen Gegner gemacht werden. Besonders aussagekräftig sind dabei Topoi, die die Akteure immer wieder verwenden; hierbei handelt es sich um habitualisiertes Sprachverhalten. Als Beispiel mag die reflexhafte Kritik an der »Untätigkeit« »der Politiker« im Umweltdiskurs seit Beginn der siebziger Jahre dienen.

– Herstellung einer politischen *Ikonographie*. Neben der Sprache spielt im Zeitalter von Photographie und Fernsehen die Bildsprache politischen Handelns eine große Rolle. Sie verrät viel über kulturelle Vorlieben oder politische Strategien und stellt ein eigenständiges Ergebnis von Handlung dar. Dazu gehört etwa das Formenvokabular von Transparenten auf einer Kundgebung, aber auch die (geplante oder sich situativ entwickelnde) Choreographie von Veranstaltungen. Zur Ikonographie gehört das gesamte äußere Erscheinungsbild der Akteure, und zwar insbesondere diejenigen visuellen Zeichen, die sie »unverwechselbar« machen.

– (bei Organisationen) *Geselligkeitsformen* der Mitglieder und *innere Verfasstheit*. Zum politischen Verhaltensstil gehören die nach innen gerichteten Aktivitäten einer Organisation oder eines Verbandes, die Rituale und Symbole, mit denen ein Zusammengehörigkeitsgefühl auf kognitiver und emotionaler Ebene erzeugt wird –

---

31 Zur Differenzierung von Strategie und Taktik, die situativer angelegt ist, Dinges, »Kultur«, S. 258f.

32 Zur Frühen Neuzeit auch Jütte, Robert, »Sprachliches Handeln und kommunikative Situation. Der Diskurs zwischen Obrigkeit und Untertanen am Beginn der Neuzeit«, in: *Kommunikation und Alltag im Spätmittelalter und früher Neuzeit*, Wien 1992, S. 159–181.

beispielsweise gemeinsame Unternehmungen wie das traditionelle Heidschnuckenessen im Verein Naturschutzpark[33]. Ebenso wichtig ist freilich die politische Verfasstheit eines Verbandes. Agiert ein Vorstand weitgehend selbstständig oder haben Basisversammlungen einen größeren Stellenwert? Starke Habitualisierungen lassen sich hier vor allem dann beobachten, wenn gemeinschaftsstiftende Handlungen regelmäßig vollzogen werden. Denkbar sind allerdings auch nach innen gerichtete Handlungsweisen, die destabilisierend wirken. Das lässt sich mit Blick auf basisdemokratische Verfahrensregeln in Bürgerinitiativen der siebziger Jahre feststellen. Das Prinzip der Einstimmigkeit von Beschlüssen begünstigte kleine »Fraktionen« mit Mindermeinungen. Andererseits verfügten gerade die »Neuen Sozialen Bewegungen« über multifunktionale Geselligkeitsformen, die in einer Mischung aus politischer Demonstration und Freizeitspaß den Zusammenhalt ihrer Mitglieder stärkten und Sympathisanten mobilisierten[34].

– *Lebensweltliche Stilisierung und selbst zugeschriebenes Rollenbild.* Hiermit ist zum einen der Gegenstand der sozialwissenschaftlichen Lebensstilforschung gemeint: Welchem stilistischen Milieu ordnen sich die Akteure zu? Dazu rechnen Kleidung, Sprache, Umgangsformen, Konsumverhalten. Im Rahmen des politischen Verhaltensstils gehören dazu aber auch *explizite* Selbstzuschreibungen. Für viele der örtlichen Gegner des Kernkraftwerks im badischen Wyhl hatte ihre Identität als »Bauern und Winzer« große Bedeutung[35]. Darüber hinaus nehmen politische Akteure oftmals bestimmte Rollen an, die nur im Kontext der Auseinandersetzung Sinn machen. Im Fall von Protestbewegungen trifft man häufig auf die selbst zugeschriebene Rolle des hilf- und arglosen »kleinen Mannes«, dessen berechtigte Interessen von übermächtigen Gegnern mit Füßen getreten werden. Lebensweltliche Stilisierung und Rollenzuschreibung spielen in alle bereits erwähnten Kategorien hinein. So ergab sich aus der betont bäuerlichen Identität der Wyhler Kernkraftgegner auch eine Ikonographie politischer Aktion, etwa in Form von Traktorendemonstrationen. Auch in dieser Kategorie ist zwischen starken Habitualisierungen und voluntaristischen Stilisierungen zu unterschei-

---

33 Vgl. Roth, Roland, »»Patch-Work«. Kollektive Identitäten neuer sozialer Bewegungen«, in: Hellmann, Kai-Uwe/Koopmans, Ruud (Hg.), *Paradigmen der Bewegungsforschung*, Opladen 1998, S. 51–68, hier S. 53f.

34 Vgl. Paris, »Bewegung«.

35 Engels, Jens Ivo, »Südbaden im Widerstand. Der Fall Wyhl«; in: Kretschmer, Kerstin/Fuchsloch, Norman (Hg.), *Wahrnehmung, Bewusstsein, Identifikation. Umweltprobleme und Umweltschutz als Triebfedern regionaler Entwicklung*, Freiberg 2003, S. 103–130.

den. Die meisten der Wyhler Landwirte übersetzten einen wenig reflektierten Lebensstil in Protestformen. Auf der anderen Seite bemühten sich »zugereiste« Kernkraftgegner um Annäherung an die bäuerliche Bevölkerung, etwa durch die Teilnahme an der Ernte oder die Übernahme der regionalen Mundart.

3. Auf der dritten Ebene sollen die impliziten »Botschaften« und der Bedeutungsgehalt der Stilisierung untersucht werden. Zwei Gesichtspunkte scheinen mir besonders wichtig:

– *Inklusion und Exklusion* bzw. *»Öffnung« und »Schließung«.* Der politische Verhaltensstil wirkt insofern wie ein lebensweltliches Stilmilieu, als bestimmte Gruppen der Bevölkerung angesprochen oder gar eingeschlossen werden, während gegenüber anderen eine Schwelle entsteht. Traditionelle Vereins-Geselligkeit etwa spricht als Genussform der »Gemütlichkeit« die Angehörigen eines bestimmten Milieus an[36]; die betont legeren Umgangsformen in vielen Bürgerinitiativen der späten siebziger Jahre dagegen dürften viele Personen mit einem traditionellen Verständnis von Vereinskultur abgeschreckt haben. Die Öffnungen und Schließungen lassen sich auch als implizite politische Angebote verstehen. Wenn sich die Mitglieder von Naturschutzorganisationen kleideten wie Jäger oder Forstleute, beschworen sie eine gemeinsame alltagskulturelle Basis, selbst wenn es aktuelle Auseinandersetzungen gab. Besonders aussagekräftig sind stilistische Öffnungsvorgänge, die strategisch begründet sein können. Dafür liefern die »bunten« Protestbewegungen gegen Großprojekte in den siebziger Jahren interessante Beispiele, etwa in Gestalt der »Volkshochschule Wyhler Wald«. Öffnung und Schließung verorten die Akteure im politischen Umfeld; sie ermöglichen und verhindern Allianzen; sie bedienen und verstärken emotionale Bindungen und Abwehrreaktionen. Öffnung und Schließung umschreiben die kollektive Identität einer Organisation, die sich aus gemeinsamen Zielen, Handlungen, Vergemeinschaftungen ergeben[37].

– *Politisches Weltbild.* Vor allem politische Aktion, Strategie und Sprache lassen erkennen, welches Modell der politischen Auseinandersetzung die Handelnden zugrunde legen, welche Handlungen und Motivationen sie in der Auseinandersetzung für legitim halten und welche nicht, welches Verständnis von politischer Gegnerschaft sie besitzen. In den Strategien, aber auch in der politischen Rheto-

---

36 Angelehnt an Schulze, *Erlebnisgesellschaft*.
37 Angelehnt an Roth, »Patch-Work«, insbes. S. 53f.

rik kommt beispielsweise zum Ausdruck, ob die Akteure den politischen Prozess als Aushandlung von Interessen verstehen oder als Realisierung des Gemeinwohls durch den Staat. Politische Aktion in der Form zivilen Ungehorsams beispielsweise gibt Auskunft über das Verständnis der Akteure hinsichtlich von Legalität und Legitimität. An diesem Punkt wird noch einmal deutlich, dass der politische Verhaltensstil nicht nur aus Handlungsweisen besteht, sondern auch Maßstäbe für das Beurteilen und Wahrnehmen der politischen Wirklichkeit prägt bzw. von ihnen beeinflusst ist.

Ein Anwendungsbeispiel: Zum Verhaltensstil des Vereins Naturschutzpark in den fünfziger und sechziger Jahren

Um die Möglichkeiten des hier skizzierten Ansatzen auszuloten, stelle ich im Folgenden ein empirisches Anwendungsbeispiel vor, den Verein Naturschutzpark (VNP)[38]. Aus Platzgründen können nicht alle Aspekte behandelt werden; der Schwerpunkt liegt auf den Beziehungen zwischen Stilelementen, Zielen und Strategien sowie den lebensweltlich bedeutsamen Signalen im politischen Verhalten.

1909 gegründet, entfaltete der VNP seine größte Bedeutung in der zweiten Hälfte der fünfziger und zu Beginn der sechziger Jahre. 1956 trat sein Vorsitzender, der Großreeder Alfred Toepfer, mit einem Programm zur Einrichtung so genannter Naturparke an die Öffentlichkeit. In ihnen sollten naturnahe Landschaften als Naherholungsgebiete einen besonderen Schutzstatus erhalten. Hierfür warb der VNP mit Erfolg; bis 1980 entstanden 62 Naturparke.

Wie die meisten Natur- und Umweltschutzverbände verfolgte der VNP eine advokatorische Mission. Er setzte sich nach eigenem Bekunden für das Wohl der Natur und der Allgemeinheit ein. Nachdem der VNP seinen Namen öffentlich mit dem ehrgeizigen Naturparkprogramm verknüpft hatte, bestand sein Hauptinteresse darin, dieses umzusetzen. Angesichts deutlicher Bedenken gegen großräumige Schutzgebiete seitens der Forst- und Agrarwirtschaft waren zwei Strategien denkbar, nämlich die Konzentration auf wenige Parkprojekte mit hohen Schutzstandards

---

38 Die folgenden Ausführungen stützen sich auf Bestände aus dem Bundesarchiv Koblenz B 116 (Akten des Bundeslandwirtschaftsministeriums), dem sog. Naturparkarchiv im Bundesamt für Naturschutz, Bonn, und auf die verbandseigene Zeitschrift *Naturschutz- und Naturparke* (bzw. *Naturschutzparke*).

oder weitgehende Kompromisse im Austausch gegen die Aussicht, eine größere Anzahl von Parken realisieren zu können. Der VNP entschied sich für die zweite Variante mit der Folge, dass der Naturschutz in der Regel wenig von den Parkgründungen profitierte. Diese Entscheidung erklärt sich zu großen Teilen mit der inneren Verfasstheit und dem üblicherweise gepflegten Handlungsstil des VNP.

Der VNP wurde fast autokratisch von seinem Vorsitzenden geführt; seine Mitglieder beschränkten ihr Engagement in der Regel auf das Bekenntnis zu einem bestimmten Lebensstil. Die jährlichen Mitgliederversammlungen waren von ihrer Regie her keine Arbeits- sondern gemeinschaftsstiftende Repräsentationsveranstaltungen mit Empfängen, Preisverleihungen und Exkursionen. Alfred Toepfer verdankte die unangefochtene Stellung seiner bemerkenswerten finanziellen Großzügigkeit gegenüber dem VNP. Hinzu kam der Umstand, dass viele Angehörige des Naturschutzmilieus in politischen Dingen gewissermaßen persönlichkeitsfixiert waren: weitblickenden und »einsichtigen« Menschen (in der Regel Männern) überließ man gerne die geistige und auch politische Führerschaft. Hier spielt zum einen der im Vereinsleben allgemein verbreitete Verhaltensstil mit Ehrentafeln und Jubiläumsnadeln eine Rolle, zum anderen aber auch ein für den Naturschutz spezifisches Persönlichkeitsbild, das die individualistisch-kontemplative Naturschau als Gegensatz zu anonymen, »vermassten« urbanen Lebensformen begriff. Wegen seiner zentralen Bedeutung für den VNP sind die individuellen Handlungsmotive Toepfers nicht ohne Interesse. Ganz offensichtlich spielte hier neben den advokatorischen Gesichtspunkten sein persönlicher Geltungsdrang die Hauptrolle – übrigens ein politisches Handlungsmotiv, das im Alltagsverständnis zwar meist unterstellt, aber in der wissenschaftlichen Analyse kaum ernsthaft untersucht wird. Dies wiederum erklärt mit, warum der VNP bei der Umsetzung des Naturparkprogramms auf Quantität statt Qualität setzte.

Für diese Entscheidung, die sich in der Praxis freilich schleichend durchsetzte, war zudem eine Abneigung gegen kontroverse öffentliche Auseinandersetzungen verantwortlich – besonders dann, wenn »befreundete« Kräfte nicht am gleichen Strang zogen. Im Fall der Naturparke gab es nämlich auch Gegenwind vom amtlichen Naturschutz und Vertretern der Jägerschaft. Der VNP verlegte sich darauf, diese Einwände durch Kompromissbereitschaft intern zu entkräften, um in der Außendarstellung immer auf einen breiten Konsens für die Naturparkidee verweisen zu können. Im Übrigen setzte Toepfer wie die meisten seiner Kollegen im Naturschutz dieser Zeit darauf, seine Ziele auf der Grundlage persönlicher Verflechtung mit Behördenvertretern zu erreichen. Die Abneigung gegen öffentliche aber auch verbandsinterne Kontroversen korrespondierte mit einem harmonisierenden Gemeinwohlverständnis, das die offene Artikulation von Interessen häufig mit Egoismus gleich setzte. Je weniger Kontroverse, desto geringere Risiken für die Legitimität der eigenen Sache, so das zugrundeliegende Prinzip. Daher auch die verbreitete Neigung in Naturschutzkreisen, ihr Anliegen als »unpolitisch« zu deklarieren.

Das Naturparkprogramm war nach der Zahl der Parkgründungen ein Erfolg für den Naturschutz. In der Praxis aber waren die Parke in der Regel Entwicklungskonzepte für den regionalen Tourismus. Mit Toepfers ursprünglichen Visionen hatte dies wenig gemein, zumal er eigentlich in der Tradition des Heimatschutzes ländliche Gegenden vor der Moderne hatte bewahren wollen. Dagegen kann man die Parke mit gutem Grund als Planungsinstrumente für den Strukturwandel ansehen. Dennoch fiel dies gewissermaßen nicht auf, bevor in den siebziger Jahren ökologisch motivierte Kritiker von einem Etikettenschwindel sprachen. Grund dafür war die erfolgreiche kulturkonservative Konnotation der Parke. Sie beruhte darauf, dass der VNP unablässig einen einzigen Park als Leitbild der anderen präsentierte. Die Rede ist vom sogenannten Heidepark in der Lüneburger Heide, der im Unterschied zu den anderen Naturparken größtenteils Eigentum des VNP war. Hier realisierte Toepfer mit seinen Mitstreitern nach Gusto eine pseudovormoderne Idylle ohne Autos, Asphaltstraßen und sichtbare Elektroleitungen. Die Architektur der Gebäude zeigt handwerkliche, bodenständige, frühneuzeitliche Formen, ohne dabei aber auf die Annehmlichkeiten moderner Technik wie fließend Warmwasser zu verzichten. Letzteres war insbesondere deshalb wichtig, weil Ordentlichkeit und Sauberkeit im Wertehimmel des VNP eine große Rolle spielten. So ließ sich der Naturgenuss mit zentralen »häuslichen« Werten der den Naturschutz tragenden Mittelschichten verbinden.

Neben den Mitgliederversammlungen organisierte der VNP regelmäßig kleinere Veranstaltungen wie die erwähnten Heidschnuckenessen und geführte Wanderungen. Sie machten den VNP für seine Mitglieder zu einer Art Freizeitclub, in dem ein bestimmtes Modell wochenendlicher Erholung Bekräftigung fand. Dazu gehörten die Nähe zur Natur, gesunde und einfache Erholung statt Luxus, Disziplin, Zusammengehörigkeitsgefühl angesichts einer gemeinsamen Überzeugung – dokumentiert etwa in dem Ritual des »traditionellen« Eintopfessens nach vollbrachter Wanderung, für das sich selbst der Vorsitzende bescheiden in die lange Schlange reihte. Politisches Engagement bestand also vor allem darin, ein bestimmtes Modell sozialen Verhaltens zu pflegen. Vermutlich stand es für die meisten Beteiligten als

Chiffre für Geborgenheit in einer sich rasch wandelnden Lebenswelt. Politische Kundgebungen im engeren Sinne blieben den Vereinsoberen überlassen.

Die Frage nach der sozialen und kulturellen Öffnung und Schließung des VNP lässt sich wie folgt beantworten. Grundsätzlich signalisierten die Verhaltensweisen der Mitglieder das Gegenteil von Krawall, also Beschaulichkeit. Mit den oben beschriebenen Werten öffneten sich die Naturparkadepten gegenüber den Mittelschichten mittleren Alters, wohlgemerkt hauptsächlich den städtischen Mittelschichten und jenen, die sich aufgrund ihrer Arbeitszeit und ihrer finanziellen Situation Wochenendreisen leisten konnten, zumal viele Naturparke nur im PKW erreichbar waren. Deutliche Ausschlusssignale sandte der VNP gegenüber all jenen aus, die einen urbanen Freizeitstil pflegten. Gleiches gilt für die moderne Popularkultur etwa in Form des Hollywoodfilms, der Rock'n'Roll-Musik und zeitgenössischen Formen der ebenfalls mit amerikanischen Bezügen spielenden Jugendkultur, aber auch die »existenzialistische« Mode der gebildeten Nachwuchsgeneration, die sich auf das vermeintliche Leben der intellektuellen Bohème im Pariser Quartier Latin bezog.

Im Fall des VNP war der Anteil zielgerichteter Stilisierung recht gering ausgeprägt. Zwar sind die öffentlichen Veranstaltungen ebenso wie die Heideparkhäuser und die internen Wanderungen das Ergebnis bewusster Stilentscheidungen und sorgfältiger Inszenierung gewesen. Doch stimmten sie weitgehend überein mit Verhaltensweisen, die die Akteure auch in anderen Lebensbereichen einnahmen. Alfred Toepfer etwa setzte als Unternehmer offenbar auch auf persönliche Vernetzung und hatte großen Erfolg dabei. Der nominelle Erfolg des VNP bot zudem keine Anreize, die politische Strategie zu ändern. Im Lauf der siebziger Jahre geriet der VNP allerdings zunehmend in die umweltpolitische Isolation, zumal seine stilistischen Signale die neuen, entscheidenden Kräfte im Umweltschutz verschrecken mussten, nämlich die junge, sich kritisch und unkonventionell verstehende Generation, die auf Mobilisierung und zivilen Ungehorsam setzte sowie Journalisten, die mit den Methoden der Skandalisierung und Polemik arbeiteten[39]. Anders als dem dynamischen jungen Vorsitzenden des Bundes Naturschutz im Bayern der siebziger Jahre, Hubert Weinzierl, kam es dem 1894 geborenen Alfred Toepfer nicht in den Sinn, dem VNP ein modernes Image zu geben. Dieses Kunststück, das man getrost als einen zielgerichteten Strategiewechsel bezeichnen kann, vollbrachte Weinzierl während eines Jahrzehnts an einem Verein, der bis zuvor ganz ähnliche Signale

---

39 Näheres hierzu in Engels, »Sorge«.

ausgesandt hatte wie der VNP. Ohne sich gegenüber konservativen Stilmodellen abzuschließen, öffnete er sich zunehmend dem Lebensstil der Nach-68er Generation. Im Unterschied zum VNP behauptete sich der Bund Naturschutz als Landesverband des BUND an der Spitze des nichtstaatlichen Umweltschutzes bis auf den heutigen Tag[40].

Schluss

Das gewählte Beispiel zeigt deutlich, dass das dreiteilige Frageraster nicht allzu starr durchexerziert werden sollte, denn die Beziehungen zwischen den einzelnen Elementen des politischen Verhaltens erweisen sich als vielfältig. Erweitert man den Blick auf weitere Akteure, ergeben sich zusätzliche Aussagemöglichkeiten. Bei den Naturschutz- und Umweltverbänden deutet sich im Zeitverlauf zwischen den fünfziger und sechziger Jahren eine allmähliche Verschiebung des politischen Engagements an, und zwar grundsätzlich im Sinn einer »Radikalisierung«, vor allem aber Pluralisierung der Strategien und Methoden. Insbesondere lässt sich eine zunehmende stilistische Öffnung feststellen. Allerdings gab es keine Einbahnstraße in immer konfrontativere Formen der politischen Auseinandersetzung. Interessant ist die Transformation des Naturschutzes (später Umweltschutzes) von einem »unpolitischen« Thema in ein politisch-kontroverses *issue*. Das ist vor allem deswegen bemerkenswert, weil die Akteure den Schutz der Natur auch nach 1970 als Gemeinwohlinteresse bezeichneten und es von den Fünfzigern bis in die siebziger Jahre oft advokatorisch geprägt war[41].

Unterschiede im politischen Verhaltensstil entziehen sich exakten Messungen. Dennoch kann es je nach Fragestellung sinnvoll sein, einzelne Aspekte des Verhaltensstils in polaren Kategorien zu beschreiben. Man kann den Stil verschiedener Akteure auf einer Achse zwischen »versöhnlich« und »konfrontativ« anordnen oder

---

40 Vgl. Hoplitschek, Ernst, *Der Bund Naturschutz in Bayern. Traditioneller Naturschutzverband oder Teil der Neuen sozialen Bewegungen?*, Berlin 1984.

41 Vgl. Dominick, Raymond H., *The Environmental Movement in Germany. Prophets and Pioneers 1871 – 1971*, Bloomington 1992; Chaney, Sandra, *Visions and Revisions of Nature: From the Protection of Nature to the Invention of the Environment in the Federal Republic of Germany, 1945–1975*, Dissertation, University of North Carolina at Chapel Hill 1996; Kaczor, Markus, »Der Bundesverband Bürgerinitiativen Umweltschutz (BBU)«, in: *Institutionalisierungsprozesse sozialer Protestbewegungen*, Bonn ²1990, S. 16–45.

die innere Verfasstheit mit den Kennzeichnungen »hierarchisch« bis »egalitär« beschreiben. Der Verhaltensstil-Ansatz bietet dabei weitere Differenzierungsmöglichkeiten. So ergab sich die starke innerverbandliche Rolle Toepfers aus einem Mix verschiedener Faktoren.

Wenn die zentrale Stilbotschaft des VNP statische Geborgenheit war, so verlangte die jüngere Generation ganz offensichtlich nach Zeichen des Aufbruchs, des Wandels und der Abkehr von sogenannten Konventionen. Der relativ rasche Stilwandel des Bundes Naturschutz ist allerdings ein Extrembeispiel; andere Verbände wie der Bund für Vogelschutz brauchten dafür deutlich länger[42]. Das führt zu der Frage, ob stilistisches Beharrungsvermögen nicht konstitutiv für die Stabilisierung eines Verbandes und, noch viel stärker, einer Bewegung ist. Das Beispiel der Grünen legt diese Vermutung nahe, die ihr Image als Antipartei zumindest über ein gutes Jahrzehnt pflegten, obwohl sie schon früh ein selbstverständlicher Teil des politischen Systems wurden.

---

42 May, Helge, *100 Jahre NABU – ein historischer Abriß 1899–1999*, Bonn 1999.

Powered by Emotion? Affektive Aspekte in der westdeutschen Kernenergiegeschichte zwischen Technikvertrauen und Apokalypseangst

Albrecht Weisker

Apokalyptik ist die Kehrseite der Utopie. Es gibt zahlreiche Epochen in der Geschichte, die sich als ein Narrativ menschlicher Träume und Ängste begreifen lassen, Prometheus und Kassandra sind ihre archetypischen Protagonisten. Dass auch die Mensch-Umwelt-Beziehungen in der zweiten Hälfte des 20. Jahrhunderts durch dieses Muster geprägt sind, soll hier am Beispiel der Geschichte der Atomkraft in der Bundesrepublik bis etwa 1980 skizziert werden. Einerseits faszinieren die Menschen die Möglichkeiten neuzeitlicher Naturbeherrschung durch moderne Wissenschaft und fortschrittliche Technik, andererseits schrecken sie vor deren Katastrophenpotenzialen zurück.

Als paradigmatisch für diese sich unter verschiedenen politischen, kulturellen und sozialen Bedingungen wandelnde Risikowahrnehmung gilt die friedliche Nutzung der Atomenergie. Am Beginn der Formationsphase einer westdeutschen Umweltbewegung steht ab etwa 1970 der kritische Diskurs über die technische Sicherheit und politische Verantwortbarkeit der Kernenergie. Die Perzeption der friedlichen Nutzung der Kernenergie in der Bundesrepublik wandelte sich zwischen den fünfziger und den siebziger Jahren von einer optimistischen Zukunftserwartung zu einer an Dämonisierung grenzenden, mit nahender Apokalypse assoziierten Negativvision. Utopischen Hoffnungen von technokratisch-planmäßiger Machbarkeit des Fortschritts folgte kaum zwanzig Jahre später angesichts der ausgebliebenen Verheißung gleichsam unbegrenzter und kostengünstiger Energieressourcen durch Atomstrom eine herbe Ernüchterung. Misstrauen, Skepsis und verbreitete Ängste lösten den umfangreichen Vertrauensvorschuss ab, den die Kernenergie als Verkörperung modernster Technologie einst genossen hatte. Das progressive Paradigma, das aus den USA starke Impulse bezogen und den verbreiteten Fortschrittsglauben getragen hatte[1], brach unter dem Druck einer weltwirtschaftlichen Baisse und wachsender Kritik zusammen.

Der zentrale Grund für die veränderte Sicht auf die Atomenergie war eine umfassend gewandelte Risikowahrnehmung. Während man sich anfangs über Proliferationsgefahren sowie Unfall- und Strahlenrisiken nur wenig Gedanken gemacht hatte, gewannen diese Aspekte in der öffentlichen Debatte der siebziger Jahre erheblich an Gewicht. Diese Risiken für Mensch und Umwelt waren qualitativ völlig neu. Sie unterschieden sich von anderen anthropogenen Umweltgefahren bzw. von Individuen freiwillig eingegangenen Risiken aufgrund ihrer potentiellen Schadensdimension, der Universalität der Betroffenheit im Unglücksfall, der befürchteten Irreversibilität der Strahlenschäden und die besondere Problematik nuklearen Abfalls[2].

Viele damit verbundene Fragen sind gut erforscht. Während zum Verlauf der Anti-AKW-Proteste und den Argumenten innerhalb der Kontroverse eine umfangreiche Literatur existiert, ist jedoch die Frage, welche Rolle affektive, emotionale und psychologische Variablen in diesem Prozess spielten, bislang noch nicht beantwortet. Überhaupt hat sich die Geschichtswissenschaft den Problemen der Emotionengeschichte und Psychohistorie nur sehr zögerlich genähert[3]. In einer Zeit jedoch, wo sogar Jürgen Habermas die Macht der Gefühle als Gründungsmoment eines politisch geeinten Europa beschwört, scheint es an der Zeit, sich erneut Gedanken über Zugänge zu einer Geschichte der Emotionalität zu machen[4]. Dabei hat die aktuelle Debatte um die Neue Kulturgeschichte einmal mehr bewiesen, dass es zu den fruchtbarsten Optionen des Historikers zählt, eine wohl überlegte Neukombination verschiedener theoretischer Ansätze zu entwickeln, um so mit innovativen Fragestellungen dem (womöglich bereits bekannten) Quellenmaterial neue Aussagen zu entlocken.

Gefühle, die sich aus kognitiven und somatischen Anteilen zusammensetzen, gehören zu den elementaren Triebkräften sozialen Handelns. Da sie unmittelbar handlungsrelevant sein können, ist fast jede soziale Praxis auch emotional einge-

---

1 Vgl. Pfister, Christian (Hg.), *Das 1950er-Syndrom. Der Weg in die Konsumgesellschaft*, Bern 1995.

2 Vgl. Beck, Ulrich, *Risikogesellschaft. Auf dem Weg in eine andere Moderne*, Frankfurt am Main 1986.

3 Vgl. als Pioniere Stearns, P. N./Stearns, C. Z., »Emotionology. Clarifying the History of Emotions and Emotional Standards«, in: *American Historical Review* 90 (1985), S. 813–836.

4 Vgl. als jüngeres Beispiel Benthien, Claudia u. a. (Hg.), *Emotionalität. Zur Geschichte der Gefühle*, Köln 2000.

bettet[5]. Dass Emotionen wie Hass, Angst, Liebe oder Vertrauen auch im 20. Jahrhundert eine enorme Geschichtsmächtigkeit besaßen, ist unstrittig, doch ist ihr Stellenwert in der Umweltgeschichte noch nicht ansatzweise ausgelotet. Dabei liegt gerade in diesem Themenfeld die Vermutung nahe, dass die Motivationsstruktur von Akteuren durch die emotionale Grundierung ihres Tuns zumindest mit beeinflusst ist. Auch bei der Formung und dem Wandel von Weltbildern, Mentalitäten und wertegeleiteten Wahrnehmungsmustern spielen Gefühle eine wichtige Rolle[6]. Allerdings ist einzuräumen, dass erhebliche methodische Probleme den Ansatz einer Historie der Gefühle belasten: Zum Einen dreht sich die Diskussion um das Verhältnis von individuellen Gefühlsregungen zu kollektivpsychologischen Phänomenen. Zum Anderen steht die Definitionsfrage im Raum, was überhaupt als Emotion zu bezeichnen sei.

Mit diesen begründeten Bedenken soll an dieser Stelle pragmatisch verfahren werden. Weder dürfen Gefühle reifiziert oder als absolute Entitäten begriffen werden, noch geht es um individuelle Psychogramme. Von Interesse sind vielmehr die kommunikative Funktion des Sprechens über Gefühle und die sozialen und politischen Dimensionen dieser Artikulation in Bezug auf die vermeintliche oder reale Gefährdung der Umwelt durch den Bau weiterer Atomkraftwerke. Wann wurden im Risikodiskurs Ängste, Sorgen und Unsicherheitsempfindungen artikuliert? Welche Medien kommunizierten und transportierten derartige Gefühlsäußerungen? Obwohl Gefühle vielfach vorsprachlich empfunden werden, sind sie intersubjektiv kommunizierbar, können in Worte gefasst und in Diskursen thematisiert werden. Insofern wird der Angstdiskurs hier als wichtige Triebkraft im historischen Prozess einer abnehmenden Akzeptanz spezifischer großtechnischer Risiken begriffen. Gefühle verbinden (z. B. in der Liebe zur Natur) Individuen mit ihrer Umwelt, und zwar in räumlicher wie sozialer Hinsicht. Schon der Soziologe Georg Simmel hatte erkannt, dass Gefühle und deren Artikulation maßgeblich an der Bildung, Stabilisierung und Auflösung kollektiver Identitäten und sozialer Gruppen beteiligt sein können. Die Frage lautet, was das für die moderne Umweltbewegung bedeutet, deren Formierung mit dem öffentlichkeitswirksamen Protest gegen die Atomenergie einen entscheidenden Impuls erhielt.

---

5 Das gilt insbesondere für die temporär begrenzten, aber heftigeren Affekte. Vgl. Gerhards, Jürgen, *Soziologie der Emotionen*, Weinheim 1988.

6 Vgl. Frevert, Ute, »Angst vor Gefühlen? Die Geschichtsmächtigkeit von Emotionen im 20. Jahrhundert«, in: Nolte, Paul u. a. (Hg.), *Perspektiven der Gesellschaftsgeschichte*, München 2000, S. 95–111.

Dieser Beitrag geht von der Annahme aus, dass es trotz begrenzter lokaler Proteste an einzelnen Schauplätzen (wie z. B. in Jülich oder Karlsruhe beim Bau der Forschungszentren) in den fünfziger und sechziger Jahren ein breit empfundenes Vertrauen in den technologischen Fortschritt und die ihn verkörpernden Experten gegeben hat[7]. Erst seit den siebziger Jahren wurde diese dominante Mentalität des Fortschrittsoptimismus und der Überzeugung technischer Machbarkeit von verbreitetem Misstrauen und Angst vor den Folgen fortwährender industrieller Expansion abgelöst. Was aber ist mit der Umschreibung des Vertrauens in Technik gemeint? Hiermit soll vorläufig eine weit verbreitete Werthaltung oder mental-affektive Disposition bezeichnet werden, die dazu beigetragen hat, großtechnischen Innovationen für die westdeutsche Gesellschaft der fünfziger und sechziger Jahre eine maßgebliche Bedeutung zuzuschreiben. Betont werden muss, dass es sich beim Technikvertrauen am konkreten Beispiel der Atomenergie nicht allein um ein generalisiertes Vertrauen in eine ebenso abstrakte wie komplexe Großtechnologie handelt, sondern dass auch die das Wissenschaftssystem repräsentierenden Experten als zentrale »Zugangspunkte« eine elementare Rolle spielen[8].

Technikvertrauen und Expertenmacht in der verwissenschaftlichten Welt

Vertrauen dient, um mit Niklas Luhmann zunächst eine funktionalistische Perspektive zu betonen, als ein »Mechanismus der Reduktion sozialer Komplexität« und nimmt Zukunft vorweg[9]. In modernen, arbeitsteiligen Gesellschaften kompensieren wir unsere begrenzten Kenntnisse in den allermeisten Spezialgebieten des Wissens und die schwindende Reichweite unserer Urteilskraft durch Vertrauen in Experten[10]. In Umkehrung des bekannten Leninschen Diktums ersetzt der Mechanismus des Vertrauens die aktive Kontrolle. Prekär werden derartige Vertrauensbeziehung, wenn Aussagen oder Handlungen von Experten an Glaubwürdigkeit verlieren.

---

7 Vgl. Weisker, Albrecht, »Expertenvertrauen gegen Zukunftsangst. Zur Risikowahrnehmung der Kernenergie«, in: Frevert, Ute (Hg.), *Vertrauen. Historische Annäherungen,* Göttingen 2003, S. 394–421.

8 Vgl. Giddens, Anthony, *Konsequenzen der Moderne,* Frankfurt am Main ²1997, S. 107ff.

9 Luhmann, Niklas, *Vertrauen. Ein Mechanismus der Reduktion sozialer Komplexität,* Stuttgart ³1989 (zuerst 1968).

10 Vgl. als aktuelle Skizze der soziologischen Positionen Endress, Martin, *Vertrauen,* Bielefeld 2002.

Denn Glaubwürdigkeit und Seriosität sind die elementare Basis des Vertrauens in Experten. Ein Verlust an Glaubwürdigkeit hat in der Regel einen gravierenden Vertrauensschwund zur Folge.

Tatsächlich entzündete sich das Misstrauen gegenüber den Advokaten der Atomenergie an dem begründeten Zweifel, ob sich namhafte Experten der politischen und sozialen Folgen ihrer von Fortschrittsenthusiasmus und technologischem Machbarkeitsdenken inspirierten Voten hinreichend bewusst waren. Anhand der Auseinandersetzung um das Für und Wider der Atomenergie lässt sich der Formwandel des Technik- und Expertenvertrauens in einer sich rasant verändernden Industriegesellschaft paradigmatisch aufzeigen. Zugleich markiert dieser Prozess der Erosion des kaum angefochtenen Vertrauens in naturwissenschaftliche Koryphäen, Technokratie und Expertokratie eine wichtige Wegstrecke in der Formierungsphase einer modernen Umweltbewegung in der Bundesrepublik. Allerdings handelte es sich bei den zur Debatte stehenden Risiken der Atomenergie (radioaktive Strahlung, GAU, Endlagerung, Wiederaufarbeitung) um spezifische Problemdimensionen, die nicht ohne weiteres auf andere Sektoren übertragbar sind. Wegen des besonderen inhärenten Risikos der Kerntechnik eignete sich die Auseinandersetzung um diese für den betroffenen Laien unüberschaubare Großtechnik jedoch besonders gut zur Sensibilisierung für die wachsenden Umweltrisiken einer durchtechnisierten Lebenswelt.

Was eigentlich hatte die Atomenergie zuvor derart attraktiv erscheinen lassen? Immer wieder vermochten technische Utopien im 20. Jahrhundert Begeisterungsstürme hervorzurufen, unterschiedlichste soziale Schichten zu integrieren und Emotionen zu wecken. Nach der Katastrophe des Nationalsozialismus, dem Ende aller politisch-ideologischen Utopien, der totalen Niederlage und moralischen Diskreditierung schien das Feld von Wissenschaft und technischem Fortschritt wie kein anderes geeignet, den verbliebenen Spielraum für eine Wiedergewinnung nationalen Prestiges zu nutzen. Die Erfahrung, in welchem Tempo der technische Fortschritt binnen weniger Jahrzehnte die Alltagswirklichkeit von Grund auf verändert hatte, verstärkte die enormen Erwartungen zusätzlich, zumal technische Innovation allgemein als Gradmesser von gesellschaftlichem Fortschritt galt. Unter den technologischen Zukunftsentwürfen zählte die antizipierte Vision vom Allzweckatom zu den bestechendsten. Ein wesentliches Moment dabei dürfte ein weitgehend unbewusster Verdrängungsreflex der während der Hochphase des Kalten Krieges bis in die frühen sechziger Jahre hinein sehr realen Gefahr einer militärischen Auseinandersetzung der atomaren Supermächte gewesen sein[11]. In der frühen Phase der insbesondere publizistisch abgestützten Atomeuphorie und des nuklearen Optimismus bis in die siebziger Jahre hinein sind explizite Vertrauensbekundungen pro Kernenergie kaum zu belegen. Obwohl die Technologie bis zur kommerziellen Reife in den späten sechziger Jahren einen uneingelösten Wechsel auf die Zukunft darstellte, galt sie im öffentlichen Diskurs als weitgehend unproblematisch. Ein verbreitetes technikeuphorisches Grundgefühl flankierte nahezu unhinterfragt die erheblichen Einstiegsinvestitionen in eine Großtechnologie, die als zeitgemäßer Sachzwang angesehen wurde.

Das Vertrauen, das der Historiker in der Rückschau und im Bewusstsein der späteren Misstrauensbekundungen als vormals vorhanden diagnostiziert, kann man demnach als eine Form des präreflexiven, generalisierten Vertrauens in Wissenschaft und Technik und die damit befassten Experten bezeichnen. Die an eine in der Zukunft liegende Gewissheit erinnernde Erwartungssicherheit, die Kernenergie werde binnen Kürze eine preiswerte, universell verfügbare Energieversorgung gewährleisten, markierte in Verbindung mit personalem Vertrauen in wichtige Autoritäten der Wissenschaft (wie Otto Hahn, Werner Heisenberg oder Carl Friedrich von Weizsäcker) die Konturen dieses Vertrauens. Außerdem lag die strahlende nukleare Zukunftsperspektive auf einer Generallinie der technikhistorischen Entwicklung hin zu immer größeren Energiekapazitäten und wachsender Konzentration. Konsequenterweise war die Kernkraft Vielen somit das i-Tüpfelchen im energetischen Weltbild und ließ sich elegant in eine an Wachstum, Wohlstandsmehrung und Mobilität orientierte Konsumgesellschaft einfügen.

---

11 Auf die traumatischen Erfahrungen mit der atomaren Bedrohung kann hier nicht näher eingegangen werden. Hiroshima und Nagasaki zählen zu den Schlüsselereignissen im 20. Jahrhundert, die in den Nachkriegsjahren noch in frischer Erinnerung waren. So stand die Gefährlichkeit der (militärischen) Atomtechnik vor aller Augen, die Diskussion um die Gefahr des radioaktiven fall out infolge der Atomtests der 50er Jahre gehört zur Vorgeschichte der Kritik an der zivilen Nutzung der Atomenergie.

Entzauberung einer konkreten Utopie: Der lange Abschied von der Zukunft der Kernenergie

Die Dynamik der von Eric Hobsbawm als »Golden Age of Capitalism« bezeichneten Epoche eines beispiellosen ökonomischen Booms nach dem Zweiten Weltkrieg wurde in den siebziger Jahren spürbar abgebremst[12]. Mit der populären Formel des ersten Berichts an den »Club of Rome« über die »Grenzen des Wachstums« (1972) wurde diese Entwicklung öffentlichkeitswirksam auf den Begriff gebracht und verankerte sich rasch im Bewusstsein vieler Menschen[13]. Dieser mentale Prozess einer wachsenden Einsicht in die Dialektik des Fortschritts stellt einen entscheidenden Vorgang bei der Genese des modernen Umweltbewusstseins dar. Es verbreitete sich zunächst bei einer gesellschaftlichen Avantgarde das Gefühl, angesichts der wirtschaftlichen Misere und allerorten unübersehbar gewordener ökologischer Krisensymptome den eigenen konsumorientierten Lebensstil überdenken zu müssen.

Bis dahin hatte der Begriffszwilling Wachstum/Fortschritt nahezu unwidersprochen die Ratio gesellschaftlicher Entwicklung und politischer Planung bestimmt. Gerade in der Bundesrepublik galt die Atomenergie lange als Inbegriff von Modernität, Fortschritt und Ausweis wissenschaftlicher wie wirtschaftlicher Leistungsfähigkeit. Allmählich aber wurden die enormen Folgekosten dieser stürmischen Expansion sichtbar. Von dieser kritischen Zeitdiagnose aus ergaben sich zahlreiche Querverbindungen zu der Anti-Atom- und Bürgerinitiativbewegung, die sich in diesen Jahren formierte. Denn in der Wahrnehmung seiner Kritiker galt der Atomsektor zunehmend als symbolische Verdichtung jener Negativentwicklungen ausgreifenden industriellen Wachstums, die unkontrollierbar und bedrohlich erschienen. Hatte lange Jahre ein rein auf Wohlstandsmehrung ausgerichteter quantitativer Fortschrittsbegriff vorgeherrscht, so erodierte nun das generalisierte Vertrauen in diese materielle Fortschrittsvision zusehends. Aus den disparaten Strömungen von Bürgerinitiativen, neuen sozialen Bewegungen und Ökogruppen formierte sich zwar keine einheitliche Protestgruppierung mit klar umrissenen Zielen, doch waren die Anzeichen für einen einsetzenden Bewusstseinswandel und das gemeinsame emotional grundierte Motiv der Sorge unübersehbar.

---

12 Vgl. den zweiten Teil in Hobsbawm, Eric, *Das Zeitalter der Extreme. Weltgeschichte des 20. Jahrhunderts,* München/Wien 1995.

13 Vgl. weiterführend Hünemörder, Kai F., *Die Frühgeschichte der globalen Umweltkrise und die Formierung der deutschen Umweltpolitik (1950–1973),* Stuttgart 2004.

Seit etwa 1970 kamen zunächst leise Zweifel an der Sicherheit kerntechnischer Anlagen auf. Bald jedoch griff das brisante Thema über die Kreise weniger Interessierter hinaus und sicherte sich rasch öffentliche Aufmerksamkeit[14]. Als Schlüsselereignis in der Formierungsphase einer breiter werdenden Proteststörmung kann die Auseinandersetzung um den geplanten Bau des Atomkraftwerks Wyhl im Jahr 1975 gelten. Sie fiel in eine Phase des nach der Ölkrise 1973 forciert geplanten Ausbaus der Kernenergie. Im Zuge dieser im 4. Atomprogramm der sozialliberalen Bundesregierung festgehaltenen gigantischen Ausbaupläne wurden bis dahin kaum industrialisierte Regionen Westdeutschlands als künftige Standorte von Atommeilern benannt. Bis zum Jahr 1980 sollte die Kernenergie zunächst ein Viertel, bis 1985 gar die Hälfte der Stromerzeugung tragen. 1973 steuerte sie erst rund 5 Prozent dazu bei[15]. Gegen diese ausgreifenden Pläne, die auf überzogenen Bedarfsprognosen der Energieversorgungsunternehmen basierten, formierte sich in zahlreichen Bürgerinitiativen und überregionalen Umweltschutzverbänden wie dem BBU ein breiter Widerstand. Diese Protestgruppen umfassten zwar zu keinem Zeitpunkt die Mehrheit der Bevölkerung, waren aber doch Spiegel eines zunehmend differenzierten Kenntnisstandes und eines wachsenden Problembewusstseins in Kreisen der Anti-Kernkraft-Bewegung, in der jüngere und zumeist akademisch gebildete Trägerschichten den Ton angaben. Auch hier wirkte trotz mancher Friktionen das Gefühl identitätsstiftend, gemeinsam für eine lebenswerte Zukunft zu kämpfen.

Das südbadische Wyhl wurde ab 1975 zum Symbolbegriff für den Widerstand der Anti-Kernkraft-Bewegung und zum entscheidenden Impuls der Formierung einer bald auch überregional agierenden Technikopposition, wie es sie zuvor in der Bundesrepublik noch nicht gegeben hatte. Wyhl macht ähnlich wie später Brokdorf oder Gorleben noch einen weiteren Aspekt deutlich, nämlich den der regionalen Verankerung der Proteste. Hier ließen sich leicht Bedrohungsängste der unmittelbaren Lebenswelt und regionale Identitäten mobilisieren sowie unterschiedliche Protestmotive integrieren. Nicht zufällig verzeichnete der Heimat-Begriff in den siebziger Jahren wieder eine wachsende Konjuktur. Noch keineswegs abschließend beantwortet ist in diesem Zusammenhang die Frage nach dem Verhältnis von urba-

---

14 Termingerecht zur Ölpreiskrise erschien ein Opus, das erstmalig die seit den 60er Jahren in den USA erarbeitete fundierte Kritik an der Kernenergie systematisch auswertete, in den deutschen Sprachraum vermittelte und auch später das umfangreichste Argumentationsarsenal der deutschen Kernkraftgegner blieb: Strohm, Holger, *Friedlich in die Katastrophe. Eine Dokumentation über Kernkraftwerke,* Hamburg 1973.

15 *Kernenergie. Eine Bürgerinformation,* Bonn ²1976, S. 24.

nen Zentren (Groß- und Universitätsstädte) und regionaler Peripherie bzw. den unterschiedlichen Trägerschichten und Milieus des sich formierenden Umweltbewusstseins. Kurz: Was waren seine zentralen Motive, an welchen Orten und ich welchen Milieus bildete es sich heraus und welche medialen Multiplikatoren wurden genutzt? Welche Rolle spielten Visualisierungen wie etwa TV-Bilder, um Gefühle der Wut und Ohnmacht virulent werden zu lassen und dabei eine durchaus respektable gesellschaftliche Gegenmacht entstehen zu lassen, die nicht mehr leichtfertig als ein Ensemble sektiererischer Spinner abqualifiziert werden konnte?

Der kritische Nukleardiskurs war keineswegs der einzige Sektor des Protestes gegen wachsende Umweltgefahren. Wegen seiner starken symbolischen Aufladung gewann das Atomthema jedoch einen derart zentralen Stellenwert, dass sich an ihm die in der Luft liegende Unzufriedenheit über den determiniert erscheinenden Weg in eine durchindustrialisierte Zukunft niederschlug. Es war somit v. a. die Kernenergiekontroverse, die der Umwelt- und Ökologiebewegung in der Bundesrepublik während der siebziger Jahre zum Durchbruch verhalf. Genau hier bot sich der Ansatzpunkt, die Gefühle vermeintlicher Ohnmacht gegen staatliche Willkür und das Wutempfinden der Betroffenen zu artikulieren und in die soziale Praxis des Protestes zu übersetzen. »Die meisten unserer nachdenklichen Mitbürger«, so der SPD-Politiker Erhard Eppler, »haben das blinde Vertrauen in den technischen Fortschritt verloren. Sie fühlen sich eher als hilflose Objekte eines technischen Prozesses«[16].

Eine kritische Einstellung zur Kernenergie gewann in den Folgejahren öffentlich an Einfluss. In der zweiten Hälfte der siebziger Jahre, der Eskalationsphase der Proteste mit einem Kulminationspunkt im Jahr 1977, entwickelte sich die Kernkraftkontroverse (neben der Herausforderung durch den Terrorismus) zum beherrschenden gesellschaftspolitischen Thema. In zahlreichen Publikationen – von selbst hektographierten Flugschriften über Aufklärungsbroschüren bis hin zu Buchveröffentlichungen in renommierten Verlagen – äußerten Gegner der Atomenergie ihre Bedenken und artikulierten ein zunehmendes Misstrauen an der Vernünftigkeit von Urteilen und Risikobewertungen solcher Experten, die einen weiteren Ausbau der Kernenergie befürworteten. Ein breiter Angstdiskurs erhielt dadurch massiv Anschub.

---

16 Eppler, Erhard, *Ende oder Wende. Von der Machbarkeit des Notwendigen*, Stuttgart 1975, S. 41. Vgl. auch ders., *Maßstäbe für eine humane Gesellschaft. Lebensstandard oder Lebensqualität*, Stuttgart 1974.

Die Tatsache, dass Atomenergie auf symbolischer Ebene immer für sehr viel mehr stand als für schlichte Energieerzeugung, machte sie anfällig für Kritik, als sie ihren visionären Anstrich zu verlieren begann und zum Bestandteil einer weitgehend entzauberten Energiepolitik herabsank. Vielmehr galt die Kernenergie gerade in den Reihen der Neuen Linken vielen Opponenten als Verkörperung all dessen, was man kritisieren wollte: Kapitalinteressen, Staatsmacht und lebensfeindliche Industriepolitik[17]. Zwischen der Heilserwartung der Frühzeit und den übertriebenen Ängsten und Misstrauensbekundungen der mittleren und späten siebziger Jahre besteht demnach ein dialektischer Zusammenhang, der durch den euphorischen, aber bald als überambitioniert erkannten technokratischen Reformelan der sozialliberalen Koalition unter Willy Brandt noch deutlicher wird. Seit Mitte der siebziger Jahre stieg die Artikulationsfrequenz von negativen Gefühlen gegenüber der Atomtechnologie deutlich an. Die Rede ist insbesondere von Vertrauensschwund gegenüber den Experten als Repräsentanten der atomaren Großtechnik, von Zweifeln an der Unabhängigkeit von Politikern und der die Sicherheitsstandards kontrollierenden Behörden.

Als weitere Kritikpunkte wurden neben den exorbitanten Kosten der Nukleartechnik häufig das Profitstreben der Betreiber und die enge Verquickung staatlicher und industrieller Interessen ins Feld geführt. Die vollkommene Abhängigkeit forschungs- und ernergiepolitischer Richtungsentscheidungen von Expertenvoten nährte seit den siebziger Jahren den Verdacht, »daß der Technokratievorwurf einen wahren Kern zu einer plakativen Formel verdichtete«[18]. Dubiose Vorgänge in der Industrie waren nicht gerade dazu angetan, »das Vertrauen in die Großtechnik wiederzuerlangen und Verdächtigungen zu zerstreuen, Experten und Konzerne betrieben unter dem Mantel des Allgemeinwohls und abgesichert durch staatliche Protektion eine riskante Interessenpolitik«[19]. Der Kernenergie-Dissident Klaus Traube räumte ein, dass die Argumente der Kernkraftkritiker zunächst teilweise dilettantisch waren, »nicht aus Schlampigkeit, sondern weil sie es der Natur der hyperkomplexen Sache nach nicht anders sein konnten. In solcher Situation ist Vertrauen entscheidend – und das Vertrauen in Technik und Technokratie war generell abhanden gekommen.« Und was noch wichtiger war: »Es wurde auch durch den wei-

---

17 Vgl. Koenen, Gerd, *Das rote Jahrzehnt. Unsere kleine deutsche Kulturrevolution 1967–1977*, Köln 2001.

18 Schüler, Andreas, *Erfindergeist und Technikkritik. Der Beitrag Amerikas zur Modernisierung und die Technikdebatte seit 1900*, Stuttgart 1990, S. 197.

19 Ebd., S. 197f.

teren Verlauf der Kernenergiekontroverse nicht zurückgewonnen«[20]. Doch die Misstrauens- und Angstartikulationen beschränkten sich keineswegs auf esoterische Ökofreaks, linke Spontis und langhaarige Studenten. In einem Zeitungsbeitrag äußerte sich beispielsweise der Freiburger Politologe Wilhelm Hennis ebenso lakonisch wie skeptisch zum Thema Wyhl: »Den Energiepolitikern traue ich fast noch weniger über den Weg als den Bildungspolitikern und ihrem wissenschaftlichen Troß. Ich bin mißtrauisch geworden und weigere mich daher, blind zu akzeptieren, daß an Kernkraftwerken kein Weg vorbeiführe.«[21]

Neben Wyhl und Kalkar haben sich vor allem die in Norddeutschland gelegenen Orte Grohnde, Brokdorf und Gorleben im Zuge der Anti-Atom-Proteste im kollektiven Gedächtnis verankert. Diese Namen markieren die folgenden Eskalationsstufen einer schwelenden Vertrauenskrise, in der die Kernenergiepolitik der Bundesregierung an den Rand des Scheiterns geriet. Zu den Schlüsselereignissen, die erheblich zur Erosion des Vertrauens beitrugen, zählen die gewalttätigen Ausschreitungen an den Bauzäunen des Atomkraftwerks Brokdorf in der Wilstermarsch, die am 13. November 1976 in bürgerkriegsähnliche Szenen einmündeten. In einem Brief an den Ministerpräsidenten von Schleswig-Holstein, Gerhard Stoltenberg, schrieb Bundeskanzler Helmut Schmidt im Vorfeld einer erneuten Großdemonstration im Februar 1977 und angesichts einer Phalanx des Misstrauens gegenüber der von ihm in einer Regierungserklärung im Dezember 1976 erneut bekräftigten Kernenergiepolitik: »Nach Auffassung der Bundesregierung sind aber Bemühungen nicht weniger wichtig, mit den Bürgerinitiativen rechtzeitig vor dem 19. Februar 1977 intensive und offene Gespräche zu führen mit dem Ziel, Mißtrauen abzubauen und eine Vertrauensbasis herzustellen«[22]. Vertrauen war zu einer knappen, umkämpften Ressource geworden. Der Staat gewann es von den AKW-Gegnern nicht zurück und benötigte viele Jahre, um die Berechtigung von Kritik und offenem Misstrauen in diesem Punkt zumindest teilweise anzuerkennen und politisch umzusteuern.

20 Traube, Klaus, *Müssen wir umschalten? Von den politischen Grenzen der Technik,* Reinbek 1978, S. 242.
21 Fragen zum Kernkraftwerk Wyhl, die nicht beantwortet sind, in: *Deutsche Zeitung* vom 7.3.1975, S. 2.
22 AdsD der Friedrich-Ebert-Stiftung, Dep. Helmut Schmidt, Box 6523 »Bundeskanzler, SPD-Bundestagsfraktion, Allgemeines«, Schreiben von Helmut Schmidt an Gerhard Stoltenberg vom 3.2.1977.

Die Kettenreaktion der Angstbekenntnisse –
Furcht vor atomarer Apokalypse

Zu den zentralen Begriffen, die im Hinblick auf die weitgehend pessimistisch beurteilten Zukunftsaussichten im Angesicht von ökologischer Krise, Grenzen des industriellen Wachstums, atomarer Bedrohung und wirtschaftlicher Rezession in den siebziger Jahren als Ausdruck von Mentalität und Zeitgeist gelten können, zählt »Angst«[23]. Viele jüngere Menschen, die im Wohlstand einer entfalteten Konsumgesellschaft aufgewachsen waren, artikulierten freimütig ihre Ängste, zogen das rein quantitativ begriffene Fortschrittsparadigma in Zweifel und suchten nach neuen, immateriell-qualitativen Wertmustern. Der Umwelthistoriker Joachim Radkau, der zu den subkutanen Motiven des modernen Umweltbewusstseins insbesondere die Furcht vor der atomaren Apokalypse und die Angst vor Krebserkrankungen zählt, sieht in der durch eigene Betroffenheit begründeten Angst einen der stärksten menschlichen Handlungsantriebe überhaupt: »Die Angst um die Natur wird dann am heftigsten, wenn sie auch eine Angst um das eigene Wohlergehen ist; und sie wird dann zu einer öffentlichen Macht, wenn sich die Objekte der individuellen Sorgen glaubwürdig zu einer großen volks- und menschheitsbedrohenden Gefahr kombinieren lassen. Eine derartige Vernetzung der Ängste steht am Anfang der modernen Umweltbewegung«[24]. Angst zählt zu den existenziellen Empfindungen des Menschen[25] und ist komplementär zu einer fundamentalen Seinsgewissheit zu betrachten, die Erich H. Erikson als »Urvertrauen« bezeichnet. Von der diffusen Angst, die einem irrationalen Panikzustand gleicht, kann der Typus der intentionalen Angst (oder auch Furcht) unterschieden werden, der sich auf konkrete Sorgensgründe bezieht und eine durchaus rationale Form der Besorgnis darstellt[26]. In diesem Kontext ist etwa die Angst vor der sinnlich nicht wahrnehmbaren radioaktiven Strahlung zu nennen – das älteste Motiv im Widerstand gegen die zivile Nutzung der Kernenergie – , die Angst vor einer zunehmend industrialisierten Lebenswelt durch forcierten Ausbau der Kernenergiekapazitäten, die Angst vor unkalkulierba-

---

23 Vgl. z. B. Der unsichtbare Tod. Die Angst des Bürgers vorm Atom, Hamburg 1979.

24 Radkau, Joachim, *Natur und Macht. Eine Weltgeschichte der Umwelt*, München 2000, S. 299.

25 Vgl. Duby, Georges, *Unseren Ängsten auf der Spur. Vom Mittelalter zum Jahr 2000*, Köln 1996.

26 Vgl. Jäger, Ludwig, »Angstsemantik. Die Bedeutung von ›Technik‹ und ›Angst‹ in der Medienöffentlichkeit«, in: Kerner, Max (Hg.), *Technik und Angst. Zur Zukunft der industriellen Zivilisation*, Aachen u. a. [2]1997, S. 65–77, hier S. 72.

ren Folgen möglicher Reaktorhavarien sowie die Sorge um Gesundheit und Lebenschancen künftiger Generationen.

Sofern es zutrifft, dass Vertrauen Zukunft vorwegnimmt und unter Verzicht auf Kontrolle, vollständige Information und gesichertes Wissen Handlungsoptionen eröffnet, wird besonders an dem Begriff der »Zukunftsangst« die beklemmende und Zukunft abschneidende Rolle der Angst deutlich. In plakativer Form kommt das in der am Ende der siebziger Jahre in jugendlichen Subkulturen weit verbreiteten Parole »no future« zum Ausdruck. »Angst« war in aller Munde, als sich das aus dem Misstrauen gegenüber dem Wahrheitsgehalt der Aussagen der Kernenergielobby erwachsene Unbehagen vor dem »Atomstaat«[27] kumulativ mit anderen Besorgnissen verband, wie dem Raubbau an der Natur, Rezession, Arbeitslosigkeit und der Bedrohung des Weltfriedens nach dem NATO-Doppelbeschluss. Doch das »Ende der Geschichte« war keineswegs erreicht. Gerade die akute, alarmierte Besorgnis um die Bewahrung der natürlichen Lebensgrundlagen des Menschen forderte ein neuartiges Zukunftsdenken heraus, für das der Bestsellererfolg des »Global 2000« – Berichts ein Beleg ist.[28]

In Hans Jonas' 1979 veröffentlichten Buch »Das Prinzip Verantwortung« ist die »Heuristik der Furcht« einer der Schlüsselbegriffe. Dem Religionsphilosophen galt die Furcht als psychologischer Antrieb der Wissensaneignung, die man als Basis verantwortlichen Handelns im Blick auf künftige Generationen benötige. Ob Angst in der technischen Entwicklung tatsächlich eine konstruktive Rolle zu spielen vermochte, ist auch für Joachim Radkau »eine spannende Frage an die Technikgeschichte«[29]. Wenn man die Revision der ursprünglichen Ausbaupläne des 4. Atomprogramms angesichts zahlreicher Misstrauensbekundungen und lautstarker Proteste durch das faktische Moratorium seit den späten siebziger Jahren betrachtet, kann man diese Frage m.E. bejahen und die unüberhörbar artikulierten Gefühle von Angst und Misstrauen als wichtige Regulative der die Gesamtgesellschaft betreffenden technologiepolitischen Zukunftsentscheidungen und als starke öffentliche Gegenmacht interpretieren.

---

27 Vgl. Jungk, Robert, *Der Atom-Staat. Vom Fortschritt in die Unmenschlichkeit*, München 1977.

28 Vgl. The Global 2000 Report to the President of the US, New York 1980.

29 Radkau, Joachim, »Angst und Angstabwehr als Regulative der Technikgeschichte: Gedanken zu einer Heuristik der Furcht«, in: Kerner, Max (Hg.), *Technik und Angst*, Aachen 1997, S. 91–119, hier S. 101. Vgl. ders., »Angstabwehr. Auch eine Geschichte der Atomtechnik«, in: *Kursbuch* 85 (Sept. 1986), S. 27–53.

Anhand derartiger Angstartikulationen und einer vermehrten Verwendung emotionaler Sprache kann offenbar auch ein Moment der Feminisierung beobachtet werden. Zwar finden sich für ein herausgehobenes Engagement von Frauen in der Protestbewegung gegen die Kernenergie keine eindeutigen Belege, aber die persönliche emotionale Betroffenheit scheint gerade hinsichtlich des atomaren Strahlenrisikos und damit bei der Frage nach der Gesundheit des werdenden Lebens für viele Frauen eine zentrale Rolle gespielt zu haben.[30]

Die Macht der Medien und der Diskurswert einer emotionalen Sprache

Der seit den späten sechziger Jahren kontinuierlich gewachsene Stellenwert medialer Berichterstattung über Protestaktionen von Kernkraftgegnern, über (teils vertuschte) Störfälle sowie über den anschwellenden Risikodiskurs lässt sich in seiner Wirkung auf die Öffentlichkeit kaum hoch genug veranschlagen. Als Vermittlungsinstanz auch kritischer wissenschaftlicher Erkenntnisse erlebten die Medien in einer massendemokratischen Öffentlichkeit einen enormen Bedeutungszuwachs. An der Berichterstattung des *Spiegel* zum Thema Kernenergie lässt sich exemplarisch das wachsende Misstrauen gegenüber der zivilen Atomenergie und die spezifische Form ihrer politischen Umsetzung in der Bundesrepublik nachvollziehen[31]. Diesem Bedeutungszuwachs der Medien entsprach ein relativ rascher Bedeutungsverlust herkömmlicher Formen der wissenschaftlichen Aufklärung »von oben«, wie sie bis in die sechziger Jahre praktiziert wurden. Seitdem gewann die Wirkungsmacht von Fernsehbildern mehr und mehr an Gewicht. Nachrichtenwert besaßen jedoch nur

---

30 Insbesondere nach der Havarie in Harrisburg 1979 und später nach Tschernobyl bildete die Angstartikulation ein Leitmotiv: »Seit diesem Unfall bin ich innerlich wie abgestorben. (...) Meine Fröhlichkeit, meinen bisherigen Lebensstil habe ich verloren, mein Vertrauen und meine Hoffnungen sind betrogen.« Zit. nach Perincioli, Cristina, *Die Frauen von Harrisburg oder ›Wir lassen uns die Angst nicht ausreden‹*, Reinbek 1980, S. 74. Vgl. auch Engels, Jens Ivo, »Gender Roles in German anti-nuclear Protest. The Women of Wyhl«, in: Bernhardt, Christoph/Massard-Guilbaud, Geneviève (Hg.), *The Modern Demon. Pollution in Urban and Industrial European Societies*, Clermont-Ferrand 2002, S. 407–424.

31 Vgl. u.a. Stange, Susanne, »Die Auseinandersetzung um die Atomenergie im Urteil der Zeitschrift ›Der Spiegel‹«, in: Hohensee, Jens/Salewski, Michael (Hg.), *Energie – Politik – Geschichte*, Stuttgart 1993, S. 127–152.

außergewöhnliche Vorkommnisse, nicht aber ein störungsfreier Normalbetrieb. Überhaupt barg die komplexe Thematik der Atomkraft vielfältige Möglichkeiten der Dramatisierung, Skandalisierung und Moralisierung, die von Teilen der Medienmaschine bereitwillig genutzt wurden, um über Sicherheitsrisiken aufzuklären, zuweilen aber auch um Stimmungen zu schüren.

Im Kontext des technikkritischen Diskurses haben diese Artikulationen von Misstrauen und Angst gegenüber großtechnischen Artefakten des Industriesystems als politische Gefühlsartikulationen eine Schlüsselposition nicht nur in der kritischen »grauen« Literatur, sondern in weiten Teilen der medienöffentlichen Diskussion gefunden. Während die Apologeten der Kerntechnik die Angstartikulationen zumeist als irrationale Gefühlsregungen ansahen, die den Weg nüchterner Problemlösung verbauten, argumentierten die Kernkraftkritiker mit der emotionalen Unmittelbarkeit ihres Empfindens, das keineswegs irrational sei, sondern sich auf konkrete Folgekosten beziehe. Somit sei es durchaus rational begründbar. Derart herausgefordert, begann die Kernenergielobby ihrerseits, mit Hilfe gezielter PR-Strategien ihre Öffentlichkeitsarbeit zu professionalisieren, Transparenz zu demonstrieren und erneut um Vertrauen zu werben.

Auf Seiten der Kritik gab es beides: die Artikulation rein emotional motivierter, manchmal tatsächlich irrational anmutender Angst sowie die wissenschaftlich fundierte, durch kritische Experten geäußerte Besorgnis vor ganz realen Defiziten herkömmlicher »Sicherheitsphilosophie« auf Seiten der Betreiber. Vertreter der Kernenergielobby räumten sogar die Berechtigung mancher Proteste ein und erprobten in ungekannter Offenheit neue Wege der Akzeptanzbeschaffung: »Zweifellos ist ein, wenn nicht der Kernpunkt des Mißtrauens und der Angst das tatsächlich existierende potentielle Risiko, das mit der Kernenergienutzung verbunden ist: die Strahlung, das Ausmaß, das ein Unfall unter ungünstigsten Umständen annehmen kann, die längerfristigen Probleme wie Erbschäden oder Endlagerung hochaktiver Abfälle usw«[32]. Und weiter heißt es in den Worten sozialpsychologischer Grundgrammatik: »Was die Kernenergie einst besaß und was sie verloren hat, ist Vertrauen. Nur Vertrauen kann Ängste überwinden. Nur Vertrauen kann das Gefühl von Ohnmacht und Unkenntnis ertragbar machen. Vertrauen erwerben, das verlorene Vertrauen zurückgewinnen und dafür sorgen, daß das noch vorhandene nicht weiter schwindet – das ist die Aufgabe für heute und morgen.«[33]

---

32 Müller, Wolfgang D., »Kernenergie und Öffentlichkeit«, in: *atw* (Atomwirtschaft) 22 (1977), S. 19.
33 Ebd.

Allerdings fruchteten diese Strategien erneuter Vertrauenswerbung nicht. Angesichts der Undurchschaubarkeit der Großtechnik verbreitete sich die Auffassung, »daß das Mißtrauen gegen Kernkraftwerke durch sachliche Argumente der Kernenergietechnokraten und -techniker nicht entkräftet werden konnte«[34]. Laut Einschätzung von Klaus Traube war das Hinzuziehen von Public-Relations-Profis letztlich sogar kontraproduktiv, denn »deren Werbesprache mußte auf die Kernenergiekritiker, häufig ja zugleich Kritiker der Konsumgesellschaft, fatal wirken, das Mißtrauen noch verschärfen«[35].

Für Technikenthusiasten wie Technikskeptiker hat das emotional besetzte Begriffsfeld Vertrauen/Misstrauen/Angst offenbar einen bevorzugten strategischen Diskurswert besessen, der es geboten erscheinen ließ, diese Termini in das Zentrum bewusster kommunikativer Strategien zu stellen. In diesen Bekundungen bündelten sich oftmals hochkomplexe Sachargumentationen und Wertüberzeugungen, die nicht bei jeder Gelegenheit expliziert werden konnten. Im Sinne der Reduktion komplexer technischer Zusammenhänge begriffen die Skeptiker Angst und Misstrauen als Ausdruck eines unwiderstehlichen politischen Gefühls und als spezifische Form einer besonderen politischen Sensibilität. Ohne weiteres passte das in eine Zeit, in der seit den gesellschaftlichen Aufbrüchen der späten sechziger Jahre die öffentliche Artikulation, zuweilen sogar bekenntnishafte Demonstration von Emotionen weitgehend enttabuisiert war. Zudem gilt das Besetzen neuartiger Begiffe als klares äußerliches Indiz für gesellschaftlichen Wandel. So erscheinen Bekundungen von Angstgefühlen als entscheidende Regulative einer kritisch wahrgenommenen Wachstums- und Fortschrittsideologie. Den Apologeten gilt das Angstbekenntnis umgekehrt als Indikator von Irrationalität und Fortschrittsverweigerung. Im Ergebnis führte diese gesellschaftliche Polarisierung zu der oft klischeehaften Charakterisierung ›kalter Technokraten‹ versus ›irrationale Gefühlsmenschen‹.

Dass aber durchaus ganz rationale Überlegungen die Basis der Besorgnisse abgeben konnten, betonte Herbert Gruhl, der nicht der Ansicht war, »daß die Menschen eine Urangst oder irrationale Ängste vor der Atomspaltung oder allem, was folgt, haben. Die Besorgnisse sind im Gegenteil ganz rational begründet. Irrational ist dagegen das unbegründete Vertrauen der Befürworter und der Technologiegläubigen, die da meinen, mit etwas Glück werde schon alles gut gehen«[36].

---

34 Traube, Klaus, *Müssen wir umschalten?* Reinbek 1978, S. 241.

35 Ebd., S. 243.

36 Gruhl, Herbert, »Die ganz neue Problematik der Kernenergie«, in: *Lebensschutzinformationen* 3 (1977), S. 3.

Ohne Frage fiel manchen Angstartikulationen und sorgenvollen Betroffenheitsbekundungen die Aufgabe zu, argumentativen Aufwand zu ersetzen und einer bloßen Befindlichkeitslage Ausdruck zu geben. Schließlich gilt Angst als unmittelbar, selbstevident und einwandsresistent und ist mit Sachargumenten nicht ohne Weiteres zu entkräften. Demgegenüber erscheinen zahlreiche Misstrauensbekundungen spezifischer, weil sie sich auf konkrete Risikodimensionen der Technik oder auf fragwürdige Ergebnisse der mit viel Aufwand betriebenen probabilistischen Risikoforschung bezogen. Im Ergebnis wirkten diese Gegenexpertisen von kritischen Experten mit hohem Wissensstand auf die Öffentlichkeit und politische Entscheidungsträger häufig überzeugender als die zuweilen auch panikartig geäußerten Bekundungen von diffuser Angst.

Schluss: Zur Dialektik technologischer Heilserwartungen

Den von Optimismus getragenen überzogenen Erwartungen im Blick auf die Möglichkeiten der Atomenergie stand – in fast dialektischer Weise – in den siebziger Jahren Pessimismus, Zukunftsangst und Enttäuschung gegenüber. Das Vertrauen in die kernenergiefreundlichen Experten schwand in dem Maße, wie der allgemeine Informationsstand breiter Bevölkerungsschichten anwuchs und ein konkretes Problembewusstsein für die Risikodimensionen moderner großtechnischer Systeme generierte. Strukturell undurchschaubar, in seinen Entscheidungsabläufen intransparent und kaum kontrollierbar, bot der expansiv geplante Kernenergiesektor eine geradezu ideale Angriffsfläche, um das Unbehagen an der fortgeschrittenen Industriegesellschaft exemplarisch zu artikulieren.

Hinzu kam, dass nicht nur der politische Konsens zugunsten der Kernenergie zu bröckeln begann, sondern sich auch immer mehr Wissenschaftler kritisch zu Aussagen von Fachkollegen äußerten und so die gesellschaftliche Akzeptanz der Kernenergie sank. Der Experten-Dissens entwickelte sich vor dem Hintergrund divergierender Risikoeinschätzungen zu einem alltäglichen Phänomen, Sozial- und Umweltverträglichkeit zu Aspekten mit wachsender Relevanz [37]. Im Ergebnis führte das zu einer Entmystifizierung des Sozialtypus des Experten, seines vermeintlichen

---

37 Vgl. Weingart, Peter, »Verwissenschaftlichung der Gesellschaft – Politisierung der Wissenschaft«, in: *Zeitschrift für Soziologie* 12 (1983), S. 225–241.

Arkanwissens und zur Entzauberung des überkommenen Technik- und Wissenschaftsverständnisses, das seinen Gegenstand als gesellschaftlich neutral und an Sachzwänge gebunden betrachtet hatte. Immer stärker wurden nun die Expansionstendenzen moderner Großtechnik mit ihren negativen Auswirkungen auf Natur, Umwelt und Lebensqualität als ein sozialer Prozess begriffen, der auf gesellschaftlichen Wertentscheidungen beruhte und politisch alternativ gestaltet werden konnte. Kritische Expertenvoten und die Kompetenz oft jüngerer Gegenexperten (z. B. in den neu gegründeten Ökoinstituten) spielten in der Umweltbewegung eine zentrale Rolle und begründeten ihre argumentative Stärke[38]. Flankierend waren aber der emotionale Appell und die affektiv grundierte Aktion für die Breitenwirkung im Zeitalter der Massenmedien unerlässlich, gleichsam als Druck von der Basis der Umweltbewegung, artikuliert durch die unmittelbar Betroffenen, durch engagierte Bürgerinitiativen und bunte Protestgruppen. Um die mobilisierende gesellschaftliche Kraft der Ökologiebewegung seit den siebziger Jahren adäquat zu erfassen, sollten die hier berührten Fragen in der Forschung stärkere Berücksichtigung finden.

Medien spielten in der Kulminationsphase des Anti-AKW-Diskurses als vernetzende und verstärkende Instanzen eine zentrale Rolle. Sie berichteten nicht nur über außergewöhnliche Vorkommnisse, die man mit Niklas Luhmann als vertrauenskritische Schwellen bezeichnen kann. Sie boten auch ein Forum für den Vertrauens- respektive Angstdiskurs, indem sie diesen schillernden Bündelungsbegriffen zu neuer Konjunktur verhalfen. Ferner ließ die Medienpräsenz die Gebrauchsfrequenz emotional appellativer Begriffe erheblich ansteigen und personale wie kommunikative Netzwerke des Misstrauens gegenüber dem eingeschlagenen energiepolitischen Pfad entstehen, die wichtige Handlungsimpulse aussandten. Im Ergebnis entwickelte sich in einem historischen Lernprozess unter dem Einfluss des gesamtgesellschaftlichen Klimawandels ein neuartiges, nämlich emanzipatorisches Verständnis von wissenschaftlichen Eliten und politischen Autoritäten, aber auch des Verhältnisses von Technik zu Politik und Demokratie. Die Parteigründung der Grünen war in diesem Prozess einer der wichtigen Meilensteine.

Nach wie vor ist die Emotionengeschichte des 20. Jahrhunderts ein schlecht bestelltes Feld. Dabei sind gerade im Hinblick auf die jüngere Umweltgeschichte wichtige Einsichten zu erwarten, insbesondere hinsichtlich der Motive, Bedingun-

---

38 Vgl. die Propagierung »sanfter« statt »harter« Energiepfade bei Lovins, Amory B., *Sanfte Energie*, Reinbek 1978.

gen und Handlungsantriebe ökologischen Engagements. Das mag in dieser Skizze deutlich geworden sein. Ohne Zweifel besitzen die vorliegenden Studien zur Organisations- und Institutionengeschichte von Naturschutz- und Ökologiebewegung sowie zu den sozialen Bewegungen ihren Wert. Unterbelichtet und weiterhin erklärungsbedürftig bleibt aber der mentalitätsgeschichtliche Hintergrund dieser Prozesse, in denen »starke Emotionen« offenbar eine tragende Rolle gespielt haben. Gerade Angst und Misstrauen verkehren sich hier als Erkenntnismittel und intuitive Sensoren zu positiven Werten und Korrektiven einer als Irrweg wahrgenommenen gesellschaftlichen Entwicklung. In ihnen artikuliert sich zum Einen unmittelbare Betroffenheit. Andererseits vermögen diese Gefühle jedoch keineswegs nur zu lähmen, sondern ungeahnte Mobilisierungseffekte hervorzurufen und handlungsleitende Impulse zu politisch-gesellschaftlicher Wirkungsmacht zu formieren. Eine solcherart an Emotionen und Affekten interessierte Historiographie erhebt keinen umfassenden Erklärungsanspruch. Sie kann aber unser Verständnis der Genealogie der Umweltbewegung erweitern. Mögliche Erträge und Perspektiverweiterungen durch den hier skizzierten Ansatz dürften die methodischen Bedenken wett machen, die immer wieder gegen die Emotionengeschichte ins Feld geführt werden.

Zur visuellen Geschichte der Naturschutz- und Umweltbewegung: Eine Skizze

Anna-Katharina Wöbse

Bilderwelten – Sinn und Zweck einer visuellen Geschichtsschreibung

Das 20. Jahrhundert gilt gemeinhin als das Jahrhundert der Bilder. Das Medium der Fotografie wurde um die Jahrhundertwende endgültig breitenwirksam, und die rasante Entwicklung und zunehmende Präsenz des »bewegten Bildes« in Form des Filmes begann eben zu diesem Zeitpunkt. Das Wort schien *zusehends* der unmittelbaren Illustrierung zu bedürfen. Die Bebilderung der Printmedien wuchs, und der öffentliche Raum wurde mittels Außenreklame und Sandwichmännern zum Tableau vivant. Illustrationen, insbesondere die fotografische Illustrierung, versprachen Eingänglichkeit, Unmittelbarkeit, Wahrheit.

In diese Konjunkturphase der visuellen Erläuterung und massenwirksamen Abbildung fiel in der westlichen Welt die Entstehung des Naturschutzes, der sich zu diesem Zeitpunkt von einer bürgerlichen Interessenvertretung zu einem kollektiven Akteur wandelte. Spiegelt sich diese Entwicklung zu einer sozialen Bewegung unter modernen Kommunikationsbedingungen, die der gesellschaftlichen Modernisierung Ende des 19. Jahrhunderts folgten, in der bewegungseigenen Bilderwelt wider?[1]

Der spezifische Bilderfundus des Naturschutzes ist bisher in den Untersuchungen zu seiner Geschichte kaum berücksichtigt und die Erkenntnismöglichkeiten aus den visuellen Quellen wenig genutzt worden. Insgesamt ist auf dem Feld der historischen Bilderforschung einige Bewegung zu verzeichnen, auch wenn Jäger konsta-

---

1 Im Folgenden wird Raschkes Definition sozialer Bewegungen zugrunde gelegt: »Soziale Bewegung ist ein mobilisierender kollektiver Akteur, der mit einer gewissen Kontinuität auf der Grundlage hoher symbolischer Integration und geringer Rollenspezifikation mittels variabler Organisations- und Aktionsformen das Ziel verfolgt, grundlegenderen sozialen Wandel herbeizuführen, zu verhindern oder rückgängig zu machen.« Raschke, Joachim, *Soziale Bewegungen. Ein historisch-systematischer Grundriß*, 2. Auflage der Studienausgabe, Frankfurt/Main, New York 1988, S. 77.

tiert, dass gerade in der Geschichtsschreibung der Neuzeit und Zeitgeschichte das Bild als Quelle bisher verhältnismäßig wenig Aufmerksamkeit gewidmet wird[2]. Allmählich setzt sich die Erkenntnis durch, dass Bilder der Geschichtswissenschaft nicht nur als Illustration dienen, sondern einen eigenständigen Informationswert haben. Bilder sind nicht nur »Reflex der Realität, sondern sie beeinflussen den historischen Prozeß, indem sie bewußtseins- und meinungsbildend wirken«[3]. Dass die Naturschutz- und Umweltgeschichte sich kaum mit der visuellen Materie beschäftigt hat, ist vielleicht nicht nur der Bildabstinenz der historischen Zunft, sondern auch der schwierigen Überlieferungssituation zuzuschreiben. Im Zuge der Exponatrecherchen für das Museum zur Geschichte des Naturschutzes in Deutschland sichtete ich Sammlungen und Nachlässe mit zum Teil sehr umfangreichen visuellen Beständen[4]. Eine systematische Zusammenführung, geschweige denn eine Analyse der Bildbestände hat bisher von historischer Seite nicht stattgefunden.

Trotz der Fülle des Materials dauerte es geraume Zeit, aus den visuellen Quellen ein repräsentatives Bild der Bewegung – nicht etwa ihres Gegenstandes – für die Ausstellung zu rekonstruieren: Es fanden sich Hunderte bis Tausende Aufnahmen von Wiedehopfen und Nistkästen – nicht aber von den Akteur/innen. Die Kombination der drei Bildtypen, die heute gezielt von den PR-Abteilungen der Umweltorganisationen gewählt werden, um einen chronologischen Rahmen für Motiv und eigenes Handeln herzustellen, nämlich Schönheits-, Schadens- und Aktionsbild, war noch nicht etabliert. Die visuelle Landschaft der Bewegung schien eher den Idealvorstellungen von Natur und Wildnis zu entsprechen: Sie war tendenziell menschenleer. Es stellt sich also die Frage, wann die Aktivist/innen sich selbst als lohnende visuelle Objekte begriffen. Gleichzeitig erschienen Motive, die durchaus

---

2 Jäger, Jens, *Photographie: Bilder der Neuzeit. Einführung in die Historische Bildforschung,* Tübingen 2000.

3 Talkenberger, Heike, »Historische Erkenntnis durch Bilder. Zur Methode und Praxis der Historischen Bildkunde«, in: Goertz, Hans-Jürgen (Hg.), *Geschichte. Ein Grundkurs,* Reinbek bei Hamburg, 1998, S. 83–98, hier S. 83.

4 Dazu gehörten neben verschiedenen kleineren privaten Sammlungen die verbliebenen Teile des Nachlasses der Familie Hähnle, Hugo Weigolds (inklusive des Tüxen/Weigold Bestandes des Landesmuseums Niedersachsen), Herbert Eckes, des Bundesamtes für Naturschutz, des Institutes für Vogelforschung in Wilhelmshaven, der Vogelwarte Nordrhein-Westfalen, des Max-Planck Institutes in Radolfzell mit dem Bestand Rossitten, des Vereins Jordsand, der Forschungs- und Schutzgemeinschaft Knechtsand, des NABU, des IUCN, des RSPB und BirdLife International. Dazu kam die Sichtung sämtlicher Exemplare des »Kleinen Tierfreundes« und der on-line verfügbaren Bildbestände von Greenpeace und WWF. Andere Bestände wie z.B. der Nachlass Marie Jaedickes, die viele Jahre für die Reichsstelle für Naturschutz fotografierte, sind unauffindbar, gelten als verschollen oder befinden sich noch in privater Hand und sind deshalb z.T. nicht zugänglich.

innovativ und ästhetisch wertvoll anmuteten und erst die zeitgenössische Bedeutung mancher Ideen und Aktionen »sichtbar« machten. Es verspricht aufschlussreich zu sein, die spezifische Verortung, Wahrnehmung und Selbstdarstellung des Naturschutzes in Zeiten der Entstehung der Bilderfluten zu untersuchen. Zum einen dient dabei die visuelle Dokumentation als Quelle einer »unausgesprochenen« Bewegungsgeschichte. Zum anderen gibt der Umgang mit Bildern Auskunft über das Verständnis von und Verhältnis zur Öffentlichkeit und Eigeninszenierung.

Bewertet man die zunehmende Illustration der alltäglichen Lebenswelt als Element der Moderne, kann die Betrachtung der spezifischen Bildsprache der Naturschutz- und Umweltbewegung zudem Aufschluss über deren Verhältnis zur Moderne geben. Darüber hinaus bietet die Sichtung Rückschlüsse auf den Grad der Politisierung und Professionalisierung. Gerade die visuelle Aufbereitung für die Öffentlichkeitsarbeit bedarf stets der Polarisierung, der grafischen Professionalität und nicht zuletzt eines gut ausgestatteten Etats, soll sie von Erfolg gekennzeichnet sein.

Das vorliegende Papier bietet eine Skizze des historischen Verhältnisses der Naturschutzbewegung zu Illustration und Fotografie im Kontext von Öffentlichkeit und Öffentlichkeitsarbeit an. Es soll dargestellt werden, ob und wie sich der formierende kollektive Akteur präsentiert hat. Besonderer Augenmerk wird in diesem Zusammenhang auf Kampagnen gelegt, die nicht nur auf eine hohe Medienresonanz abzielen, sondern auch eine direkte Publikumsorientierung aufweisen und somit konzentriert die Strategien der Persuasion, »diese Mischung aus rationaler Überzeugung und manipulativer Überredung«[5], transparent machen. Der Aufsatz beschäftigt sich mit der deutschen Naturschutz- und Umweltbewegung, zieht zur komparativen Untersuchung aber im Falle der Kampagnen gegen die Ölpest die Entwicklung in England heran. Innerhalb dieses visuellen Bezugsrahmens können erste Aussagen zu Kontinuitäten und Friktionen in den Bilderwelten getroffen und untersucht werden, ob sie parallel zu den Wellenbewegungen bzw. Epochenmarken in der Bewegungsgeschichte liegen, die von der Forschung bisher ausgemacht wurden.

---

5 Leggewie, Claus, »Kampagnen, eine nicht ganz neue Form politischer Mobilisierung«, in: Röttger, Ulrike (Hg.), PR-*Kampagnen, Über die Inszenierung von Öffentlichkeit*, Wiesbaden ²2001, S. 148.

Das Verhältnis der Naturschutzbewegung zum Abbild

»Kameras begannen die Welt in dem Augenblick abzubilden, als die menschliche Landschaft sich rapide zu verändern begann: Während unzählige Formen biologischen und gesellschaftlichen Lebens in einer kurzen Zeitspanne vernichtet wurden, ermöglichte eine Erfindung die Aufzeichnung dessen was dahinschwand.« *Susan Sontag*[6]

Ausgehend von der durch Industrialisierung der urbanen als auch peripheren Lebenswelten bedingten Verlusterfahrung, formierten sich seit Ende des 19. Jahrhunderts diverse Gruppierungen, die je nach Gegenstand der Natur-Leidenschaft an die Öffentlichkeit traten, um ihrem Anliegen zunächst Gehör und später Augenmerk zu verschaffen[7]. Diese Anliegen, bürgerlich geprägt und seit Ernst Rudorffs Kennung unter dem Oberbegriff »Naturschutz« firmierend, mussten von einer »Herzensangelegenheit« zu einem allgemein relevanten Gegenstand des Interesses umgedeutet werden, um als gesellschaftliches Gegengewicht zu den gewinnträchtigen Auslösern des Verlustes Legitimierung zu erhalten. Das erforderte eine gezielte Öffentlichkeitsarbeit, eine gezielte VerLAUTbarung der Anliegen. Zunächst zeichnete sich diese Öffentlichkeitsarbeit vor allem durch das eng bedruckte aber grafisch unbeeindruckende Pamphlet aus. Erst die beiden größten und breitenwirksamsten Vogelschutzverbände, der Deutsche Verein zum Schutze der Vogelwelt (gegründet 1875) und der von Lina Hähnle 1899 gegründete Bund für Vogelschutz, begannen, auch grafische Präsentation in ihre Verbandsarbeit zu integrieren[8]. Am Anfang dieser visuellen Horizonterweiterung stand die Entwicklung von grafischen Kopfbändern und Logos – erste Ausprägung eines Corporate Designs mit einem gewis-

---

6 Sontag, Susan, *Über Fotografie*, Frankfurt 1980, S. 21.
7 Zur Geschichte des Natur- und Heimatschutzes vgl. u.a. Knaut, Andreas, *Zurück zur Natur! Die Wurzeln der Ökologiebewegung*, Bonn 1993. Sieferle, Rolf Peter, *Fortschrittsfeinde? Opposition gegen Technik und Industrie von der Romantik bis zur Gegenwart*, München 1984. Stiftung Naturschutzgeschichte, *Naturschutz hat Geschichte*, Essen 2003. Kerbs, Diethart/Reulecke, Jürgen (Hg.), *Handbuch der Reformbewegungen 1880–1933*, Wuppertal 1998. Schmoll, Friedemann, *Erinnerung an die Natur. Die Geschichte des Naturschutzes im deutschen Kaiserreich*, Frankfurt a.M./New York 2004.
8 Zur Geschichte der sozialen Bewegung Vogelschutz vgl. Barthelmeß, Alfred, *Vögel. Lebendige Umwelt. Probleme von Vogelschutz und Humanökologie geschichtlich dargestellt und dokumentiert*, Freiburg/München 1981; Dominick, Raymond H., *The Environmental Movement in Germany: Prophets and Pioneers 1871–1971*, Bloomington/Indianapolis 1992. Zum Bund für Vogelschutz und Lina Hähnle vgl. May, Helge, *100 Jahre NABU – ein historischer Abriß 1899–1999*, NABU Broschüre, Bonn 1999; Cornelsen, Dirk, *Anwälte der Natur. Umweltschutzverbände in Deutschland*, München 1991; Heger, Wolfgang, »Lina Hähnle«, in: *Frauen im deutschen Südwesten*, Stuttgart, Berlin, Köln 1993.

sen Wiedererkennungseffekt, der auch die beginnende symbolische Integration von Mitgliedern aufzeigt.

Abb. 1: Zeichen der Verbundenheit: Das Logo des Bundes für Vogelschutz.
Bestand Hähnle, Stiftung Naturschutzgeschichte

Eine gezielte Aufbereitung von Subjekten und Objekten im Zeichen des Verlustes, das heißt eine breitere und auch rezipierte Öffentlichkeitsarbeit, stand noch aus. Das lag zum einen an dem in der deutschen Naturschutzbewegung durch die romantische Prägung festgeschriebenen Verständnis von Naturerleben, das durch die geistigen Vorzeichen der »Entrücktheit« und »Innerlichkeit« gekennzeichnet war. Diese Verinnerlichung aber stand der Veräußerung und der Veröffentlichung diametral gegenüber. Denn der Öffentlichkeit wohnte auch die Masse inne – und die blieb zunächst suspekt.

Zudem war Werbung mit dem Stigma des Kapitalismus verbunden. Reklame galt als verabscheuenswürdige Ikone des Konsums und wurde vom Naturschutz selbst als zu bekämpfendes Phänomen betrachtet[9]. Werbung wollte verkaufen, war bunt, grell, ordinär und womöglich laut. Die Naturschutzbewegung beschränkte sich auf eine Vermittlung, die von der Belehrung ausging und auf das geschriebene oder gesprochene, andächtig vernommene Wort ausgerichtet war. Naturschützer/innen verstanden sich als Lehrende – nichts als Unterhalter; Naturschutz machte klug – keinen Spaß. Dabei muss man nicht von einer grundlegenden Bilderfeindschaft des frühen Naturschutzes ausgehen. Aber er war in seiner Ausdrucksweise literarisch und nicht visuell geprägt und erkannte die Potenziale des Bildgebrauchs (noch) nicht.

Zu dieser visuellen Ignoranz trat die Tatsache, dass der Einsatz von Grafik und Illustration nicht nur ein gewisses Technikverständnis voraussetzte, sondern zudem sehr kostspielig war. Fotografie erforderte Wohlhabenheit. Nicht zufällig war es in Deutschland ein mit einem ertragreichen Aktienpaket ausgestatteter Ingenieur, der die Potenziale der Grafik und Fotografie als wesentliches Medium für den Ausbau der Naturschutzbewegung entdeckte: Hermann Hähnle, Sohn der Gründerin des Bundes für Vogelschutz[10]. Dabei ging es ihm nicht nur um den Inhalt der Fotografie, sondern in erster Linie um die Lust an Bildern. Für ihn waren sie Eintrittskarten in die Gemüter potentieller Mitglieder. Der Bund für Vogelschutz gehörte in dieser Frühphase zu den wenigen Verbänden, die ihre Arbeit mit einer klaren visuellen Gewichtung flankierten. Nicht von ungefähr schaffte es der Bund, innerhalb weniger Jahrzehnte zur mitgliederstärksten Organisation des Naturschutzes zu werden. Er überwand die enge Bindung an das bürgerliche Klientel, indem er seine Öffentlichkeitsarbeit illustrierte und so auch das Interesse anderer Milieus weckte.

Hinsichtlich der Nutzung des Mediums der Fotografie standen zunächst vor allem die dokumentarischen Möglichkeiten im Vordergrund. Eine atemlose Aufzeichnung dessen, was im Verschwinden begriffen war, begann. So wie Carl Georg Schillings die afrikanische Großfauna ablichtete[11], schufen die Hähnles Serien von »Tierarten, die aussterben«, und Hugo Conwentz reiste bald mit Lichtbildvorträgen durch das

---

9 Vgl. Spiekermann, Uwe, »Elitenkampf um die Werbung. Staat, Heimatschutz und Reklameindustrie im frühen 20. Jahrhundert«, in: Borscheid, Peter/Wischermann, Clemens (Hg.): *Bilderwelt des Alltags. Werbung in der Konsumgesellschaft des 19. und 20. Jahrhunderts,* Stuttgart 1995, S. 126–149.

10 Vgl. zur Biografie Hermann Hähnles und Beginn der Tierfotografie und Tierfilmen Teutloff, Gabriele, *Sternstunden des Tierfilms,* Steinfurt 2000, S. 12–19.

11 Schillings, Carl Georg, *Mit Blitzlicht und Büchse,* Leipzig 1905.

Reich, um die Prototypen der zu schützenden Naturdenkmäler vorzuführen[12]. Aber selbst diese reinen Dokumentationen oder Naturdenkmalsarchivalien blieben marginal und auf die Abbildung von stofflichen Einzigartigkeiten beschränkt.

Abb. 2: Eine helfende Hand – die Akteur/innen bleiben vorerst unsichtbar.
Bestand Hähnle, Stiftung Naturschutzgeschichte

Die Trias, die wir heute als charakteristische Bildkategorien der Umweltbewegung kennen, nämlich Schönheits-, Schadens- und Aktionsbild, wurde noch nicht zusammengestellt[13]. Die Naturschutzbewegung und der sich institutionalisierende Naturschutz auf behördlicher Ebene gelangten nicht über die ersten beiden Kategorien hinaus. Die größten erhaltenen visuellen Quellenbestände beschränken sich auf

---

12 Vgl. Milnik, Albrecht, *Hugo Conwentz, Naturschutz, Wald und Forstwirtschaft*, Berlin 1997. Milnik zitiert aus einem Tagesbericht von 1906: »Im Anschluß an den Vortrag wurden [...] 35 farbige Diapositive vorgeführt, welche vornehmlich reservierte Waldteile [...] sowie die Methoden der Inventarisierung, Kartierung und Markierung von Naturdenkmälern veranschaulichten« (S. 74). Dort auch der Abdruck eines Verzeichnisses der von Conwentz gehaltenen Vorträge über Naturdenkmalpflege (S. 167–171).

13 Vgl. Böttger, Conny, »Politik der Visualisation«, in: Krüger, Christian/Müller-Hennig, Matthias (Hg.), *Greenpeace auf dem Wahrnehmungsmarkt. Studien zur Kommunikationspolitik und Medienresonanz*, Hamburg 2000, S. 37.

das Festhalten intakter Landschaften oder einzelner auffälliger Arten. Dem schloss sich die Dokumentation von Schäden durch menschliche Beeinflussung und Zerstörung an. Aber die dritte Kategorie, das Aktionsbild, das als Dokumentation der Handlungsfähigkeit der Bewegung hätte dienen können, fehlt fast ganz. Das Element des Engagements, des Tätig-Werdens taucht im Bilderkanon noch nicht auf.

Feldzug in die Öffentlichkeit: Die erste Kampagne der Naturschutzbewegung

»Ein Bild ist leichter zu verstehen als das abstrakte Wort und daher für jedermann zugänglich; seine Besonderheit liegt darin, dass es an das Gefühl appelliert[...]« *Gisèle Freund*

Selbst beschränkt auf die Motivkreise Schönheit und Schaden hätte die Bewegung ihre Bilder wesentlich besser und gezielter präsentieren können, wie an dem Beispiel der ersten Kampagne des Vogelschutzes rekonstruierbar ist. Sie zeigt, wie eng die Wechselwirkung zwischen Öffentlichkeitsarbeit, Medienresonanz und Publikumswirkung war. Durch die Kampagne, die sich durch eine »dramaturgisch angelegte, thematisch begrenzte, zeitlich befristete kommunikative Strategie zur Erzeugung öffentlicher Aufmerksamkeit« auszeichnet[14], erhielt die Sache des Vogelschutzes eine solche Aufmerksamkeit, dass daraus endgültig eine soziale Bewegung entstand.

Die Entrüstung, die zur Entstehung der Kampagne führte, entzündete sich an dem Modediktat, das im ausgehenden 19. Jahrhundert Hutdekorationen aus Federn anpries[15]. Die Folge war ein gigantischer Anstieg des Handels, besonders mit Federn exotischer Vögel, dessen Nachfrage nur durch immer längere Jagdstrecken befriedigt werden konnte. Die junge Bewegung lernte vermutlich von den Methoden der bürgerlichen Friedens- und Frauenbewegung – nicht nur hinsichtlich der Ausbildung organisatorischer Strukturen, sondern auch von deren Methoden[16]. In der Kampagne nutzte man Unterschriftenlisten, Petitionen, Publikationen, Kund-

---

14 Röttger, Ulrike, »Campaigns (f)or a better world?« in: Röttger, Ulrike (Hg.), *PR-Kampagnen, Über die Inszenierung von Öffentlichkeit*, Wiesbaden ²2001, S. 15.

15 Vgl. Schmoll, Friedemann, »Vogelleichen auf Frauenköpfen«, in: *Rheinisch-Westfälische Zeitschrift für Volkskunde*, Band XLIV, Bonn und Münster 1999, S. 157.

16 Vgl. Raschke, Joachim, *Soziale Bewegungen. Ein historisch-systematischer Grundriß*, 2. Auflage der Studienausgabe, Frankfurt/Main, New York 1988, S. 43.

gebungen und die Einbindung von Prominenten. Vor allem aber zeichnete sich diese erste Kampagne bereits durch eine starke visuelle Orientierung aus. In Großbritannien war es die Royal Society for the Protection of Birds (RSPB), die auf Grafik ausgerichtetes Material lancierte. In Frankreich veröffentlichte Pathé – zu diesem Zeitpunkt die größte und einflussreichste marktführende Produktionsfirma – einen Kurzfilm, der die Schrecken der Reiherjagd in Afrika anprangerte und auch von deutschen Verbänden gezeigt wurde. In Deutschland beauftragte der Bund für Vogelschutz zwei Künstler mit der Produktion eingängiger Motive. Das Thema wurde salonfähig und konnte in den illustrierten Publikationsorganen platziert werden. Durch die zunehmende öffentliche Aufmerksamkeit wurde die Federmode zum politisch relevanten Thema und sorgte gleichzeitig für eine Popularisierung der Vogelschutzbewegung. Noch vor dem Ersten Weltkrieg waren wesentliche Änderungen zugunsten der Vögel und zum Nachteil des Handels durchgesetzt.

Die Vögel des Paradieses in Paris, der Hochburg moderner Schmuckvogelausrottung! Aber auch in Berlin und anderen Großstädten kann man ähnliches beobachten. Allein am 14./15. Oktober 1913 wurden auf der Londoner Federauktion angeboten 4508 Stück Paradiesvögel; verkauft wurden 5428 Stück . . .

Abb. 3: Eine erfolgreiche Kampagne lebt von Bildern: Um die Frevel des Federhandels zu veranschaulichen, wurden 1913 vom Bund für Vogelschutz Kunstmaler mit der Illustrierung beauftragt. *Bestand Hähnle, Stiftung Naturschutzgeschichte*

Der Erfolg der Kampagne hatte verschiedene Gründe. Zum einen war das Thema als moralisierende Parabel eingängig: Die Figur des wilden und unschuldigen Vogels stand stellvertretend für die geschundene Kreatur, die nicht nur Federn, sondern ihr Leben lassen musste für die Verderbtheit der Konsumgesellschaft, die ihrerseits durch die verblendete Eitelkeit der Damenwelt und die profithungrige Gewissenlosigkeit der Händler und Modisten verkörpert wurde. Stellung gegen die Federmode zu beziehen bedeutete moralische Läuterung. Die gesellschaftliche Ächtung diskreditierte die Einen und adelte die Anderen. In diesem »Feldzug« gab es eine klare Dichotomisierung zwischen Gut und Böse, Freund und Feind[17]. Auf diese Frontlinie war die Kampagne auch visuell zugeschnitten.

Zudem waren die Ziele deutlich definiert und auf individuelles Handeln ausgerichtet. Man konnte sich persönlich dem Modediktat verweigern, man konnte Mitmenschen überzeugen, Geld spenden und mit der eigenen Unterschrift Unwillen dokumentieren. Aus dieser Kampagne stammt übrigens auch das erste fotografische Zeugnis einer Naturschutzdemonstration. Die Demonstranten wurden von einer englischen Vogelschutzorganisation dafür bezahlt, Plakate mit Slogans gegen die Federmode durch die Londoner City zu tragen. Für ihre Auftraggeberinnen, Damen der besseren Gesellschaft, die zum Vorstand des RSPB gehörten, wäre es unvorstellbar gewesen, öffentlich zu protestieren und Aufsehen zu erregen. Da sie es aber für werbewirksam hielten, auf den Straßen mit ihrem Anliegen präsent zu sein, engagierten sie kurzerhand Sandwichmänner und nutzten damit eine gängige Reklamemethode.

Der Erfolg im Kampf gegen die Federmode ist nicht zuletzt einer konzertierten PR-Arbeit zuzuschreiben. Die Vogelschutzbewegung hatte verstanden, Elemente aus der Werbung aufzunehmen. Sie hatte es mit einer geschmacksbildenden Branche zu tun, und sie tat ihr Bestes, eine ästhetisch adäquate Antwort auf deren visuelle Ausdruckskraft zu finden. Trotz des Erfolges blieb die Kampagne zunächst ein Einzelphänomen. Sie war zwar identitäts-, aber nicht stilbildend. Wandtafeln, Broschüren, Reproduktionen von Landschaftsmalerei und erbauliche Literatur: Weiterhin setzte die Naturschutzbewegung auf das Repertoire der Lehrmittel – nicht auf Agitationsmittel.

In den zwanziger Jahren konsolidierte sich die Naturschutzbewegung. Aus dieser Zeit gibt es einige wenige visuelle Fortentwicklungen. Dazu gehört eine Glas-

---

17 Vgl. dazu: Schmoll, Friedemann, »Vogelleichen auf Frauenköpfen«, in: *Rheinisch-Westfälische Zeitschrift für Volkskunde*, Band XLIV, Bonn und Münster 1999, S. 159ff.

plattenreihe, deren Herkunft und exakte Datierung noch unbekannt, deren Anlehnung an die moderne Zeichensprache aber unverkennbar ist. Mögen die Forderungen keine neue Orientierung aufweisen, so ist die optische Präsentation doch vorbildlich: reduziert, klar, farbig, das Wort tritt in den Hintergrund: Hier wurde eine verdichtete Ikonografie gesucht und geschaffen.

Abb. 4: Gekaufte Straßenpräsenz: Der englische Verband RSPB lässt 1911 in London Sandwichmänner mit Plakaten gegen die Jagd von Edelreihern demonstrieren.
Archiv der Royal Society for the Protection of Birds, Sandy, UK.

Doch blieb die visuelle Präsentation weiterhin marginal. Es ist denkbar, dass die Etablierung des behördlichen Naturschutzes dabei eine Rolle spielte. Dessen Verständnis war geprägt von einer Integration naturschützerischer Ideen in den gesetzlichen Rahmen. Dieser Ansatz aber schien keiner Agitation im propagandistischen Sinne zu bedürfen, denn Agitation beinhaltete sowohl Polarisierung als auch Opposition. Die Fotos, die zum Beispiel aus den zwanziger und dreißiger Jahren aus der Reichsstelle für Naturschutz überliefert sind, beschränken sich auf unspektakuläre Schönheits- und Schadensbilder[18].

Auf Verbandsebene hielt man sich visuell ebenfalls bedeckt. Immerhin entstanden in dieser Zeit erste Filmdokumentationen über die Schutzgebiete des Bundes

---

18 Vgl. dazu die Bestände im Archiv für Naturschutzgeschichte, Königswinter.

für Vogelschutz, die mit neuen Trickfilm- und Kameratechniken arbeiteten – insofern also zumindest neuere technische Entwicklungen der Medien nutzten[19].

Die Entstehung einer Ikone – Ölpest als optische Herausforderung

>»Public opinion has been roused on this subject [...]«
>*Britische Regierung an den Völkerbund 1934*

Die visuelle Abstinenz des Naturschutzes in Deutschland zeigt sich besonders deutlich im Vergleich mit der englischen Bewegung. Anfang der zwanziger Jahre geriet ein Problem in den Gesichtskreis des Naturschutzes, das hinsichtlich seiner Präsentation in der Öffentlichkeit ganz unterschiedlich gehandhabt wurde. Es handelt sich dabei um den Umgang mit dem Phänomen der Ölpest.

In Deutschland war es Hugo Weigold, Leiter der Biologischen Station Helgoland und mit der Erforschung des Vogelzuges beschäftigt, der das Problem 1920 zum ersten Mal beschrieb. Er fand zunehmend verölte Kadaver am Strand der Insel und schlug Alarm. Die treibenden Ölteppiche stammten aus den Tanks der anwachsenden Welthandelsflotte, die zu diesem Zeitpunkt in rasantem Tempo von Kohle- auf Ölfeuerung umgestellt wurde. Augenfälligste Opfer dieser Umstellung waren Seevögel. Weigold diagnostizierte eine chronische Ölverschmutzung, die seiner Ansicht nach auf Dauer die maritime Avifauna dezimieren, wenn nicht gar auslöschen musste. 1920 lancierte er den ersten Artikel zum Thema – zwar ohne jegliche Illustrierung, aber dafür mit einer sehr bildhaften Sprache[20]. Öl haftete, klebte, es war schmierig, dunkel, ekelerregend: Es bedrohte die Reinheit der Meere, das Weiß der Strände, die Gesundheit der wilden Kreatur – es befleckte die natürliche Unschuld. Gleichzeitig begann Weigold mit der fotografischen Dokumentation der Ölopfer. Mit den schwarzweißen Studioaufnahmen vermochte er aber nicht das Leiden und die Qual der verendenden Tiere zu vermitteln, die er in seinen Texten sehr drastisch und metaphernreich beschrieb.

1926 hatte es Weigold immerhin geschafft, das Thema »Ölpest« – einen Begriff, den er in Anlehnung an den »Schwarzen Tod« geprägt hatte – so unbeirrt und hart-

---

19 Vgl. die Filme des Bundes für Vogelschutz über Hiddensee und die Mellum, archiviert im Hähnle-Bestand des Archivs für Naturschutzgeschichte, Königswinter.

20 Weigold, Hugo: »Das große Lummensterben«, in: *Jahrbuch des Bundes für Vogelschutz* (1920), S. 149.

näckig zu thematisieren, dass in der Zeitschrift »Naturschutz« eine Karikatur erschien. Der Sinn der Illustration tritt deutlich zutage: Sie soll den Ort, die Ursachen, die Folgen, die Täter und Opfer darstellen – eine Syntheseleistung also, die man auf einem Foto in dieser Verdichtung niemals hätte realisieren können. Mit einem Fragezeichen bleibt allerdings die naive Handschrift der Illustration behaftet. Hier soll zunächst nur festgehalten werden, dass die Ölpest als Gegenstand öffentlicher Diskussion keine größere Bedeutung erhielt. Sie war zwar in Vogelschutzkreisen präsent, aber der Protest wurde außer von Weigold und dessen Amtsnachfolger nicht weiter verfochten. Der Kampf gegen die Ölpest blieb in Deutschland eine Marginalie.

Abb. 5: Was nicht zu dokumentieren ist, wird mit einer Karikatur überzeichnet:
Ursache und Folge der Ölverschmutzung vor der heimatlichen Küste.
Stiftung Naturschutzgeschichte.

Ganz anders verhielt es sich mit der Behandlung des Themas auf der anderen Seite des Ärmelkanals. In England entstand zur selben Zeit eine breite Protestbewegung, die von zwei großen Verbänden getragen wurde, der Royal Society for the Protection of Birds (RSPB) und der Royal Society for the Prevention of Cruelties to Animals (RSPCA).

Kaum ein anderes Thema der englischen Vogelschutzbewegung erregte in den Zwischenkriegsjahren so das öffentliche Gemüt wie die Ölpest. Das lag vor allem an der Präsentation. Die Verschmutzung der Küsten durch Öl erlebte eine eigene sprachliche und bildhafte Inszenierung durch die englischen Verbände. Wie bei Weigold gerierte der Stoff an sich zum Fluch: Mit »evil«, »peril« und »horror« wurde es im englischsprachigen Raum konnotiert. Es galt für die Vogelschutzbewegung, die individuelle Erfahrung des Anblicks von Ölvögeln, die in Erschütterung und Wut mündete, visuell zugänglich zu machen. In England war es eine Aktivistin, die als eine der ersten das Desaster fotografisch aufzeichnete. Ihre großformatigen und qualitätsvollen Bilder von englischen Stränden, die von toten Vögel übersät waren, wurden vom RSPB ebenso wie das »Porträt« einer verölten, verendeten Trauerente in die ganze Welt verschickt. Dabei erwies es sich – wie in Deutschland – als problematisch, dass die Ölpest mit Schwarz-Weiß Fotografie nicht besonders drastisch wirkte. Aber die Printmedien machten vor, wie die Opfer wirkungsvoller zu präsentieren waren. Von der in den zwanziger Jahren entstehenden professionellen Pressefotografie übernahm die Bewegung Bilder, die leidende Vögel mit traurig dreinblickenden Kindern darstellte, um den Eindruck der Hilflosigkeit und der Betroffenheit zu verstärken. Solche Motive wurden über große Presseagenturen feilgeboten[21].

Abb. 6: Das Leiden sichtbar machen: Traurig dreinblickende Kinder
verstärken den Eindruck der Qualen des Ölopfers (1926).
Archiv der Royal Society for the Protection of Birds, Sandy, UK.

---

21 Eine weitere ungewöhnliche Methode zur Vermittlung des Übels war die Präsentation der Ölleichen als Stopfpräparate. Diese Gruselkabinette, die die Organisationen zusammenstellten, wurden in Museen und bei Vorträgen gezeigt. Auch die wohl vehementeste Kämpferin gegen die Ölpest, die Britin Miss Phyllis Barclay-Smith, pflegte seit ihrem ersten öffentlichen Auftritt auf dem Internationalen Ornithologenkongress 1930 ein veröltes Stopfpräparat auf dem Vortragspult zu platzieren.

Die Beweisaufnahme und Visualisierung der Ölpest wurde in den folgenden Jahren von vielfältigen Aktionen begleitet, die die Möglichkeiten des bürgerlichen Protestes ausschöpften[22]. Dank der Öffentlichkeitsarbeit wurde der gesellschaftliche Konsens festgeschrieben, dass der qualvolle Tod von Seevögeln unter keinen Umständen in Kauf zu nehmen sei. Als mit dem Erscheinen serienreifer Ölabscheider eine technische, gesetzlich aber nicht verbindliche Lösung gefunden war, versuchten die Verbände, mit Hinweis auf die gesellschaftliche Ächtung den Reedern schmackhaft zu machen, dass sie den Einbau von Separatoren fortan als »gute« Tat werbewirksam einsetzen konnten. Auch diese Strategie fand ihre visuelle Entsprechung. Als 1927 wieder einmal eine Broschüre der RSPB erschien, zierte das Titelblatt ausnahmsweise kein ölverschmierter Vogel, sondern das Bild eines Hochseedampfers, der stolz an den weißen Kliffs von Dover vorbeizieht[23]. Hier präsentierte die Vogelschutzbewegung die vorbildliche Reederei Bibby, die die Schiffe ihrer Flotte freiwillig mit Separatoren bestückte, und schloss eine Liste mit anderen Schiffseignern an, die ebenfalls so redlich handelten – langfristig allerdings eine Minderheit blieben.

Die Verbände drängten auf die internationale Lösung des Problems, denn, so formulierte es die RSPB, »the nations cannot, so to speak, sweep the oil into the middle of the ocean and leave it there«[24]. Um in möglichst vielen betroffenen Ländern das öffentliche Klima zugunsten internationaler Vereinbarungen zu beeinflussen, ließ die RSPB einen farbigen Aufkleber in acht Sprachen, darunter in Esperanto, drucken, die sie den befreundeten Verbänden anbot und in tausendfacher Auflage bis nach Neuseeland verschickte. Das Motiv zeigt einen siechen Ölvogel, der von dem Slogan »Helft! Rettet unsere Seevögel vor der Ölpest! Lasst keine Ölrückstände ins Meer! Kein Schiff ohne Ölabscheider!« flankiert wurde.

Die englische Kampagne gegen die Ölpest zeugte von der Professionalisierung der involvierten Organisationen. Sie hatten strategisch gearbeitet, für eine solide Finanzierung ihrer Arbeit gesorgt und mit diesen Etats eine visuell orientierte PR ermöglicht. Diese stringente Lobby- und Öffentlichkeitsarbeit hatte sich einer Ikone bedient: Der Ölvogel wurde auf Dauer zum Symbol eines misslichen und verurteilungswürdigen Umgangs mit der Natur. Da der Feind, die internationale Schifffahrtsindustrie, viel schwerer zu personalisieren und zu präsentieren war, musste

---

22 Zur Geschichte des Kampfes gegen die Ölpest vgl. Wöbse, Anna-Katharina, »Ölpest und Pechvogel. Zur Frühgeschichte eines internationalen Umweltkonfliktes«, in: *Geschichte in Wissenschaft und Unterricht* 54 (2003), H. 11, S. 671–681.

23 RSPB, *Save the Sea Birds*, Leaflet, 1927.

24 32. Annual Report RSPB, 1922, S. 8.

diese Ikone umso mächtiger und eindrücklicher dargestellt werden. In der Nachkriegszeit wurde das Thema zwar wieder aufgenommen, aber nicht mit der visuellen Vehemenz der zwanziger Jahre. Es fand seinen Platz zunächst zwar auf der Agenda zwischenstaatlicher Verhandlungen, nicht aber im öffentlichen Bewusstsein.

Neue Bildersprachen im Zeichen der Katastrophen

»Schiffe, Wasser und eine große Sauerei«
Thilo Bode zu den Eckdaten einer erfolgreichen Protestmobilisierung

Um der Ikone des Ölvogels wieder einen Platz im öffentlichen Bewusstsein zu verschaffen, bedurfte es der Katastrophe. Im März 1967 verlor der Tanker Torrey Canyon vor Lands End 117.000 Tonnen Rohöl, die Hunderte von Kilometern der englischen Küste verseuchten. Es war der Beginn einer Reihe spektakulärer Unfälle in der Ära der neuen Supertanker. Anlässlich dieses Desasters erschienen wieder die verendenden Vögel auf den Titelseiten. Zugleich vermittelten Fernsehaufnahmen unmittelbarer als zuvor ihre Todesqualen. Was vorher nur als Standbild präsent gewesen war, wurde nun als Prozess der Agonie gezeigt: ein Bild, dem sich niemand entziehen konnte. Die Filmsequenz eines torkelnden Seevogels brachte den Medien die Syntheseleistung, die die Dimension der Tankerunglücke kommentarlos vermittelte. Auch die Menschen, die am Meeresstrand die Vögel einsammelten, sie durch Todesschüsse »erlösten« oder verzweifelt versuchten, ihnen das Öl aus dem Federkleid zu waschen, bekamen einen Platz im Bilderkanon.

Bis dato hatte die Naturschutzbewegung in Deutschland keine neue Bildersprache entwickelt. Eine erstaunliche Ausnahme bildete die Präsentation des Kampfes um den Knechtsand. Diese Sandbank in der Wesermündung diente seit 1953 den britischen Luftstreitkräften als Ziel für Übungsbombardements. Ein Volksschullehrer entdeckte, dass gerade dort jedes Jahr Tausende von Brandgänsen aus ganz Europa ihr Gefieder wechselten und aufgrund der vorübergehenden Flugunfähigkeit den Bomben zum Opfer fielen. Bald entstand eine breite Allianz aus Angehörigen des Tier- und Naturschutzes, der Wissenschaften, aus Fischerei und Lokalpolitik, die den Knechtsand zum Naturschutzgebiet machen wollten. Die Vogelschützer/innen lernten von den Protesten gegen die Wiederbewaffnung. Vor allem aber erregten die Protagonist/innen und ihre Aktionen, die in einer Protestfahrt und der

Besetzung der Sandbank gipfelten, die Aufmerksamkeit der BILD-Reporter. Die Knechtsand-Kampagne profitierte massiv von dem Interesse in Springers jungem Blatt, ungewöhnliche Bilder zu zeigen.

Abb. 7: Eine medienwirksame und sorgsam inszenierte Aktion als Ausnahme – abgeschaut bei der Friedensbewegung der 1950er Jahre. Demonstration für die Unterschutzstellung des Knechtsands. *Bestand Frels, Stiftung Naturschutzgeschichte*

Insgesamt verwies der Naturschutz eher an die Print- und Filmmedien, die sich des Gegenstandes »Natur« professionell annahmen[25]. Zwei geschmacksbildende Instanzen seien hier kurz erwähnt: Die Zeitschrift »Der Kleine Tierfreund« und Grzimeks Filmproduktionen. Beide konzentrierten sich auf ästhetisch hochwertige und erbauliche Schönheitsbilder und schufen gut zu konsumierende Bilderwelten. Auch Bernhard Grzimek setzte auf den Anschein der Gemütlichkeit und bot Feierabendunterhaltung, wusste diese aber ab Mitte der sechziger Jahre zunehmend mit eindringlichen und immer öfter auch schockierenden Botschaften von der Bedrohung der Tierwelt durch den Menschen zu verbinden – bis hin zu direkten Forderungen

---

25 Vgl. zu den populären Tierfilmern Schuhmacher, Grzimek und Sielmann Teutloff, Gabriele, *Sternstunden des Tierfilms*, Steinfurt 2000, S. 58–83.

an Naturnutzer und Regierungen. Hier meldete sich erstmals ein bildmächtiger Streiter für die Natur in Deutschland zu Wort[26].

Abb. 8: Mit Zebrafohlen gegen »das Unrecht«: Bernhard Grizimek prägte die populärsten Bilder für den Naturschutz in den 1960er Jahren. *Ausschnitt aus ›Der Kleine Tierfreund‹*

26 Vgl. Engels, Jens Ivo, »Von der Sorge um die Tiere zur Sorge um die Umwelt. Tiersendungen als Umweltpolitik in Westdeutschland zwischen 1950 und 1980«, in: *Archiv für Sozialgeschichte* 43 (2003).

Die Entstehung eines neuen Verhältnisses zur Natur bildete sich gegen Ende der sechziger Jahre immer deutlicher ab. Die Veröffentlichung des Fotos des Blauen Planeten schuf ein Symbol für die Verletzlichkeit und Fragilität der Erde. Bald darauf konfrontierte auch der »Kleine Tierfreund« seine junge Leserschaft zum ersten Mal mit schockierenden Bildern. Die Aktivisten und Aktivistinnen wurden in neuen Posen abgebildet. Die Bilderwelt der sich formierenden Umweltbewegung, die mit einiger Verzögerung auch den traditionellen Naturschutz beeinflussen sollte, entfernte sich vom Schönheitsbild und konzentrierte sich fortan auf das Schadensbild und zunehmend auf das Aktionsbild. Auch hinsichtlich der visuellen Präsentation gilt die Feststellung McCormicks: »New Environmentalism had largely bypassed the established conservation movement«[27]. Die Umweltbewegung hatte in ihrem Protestverhalten von den anderen neuen sozialen Bewegungen den Widerstand und das Protestverhalten gelernt.[28]

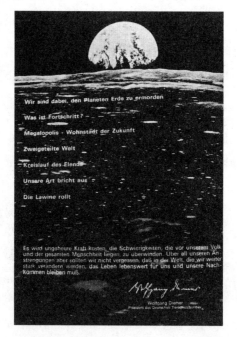

Abb. 9: Politische Horizonterweiterung: Der Bilderumschwung zeichnet sich 1970 auch im »Kleinen Tierfreund« ab. *Ausschnitt aus ›Der Kleine Tierfreund‹*

27 McCormick, John, *The Global Environmental Movement*, Chichester u.a. ²1995, S. 170.
28 Vgl. Bammerlin, Ralf, *Umweltverbände in Deutschland – Herausforderung zum Wandel!* Landau 1998.

Eine besondere mediale Aufmerksamkeit bekam die Anti-Atomkraftbewegung, die seit der Bauplatzbesetzung des geplanten Kernkraftwerks Wyhl im Februar 1975 auch für die überregionalen Fotoredaktionen interessant wurde. Die Bildstrecken von den Auseinandersetzungen an den Brennpunkten in Wyhl, Brokdorf und Gorleben dokumentierten die offene Konfrontation zwischen Demonstrant/innen und Polizisten, die mit heruntergeklappten Visieren, mit Wasserwerfern und Schlagstöcken den zum großen Teil jungen, langhaarigen Aktivist/innen begegneten. Nicht nur mehr die Natur allein geriet in die Opferrolle – auch ihre Verteidiger/innen sahen sich jetzt Repressionen ausgesetzt. Ähnliche Szenen wurden von der Startbahn West übermittelt. Sie zeigten, dass hier eine breite Protestklientel aktiv vor Ort agierte und sich nicht länger auf Eingaben und passiven Widerstand beschränkte. Bei den Aktionsbildern handelte es sich zunächst um Motive, die die Medien herstellten und kommunizierten, die also nicht der gezielten Eigeninszenierung der Bewegung entstammten. Deshalb beschränkte sich der neue Bilderkanon auf den Augenblick des unmittelbaren Protests. Er erweckte den Eindruck, dass es sich nicht mehr um eine naturromantische Minderheit handle, sondern um Menschenmengen, die den Bau der technischen Großprojekte erheblich störten und verzögerten[29]. Nicht zu unterschätzen sind im Übrigen die eigenen, symbolstarken Zeichen der Anti-AKW-Bewegung: Die Antiatomsonne zum Beispiel, die die Frage »Atomkraft?« höflich, aber eindeutig und lachend mit »Nein danke!« beantwortete, war visionär, fröhlich und wurde zur Erkennungsmarke einer ganzen Aktivistengeneration.

Eine bis heute nachwirkende Erneuerung der Bilderwelt der Bewegung erfolgte 1980. In diesem Jahr startete Greenpeace Deutschland ihre Kampagne gegen die Dünnsäureverklappung in der Nordsee. Mit dem Aktionskonzept, dank dessen sich die kanadische Ursprungsgruppe von Greenpeace Anfang der siebziger Jahre ins Medieninteresse katapultiert hatte, ging auch die just gegründete deutsche Sektion an die Öffentlichkeit[30]. 1980 blockierten Mitglieder Verklappungsschiffe, 1981 besetzten sie zum ersten Mal einen Schornstein des Chemiekonzerns Boehringer in Hamburg und schufen damit die visuellen Eckdaten für das Aktionsimage[31]. Green-

---

29 Danke an Jens Ivo Engels für die Hinweise zur Antiatomkraftbewegung.

30 Zur Geschichte von Greenpeace Deutschland vgl. Greenpeace (Hg.), *Das Greenpeace Buch,* München 1996.

31 bfp Analyse: »Mut, Meer, Medien, und dazu Kompetenz: Kernpunkte des Greenpeace Image«, in: Krüger, Christian/Müller-Hennig, Matthias (Hg.), *Greenpeace auf dem Wahrnehmungsmarkt. Studien zur Kommunikationspolitik und Medienresonanz,* Hamburg 2000, S. 43.

peace lieferte die medienwirksamste Visualisierung von Umweltproblemen in der Geschichte der sozialen Bewegung Natur- und Umweltschutz. In ihren Bildern verdichtete sie Schönheit, Schaden und Aktion. Ursprünglich durch das »Bearing Witness«-Prinzip der Quäker, das auch das leibliche Einstehen gegen Umweltfrevel beinhaltete, motiviert, trat zunehmend die fotografische Inszenierung der Aktionen in den Vordergrund: »Da die weitreichendste öffentliche Aufmerksamkeit über die Massenmedien zu erzielen ist und die schnellste Wahrnehmung über das Auge, wurde die Fotogenität ein zentrales Gestaltungskriterium jeder Aktion«[32]. Deutungsspielraum gab es hier nicht mehr.

Greenpeace gelang die Lösung eines der Schlüsselprobleme der Visualisierung, das die traditionelle Bewegung nicht überwunden hatte. Zum einen fand sie anschauliche und bewegende Darstellungsweisen für Umweltkonflikte, die in ihrer Komplexität und räumlichen Entfernung nur schwer abzubilden waren – wie zum Beispiel die zunehmende Verschmutzung der Nordsee mit Chemikalien. Zum anderen schuf Greenpeace einen völlig neuen Typus von Protagonist/innen. In den Fotos wurden die Elemente Problem-Gegner-Einschreiten in einer Szene verdichtet. Die Inszenierung war auf eine Freund-Feind Dichotomisierung ausgelegt, die noch durch die Kontrastierung des eigentlichen Machtverhältnisses unterstützt wurde: David kämpfte vom Schlauchboot gegen Goliath auf einem Hochseeschiff. Greenpeace polarisierte erfolgreich. Dank dieser effizienten »Dramatisierungsmuster«[33] und spezifischen Ikonografie entwickelte Greenpeace einen »geradezu charismatischen Führungsanspruch unter den moralischen Unternehmen der Bundesrepublik«[34]. Greenpeace lieferte Heldengestalten, die mit Leib und Seele gegen die Missetaten antraten. Protest wurde zum Event, Blockaden zu Happenings – Widerstand wurde visuell spannend und dadurch konsumierbar. Zugleich bot Greenpeace die Lösung von Umweltkonflikten in einer arbeitsteiligen Gesellschaft an: Die kritischen Mitglieder der Allgemeinheit konnten sich fortan durch Spenden quasi freikaufen. Durch sie finanzierte man den Kampf unbeugsamer Menschen in orangefarbenen Overalls.

---

32 Böttger, Conny, »Politik der Visualisation«, in: Krüger, Christian/Müller-Hennig, Matthias (Hg.), *Greenpeace auf dem Wahrnehmungsmarkt. Studien zur Kommunikationspolitik und Medienresonanz*, Hamburg 2000, S. 36.

33 Baringhorst, Sigrid, »Politik des Überlebens – Symbolische Strategien zur Rettung der Umwelt«, in: Arnold, S.A./Fuhrmeister, C./Schiller, D. (Hg.), *Politische Inszenierung im 20. Jahrhundert: Zur Sinnlichkeit der Macht*, Wien, Köln, Weimar, 1998, S. 167.

34 Ebd., S. 165.

Abb. 10: Greenpeace wird seit Anfang der 1980er Jahre Taktgeberin einer neuen Bildsprache. Feind, Aktion und Aktivist/innen verdichten sich zu einer eingängigen Aussage. *Greenpeace, Foto: Dave Sims*

Die Naturschutzbewegung musste gegen diese visuelle Schlagkraft blass aussehen. Greenpeace avancierte zur Taktgeberin im Umwelt- und Naturschutz. Diese Vorrangstellung erreichte sie, weil sie sich die Mittel ihrer Kontrahenten in Zeiten massenmedialer Orientierung zu eigen machte: Sie verfügte über ausreichende Finanzen und Kampagnenetats, über eine Corporate Identity, ein Corporate Design und eine mediengerechte Inszenierung[35].

---

35 Die Anpassung an die Funktionsbedingungen der Medienwelt bleibt ihrerseits durchaus fragwürdig. Zwar ist sie eine adäquate Antwort, um sich in der Werbewelt zu platzieren, läuft aber durch ihre

Resümee

»wer-wie-was-wann-wo-warum?«

Entwirft man eine visuelle Geschichte der Naturschutz- und Umweltbewegung, zeichnet sich ab, dass bei ihrem Aufblühen zu einem gesellschaftsrelevanten Phänomen die »Entdeckung« des Einsatzes von Grafik und Fotografie eine wesentliche Rolle gespielt haben dürfte. Die reine Dokumentationsfotografie verlor allerdings in Zeiten wachsender Illustrierung an Faszination. Die dramatische Inszenierung und Präsentation des Spektakulären, die Kampagnen auszeichnen, war eine – nur punktuell realisierte – Antwort auf die neuen Erwartungen einer wachsend auf Bilder ausgerichteten Gesellschaft. Betrachtet man die Entwicklung der Bilderwelten über ein Jahrhundert zeigt sich, dass die Kampagnen hinsichtlich der Visualisierung eine besondere Bedeutung hatten. Sie pointierten, konzentrierten, polarisierten und sorgten für öffentliche Aufmerksamkeit und Bewusstseinsschübe. Die optische Umsetzung der Konfliktstoffe verlangte inhaltliche Disziplinierung – auch hinsichtlich der Vermittelbarkeit des Gegenstandes in die Gesellschaft. Gleichzeitig erforderten die Kampagnen Verkürzungen, klar begrenzte Zeiträume und hohe Werbeetats. Ein Anstoß des öffentlichen Bewusstseins allein gewährleistet zudem noch nicht die dauerhafte Verankerung dieses Bewusstseins.

Während der Modernisierung der Bilderwelt zu Beginn des 20. Jahrhunderts gab die Naturschutzbewegung keine innovativen, ästhetisch progressiven oder auffällig kreativen Impulse weiter – vielmehr handelte sie reaktiv und nahm Neuerungen meist nur mit einiger Verzögerung auf. Zum Teil ist die Verhaltenheit gegenüber der Illustration und Eigeninszenierung sicher mit der bürgerlichen Prägung der Bewegung zu erklären, die die Entstehung der Massenmedien und Werbekultur mit Misstrauen verfolgte. Aber man darf die visuelle Zurückhaltung nicht auf eine antimoderne Haltung verkürzen. Zudem standen die integrativen und konsensorientierten Positionen den aufmerksamkeitsfördernden Elementen der Polarisierung und des Protestes eher entgegen. Schließlich zeigt sich in der Bilderwelt auch, dass die Naturschutzbewegung ihren Laiencharakter nur selten überwand. Ansätze der Professionalisierung wurden abrupt wieder unterbrochen und konnten sich nicht

---

Dramatisierung Gefahr, dass »strukturelle Problemhintergründe verkürzt und personalisiert werden«. Vgl. Baringhorst, Sigrid, »Politik des Überlebens – Symbolische Strategien zur Rettung der Umwelt«, in: Arnold, S.A./Fuhrmeister, C./Schiller, D. (Hg.): *Politische Inszenierung im 20. Jahrhundert: Zur Sinnlichkeit der Macht*, Wien u.a. 1998, S. 168.

tradieren. Die schwache finanzielle Ausstattung war ein weiterer Faktor für die Begrenztheit der visuellen Ausdruckskraft. Hier tritt die charakteristische Ambivalenz der Naturschutzbewegung zutage, ihrem Thema einerseits eine gesellschaftlich relevante Bedeutung zuzuweisen, die Mittel, der es in einer demokratischen Gesellschaft zum Meinungsbildungsprozess aber bedarf, nämlich die öffentliche Präsentation und Werbung, nicht konsequent zu nutzen bzw. angesichts der beschränkten Fähigkeiten und Möglichkeiten von Ehrenamtlichen, nutzen zu können.

In den Nachkriegsjahren ging die Bildproduktion nicht mehr von den Verbänden selbst, sondern immer stärker von den Massenmedien aus, die die Präsentation und mediale Relevanz naturschützerischer Anliegen einem ästhetischen und weniger politischen oder moralischen Selektionsmuster unterwarfen. Greenpeace setzte hinsichtlich der Bildersprache neue Maßstäbe. Sie arbeitete wie keine Organisation zuvor gezielt mit der Fotogenität und bediente in ihren Bildern perfekt das »journalistische Meldungsgebot des ›wer-wie-was-wann-wo-warum‹«[36]. Greenpeace eroberte sich die Bilderhoheit zurück, bediente die visuellen Erwartungen der modernen Mediengesellschaft und fokussierte – auf sich selbst. Dank dieser Strategie scheint sich Greenpeace in den vergangenen 20 Jahren tiefer ins kollektive Bildgedächtnis eingebrannt zu haben, als es die Naturschutzbewegung in hundert Jahren auch nur vorübergehend vermocht hat. Der Großteil der alltäglichen Arbeit des Naturschutzes ist bisher nicht im allgemeinen Bilderkanon verankert. Dem Kartieren von Feuchtgebieten und Brutbeständen, dem Anlegen von Naturerlebnispfaden und der Entgegennahme von Schecks der Kreissparkassen zum Ankauf eines Grünstreifens haftet bekanntlich wenig Spektakuläres und folglich wenig Medienwirksames an. Aber auch die visuelle Inszenierung von natur- und umweltschutzrelevanten Ereignissen wie der Novellierung des Naturschutzgesetzes oder des »Erdgipfels« in Johannesburg ist noch nicht erfolgt. Greenpeace setzt auf Polarisierung und Aktion. Die Naturschutzbewegung aber versteht sich weiterhin als integrativ: Bilderstürme sind vielleicht auch deshalb in absehbarer Zeit nicht zu erwarten.

Auch wenn am Ende dieses Beitrages mehr Fragen aufgeworfen sein mögen als Antworten gegeben, wird offenkundig, welch großes Potenzial die Untersuchung der Bilderwelten bietet. So wird beim Studium der Bilder hinsichtlich einer Periodisierung deutlich, dass die Geschichte der Bewegungen weniger in harten Brüchen zu erzählen ist, sondern dass sich hier Wellenbewegungen abzeichnen, deren Höhe-

---

36 Böttger, Conny, »Politik der Visualisation«, in: Krüger, Christian/Müller-Hennig, Matthias (Hg.): *Greenpeace auf dem Wahrnehmungsmarkt. Studien zur Kommunikationspolitik und Medienresonanz*, Hamburg 2000, S. 36.

punkte sich auch aus der Kontinuität und konstanten Tätigkeit der Organisationen entwickeln konnten. Die Anstöße, die die Naturschutzbewegung gelegentlich ihre strukturelle und visuelle Harmlosigkeit überwinden ließ, kamen allerdings fast immer von außen. Die Epochenmarken, die zum Beispiel durch den Bilderwechsel hin zur Apokalypse Anfang der siebziger Jahre oder die Aktionsdarstellung von Greenpeace gekennzeichnet sind, weisen auf die intensivierte Wechselwirkung zwischen Medien und Bewegung hin, die noch detaillierter zu untersuchen sein wird. Vor allem aber lässt sich anhand der äußeren Präsentation die Medienkompetenz, das Konfrontationspotenzial, die Vermittlungsfähigkeit und das Vermögen zur Allianzbildung ablesen – Elemente, die existentiell für die Fortentwicklung und die Beseitigung des Akzeptanzdefizits der Arbeit der Naturschutz- und Umweltbewegung sind.

POLITISCHE DEUTUNGEN
DES UMWELTKONFLIKTS
SEIT DEN SIEBZIGER JAHREN

PVC, Dynamit Nobel und die Stadt Troisdorf: Lokale Deutungen von industriellen Gesundheitsgefahren und ihre Verallgemeinerung

Andrea Westermann

»Was ist los im PVC-Betrieb?«, fragte im März 1973 die DKP-Betriebszeitung *DYNAMIT* der Dynamit Nobel AG in Troisdorf bei Köln. Sie nahm damit Fälle von schweren Knochen- und Leberschädigungen ins Visier, die bei Chemiearbeitern aus der Kunststoffproduktion auftraten[1]. Im August 1973 ging im Bundesarbeitsministerium unter dem Titel »PVC-Krankheit, was tun?« ein anonymer Brief ein. Der Brief richtete die Aufmerksamkeit der Behörde auf die Troisdorfer Ereignisse, beklagte das Auftreten von Krankheitsfällen und skandalisierte deren Umstände. Immer neue Symptome veranlassten lokale Aktivisten und Parteipolitiker, die Berufskrankheiten öffentlich zu problematisieren: Anfang 1974 bestätigte sich der Verdacht, dass das Kunststoffmonomer Vinylchlorid, das zu Polyvinylchlorid oder PVC polymerisiert wurde, krebserregend war. Die DKP stellte Strafanzeige wegen Verdachts auf fahrlässige Körperverletzung und Tötung gegen den Vorstand der Dynamit Nobel AG[2]. Eine neu gegründete »Interessengemeinschaft der VC-Geschädigten« strengte im Namen von 40 Arbeitern einen Musterprozess wegen Amtspflichtverletzung gegen das Land Nordrhein-Westfalen an. Nach dem Vorbild in Sachen Contergan drängte der Anwalt der Interessengemeinschaft Land, Bund und die Dynamit Nobel AG zur Gründung einer »Stiftung zugunsten der VC-Geschädigten«, mit der die Betreuung und Entschädigung der Arbeiter sichergestellt werden sollte[3]. Troisdorfer Bürger schlossen sich den Protesten der betroffenen Arbeitnehmer in einem Solidaritätskomitee an. Schließlich nahm die überregionale Presse die Meldung »Krebsverdacht bestätigt« zum Anlass, um nach möglichen

---

1 Der Aufsatz entstand im Rahmen meiner laufenden Dissertation zur Geschichte von PVC. Für Hinweise und Kritik danke ich den Herausgebern sowie Barbara Orland, Andreas Pettenkofer, Jörg Potthast und Gerlind Rüve.

2 *DYNAMIT*, 15.1.1974, S. 1.

3 *Die Welt* 13.2.1975, »Stolpert die Chemie über PVC?«

Konsequenzen für alle zu forschen: »Werden wir auf Kunststoffe verzichten müssen?«[4]

Ein solcher Aufruhr um Berufskrankheiten ist ungewöhnlich. Zwar erkannte die Berufskrankheitenverordnung von 1925 berufsbedingte Krankheiten als einen sozialstaatlich regulierungsbedürftigen Gegenstand an und damit als Sorge der Allgemeinheit. Im Zuge des Prozesses, in dem individuelle Krankheitsfälle zu entschädigungswürdigen Industrialisierungsfolgen umdefiniert wurden, bildete sich jedoch ein komplexes Netzwerk von administrativen und medizinischen Wissensbeständen und Praktiken heraus. Die bald eingespielten Verfahren brachten es mit sich, dass diese Krankheiten in der Regel gerade nicht zum Anlass für eine breite Diskussion außerhalb der betroffenen Belegschaften und zuständigen Institutionen wurden. Unter Bezugnahme auf dieses Netzwerk zeigten sich Arbeitsmediziner in Behörden, Berufsgenossenschaften und Unternehmen überzeugt, auftretende Gesundheitsschäden umfassend behandeln und kompensieren sowie eventuelle Gefahren abstellen zu können.

In den Augen dieser Experten waren die in Troisdorf auftretenden Berufskrankheiten zwar neu, aber das Problem durchaus überschaubar. Technische Verbesserungen des Produktionsprozesses waren grundsätzlich denkbar und wurden in der Folge von den Kunststoffherstellern auch rasch umgesetzt. Bei Dynamit Nobel entschied sich die Firmenleitung Ende 1975, den PVC-Polymerisationsbetrieb zu schließen: Es hatte sich abgezeichnet, dass die Einlösung der im Zuge der Berufskrankheitendebatte behördlich verordneten Arbeits- und Umweltschutzauflagen das Unternehmen sehr teuer zu stehen käme. *Business as usual?*

Im Fall der bald so genannten VC-Krankheit meldeten sich unerwartet Akteure zu Wort, die nicht zum Expertenkreis für Berufskrankheiten gehörten. Sie zweifelten im Gegenteil die Deutungshoheit der Behörden und ihrer Sachverständigen an, erklärten berufsgenossenschaftliche und administrative Regulierungsverfahren für unzureichend und problematisierten sowohl die Krankheitsfälle als auch den Stoff, bei dessen Herstellung Arbeiter schwer erkrankten oder starben. Es scheint deswegen viel versprechend, die spezifischen Voraussetzungen dieser Politisierung offen zu legen und die Konstituierung von betroffenen bzw. verantwortlichen gesellschaftlichen Gruppen oder Kollektiven zu verfolgen, die damit einherging.[5]

---

4 *Die Zeit*, 28.6.1974, S. 37.

5 Boltanski, Luc/Darré, Yann/Schiltz, Marie-Ange, »La dénonciation«, in: *Actes de la recherche en sciences sociales* 51 (1984), S. 3–40.

Im Folgenden wird untersucht, mit welchen argumentativen, materiellen und performativen Ressourcen die Troisdorfer Deutungen der VC-Berufskrankheiten abgestützt wurden. Dabei bedurfte es erheblicher Anstrengungen auf lokaler Ebene, bis *Der Spiegel* schließlich in der Dezemberausgabe 1973 zur VC-Krankheit berichtete. Zunächst musste das Auftreten der Krankheit bezeugt werden. Die Krankheitsfälle mussten öffentlich gemacht und ihr ursächlicher Zusammenhang mit VC belegt werden. Indem die Protagonisten in einem zweiten Schritt die lokalen Umstände generalisierten, gelang ihnen eine überzeugende Kritik an den Bedingungen der PVC-Herstellung.

Dies wurde vor allem möglich, weil sich in Troisdorf die Argumentationsmuster der ›alten Linken‹ und ›neuen Linken‹ aufeinander beziehen ließen. Mit der Schaffung dieser Anschlussstellen ging eine Reklassifizierung des Problems einher: Aus dem Berufskrankheitenproblem wurde sukzessive ein Umweltproblem.

Während sich alte linke Positionen in den siebziger Jahren noch sehr eindeutig als gewerkschaftliche und parteipolitisch linke Positionen umschreiben lassen, ist die Definition der ›neuen Linken‹ etwas heikler. Die Meinungen und Praktiken von Akteuren, die sich neben den Arbeitern und Gewerkschaftsvertretern zu Wort meldeten, fügen sich indes in ein Raster, das schon zeitgenössisch als neues Phänomen der politischen Kultur analysiert wurde: Einzelne Personen oder schon bestehende Gruppen mit ansonsten heterogenen Interessen und Lebensstilen gruppieren sich um ein spezifisches Anliegen und werden zeitweilig als Kollektiv erkennbar[6]. Diesen bürgerinitiativ verfassten Protest bezeichne ich im hier geschilderten PVC-Konflikt deswegen als ›neulinks‹, weil er sich mit Protestformen, Deutungsmustern und gewählten Medien in die Tradition der Studentenbewegung einreiht.

Von der Fabrik ins Rathaus

Die gesamte bundesdeutsche VC- und PVC-herstellende Industrie beschäftigte Anfang und Mitte der siebziger Jahre rund 6.500 Arbeiter, davon standen ca. 1.000 in direktem Kontakt mit dem Grundstoff VC. Summierte man die Beschäftigtenzahlen seit 1940, so kam man bis Mitte der siebziger Jahre auf 3.600 Arbeiter mit

---

6 Haffner, Sebastian, »Die neue Sensibilität des Bürgers«, in: Meyer-Tasch, P.C., *Die Bürgerinitiativbewegung. Der aktive Bürger als rechts- und politikwissenschaftliches Problem*, Reinbek ³1977, S. 75–86, hier S. 75/76.

direktem Kontakt zu VC. Bei Dynamit Nobel arbeiteten 130 bis 140 Männer in der PVC-Herstellung. Die Krankheitsmeldungen stiegen in Nordrhein-Westfalen auf 80 Meldungen im Mai 1974, wobei landesweit hauptsächlich Dynamit Nobel betroffen war.[7]

Die kommunale Aneignung der Gesundheitsgefahren bei Dynamit Nobel wurde darüber angestoßen, dass einige Akteure die durch VC verursachten Berufskrankheiten gegen die Sichtweise, sie seien allein betriebsinterne Probleme bzw. medizinische Einzelfälle, als ein öffentliches Problem definierten. Hierbei taten sich die Betroffenen selbst, ihr Hausarzt, die DKP-Kreisgruppe Siegburg, ein anonymer Briefeschreiber sowie eine Lokaljournalistin hervor. Sie holten die Krankheitsfälle aus dem kleinen Kreis der Troisdorfer Werks- und Hausärzte heraus. Noch blieben jene aber in professionellen Händen: »Der Fall VC ist einfach den normalen Dienstweg weitergegangen. Als der Hausarzt nicht weiterkam, hat er die Patienten an die Uniklink überwiesen.«[8] Der Troisdorfer Internist Paul Schmetkamp überwies seine Patienten seit Ende 1971 an die Universitätshautklinik Bonn weiter, nachdem er mit den Werksärzten der Dynamit Nobel AG nicht ins fachliche Gespräch gefunden hatte[9]. Dort wurden bestimmte Symptome, insbesondere die Acroosteolyse – verkürzte Fingerendgliedmaßen – und damit einhergehende »Uhrglasnägel« gehäuft diagnostiziert, den Berufsgenossenschaften sowie den staatlichen Gewerbeärzten gemeldet und die Fälle bereits im April 1972 auf einem arbeitsmedizinischen Kongress vorgestellt[10]. Nach den ersten 13 Meldungen im Frühjahr 1972 ordnete das staatliche Gewerbeaufsichtsamt Bonn für die Dynamit Nobel AG Maßnahmen zur Verbesserung der gewerbehygienischen Bedingungen an. Der staatliche Gewerbearzt in Nordrhein-Westfalen verfügte zudem Einstellungs- und Überwachungsuntersuchungen für PVC-Arbeiter[11]. Die Unikliniker intensivierten ihre Forschun-

---

7 Verband Kunststofferzeugende Industrie, *VC/PVC: Beispiel einer Problemlösung.* Frankfurt/M. 1975, S. 7. BA Koblenz B 149/27870, Arbeitsmedizinische Gedanken zur sog. VC Krankheit, Juni 1974; BA Koblenz B 149/27869, 7.5.74, Besprechung des Forschungsvorhabens ›Ursachen der sog. VC-Krankheit‹ am 2.5. 1974, Daten über Erkrankungsfälle.

8 Interview mit Jörg Heimbrecht am 26.9.2002, S. 8.

9 Interview mit Horst Tullius am 16.5.2002, S. 5; Döring, Frieder, »Dr. Schmetkamp und die Troisdorfer VC-Kranken«, in: *Troisdorfer Jahreshefte* 32 (2002), S. 140–154.

10 Jühe, Susanne/Veltmann, Günther, »Zur Klinik der sogenannten Vinylchlorid-Krankheit (Sklerodermie-ähnliche Veränderungen bei Arbeitern der PVC-herstellenden Industrie)«, in: *Erstes internationales Symposium der Werksärzte der Chemischen Industrie, 27.-29.4.1972,* Ludwigshafen 1972, S. 267–276.

11 BA Koblenz B 149/27869, Vom Staatlichen Gewerbeaufsichtsamt Bonn für Dynamit Nobel AG angeordnete Maßnahmen, o. D.; Jahresbericht Gewerbeaufsicht Nordrhein-Westfalen 1972, NW 179.

gen, als sich neben den dermatologischen auch die internistischen Symptome häuften.

Der anonyme Brief an das Bundesarbeitsministerium nannte in einem ersten Abschnitt die Krankheit beim Namen: »PVC-Krankheit, was tun?«[12] Die folgende ausführliche Krankheitsbeschreibung weist den oder die Briefverfasser als wohl informiert aus. Er zählte die zugehörigen Symptome auf und machte Angaben zur aktuellen Krankheitsinzidenz. Schließlich stellte er einen Zusammenhang zwischen Arbeitsplatz, eingesetzten Arbeitskräften und einem »hohen Lohn« her, dessen eigentliche, denunzierende Bedeutung sich erst aus der nachgeschobenen Frage nach den Anstellungsbedingungen ergibt. »Bei den Erkrankten handelt es sich vorwiegend um Autoklavenarbeiter [Druckkessel, in denen VC zu PVC polymerisiert wird, A.W.] und zumeist Gastarbeiter, die hohe Löhne für diese Arbeit bekommen. Aber werden sie vorher auf etwaige Schäden hingewiesen?« Der Brief geißelte Fehldiagnosen, ein Herunterspielen und die weiterhin wirksamen Handlungsvorbehalte der Troisdorfer Werksärzte, die in Konkurrenz zu Universitätsfachkollegen oder dem Hausarzt standen. Die Autoren richteten die Frage nach Verantwortlichkeiten ans Bundesministerium. »Warum wurde bei Dynamit Nobel keine bessere Vorsorge getroffen? [...] Wer trägt hierfür die Verantwortung?«

Der anklagende Protest löste die gewünschten Reaktionen beim Adressaten aus. Das Bundesarbeitsministerium meldete sich umgehend bei den Ärzten der Dynamit Nobel und übernahm von da an die Koordination des Informationsaustauschs zwischen allen Beteiligten.

Innerhalb des fachlich-behördlichen Felds waren die Gesundheitsgefahren in der PVC-Herstellung so zu einem relativ prominenten Problem geworden. Es brauchte aber einen zweiten Schritt, um die Berufskrankheiten auch zur Sache einer breiteren Öffentlichkeit zu machen. Er vollzog sich über das vorgestellte Kollektiv der Stadt. Den Protagonisten des Protests musste es hinsichtlich einer wirksamen Problematisierung darum gehen, ganz Troisdorf für ihren Fall zu gewinnen. Lokale Aktivisten und Parteipolitiker verschoben die Grenzen des Arbeitsplatzes deswegen mehrfach über das Werkstor hinaus und erinnerten daran, dass die Arbeiter der Dynamit Nobel AG zur Troisdorfer Bürgerschaft gehörten. So erklärte der SPD-Vorsitzende Nöbel im Stadtrat: »Sie mögen sagen, was geht uns das an. Für die innerbetrieblichen Probleme des Arbeitsschutzes ist die Stadt Troisdorf nicht zuständig. Meine Fraktion ist da anderer Ansicht. Wir meinen, daß die Stadt Troisdorf

---

12 BA Koblenz B 149/27869 Schreiben an den Herren D IIIb, Anonymer Brief vom 23.8.1973.

eine umfassende Fürsorgepflicht gegenüber allen Bürgern dieser Stadt hat, auch an deren Arbeitsplatz.«[13]

In einer weiteren Grenzverschiebung machten die protestierenden Bürger die ganze Gemeinde zu Betroffenen, als sie sich auf die gemeinsamen Erfahrungen mit Lärm- und Phenolemissionen durch das Unternehmen beriefen. Obwohl es mit den VC-Emissionen um ein neues Problem ging, stellten sie die Gesundheitsgefährdungen in der PVC-Produktion in eine Reihe mit älteren Konflikten. In ihren Augen handelte es sich selbstverständlich auch um ein Umweltproblem[14].

In dieser Rahmung – VC-Gesundheitsgefahren als Umweltproblem – betonten die Anwohner einen Aspekt besonders, den schlampigen Umgang mit den verfügbaren Daten und bekannten Mängeln. Der sehr aktive Anrainer Gerhard Eibel wandte sich nach der ersten bundesweiten Veröffentlichung im *Spiegel* vom Dezember 1973 an den NRW-Landwirtschaftsminister Diether Deneke und forderte, auch ein »Industriegigant« wie Dynamit-Nobel dürfe sein Gewerbe nicht so betreiben, dass daraus »Gefahren für die öffentliche Sicherheit und Ordnung in so hohem Maße« entstehen könnten: »Seit Jahren bangen wir um die Gesundheit unserer Familien und werden mit Messungen sowie Unterredungen seitens des Gewerbeaufsichtsamtes Bonn und Herren der Dynamit Nobel hingehalten. Soll das wirklich die ganze Praxis des Umweltschutzes sein, wenn es sich um ein Großunternehmen handelt?«[15]

Der vergleichende Bezug auf den immer wieder durch Dynamit Nobel beeinträchtigten Alltag festigte bei den Troisdorfern die Überzeugung, dass die Krankheiten ihre Ursache in den Arbeitsbedingungen des Unternehmens hatten. Die auftretenden Leberschäden gaben zwar im Unterschied zu den verkürzten Fingerendgliedmaßen und den bald diagnostizierten Blutgefäßkrebsen der Leber ein weit weniger spezifisches Symptom ab, das heißt sie konnten mehrere Ursachen haben. Doch vor dem Hintergrund der langjährigen örtlichen Probleme weigerten sich Arbeiter und Anwohner, medizinische Unsicherheiten im Einzelfall zu akzeptieren. Ihres Wissens waren die VC-Expositionen bei Dynamit Nobel über Jahre so hoch, dass Leberschäden, Verminderung der Blutplättchen und Durchblutungsstörungen der Finger sowie Kopfweh und Schwindel nur als Folgen der Berufsausübung in-

---

13 BA Koblenz B 149/27871, Dr. Wilhelm Nöbel am 21.1.1974 im Rat der Stadt.
14 BA Koblenz B 149/27871, SPD-Fraktion Troisdorf an das Staatliche Gewerbeaufsichtsamt Bonn, 31.12.1973.
15 Stadtarchiv Troisdorf W.I.G. 2.3.11 Dynamit Nobel AG 1972–74, Gerhard Eibel an Minister Deneke, 27.12.73.

terpretiert werden konnten. Nun waren bei Dynamit Nobel selten Kontrollmessungen vorgenommen und wenn, nie dokumentiert worden. Arbeiter versicherten jedoch, sie hätten das VC-Gas regelmäßig gerochen und zeigten damit den Experten an, dass die VC-Exposition genauso regelmäßig über den erlaubten Grenzwerten gelegen haben musste[16]. Dies galt besonders für die Druckkessel, in die Chemiearbeiter hinab stiegen, um die angebackenen Plastikreste von den Innenwänden und den Rührarmen zu kratzen. Die Betriebsleitung hatte die alten Kessel nicht wie die meisten anderen Kunststoffhersteller durch geschlossene Systeme ersetzt und anscheinend die meisten gewerbehygienischen Auflagen umgangen. In den Augen der Anwohner konnten sich die gewerbehygienischen Bedingungen nur noch verschlechtert haben, nachdem das Lärmproblem des Unternehmens dadurch gelöst worden war, dass die Fenster zugemauert wurden[17].

Studentische Protestformen in der Provinz

Der Vorwurf Eibels, im Umgang mit den VC-Gesundheitsgefahren äußerten sich Demokratiedefizite im Unternehmen und bei lokalen Behörden, stellt ein eigenes Argumentationsmuster dar. Mit seiner Hilfe machten Kritiker den »Fall Dynamit Nobel«[18] zum Exempel allgemeiner bundesdeutscher Fehlentwicklungen.

Immer wieder und in unterschiedlichen Zusammenhängen wurde dieser Missstand kritisiert, die »Art und Weise, wie und auf wessen Kosten bei uns produziert wird, und das alles praktisch ohne gesellschaftliche Kontrolle«[19]. Die Unternehmensführung wurde angeschuldigt, das ganze Ausmaß der chronischen VC-Vergiftungen zu vertuschen und interne Kontrollmechanismen zu blockieren. In eidesstattlichen Erklärungen etwa bezeugten einige Chemiearbeiter aus der PVC-Herstellung, dass Emissionswerte bei Besuchen des Gewerbeaufsichtsamts regel-

---

16 BA Koblenz B 149/27869, Erörterung über die sog. Vinylchloridkrankheit im Bundesministerium für Arbeit am 10.1.1974.

17 Eßlinger, Heinz, »PVC-Erkrankungen in der Bundesrepublik Deutschland und Der Fall Dynamit Nobel«, in: Levinson, Ch. (Hg.), *PVC zum Beispiel. Krebserkrankungen bei der Kunststoffherstellung*, Hamburg 1975, S. 44–69, hier S. 50; *DYNAMIT*. Zeitung der DKP für die Belegschaft der Dynamit Nobel AG Troisdorf, Januar 1974, S. 2.

18 So der Titel von Eßlinger, »PVC-Erkrankungen«, S. 44–69.

19 BA Koblenz B 149/27871, Dr. Wilhelm Nöbel am 21.1.1974 im Rat der Stadt Troisdorf.

mäßig manipuliert worden seien[20]. Darüber hinaus sei der Betriebsrat abhängig von der Betriebsleitung, billige deren Informationspolitik und komme als Vertreter der gefährdeten Arbeiter seiner Verantwortungspflicht nicht nach[21].

Zahlreiche Troisdorfer forderten Hilfe für die schon Erkrankten und die zukünftige Vermeidung der mit VC verbundenen industriellen Gesundheitsgefährdungen. Zugleich verfolgten sie ein weiteres, grundsätzliches Ziel: Dem demokratischen Instrument der öffentlichen Kontrolle sollte zur dauernden Anwendung verholfen werden. Dies lässt sich besonders deutlich an den Protestpraktiken ablesen. Für eine Kleinstadt ohne Universitätsmilieu war es schließlich besonders bemerkenswert, dass die engagierten Bürger eine Aktionsform wählten, die performativ nachholte, was an öffentlichen Untersuchungen und Bekanntgaben versäumt worden war.

Ein »Solidaritätskomitee für die von der VC-Krankheit betroffenen Kollegen bei der Dynamit Nobel AG in Troisdorf«, in deren Sprecherrat sich neben »zwei DKP-Mitgliedern ein Gewerkschaftsvertreter, ein Pastor und zwei Vertreter der erkrankten Arbeiter«[22] befanden, lud in eine Troisdorfer Schulaula zum »Flick-Tribunal«. Vor Gericht stand der zwei Jahre zuvor verstorbene Friedrich Flick, zu dessen Konzern die Dynamit Nobel AG seit 1959 gehörte[23]. Das Komitee imitierte so den formalisierten Rahmen einer rechtsstaatlichen Instanz, in Anspielung auf das Berliner Tribunal zur Zerschlagung des Springer-Konzerns, das der SDS im Februar 1968 veranstaltet hatte.

Bei der Veranstaltung handelte sich nicht nur in der Form um eine Äußerung der ›Gegenöffentlichkeit‹. Auch inhaltlich bezog sich das Solidaritätskomitee auf die Diskussionen, die Anlass des Springer-Tribunals gewesen waren. Die zentrale Sorge der studentischen und intellektuellen Aktivisten hatte seit den frühen sechziger Jahren der medialen Manipulierbarkeit der Öffentlichkeit, ihren Bedingungen und Funktionen gegolten[24]. »Eines unserer wesentlichsten Ziele ist die Unterrichtung

20 Eidesstattliche Erklärungen fotografiert abgedruckt in *Weltbild* 23.7.75.

21 *Rhein-Sieg-Rundschau* 17.1.74, SPD kritisiert den Betriebsrat der DN.

22 Bestand Kleinert, Offener Brief des Solidaritätskomitees an die Troisdorfer FDP als Reaktion auf die in Lokalzeitungen am 29.4.74 veröffentlichte FDP-Distanzierung vom Komitee.

23 Strack, Heinz, *Hüls AG. 100 Jahre Werk Rheinfelden. Ein Überblick über die Geschichte des Werkes, verfasst im wesentlichen nach Archivunterlagen,* Rheinfelden 1998, S. 259.

24 Ulrike Meinhof erklärte 1967 in der Septemberausgabe von *Konkret,* warum es an der Zeit sei, Springer zu enteignen, Meinhof, Ulrike, »Enteignet Springer!« in: *Konkret* 13 (1967), H. 9, S. 2ff.; der SDS-Aufruf in: *Neue Politik,* 11.11.1967 12. Jg. Nr. 45, Springertribunal in Berlin, S. 7–8; vgl. Kraushaar, Wolfgang, »1968 und die Massenmedien«, in: *AfS* 41 (2001), S. 317–348.

der Öffentlichkeit über die Vorfälle bei der DN, damit von dieser Seite kein Erkrankter unter Druck gesetzt werden kann [...]. Wir können es nicht zulassen, daß die Zustände bei der DN stillschweigend unter den Teppich gekehrt werden«, erläuterte das Solidaritätskomitee in einem offenen Brief an seine Kritiker[25]. Der Erfolg gab ihren Forderungen Auftrieb; die Schulaula war voll besetzt[26]. Dabei waren die lokalen Akteure längst für die Eigenheiten massenmedialer Übersetzungs- und Definitionsprozesse sensibilisiert, das »Flick-Tribunal« war selbst medientauglich. Der Lokalreporter etwa verglich die improvisierte Gerichtssituation mit dem Sendeformat »Fernsehgericht«[27].

Die These von einem neu zu bestimmenden Selbstverständnis der einst scheinbar homogenen »bürgerlichen Öffentlichkeit« (Habermas) war demnach Mitte der siebziger Jahre längst nicht mehr nur intellektueller *common sense* einer sich in Vorträgen, Zeitungen, Radio und Fernsehen zu Wort meldenden kulturkritischen Elite, Hintergrundannahme einer kleinen Gruppe SDS-Aktivisten und anderer Vertreter der neuen Linken. Die These war gleichwohl immer wieder durch Erfahrungen gestützt worden, die Journalisten – gerade nach 1945 zentrale Vermittlerfiguren und Multiplikatoren dieser Öffentlichkeit – gemacht hatten[28]. Nicht zufällig begann nun auch die Kölner Fernseh- und Presseszene, sich für die Berufskrankheiten am Stadtrand zu interessieren – und dies unter einer sehr spezifischen Perspektive.

Vom Stadtrand in die Kölner Medienkreise

Die DKP-Kreisgruppe, die für die Betriebszeitung *DYNAMIT* verantwortlich zeichnete, hatte von den Geschädigten des PVC-herstellenden Betriebs der Dynamit Nobel nicht, wie man meinen würde, über die eigene Betriebsgruppe erfahren.

---

25 Bestand Kleinert, Offener Brief des Solidaritätskomitees an die Troisdorfer FDP als Reaktion auf die in Lokalzeitungen am 29.4.74 veröffentlichte FDP-Distanzierung vom Komitee.

26 *Rhein-Sieg- Anzeiger* 29.4.1974, Das ›hohe Gericht‹ ließ Angeklagten keine Chance: »Es war, als ob ein Superstar gastieren wollte: Hunderte drängten sich in die Aula des Gymnasiums, holten sich zusätzliche Stühle und standen an den Eingängen.«

27 *Rhein-Sieg-Anzeiger* 29.4.1974, »Das ›hohe Gericht‹ ließ Angeklagten keine Chance.«

28 Vgl. dazu Hodenberg, Christina von, »Die Journalisten und der Aufbruch zur kritischen Öffentlichkeit«, in: Herbert, Ulrich. (Hg.), *Wandlungsprozesse in Westdeutschland. Belastung, Integration, Liberalisierung 1945–1980*, Göttingen 2002, S. 278–311.

»Das haben wir von außen gekriegt – wohl über Ulla Junk.«[29] Ulla Junk, eine Redakteurin des *Kölner Stadt-Anzeiger*, hatte die Diskussionen um VC und das Troisdorfer Werk seit Anfang 1972 im Blick. Sie recherchierte bei den Betroffenen, ohne allerdings vor Dezember 1973 einen Artikel zu veröffentlichen. Auch Peter Kleinert war Anfang der siebziger Jahre Redakteur beim *Kölner Stadt-Anzeiger*. Die Troisdorfer Berufskrankheiten und ihre Behandlung in der Kölner Lokalpresse gaben für ihn eine ideale Geschichte ab, mit der er sein berufliches und politisches Anliegen verfolgen konnte, sich für mehr Mitbestimmung in den aktuelle Medienredaktionen einzusetzen. Er war Autor des im Februar 1976 gesendeten WDR-Films ›Immer auf der Seite der Opfer‹. Hierin untersuchte er die Frage, in welcher Weise sich die Kriminalberichterstattungen in unterschiedlichen Feldern voneinander unterschieden. Troisdorf war sein Beispiel für Fälle der Wirtschaftskriminalität. Während man bei gemeiner Kriminalität jede Freiheit habe, »bis zur Freiheit von BILD, Menschen vorzuführen, die Opfer geworden sind und sie dann also wirklich noch mal zu Opfern zu machen«[30], lautete Kleinerts Vorwurf in Sachen Berufskrankheiten: Die lokale Presse habe sich in der Berichterstattung nicht nur zurückgehalten, sondern gegenüber ihren Redakteurinnen und Redakteuren Pressezensur ausgeübt und damit verhindert, dass der wichtige Anzeigenkunde Dynamit Nobel AG in die Schlagzeilen gerate.

Die Ausstrahlung des Films hatte Kleinerts Kündigung zur Folge. Der Verleger Alfred Neven DuMont und die Lokalredaktion Siegburg seiner Tageszeitung *Kölner Stadt-Anzeiger* hatten sich im Beitrag wiedererkannt und fühlten sich verleumdet. Im vierjährigen Rechtsstreit gab das Bundesarbeitsgericht schließlich Kleinerts Klage gegen die Kündigung statt. Angesichts der Diskussionen um das Verhältnis zwischen Öffentlichkeit und Massenmedien war für die lokale Akteure – die Chemiearbeitervertreter und Kleinerts Gewerkschaftsvertreter – die verlegerische Rücksichtnahme auf die Dynamit Nobel AG eine einleuchtende Erklärung. Die »Interessengruppe der Vinylgeschädigten« lud zur Diskussion mit Kleinert ein. Er habe die Kündigung erhalten, »da er mutig aufgezeigt hatte, daß fast die gesamte Presse und die Medien den sich anbahnenden Skandal in den Jahren 1972/1973 totgeschwiegen haben«[31].

---

29 Interview mit Jörg Heimbrecht am 26.9.2002, S. 1.
30 Interview mit Peter Kleinert am 31.7.2002 in Köln, S. 1.
31 Bestand Schmetkamp, Einladung der IG der VC-Geschädigten zur Versammlung am 9.3.1976. Bestand Kleinert, DGB Schriftsatz in Sachen Kleinert/DuMont Schauberg, 18.5.1976, S. 1.

Die Sorge um ein hohes demokratisches Gut, die Meinungsfreiheit, hob den Fall für den Filmautoren Kleinert und seine Gewerkschaftskollegen über einen normalen arbeitsrechtlichen Streit hinaus. Kleinert habe mit der Aufdeckung des Problems überragende Gemeinschaftsinteressen wahrgenommen[32]. Dabei verwies der aktuelle Anlass nur auf einen grundlegenderen Konflikt: Kleinert stand, so die Meinung, nicht nur als Person im Kreuzfeuer der Verlegerkritik, sondern in seiner Eigenschaft als Gewerkschaftsfunktionär. Die Entlassung des Landesbezirksvorsitzenden und Vizebundesvorsitzenden der Deutschen Journalisten Union (dju) durch den Vizevorsitzenden des Bundes Deutscher Zeitungsverleger (BDZV) Alfred Neven DuMont hatte besonderes Gewicht. Sie verwies auf eine Arbeitgeberpolitik, die das gewerkschaftliche Anliegen der Mitbestimmung grundsätzlich ablehnte[33].

Die Berufskrankheiten in Troisdorf wurden vom TV-Autoren und seinen damaligen Informanten unter dem Aspekt der Nachrichtenunterdrückung erinnert. Für den Film hätte es auch jeder andere Fall von unterlassener Berichterstattung über Wirtschaftskriminalität sein können[34]. Dennoch erfuhr die Kritik Kleinerts aus den Troisdorfer Krankheits- und Todesfällen eine Stärkung.

Berichte über den Streitfall Kleinert/Neven DuMont wurden häufig mit einer Abbildung illustriert, auf der ein Redakteur nach einem Hammerschlag auf den Kopf vornüber auf seine Schreibmaschine fällt (Abb. 1). Der assoziative Rahmen der Metapher des ›mundtot Machens‹ wurde dabei überzogen; die Abbildung schoss deutlich über die Bedeutung ›Pressezensur‹ hinaus. Sie wurde in den Medien der neuen Linken vielleicht als ironische, aber sicher nicht als verleumderische oder falsche Übertreibung gewertet. Denn die Zeichnung bezog ihre Evidenz aus den Diskussionen um ›strukturelle Gewalt‹.

Deren Wirkungen offenbarten sich auch in den VC-Berufskrankheiten und VC-Todesfällen. Der Verweis auf ›strukturelle Gewalt‹ erlaubte einen Kurzschluss von metaphorischen und wirklichen Todesarten. Er wird im folgenden Abschnitt nachvollzogen und zusammen mit einem Vergleich interpretiert, der an verschiedenen Stellen der Diskussionen um VC und PVC auftaucht.

---

32 Bestand Kleinert, DGB Schriftsatz in Sachen Kleinert/DuMont Schauberg, 18.5.1976, S. 30.

33 Bestand Kleinert, offener Brief der Rundfunk-Fernseh-Film-Union im Deutschen Gewerkschaftsbund, Verband WDR, Köln 2.3.76.

34 Interview mit Peter Kleinert am 31.7.2002 in Köln, S. 9.

GG: „Eine Zensur findet nicht statt." Aber . . . (Aus „Berliner Extradienst")

Abb. 1: Die ursprünglich aus dem *taz*-Vorläufer *Berliner ExtraBlatt* stammende Karikatur erschien innerhalb eines ganzseitigen Artikels über die »unheilige Allianz von Konzern- und Verlegermacht« im Fall Kleinert. Sie ist ebenfalls abgedruckt im Kölner *Literaturbrief* 6/ 76, der sich dem Thema Pressezensur widmete und einen Artikel zu Neven DuMont und den Troisdorfer Krankheitsfällen enthielt. Im April 1976 wurde sie von der alternativen Zeitung *Kölner VolksBlatt* lokal adaptiert, indem das Logo des *Kölner Stadt-Anzeigers* hineinkopiert und mit dem Zusatz »löst bequem Ihr Problem« versehen wurde. *Deutsche Volkszeitung*, 18.3.1976, 5.

Interpretationen von struktureller Gewalt

Schon im »Flick-Tribunal« hatten sich Kritikformen und Argumente der neuen und alten Linken verbunden und dem verhandelten Problem Aufmerksamkeit eingetragen; Fotos vom »Flick-Tribunal« zeigen volle Zuschauerreihen. In Peter Kleinert kreuzten sich für die Beteiligten beide Selbstverständnisse in einer Person, worauf die parallelen Reaktionen auf seine Entlassung des DGB, der der DKP nahe stehenden *Deutsche Volkszeitung* und des neulinken *Kölner VolksBlatt* hindeuten. Tatsächlich war Kleinert mit der dju einerseits in einer Interessenvertretung aktiv, die über die Mitgliedschaft bei IG Druck und Papier in traditionelle Gewerkschaftsstrukturen eingebunden war. Andererseits wurde er immer wieder jenseits der Gewerkschaft initiativ, um partizipative Organisationsformen in Verlagen und Redaktionen zu realisieren[35].

Nicht weiter verwunderlich ist es deswegen, wenn sein Film und der um ihn entstehende mediengewerkschaftliche Konflikt auf Seiten der Erkrankten und ihrer Unterstützer die Zweifel an der transparenten Behandlung der VC-Gefahren, die im »Flick-Tribunal« ihren treffenden Ausdruck fanden, retrospektiv bestätigten und verstärkten. Gleichzeitig bezog das Engagement Kleinerts auch einen Teil seiner Authentizität daraus, dass die von ihm beobachtete Nachrichtenzensur beim Kölner Stadt-Anzeiger einen traditionellen Arbeiterkonflikt zum Anlass hatte. Das authentische Engagement war für die relative Prominenz des Medienkonflikts mitverantwortlich.

Aber die beiden Konflikte stärkten einander noch aus einem anderen Grund. Beide Phänomene plausibilisierten die Annahme, man habe es mit einer unterschiedliche Wirtschaftsbranchen und Gesellschaftssysteme gleichermaßen durchziehenden ›strukturellen Gewalt‹ zu tun. Berufskrankheiten wurden als »mit System betriebene grobe Fahrlässigkeit«[36] und Pressezensur als Zeichen eines »gewöhnliche[n] Faschismus«[37] gedeutet. Die Darstellung der Pressezensur malte diese Überzeugung nach den Regeln einer neulinken Ikonographie noch aus und parallelisierte damit deren Folgen: Am Ende stehen metaphorischer und tatsächlicher Tod.

Der Vorstellung, dass in der Bundesrepublik auch noch nach 1945 Gewaltverhältnisse vorherrschten, war im Umfeld der Studentenbewegung vor allem in den

---

35 Bestand Kleinert, Loccumer Resolution zur inneren Pressefreiheit, 19.11.1970.
36 Bestand Kleinert, Offener Brief des Solidaritätskomitees an die Troisdorfer FDP als Reaktion auf die in Lokalzeitungen am 29.4.74 veröffentlichte FDP-Distanzierung vom Komitee.
37 *epd, Kirche und Rundfunk* 21.2.1976, Nr. 14, Fernseh-Kritik »Immer auf der Seite der Opfer«, S. 14.

Staats- und Gesellschaftskritiken zu Prominenz gelangt, die sich den Ereignissen um 1968 anschlossen und die ihren sinnstiftenden Fluchtpunkt im NS-Staat und dem deutschen Genozid an den europäischen Juden hatten[38]. Das interpretatorische Kräftefeld, in das neulinke Diskussionen über Gewalt, die zuerst als staatliche Gewalt gedacht wurde[39], hineingestellt waren, strahlte auch auf die Befunde aus, die Protagonisten und Kommentatoren rund um die Troisdorfer Berufskrankheiten diagnostizierten. Hier wurden Bezüge zum NS zum einen hergestellt, als man im »Flick-Tribunal« auf die Enteignungen der Familie Flick durch die Alliierten anspielte[40]. Zum anderen fielen für die Arbeitsbedingungen im PVC-Betrieb mehrfach die Bezeichnung »Gaskammern«[41].

Noch in einer zweiten Beziehung passten sich die Krankheitssymptome in diesen Deutungsrahmen ein. Kritiker erkannten den ›produktiven‹ Wert der Symptome für die Arbeitsmedizin, für die sie u.a. wissenschaftliche Teilergebnisse darstellten. Eine Idee, die konstitutiv für die Selbstbeschreibungen der frühen Arbeitsmediziner war, konnte aus dieser zunächst gewerkschaftlichen Sicht zu einem kritischen Argument umgemünzt werden. Gewerbehygienischer Idealfall, auf den in der Realisierung des Arbeitsschutzes hingearbeitet wurde, wäre es, wenn gut eingerichtete und kontrollierte Arbeitsplätze Ähnlichkeiten mit Experimentalbedingungen im wissenschaftlichen Labor aufwiesen[42]. Kritiker spitzten diese für die Profession der

---

38 Vgl. etwa Thamer, Hans-Ulrich, »Die NS-Vergangenheit im politischen Diskurs der 68er-Bewegung«, in: *Westfälische Forschungen* 48 (1998), S. 39–63, hier S. 39; Siegfried, Detlef, »Zwischen Aufarbeitung und Schlussstrich. Der Umgang mit der NS-Vergangenheit in den beiden deutschen Staaten 1958–1969«, in: Schildt, A./Siegfried, D./Lammers, K.Ch. (Hg.), *Dynamische Zeiten. Die 60er Jahre in den beiden deutschen Gesellschaften* (= Hamburger Beiträge zur Sozial- und Zeitgeschichte Bd. 37), Hamburg 2000, S. 77–113, hier S. 104.

39 Pettenkofer, Andreas, »Erwartung der Katastrophe, Erinnerung der Katastrophe. Die apokalyptische Kosmologie der westdeutschen Umweltbewegung und die Besonderheit des deutschen Risikodiskurses«, in: Clausen, L./Geenen, E. M./Macamo, E. (Hg.), *Entsetzliche soziale Prozesse: Theorie und Empirie der Katastrophen*, Münster u. a. 2003, S. 185–204.

40 *Rhein-Sieg-Anzeiger* 29.4.1974, Das ›hohe Gericht‹ ließ Angeklagten keine Chance.

41 *Deutsche Volkszeitung* 18.11.1976, S. 17; Eßlinger, »PVC-Erkrankungen«, S. 44–69, hier S. 50.

42 Das – unerreichbare – Ideal leitete insbesondere Überlegungen zur Prävention chronischer Krankheiten oder Vergiftungen an. Typisch etwa Teleky, Ludwig, »Aufgaben und Durchführung der Krankheitsstatistik der Krankenkassen«, in: *Veröffentlichungen auf dem Gebiete der Medizinalverwaltung* 18 (1923), H. 2 (Der ganzen Sammlung 173. Heft), Berlin, S. 3–52, hier S. 47: »Allerdings dürfen wir auch hier nicht vergessen, daß auch andere Momente als rein gesundheitliche auf die Verringerung der Zahl der älteren Arbeiter hinwirkten. Niemals finden wir ja in der Wirklichkeit die Verhältnisse so liegen wie in einem gut durchgeführten Experiment, in dem unter Ausschaltung aller anderen störenden Umstände die Wirkung der zu prüfenden Kräfte oder Substanzen allein zu Tage treten.«

Arbeitsmediziner zentrale Vorstellung zu. Aus ihrer Sicht waren Chemiearbeiter tatsächlich zu »Versuchskaninchen« geworden: »Wenn davon gesprochen wird, daß z.b. bei PVC ein 2-jähriger Test laufen soll, dessen Ergebnis dazu führen könnte, daß danach eine Rücknahme der Betriebsgenehmigung erfolgen würde oder besondere Auflagen nötig würden. Wird hier nicht der Mensch zum Versuchskaninchen?«[43]

Das Argument wog deswegen umso schwerer, weil die dem Vergleich zugrunde liegende arbeitsmedizinische Orientierung an laborförmigen Situationen prinzipiell für keinen der direkt Beteiligten eine drastische Überzeichnung der Verhältnisse bedeutete, wie der Blick in die Geschichte der Gewerbehygiene gerade gezeigt hat. Die Anstrengungen der Arbeitsmediziner, wissenschaftlich objektive Kriterien und Variablen zu definieren, mit denen sich auftretende Erkrankungen auf die konkreten Bedingungen am innegehabten Arbeitsplatz zurückrechnen lassen, konnten von den Kritikern damit als inhärent ambivalente und strukturell risikoreiche Strategien diskreditiert werden.

Die zeitgenössisch konstatierten Analogien zwischen VC-Berufskrankheiten und Pressezensur sowie der Versuchskaninchen-Vergleich verweisen zusammen auf staatliche, industrielle und wissenschaftliche Logiken, die sich zeitgleich in einem anderen bald so verstandenen ›Massenexperiment‹, dem Bau von Atomkraftwerken, bündelten. Umweltaktivisten hatten um 1976 begonnen, deren Bedrohungspotenzial in dem Maß als zunehmend katastrophisch einzuschätzen, als sich staatliche Repressionen in der Auseinandersetzung um den Bau von AKWs verschärften[44]. Die Einbettung der VC-Berufskrankheiten in die sich formierenden zeitgenössischen Umweltdiskussionen war damit vorbereitet. Entscheidend ist, dass diese Einbettung, wie ich im nächsten Abschnitt ausführe, nicht mehr an die Emissionen ausstoßende Fabrikhalle der Dynamit Nobel AG gebunden war. Stattdessen wurde

---

43 Brief des Friedrich F. an den Petitionsausschuss des Deutschen Bundestags, 5.10.1976, BA Koblenz B 149/27872.

44 Pettenkofer, Andreas, »Gewalterfahrungen und kollektive Identität ›modernisierender‹ politischer Bewegungen. Überlegungen am westdeutschen Fall«, in: Liell, C./Pettenkofer, A. (Hg.), *Kultivierungen von Gewalt*, Würzburg 2004 (im Erscheinen); Pettenkofer, Erwartung. Erst zu dem Zeitpunkt entstehen damit auch Anschlussstellen an das konservativ-naturschützerische Deutungsspektrum: Für Naturschützer verblasste die »Hitler«-Katastrophe schon längst vor den zukünftigen Umweltkatastrophen, etwa Gruhl, Herbert, *Ein Planet wird geplündert. Die Schreckensbilanz unserer Politik,* Frankfurt 1975, S. 220. Vgl. Markovits, Andrei/Gorski, Philip, *The German Left. Red, Green and Beyond,* Oxford 1993, S. 133, die diese »Universalisierung« der (bei Gruhl ausgeblendeten) Massenvernichtung als Relativierung zum Zwecke der Entlastung durch die Täter deuten.

der Kunststoff selbst zum ausschlaggebenden Vehikel, das das Problem aus Troisdorf in die gesamte Bundesrepublik hinaustransportierte.

Wie aus PVC ein Umweltproblem wurde

Die körperlichen Symptome der Chemiearbeiter spiegelten, so lautete denn auch
der dem Versuchskaninchen-Vergleich folgende Interpretationsschritt, die Verhältnisse der Industriegesellschaft wider und entlarvten jene als pathogen: »Die Arbeiter
der Kunststoff-Industrie seien gleichsam Versuchskaninchen, erklärte Dr. Irving J.
Selikoff, Chef der Abteilung Umweltmedizin an der New Yorker Sinai School of
Medicine, an ihnen läßt sich ablesen, was auf alle Bürger zukommen könnte.«[45]
Auf die Berufskrankheiten konnte in den folgenden Jahren Bezug genommen
werden, um eine Gefährdung des öffentlichen Wohls durch PVC zu postulieren:
»PVC = Probleme vom Chlor«[46] war der Slogan des BUND, mit dem für PVC-freie
Gemeinden gekämpft wurde. Sie exemplifizierten die geläufige Formel »kranke
Umwelt/kranke Gesellschaft[47].« Und diese Formel findet sich in Troisdorf selbst
wieder. Der Lokalreporter variierte sie, um den Zweck des »Flick-Tribunals«, zu
beschreiben: »Politische und medizinische Ursachen, Krankheitssymptome und
Symptome kapitalistischer Profitmacherei gedachten die DKP-Genossen wirkungsvoll in einer ›szenischen Darstellung‹ aufzuzeigen.«[48]
Mithilfe der Verweise auf Umweltgefährdungen konnten die lokalen Probleme
um VC also entgrenzt werden. Die Troisdorfer VC-Kranken legten exemplarisch
Zeugnis über bundesdeutsche Missverhältnisse ab. Dabei verschob sich die Problemwahrnehmung von den *VC-Schädigungen* auf *PVC*. Die Umweltkritik an PVC
wiederum stabilisierte sich in diesem Übertragungsprozess vor allem deswegen, weil
die Antwort darauf immer unsicherer wurde, wer von den VC-Schädigungen betroffen sein könnte.
Je größer man sich dieses Kollektiv vorzustellen hatte, desto dringender stellte
sich das Problem PVC. Für Nachbar Gerhard Eibel und das Solidaritätskomitee

---

45 *Der Spiegel* 1974, Nr. 27, Tod im Plastik.
46 PVC-Hearing der Stadt Bielefeld, in: Stadt Bielefeld, *PVC-Hearing*, Bielefeld 1986, S. 4. Der Bezug
   zu den Berufskrankheiten, dass., S. 10.
47 Titel einer *Fischer* Taschenbuch-Reihe der 1970er Jahre.
48 *Rhein-Sieg-Anzeiger* 29.4.1974, Das ›hohe Gericht‹ ließ Angeklagten keine Chance.

stellte die PVC-Herstellung eben eine Angelegenheit der ganzen Stadt dar, einmal, weil die Arbeiter ortsansässige Bürger waren, zum anderen, weil die Emissionen auch umliegende Straßenzüge betrafen. Nach Feststellung der VC-Kanzerogenität erweiterte sich die potenziell gefährdete Gruppe für Kritiker um ein Vielfaches. Da schon kleinste Expositionen krebsauslösend wirken konnten, waren nun möglicherweise auch die PVC-Weiterverarbeiter sowie Verbraucherinnen und Verbraucher betroffen. Die SPD-Fraktion zielte im Grunde auf eine solche Verallgemeinerung der VC-Gesundheitsgefahren ab, als sie Anfang 1974 just in der Ratssitzung auf die VC-Kranken zu sprechen kam, in der ganz allgemein Umweltprobleme in Troisdorf auf der Tagesordnung standen. Und ihr gelang tatsächlich eine wirkungsvolle Anbindung an das Eingangsreferat dieser Themensitzung, in dem ein als Gastredner geladener Biologe des Landschaftsverbands Rheinland gerade prognostiziert hatte, dass »im Jahr 2000 jeder vierte an Krebs sterben [werde], wenn die Vergiftung und Verschmutzung nicht aufhöre«[49].

Im Unterschied zu den lokalen Zeitungen nahmen Berichte in den überregionalen Printmedien die Krankheitsfälle häufig zum Anlass, über den Kunststoff PVC selbst nachzudenken. Die bundesdeutsche Öffentlichkeit betrachtete den Erfolg von PVC als seine eigentlich fragwürdige Eigenschaft. 1974 wurden in der Bundesrepublik eine Million Tonnen PVC produziert[50]. Zusammen mit dem neueren Polyäthylen war es damit der meistverbreitete westdeutsche Kunststoff. PVC war in allen Sphären des öffentlichen und privaten Lebens zu finden. »Wer Kunststoff sagt, muß auch PVC sagen, Polyvinylchlorid. Fast alles läßt sich daraus machen, zum Beispiel Plastikeimer, Fußbodenbeläge oder Tragetaschen.«[51]

Dieser Verwendungszusammenhang wurde in den Diskussionen um die neue Berufskrankheit stets mitthematisiert. Der »Tausendsassa«[52] PVC machte anscheinend die oft genug schleichenden Risiken, die sich aus der Verwendung von chemischen Produkten ergaben, greifbar. Die Bezeichnung »PVC-Krankheit« hielt sich in Troisdorf, den Zeitungen und den Behörden hartnäckig, obwohl sich die Arbeitsmediziner auf den Namen »sog. VC-Krankheit« geeinigt hatten. Angehörige der Kunststoffindustrie fühlten sich ob der – so die Wahrnehmung – Pauschalisierung

49 *Generalanzeiger* 25.1.1974, Dr. Dahmen referierte im Rat. Wir ermorden mit unseren Giften und Schadstoffen langsam die Erde.

50 Verband Kunststofferzeugende Industrie, *VC/PVC: Beispiel einer Problemlösung*, Frankfurt/M. 1975, S. 6.

51 *Süddeutsche Zeitung* 30.4./1.5.1975, 13 Das unheimliche Vinylchlorid.

52 *Die Zeit* 1975 Nr. 41, 26. Ist die Leberkrebsgefahr bei der PVC-Produktion gebannt?

durch »das griffige Schlagwort ›PVC-Krankheit‹« herausgefordert und warnten vor unnötiger Panikmache bei der »(von den verschiedensten Gebrauchs- und Einrichtungsgegenständen auf PVC-Basis umgebenen) Bevölkerung«[53]. Sie bemühten sich, das gesundheitsgefährliche Monomer vom synthetischen Werkstoff an sich säuberlich zu trennen und die fachmännische Unterscheidung auch als allgemeine Sprachregelung in den öffentlichen Diskussionen zu verankern.

Nachdem freilich Untersuchungen an PVC-Verpackungen ergeben hatten, dass erhebliche Restmengen von VC im Plastik zu finden waren, die zum Teil in die verpackten Lebensmittel diffundierten, wurde der Kunststoff umso selbstverständlicher mit seinem Grundstoff in eins gesetzt[54]. Die ›Gesellschaft für menschliche Lebensordnung e.V.‹ etwa sah sich nach Ausstrahlung eines zweiten WDR-Films ›PVC – eine Gefahr und ihre Verharmlosung‹ zum Handeln gezwungen und schrieb an den Petitionsausschuss des Bundestags. Der Verein fürchtete, dass durch »das weite Anwendungsgebiet von PVC-Erzeugnissen wie Flaschen, Dosen, Margarine-Behälter usw. [...] für die gesamte Bevölkerung die Erkrankungsmöglichkeit an Krebs besteht«[55]. PVC war in diesen Deutungen ein Problem der ganzen Gesellschaft geworden.

Schluss

Der Aufsatz beschrieb die Reklassifizierungsprozesse, in deren Zuge die Troisdorfer Berufskrankheiten zu einem typischen Beispiel für die Umweltprobleme der Bundesrepublik wurden. Schon in den lokalen Diskussionen um die Produktionsbedingungen bei Dynamit Nobel kreuzten sich Berufskrankheitenkritik, Kritik an gesellschaftlichen Demokratiedefiziten und Umweltkritik auf wirkungsvolle Weise. Unterschiedlich motivierten Akteuren gelang es deswegen, die Gefahren durch VC zu politisieren und sie zu einem Problem der gesamten (Stadt)Öffentlichkeit zu machen. Die Aktionsformen Solidaritätskomitee und »Flick-Tribunal« vermittelten dabei ebenso zwischen Interpretationsmustern der neuen und alten Linken wie die

---

53 Leserbrief an die *FAZ*, 2.1.74, Zum Artikel ›Leberschäden bei der PVC-Herstellung‹.
54 Bestand Schmetkamp, Skript WDR-Film ›PVC. Eine Gefahr und ihre Verharmlosung‹ (ausgestrahlt ARD 4.10.1976), S. 9; *Kölner Stadt-Anzeiger*, 13.10.1976, Vergiftet Plastik Fleisch und Fette?
55 BA Koblenz B 149/27872 Hannah S., Gesellschaft für menschliche Lebensordnung e.V. Leer, Eingangsstempel 18.10.1976.

Argumentationsfigur der strukturellen Gewalt und ihr in umweltbewegten Kreisen evozierter Deutungshorizont.

Über diese umweltsemantische Kodierung rückte die Krebsgefährdung, die Mitte der siebziger Jahre von VC und seinen Produkten ausging, in den Mittelpunkt der Diskussionen. Sie wurde von Troisdorfer Bürgern und informierten Verbrauchern in einen engen Zusammenhang zu aktuellen Umweltbedingungen gesetzt.

Die dauerhafte Bestimmung des ursprünglich arbeitsmedizinischen Problems als Umweltproblem wurde weiterhin dadurch erleichtert, dass sich kulturkonservative Konnotationen, die sowohl Kunststoffen als auch Krebskrankheiten anhafteten, in PVC trafen. Die als auffällig wahrgenommene Künstlichkeit von Plastik etwa war mit der Interpretation einer gesundheitsgefährlichen Entfremdung der Lebensverhältnisse leicht zu vereinen.

»Atom-Staat« oder »Unregierbarkeit«? Wahrnehmungsmuster im westdeutschen Atomkonflikt der siebziger Jahre

Thomas Dannenbaum

Einleitung

Im Februar 1975 besetzten Demonstranten den Bauplatz des geplanten Atomkraftwerks im südbadischen Wyhl. Dieses Ereignis markiert den Ausgangspunkt für das Entstehen einer nationalen Anti-AKW-Bewegung. Die Auseinandersetzung um die Atomenergie zwischen dieser Bewegung und dem Staat entwickelte sich zu einem bestimmenden Konflikt der bundesdeutschen Innenpolitik in der zweiten Hälfte der siebziger Jahre. Die nationale Diskussion wurde dabei immer wieder durch einzelne lokale Protestereignisse an Orten wie Brokdorf, Kalkar oder Gorleben dynamisiert.

Der Konflikt lässt sich in drei Phasen unterteilen. In die *1. Phase* fällt die Bauplatzbesetzung in Wyhl, die als »kritisches Ereignis« (Bourdieu) gedeutet werden kann, da sich hier verschiedene latente Entwicklungen synchronisierten und an die Oberfläche traten. »Wyhl« strukturierte die gesamte Auseinandersetzung vor, dort bildeten sich die beherrschenden Konfliktlinien heraus[1]. Für beide Konfliktparteien wurden das Hüttendorf und der gerichtlich verfügte Baustopp zum zentralen Bezugspunkt. Die staatlichen Akteure wollten weitere Entwicklungen dieser Art in jedem Fall verhindern, für die nationale Anti-AKW-Bewegung wurde »Wyhl« zum Erfolgserlebnis und Gründungsmythos. Die Proteste 1976/77, vor allem in Brokdorf, führten zur Radikalisierung und weiteren Polarisierung des Konflikts (*2. Phase*), während die gewaltärmeren Auseinandersetzungen um die geplante Wiederaufarbeitungsanlage und das atomare Endlager in Gorleben 1979/1980 den vorläufigen

---

1 Vgl. Rucht, Dieter, »Wyhl. Der Aufbruch der Anti-Atomkraftbewegung«, in: Linse, Ulrich u.a. (Hg.), *Von der Bittschrift zur Platzbesetzung. Konflikte um technische Großprojekte*, Bonn 1988, S. 128–164, hier S. 129.

Endpunkt des Konflikts um die Atomenergie bildeten (*3. Phase*). Anfang der achtziger Jahre flaute die Auseinandersetzung zumindest vorübergehend ab und wurde von anderen Themen, insbesondere dem Thema Frieden, abgelöst bzw. überlagert. Mit dem Regierungswechsel in Bonn 1982, dem Einzug der Grünen in den Bundestag 1983 und dem Positionswechsel der SPD hin zu einer atomkraftkritischen Position wurde der Konflikt ins parlamentarische System integriert, während vor allem in Wackersdorf und Gorleben der außerparlamentarische Protest bald wieder aufflammte[2].

Der Beitrag soll die Frage beantworten, wieso gerade dieser Konflikt eine solche Bedeutung erlangte und warum er zeitweise gewaltsam eskalierte. Inwiefern sind hierfür die unterschiedlichen Konfliktdefinitionen sowie wechselseitige (Fehl-)Perzeptionen verantwortlich? Wie wirken sich diese Deutungen auf das jeweilige Vorgehen in der konkreten Konfliktsituation aus? Sind wechselseitige Verstärkungen bzw. Lernprozesse zu beobachten? In diesem Aufsatz wird die Bedeutung von Perzeption und Interaktion im Atomkonflikt der siebziger Jahre aufgezeigt werden[3]. Zentrale Deutungsmuster beider Konfliktparteien, ihre handlungsleitenden Konzeptionen und deren (Re-)Interpretation nach bestimmten Konfliktereignissen sollen nachgezeichnet und außerdem der historische Kontext untersucht werden.

Keine der beiden Konfliktparteien ist präzise einzugrenzen. Die Anti-AKW-Bewegung besaß keine formale Anhängerschaft. Sie umfasste zahlreiche ideologisch, strategisch und organisatorisch höchst heterogene Gruppierungen, die sehr unterschiedlich in Erscheinung traten. Trotzdem lassen sich drei Ebenen unterscheiden. Auf der *ersten Ebene* versammelten sich die regionalen und lokalen Bürgerinitiativen an den jeweiligen Konfliktorten, in denen sich die direkt betroffene ländliche Bevölkerung organisierte. Auf einer *zweiten Ebene* lassen sich verschiedene überregionale Vereinigungen subsumieren. Neben den traditionellen Umweltorganisationen und dem Bundesverband Bürgerinitiativen Umweltschutz (BBU), der als Dachverband viele Anti-AKW-Bürgerinitiativen repräsentierte, spielte hier das aus der Studentenbewegung entstandene Protestmilieu eine zentrale Rolle. Für deren zahllose »Zerfallsprodukte« von den K-Gruppen über die Sponti-Bewegung bis hin zu den verschiedensten Bürgerinitiativen und Selbsthilfegruppen bildete das Thema Atomkraft – zum Teil auch nur aus taktischen Gründen – einen neuerlichen Kris-

2 Vgl. Kielmansegg, Peter, *Nach der Katastrophe. Eine Geschichte des geteilten Deutschland*, Berlin 2000, S. 353.

3 Vgl. die Konzeption von Willems, Helmut, *Jugendunruhen und Protestbewegungen. Eine Studie zur Dynamik innergesellschaftlicher Konflikte in vier europäischen Ländern*, Opladen 1997.

tallisationspunkt. Auf einer *dritten Ebene* standen die Gegenexperten bzw. Anti-AKW-Experten, also Autoren, Publizisten, oft auch Wissenschaftler, die im betreffenden Zeitraum atomkritische Bücher in auflagestarken Taschenbuchreihen publizierten.

Zu den Konfliktgegnern der Anti-AKW-Bewegung zählten neben den Energiekonzernen als Kraftwerksbetreiber und den Gewerkschaften vor allem staatliche Akteure, in erster Linie die für die Energiepolitik zuständige Bundesregierung mit Kanzler Helmut Schmidt an der Spitze und die jeweiligen Landesregierungen mit den Ministerpräsidenten Hans Filbinger, Gerhard Stoltenberg und Ernst Albrecht. Durch die sich häufenden Eskalationen von Demonstrationen besonders ab 1976 wurde auch die Polizei immer mehr zu einem eigenständigen Konfliktakteur. Martin Winter hat auf die enge Verbindung zwischen der Entwicklung von Polizei und sozialen Bewegungen hingewiesen. Für die Protestierenden erscheint die Polizei quasi als Verkörperung des Staates, während die Polizei ihr Selbstverständnis sehr stark über ihr *Protest Policing* (della Porta) definiert. Das Verhältnis beider Seiten ist wegen ihrer gegensätzlichen Zielsetzungen (Aufmerksamkeit versus Sicherung der Ordnung) strukturell konfliktträchtig[4].

Nach einem kurzen Abriss zum Konflikthintergrund soll mit dem Bild des »Atom-Staats« ein zentrales Deutungsmuster der Anti-AKW-Bewegung vorgestellt werden. Auf Seiten des Staates wird dann exemplarisch die Wahrnehmung des Atomkonflikts durch die Bundesregierung und den Bundeskanzler Helmut Schmidt herausgearbeitet. Außerdem werden Gesellschaftsbild, Protestdiagnose und Selbstdeutung der Polizei in den Blick genommen. Anschließend soll beispielhaft für das Jahr 1976/77, das ähnlich wie 1968 für das Vorgängerjahrzehnt den Kulminationspunkt der siebziger Jahre darstellt, die Bedeutung interaktionistischer Konflikt- und Eskalationsdynamik skizziert werden. Zum Abschluss folgt ein Ausblick auf die Entwicklung bis zu den Protesten in Gorleben.

---

4 Vgl. Winter, Martin, *Politikum Polizei. Macht und Funktion der Polizei in der Bundesrepublik Deutschland*, Münster 1998, S. 17ff., 206f.

Hintergrund und Anatomie des Konflikts

Die sechziger Jahre waren Höhepunkt, aber auch vorläufiges Ende staatlicher Planungs- und Machbarkeitseuphorie. Michael Ruck charakterisiert die sechziger Jahre mit den drei Leitbegriffen: Prosperität – Partizipation – Planung. Staatliche Planung sollte gesellschaftliche Prosperität und politische Partizipation ermöglichen und garantieren, ein »Ende aller Krisen« schien erreichbar[5].

Doch schon Anfang der siebziger Jahre zogen die ersten dunklen Wolken am Konjunkturhimmel auf und deuteten an, was mit der Ölkrise und der darauf folgenden globalen Rezession offensichtlich wurde, das »Goldene Zeitalter« (Hobsbawm) ging zu Ende. Ohne dauerhaftes Wirtschaftswachstum war den genannten Leitbegriffen die Grundlage entzogen. Gesellschaftliche und ökonomische Globalsteuerung durch Planung erwies sich aufgrund der hohen Kosten sowie der großen Komplexität und schwierigen Definition der Probleme als unmöglich. Da ihre planerischen Instrumente angesichts der ökonomischen Krise versagten, konnte sie die gesellschaftliche Prosperität nicht mehr gewährleisten. Schließlich verstand ein Teil der Gesellschaft unter Partizipation etwas völlig anderes, nämlich keine paternalistischen »Reformen von oben«, sondern basisdemokratische »Reformen von unten«. Die Politik war mit neuen Problemen konfrontiert, der Desintegration sozialer Sicherungssysteme, einer stetig steigenden Massenarbeitslosigkeit sowie einer gesellschaftlichen »Entfremdung angesichts anonymer Großstrukturen«[6].

Mit dieser säkularen Zäsur in den frühen siebziger Jahren verstärkten sich im politischen Diskurs pessimistische Zukunfts- und Zustandsbeschreibungen. Während eher konservative Autoren die »Unregierbarkeit« westlicher Industriegesellschaften konstatierten, wurden bei Linken die »Legitimationsprobleme des Spätkapitalismus« problematisiert[7]. Seit dem Ende der sechziger Jahre hatten auch in der

---

5 Vgl. Ruck, Michael, »Der kurze Sommer der konkreten Utopie. Zur westdeutschen Planungsgeschichte der langen 60er Jahre«, in: Schildt, Axel u.a. (Hg.), *Dynamische Zeiten. Die 60er Jahre in den beiden deutschen Gesellschaften,* Hamburg 2000, S. 362–401; Metzler, Gabriele, »Am Ende aller Krisen? Politisches Denken und Handeln in der Bundesrepublik der sechziger Jahre«, in: *Historische Zeitschrift* 275 (2002), H. 1, S. 57–103. Zum Planungsdenken in dieser Zeit allgemein vgl. die Einführung von Hans Günther Hockerts zur Sektion »Planung als Reformprinzip«, in: Frese, Matthias/Paulus, Julia/Teppe, Karl, *Demokratisierung und gesellschaftlicher Aufbruch. Die sechziger Jahre als Wendezeit der Bundesrepublik,* Paderborn, München, Wien, Zürich 2004, S. 249–257.

6 Metzler, »Ende aller Krisen«, S. 62.

7 Vgl. dies., *Konzeptionen politischen Handelns von Adenauer bis Brandt. Politische Planung in der pluralistischen Gesellschaft,* Paderborn 2005, S. 392–411.

Zukunftsforschung pessimistische Voraussagen und umweltapokalyptische Warnrufe zugenommen, die 1972 mit dem Bericht des »Club of Rome« zu den »Grenzen des Wachstums« ihren Höhepunkt fanden[8]. Der gesellschaftliche Wandel und die Expansion des Bildungswesens hatten eine veränderte Öffentlichkeit hervorgebracht, welche die zunehmende Medienberichterstattung zu Umweltproblemen rezipierte. Diese Berichterstattung wiederum erzeugte in bestimmten Teilen der Bevölkerung ein neues und tiefergehendes Umweltbewusstsein. Allerdings führte die Infragestellung des Wachstumsmodells zu einer Politisierung und Ideologisierung des Themas Umwelt, da es nun zu einem Glaubenssatz wurde und der umweltpolitische Konsens eines rein technisch-nachsorgenden Umweltschutzes zerbrach. Die Ölkrise – mit dem ins kollektive Gedächtnis übergegangenen Symbol der »leeren Autobahnen« – machte die Wachstumsgrenzen zwar offensichtlich, fokussierte die Umweltdiskussion allerdings zunehmend auf die Energie- und Atompolitik.

Die Regierung Schmidt, die im Mai 1974 ins Amt kam, konzentrierte sich angesichts der genannten Probleme auf »Krisenbewältigung statt Reformen« (Görtemaker). Dabei sollte die Atomenergie eine wichtige Rolle spielen. Nachdem in der zweiten Hälfte der sechziger Jahre fünf kommerzielle AKWs gebaut worden waren, war die Zahl der geplanten und genehmigten Kraftwerke ab 1970 sprunghaft angestiegen. Überall im Land waren Baugenehmigungen erteilt oder mit dem Bau begonnen worden. Mit dem 4. Atomprogramm von 1974 wollte die neue Bundesregierung diese Entwicklung als Antwort auf die Ölkrise noch vorantreiben, die Kraftwerkskapazität sollte bis 1985 um das Zwanzigfache erhöht und damit der Anteil der Atomenergie an der Stromerzeugung auf 40 Prozent gesteigert werden. Während die CDU-Opposition fast geschlossen diese forcierte Atompolitik unterstützte, gab es in der SPD und in der FDP zahlreiche Kritiker, die bis in die achtziger Jahre hinein auf Bundesebene aber keine Mehrheiten erlangen konnten.

Das Thema Atomenergie wurde zu einem gesellschaftlichen Zentralkonflikt, weil sich hier wie in einem Brennglas das Doppelgesicht der modernen Industriegesellschaft zeigte, einerseits der Fortschritt in Form einer beinahe unerschöpflichen Energiequelle, der anderseits die Gefahr der Selbstzerstörung gegenüberstand[9]. Für die Politik war die Atomenergie ein entscheidendes, ja unersetzliches Instrument zur Lösung der wirtschaftlichen Probleme sowie Garant der Sicherung und

---

8 Vgl. Hünemörder, Kai F., *Die Frühgeschichte der globalen Umweltkrise und die Formierung der deutschen Umweltpolitik (1950–1973)*, Stuttgart 2004.

9 Vgl. Kielmannsegg, *Katastrophe*, S. 347–349.

weiteren Wohlstandssteigerung. Für die Anti-AKW-Bewegung hingegen war die Atomenergie Symbol ihrer Kritik an einer lebensfeindlichen Wachstumsideologie und Großtechnologie. Daraus folgte eine konträre Risikoperzeption beider Seiten. Während die Politik die Risiken der Atomenergie für technisch beherrschbar hielt, wies die Anti-AKW-Bewegung auf deren Unbeherrschbarkeit und potenzielle Gefahr für die menschlichen Lebensgrundlagen hin. Die Befürworter interpretierten den Atomkonflikt als Auseinandersetzung um die gesellschaftliche Wohlstandsvermehrung, für die Gegner wiederum handelte es sich um einen »Risikokonflikt«.

Weltbild und Wahrnehmungsmuster in der Anti-AKW-Bewegung

Neben diesen strukturellen Unterschieden in der Problemdefinition, die in sich schon die Gefahr des »Aneinandervorbeiredens« bargen, haben gegenseitige (Fehl-) Perzeptionen eine entscheidende Rolle für die Eskalation des Atomkonflikts gespielt. Sie sind auf die Gesellschaftsbilder beider Konfliktparteien zurückzuführen.

Gesellschaftsbilder oder – allgemeiner – Weltbilder, das heißt die Vorstellungen über die gewünschte bzw. existierende politische, wirtschaftliche und soziale Ordnung, erfüllen unterschiedliche Funktionen. Sie bestimmen die Selektion von Themen, da diese eine gewisse Anschlussfähigkeit besitzen müssen, um als wichtig wahrgenommen zu werden. Außerdem »helfen [Gesellschaftsbilder] dabei, Geschehenes zu verarbeiten«[10], sie ermöglichen eine Interpretation bestimmter Handlungen des jeweiligen Konfliktgegners (Polizeieinsätze einerseits, Formen von gewaltsamem oder zivilem Widerstand andererseits) und erzeugen damit eine bestimmte Konstruktion von Wirklichkeit[11]. Außerdem stiften geteilte Weltbilder Konsens innerhalb von Gruppen und fördern so das Zusammengehörigkeitsgefühl und die Folgebereitschaft. Für Protest- bzw. soziale Bewegungen ist dies von besonderer Bedeutung. Sie verfügen im Normalfall weder über institutionalisierte Organisati-

---

10 Vgl. den Ansatz von Weinhauer, Klaus, »Staatsbürger mit Sehnsucht nach Harmonie«. Gesellschaftsbild und Staatsverständnis in der westdeutschen Polizei«, in: Schildt u.a., *Dynamische Zeiten*, S. 444–470, hier S. 445. Weinhauer stützt sich dabei auf die theoretische Grundlage von Heinrich Popitz in: ders. u.a., *Das Gesellschaftsbild des Arbeiters. Soziologische Untersuchungen in der Hüttenindustrie*, Tübingen 1957.

11 Vgl. Berger, Peter L./Luckmann, Thomas, *Die gesellschaftliche Konstruktion der Wirklichkeit. Eine Theorie der Wissenssoziologie*, Frankfurt am Main 1969.

onsstrukturen noch über eine feste Mitgliedschaft. Zusammengehörigkeit und Mobilisierung werden deshalb neben gemeinsamem Habitus, Symbolen und kollektiver Praxis (Demonstration, Bauplatzbesetzung) vor allem durch gemeinsame Weltbilder erzeugt.

Allerdings müssen diese Ideen und Weltbilder in den historischen Kontext eingeordnet werden, in dem sie handlungsleitend werden. In diesem Zusammenhang spielte die Entwicklung der Neuen Linken in den siebziger Jahren und vor allem die zeitliche Parallelität der Hauptphase der Anti-AKW-Demonstrationen 1976/77 mit dem Terrorismus eine wichtige Rolle. Die Morde der RAF an Generalbundesanwalt Siegfried Buback und dem Vorstandsvorsitzenden der Dresdner Bank Jürgen Ponto im April und Juni, die Urteile im sogenannten »Baader-Meinhof«-Prozess im April und die Eskalation im »Deutschen Herbst« mit der Entführung und Ermordung von Arbeitgeberpräsident Hans-Martin Schleyer, die Entführung und Erstürmung eines deutschen Passagierflugzeuges sowie der Selbstmord der RAF-Häftlinge in Stammheim, verbunden mit der Verschärfung der Anti-Terror-Gesetze und der Denunziation der linken und linksliberalen Öffentlichkeit als Terrorismus-»Sympathisanten«, polarisierten und verschärften das politische Klima in der Bundesrepublik. Jaschke spricht in diesem Zusammenhang von der »Konfliktkultur des Jahres 1977«, wobei wohl besser von einer Unkultur die Rede sein müsste[12].

Das im Umfeld der Anti-AKW-Bewegung verbreitete Staatsverständnis und die dort entwickelten Konzepte standen quer zu den vorherrschenden politischen und ökonomischen Ordnungsentwürfen: zum sozialdemokratischen Planungsstaat ebenso wie zum christdemokratisch-konservativen Ordnungsstaat, zur keynesianischen Konjunktursteuerungspolitik wie zur (in dieser Zeit wieder aufkommenden) neoliberalen Angebotspolitik. Die etablierten politischen Akteure waren von einem an Institutionen orientierten, repräsentativdemokratischen Staatsbild geprägt, wohingegen in der Anti-AKW-Bewegung ein direkt- bzw. basisdemokratisches Politikverständnis vorherrschte[13]. In ihrem individualistisch-pluralistischen Gesellschaftsbild standen Lebensqualität und nicht materieller Wohlstand im Mittelpunkt.

Nachdem zunächst die technisch-wissenschaftliche und ökonomische Kritik im Vordergrund gestanden hatte, bündelte sich die politische Kritik der Anti-AKW-

---

12 Jaschke, Hans-Gerd, *Streitbare Demokratie und Innere Sicherheit. Grundlagen, Praxis und Kritik*, Opladen 1991, S. 249.

13 Zum Konzept der Basisdemokratie als Herausforderung und Ergänzung repräsentativer Demokratie vgl. Vandamme, Ralf, *Basisdemokratie als zivile Intervention. Der Partizipationsanspruch der Neuen sozialen Bewegungen,* Opladen 2000.

Bewegung ab etwa 1976/77 im Bild vom »Atom-Staat«[14]. Aufgrund ihres hohen Risikopotenzials, so die zentrale These, berge die Nutzung der Atomenergie eine systemimmanente und unabwendbare Tendenz zum undemokratischen und autoritären, ja totalitären (Überwachungs-)Staat.

Zum einen kritisierte die Anti-AKW-Bewegung die demokratischen Defizite der Atompolitik: Die hohe Komplexität der Atomtechnik und die Entwicklung hin zu Großprojekten und zur Großforschung habe eine Expertenherrschaft erzeugt, die sich der demokratischen Kontrolle entziehe[15]. Hinzu komme, dass die Entscheidungen zur Energiepolitik auf undurchsichtige Weise und ohne Beteiligung der Betroffenen von einem Elitenkartell aus Staat, Gewerkschaften, Wirtschaft und Wissenschaft – dem sogenannten »Atomfilz« – getroffen würden[16].

Zum anderen rechtfertige und erfordere die potentielle atomare Erpressbarkeit des Staates und die Möglichkeit eines terroristischen Anschlages mit radioaktivem Material eine umfassende, auch geheimdienstliche Kontrolle der Beschäftigten in der Atomindustrie, von oppositionellen Gruppierungen und – in letzter Konsequenz – der gesamten Bevölkerung[17]. Die Bedeutung der nuklearen Sicherheit, komplementär zur Inneren Sicherheit, einem Leitbegriff der siebziger Jahre, erzeuge einen »Sachzwang zur Überwachung«, der den massiven Ausbau der Sicherheitsorgane nach sich ziehe[18]. »Die Eskalationsstufen sind: mehr gefährliche Technologie, mehr potentielle Unsicherheit, mehr Verlangen nach Sicherheit, also mehr Poli-

---

14 Der Begriff wurde von Robert Jungk geprägt, der ihn bei seiner Rede auf der Demonstration in Brokdorf im Februar 1977 erstmals verwendete. Nachdem der Begriff durch zwei Essays im *SPIEGEL* (10/1977, 11/1977) von Rudolf Augstein und Jungk eine hohe Publizität erlangt hatte, veröffentlichte Jungk Ende 1977 sein gleichnamiges Buch. Vgl. Jungk, Robert, *Der Atom-Staat. Vom Fortschritt in die Unmenschlichkeit*, München 1977. Zu den Themenkonjunkturen der Atomenergiekritik vgl. Wörndl, Barbara, *Die Kernkraftdebatte. Eine Analyse von Risikokonflikten und sozialem Wandel*, Wiesbaden 1992.

15 Vgl. Jungk, *Atom-Staat*, S. 41–71. Zur Rolle der Experten vgl. Weisker, Albrecht, »Expertenvertrauen gegen Zukunftsangst. Zur Risikowahrnehmung der Kernenergie«, in: Frevert, Ute (Hg.), *Vertrauen. Historische Annäherungen*, Göttingen 2003, S. 394–421.

16 Vgl. Mez, Lutz/Wilke, Manfred (Hg.), *Der Atomfilz. Gewerkschaften und Atomkraft*, Berlin 1977; Hallerbach, Jörg (Hg.), *Die eigentliche Kernspaltung. Gewerkschaften und Bürgerinitiativen im Streit um die Atomkraft*, Darmstadt 1978.

17 Vgl. Adler-Karlsson, Gunnar, »Führt die Atomenergie zur Diktatur?«, in: Mez/Wilke, *Atomfilz*, S. 87–93; zum Atomterrorismus vgl. Bodo Manstein, »Neuzeitlicher Terrorismus«, in: ders. (Hg.), *Atomares Dilemma*, Frankfurt am Main 1977, S. 87–93.

18 Strohm, Holger, *Friedlich in die Katastrophe. Eine Dokumentation über Atomkraftwerke*, Frankfurt am Main ⁴1981, S. 856.

zei.«[19] Die Konsequenz daraus sei die Aushöhlung rechtsstaatlicher Normen, der »radioaktive Zerfall der Grundrechte«[20]. Robert Jungk fasst zusammen: »Atomindustrie – das bedeutet permanenten Notstand unter Berufung auf permanente Bedrohung. Sie ›erlaubt‹ scharfe Gesetze zum ›Schutz der Bürger‹. Sie verlangt sogar die Bespitzelung von Atomgegnern [...] als ›Präventivmaßnahme‹. Sie kann die Mobilisierung Zehntausender Polizisten gegen friedliche Demonstranten ebenso ›rechtfertigen‹, wie deren [...] Leibesvisitationen.«[21] Die Anti-AKW-Bewegung sah sich also nicht zuletzt selbst im Visier des Staates, auf dessen Seite sie ein Bild vom »Bürger als Sicherheitsrisiko« ausmachte[22]. Bespitzelungen von Atom-Gegnern, wie der Fall Klaus Traube, schienen diese Deutung zu stützen[23].

Deutungsmuster in Politik und Polizei

Ähnlich wie die Anti-AKW-Bewegung war auch ihr Konfliktgegner sehr vielschichtig. Im Folgenden soll versucht werden, am Beispiel der Bundesregierung und ihres Kanzlers Helmut Schmidt sowie der Polizei einige Überlegungen zum Gesellschaftsbild und zu Wahrnehmungsmustern staatlicher Akteure anzustellen.

Schon in seiner ersten Regierungserklärung, die unter dem Titel »Kontinuität und Konzentration« stand, machte Helmut Schmidt deutlich, dass für seine Regierung wirtschaftliches Wachstum absolute Priorität hatte[24]. Dies entsprach Schmidts grundsätzlichem Verständnis, dass die ökonomischen Grundlagen das Leben und

---

19 Biermann, Werner, *Plutonium und Polizeistaat. Großtechnologie, politische Ökologie, Bürgerinitiativen*, Berlin 1977, S. 46.

20 Roßnagel, Alexander, *Radioaktiver Zerfall der Grundrechte. Zur Verfassungsverträglichkeit der Kernenergie*, München 1984; ders., *Grundrechte und Kernkraftwerke*, Heidelberg 1979.

21 Jungk, *Atom-Staat*, S. 196.

22 Zur breiteren Diskussion über Deutschland als »Sicherheitsstaat« vgl. Narr, Wolf-Dieter (Hg.), *Wir Bürger als Sicherheitsrisiko. Berufsverbot und Lauschangriff. Beiträge zur Verfassung unserer Republik*, Reinbek 1977.

23 Der Atomwissenschaftler und -kritiker Klaus Traube wurde aufgrund seiner Kontakte zur linken Szene und zu Hans-Joachim Klein vor dessen Beteiligung am OPEC-Attentat seit Mitte 1975 vom Verfassungsschutz überwacht und Anfang 1976 illegal abgehört. *Der SPIEGEL* deckte den Skandal im Februar 1977 auf und publizierte parallel dazu die genannten Artikel von Jungk und Augstein.

24 Vgl. Regierungserklärung vom 17.5.1974, in: *Verhandlungen des Deutschen Bundestages. 7. Wahlperiode. Stenographische Berichte. Bd. 88. Plenarprotokolle*, S. 6593–6605.

folglich auch politisches Handeln »sehr weitgehend bestimmen«[25]. In ihrem »Krisenmanagement« der siebziger Jahre blieb die Regierung Schmidt an der Wachstumspolitik der sechziger Jahre orientiert[26]. Dabei spielte Technik eine entscheidende Rolle. Nur durch technologischen Fortschritt könne Deutschland – so Schmidt – seine Position als führende Wirtschafts- und Exportnation behaupten und auf diese Weise »die Voraussetzungen für die Existenzfähigkeit [der] Gesellschaft schaffen«. In seinem positiven Technikbild hatte diese »ein noch niemals ausgeschöpftes Potenzial, Probleme zu lösen und Lebensbedingungen zu verbessern«. Gegen den Club of Rome und seine Prognosen gerichtet fuhr er fort: »Ein Ende des Wachstums gäbe es nur, wenn die Technik aufhörte, sich fortzuentwickeln. Hier haben intelligente Forscher [...] einen wichtigen Teilaspekt menschlichen und gesellschaftlichen Lebens übersehen, nämlich den technischen Fortschritt. Sie konnten sich diesen Fortschritt in ihren Zukunftsmodellen nicht richtig vorstellen.«[27]

Der Nutzung der Atomenergie kam in dieser Politik eine zentrale Bedeutung zu. In erster Linie sollte sie zur Deckung des mit der Konjunktur wachsenden Energiebedarfs dienen. Forschungsminister Hans Matthöfer verwies 1976 in einem von ihm herausgegebenen Band mit Interviews zur Kernenergie auf den engen Zusammenhang zwischen Wirtschaftswachstum und steigendem Energiebedarf. Trotz technischer Innovationen bei der Energieeinsparung und der Entwicklung alternativer Energien sah er keine Möglichkeit, auf den Ausbau der Atomenergie zu verzichten ohne der Wirtschaft ihre Energiebasis zu entziehen[28]. Über die reine Energiegewinnung hinaus hatte die Atomenergie aber auch wirtschafts- und technologiepolitische Bedeutung als Leit- bzw. Schlüsseltechnik, sie war ein »wichtiges Element im technischen Fortschritt der Industrie« und somit »Grundlage einer modernen Industrie mit einer großen Zahl zukunftsorientierter Arbeitsplätze«, wie

25 Regierungserklärung vom 16.12.1976, in: *Verhandlungen des Deutschen Bundestages. 8. Wahlperiode. Stenographische Berichte. Bd. 100. Plenarprotokolle*, S. 31–52, S. 32.

26 Vgl. Eppler, Erhard, *Komplettes Stückwerk. Erfahrung aus fünfzig Jahren Politik*, Frankfurt am Main 1996, S. 107f.

27 Schmidt, Helmut, »Das Humane und die Technik«, in: ders., *Drei Reden zu Technik, Wissenschaft und Politik*, Bonn 1975, S. 5–19, hier S. 6, 17, 18; vgl. auch Matthöfer, Hans, *Interviews und Gespraeche zur Kernenergie*, Karlsruhe 1976, S. 98ff.

28 Vgl. Matthöfer, *Interviews*, S. 12ff., 97ff.

Schmidt 1979 bei einem Vortrag vor internationalen Atomwissenschaftlern ausführte[29].

Den zunehmenden Technikpessimismus wertete Helmut Schmidt als »Unzufriedenheit in einer übertechnisierten, oft als zunehmend unpersönlich empfundenen Welt«, als »Angst vor einer scheinbar übermächtig gewordenen Technik, Angst gegenüber etwas Unbestimmbarem, das man nicht zu überschauen oder zu durchschauen vermag«[30]. Die Gegnerschaft zur Atomenergie liege darin begründet, dass »diejenigen, die damit technisch und wissenschaftlich befasst sind, bei aller Anstrengung bisher nicht vermocht haben sich ausreichend verständlich zu machen.« In der Bundesregierung war die Meinung verbreitet, dass durch »rationale Konfliktaustragung«, Aufklärung und Information in erster Linie durch Wissenschaftler und Ingenieure eine breite gesellschaftliche Zustimmung zur Atomenergienutzung erreicht werden könne. Man ging davon aus, dass bei den Bürgern von Wyhl »irgend etwas nicht ganz richtig gelaufen sein« müsse[31].

In seiner Wahrnehmung der Protestbewegung bescheinigte beispielsweise Hans Matthöfer den Bürgerinitiativen »auf vielen Gebieten öffentliches Problembewusstsein geweckt und eine nützliche öffentliche Diskussion herbeigeführt zu haben«[32]. Trotzdem wurde auch den lokalen Anti-AKW-Gruppierungen, besonders in den Jahren 1976/77, auch von ihm immer wieder vorgeworfen von »Kommunisten« und »bundesweit organisierten Extremisten« unterwandert zu sein oder deren Anwesenheit zumindest zu dulden. Das seit »1968« entstehende Protestmilieu und besonders die Neue Linke wurden von Helmut Schmidt von Beginn an kritisch begleitet. Er warf ihnen elitäre Arroganz, eine utopisch-irrationale Ideologie und einen »Überdruß an Demokratie« vor[33].

Bei einem von der Anti-AKW-Bewegung vorgeschlagenen Verzicht auf wirtschaftliches Wachstum sah die Bundesregierung nicht nur den materiellen Wohlstand des Landes, sondern auch die demokratische Ordnung in Gefahr. So erklärte Matthöfer, nachdem er explizit auf die Weltwirtschaftskrise der dreißiger

---

29 Schmidt, Helmut, »Verantwortung und Sicherheit bei der Nutzung der Kernenergie«, in: ders., *Der Kurs heisst Frieden*, Düsseldorf 1979, S. 149–170, hier S. 156.

30 Ebda., S. 163; ders., »Ansprache vor der Deutschen Physikalischen Gesellschaft«, in: ders., *Kurs*, Düsseldorf 1979, S. 197–218, hier S. 202.

31 Schmidt, »Humane«, S. 16.

32 Matthöfer, *Interviews*, S. 11.

33 Vgl. den von Schmidt mit herausgegebenen Band *Der Überdruß an der Demokratie. Neue Linke und alte Rechte – Unterschiede und Gemeinsamkeiten*, Köln 1970; Rupps, Martin/Schmidt, Helmut, *Politikverständnis und geistige Grundlagen*, Bonn 1997, S. 220–227.

Jahre hingewiesen hatte: »Hier käme leicht nicht nur ein bisschen Luxus und Lebensstandard in Gefahr, sondern die materiellen Grundlagen unseres demokratischen Staates«[34]. Auch Schmidt sah eine enge Verbindung zwischen wirtschaftlicher und demokratischer Stabilität[35]. Die Gefährdung der sozialen und politischen Ordnung war für politische Akteure wie Schmidt in dieser Zeit durchaus real. Gewalttätige Massendemonstrationen, an denen nicht nur linke Sektierer, sondern auch ganz normale Bürger teilnahmen, schienen das Land zunehmend unregierbar zu machen. Die Atomenergie wurde hingegen als Garant für Massenwohlstand und damit als wichtiger Stabilisator der Ordnung gesehen. So zeichnete der Bundesforschungsminister Matthöfer in der Diskussion mit parteiinternen Kritikern für den Fall eines Verzichts auf die Atomenergie und der daraus folgenden Massenarbeitslosigkeit das Schreckbild eines Umsturzes von links oder rechts[36]. Wirtschaftsminister Hans Friderichs brachte diese Haltung auf den Punkt: »Nullwachstum zerstört unsere Demokratie«[37]. Während für die Bundesregierung die Prämisse also »Wachstum gleich Demokratie« lautete – Wachstum, das nur durch Atomkraftwerke zu sichern war, hieß die Alternative für die Anti-AKW-Bewegung »Atomkraft oder Demokratie«[38].

Die Polizei ist die Verkörperung des staatlichen Gewaltmonopols nach innen, bei Demonstrationen tritt sie als ausführendes Organ der Politik, das heißt der jeweils verantwortlichen Landesregierung, auf. Allerdings spielt sie durchaus eine eigenständige Rolle, da sie innerhalb der von der Politik gesetzten Rechtsordnung relativ große Interpretations-, Entscheidungs- und damit Handlungsspielräume besitzt. Nach den Ausführungen zur Wahrnehmung des Atomkonflikts durch die Bundesregierung soll nun der Entwicklung zentraler Deutungsmuster innerhalb der Polizei sowie deren handlungsleitenden Wirkungen nachgegangen werden. Martin Winter hat in seiner Studie zur Polizei in der Bundesrepublik den Zusammenhang zwischen Selbstdeutung, Gesellschafts- und Protestdiagnose und deren handlungspraktischen Folgen – den konkreten Einsatztaktiken – herausgearbeitet[39].

---

34 Matthöfer, *Interviews*, S. 13.

35 Vgl. Regierungserklärung vom 17.5.1974, in: *Verhandlungen des Deutschen Bundestages. 7. Wahlperiode. Stenographische Berichte. Bd. 88. Plenarprotokolle*, S. 6593–6605, hier 6599f.; Brandt, Willy/Schmidt, Helmut, *Deutschland 1976. Zwei Sozialdemokraten im Gespräch*, Reinbek 1976, S. 90.

36 Vgl. *DER SPIEGEL* 7/1977, S. 31.

37 *ZEIT*, 4.3.1977.

38 Adler-Karlsson, »Atomenergie«, S. 58.

39 Nachweis Winter, *Politikum Polizei*, S. 8–45.

Die Polizei sah im Schutz des Staates vor von außen gesteuerten Aufständen und innerem Bürgerkrieg traditionell ihre zentrale Aufgabe. Bis in die späten sechziger und frühen siebziger Jahre herrschte in ihr ein obrigkeitsstaatlich-hierarchisches Staatsverständnis sowie ein gemeinwohl- und harmonieorientiertes Gesellschaftsbild, das die Anpassung des Einzelnen forderte. Abweichendes Verhalten, zumal in Form von (in dieser Sicht) irrationalen, von »Rädelsführern« aufgehetzten Massendemonstrationen wurde als Gefährdung der staatlichen und gesellschaftlichen Ordnung wahrgenommen. Zwar hatten gegen Mitte der sechziger Jahre Innenpolitiker wie Willi Weyer (NRW) und Heinz Ruhnau (Hamburg) die Sicherheit des Bürgers vor Kriminalität anstelle des Staatsschutzes ins Zentrum polizeilicher Tätigkeit gerückt, doch durch die studentischen Protestaktionen ab 1967 schien der Staat erneut in Gefahr, trat dessen Schutz wieder in den Vordergrund. Diese Deutungsmuster, die allgemeine politische Polarisierung und die durch studentische Provokationen verursachte Radikalisierung der Polizei, förderten das gewaltsame Einschreiten und die sich selbst verstärkende Gewaltspirale bei den Demonstrationen um 1968[40].

Die Erfahrungen mit diesen Protesten und die Legitimationskrise der Polizei infolge öffentlicher Kritik gaben den Anstoß für die Polizeireform der siebziger Jahre, welche traditionelle Denkmuster abbauen und die Polizisten für gesellschaftliche Wandlungsprozesse sensibilisieren sollte. Die Polizeireform war Teil der, in der Interpretation mancher Beobachter auch »repressive(r) Ersatz für die gescheiterten« inneren Reformen der sozialliberalen Koalition[41]. Reformer in der Polizeiführung wie Hunold, Gintzel oder Schuster, deren Überlegungen vom Grundrechtsschutz der einzelnen Bürger ausgingen, betrachteten Konflikte als elementaren Bestandteil von Demokratie, sie werteten Demonstrationen als legitimes Mittel der politischen Auseinandersetzung und brachten der Studentenbewegung deshalb ein gewisses Verständnis entgegen[42]. Ihre weit reichenden Forderungen nach einer Demokratisierung der Polizei wurden allerdings nicht erfüllt. Die Polizeireform beschränkte sich im wesentlichen auf die technisch-organisatorische Modernisierung und Effizienzsteigerung. Prävention, Planung, Flexibilität und Kommunikation waren die Leitlinien für das *Protest Policing* ab 1969/70[43]. Intensive Vorfeldarbeit

---

40 Vgl. Weinhauer, *Schutzpolizei in der Bundesrepublik. Zwischen Bürgerkrieg und Innerer Sicherheit*, Paderborn 2003, S. 250–262, 315–350; ders., »Staatsbürger«.

41 Busch, Heiner u.a., *Die Polizei in der Bundesrepublik*, Frankfurt am Main 1988, S. 65.

42 Vgl. die Beiträge der genannten Autoren in *Die Polizei* 1968/1969.

43 Vgl. Winter, *Politikum Polizei*, S. 191–194. Busch, *Polizei*, S. 324 -328.

durch Überwachung und Informationsgewinn über Protestierende sowie die Verarbeitung dieser Erkenntnisse in modernen Polizeileitzentralen sollten eine Einsatzplanung ermöglichen, die eventuelle Störungen schon im Keim erstickte. Zu dieser Strategie zählte auch die Flexibilisierung des polizeilichen Handlungsrepertoires durch eine neue Bewaffnung. Wasserwerfer und CS-Gas ersetzten die für den potenziellen Bürgerkrieg angeschafften gepanzerten Fahrzeuge und Maschinengewehre, wodurch die Polizei über effektive Einschreitmethoden verfügte, die ihr einen dosierten Gewalteinsatz ermöglichten.

Die Politisierung der Inneren Sicherheit durch den zunehmenden Terrorismus ab etwa 1973/74 führte zu einem »roll-back« (Winter) in der Gesellschaftsdiagnose der Polizei, die nun wieder sehr stark von Krisenszenarien geprägt war[44]. Gesellschaftliche Liberalisierung, Individualisierung infolge sozialer Desintegration und Wertewandel, der als Werteverfall wahrgenommen wurde, hätten zur Orientierungslosigkeit der Jugend und einer allgemeinen Erosion des Rechtsbewusstseins geführt und wurden letztlich für den Terrorismus verantwortlich gemacht, der die staatliche und gesellschaftliche Ordnung zu gefährden schien. Wie schon 1967/68 rückte nun erneut die Sicherheit des Staates ins Zentrum polizeilichen Denkens. Das konkrete Feindbild der Polizei erstreckte sich weit über den engeren Kreis der aktiven Terroristen hinaus und umfasste auch die sogenannten Sympathisanten, die Neue Linke und zum Teil auch linke und liberale Intellektuelle, die einigen Motiven der Terroristen ein gewisses Verständnis entgegenbrachten[45].

Die Protestdiagnose der Polizei konzentrierte sich deshalb auch sehr stark auf das Störpotenzial von Demonstrationen. Protestierende wurden in die Kategorien friedlich oder gewaltbereit eingeteilt. Bestimmte Gruppierungen, in den siebziger Jahren besonders die K-Gruppen, ab Anfang der achtziger Jahre die Autonomen, wurden pauschal als Störer identifiziert und für Eskalationen verantwortlich gemacht[46].

---

44 Vgl. Winter, *Politikum Polizei*, S. 195. Zur »inneren Sicherheit« vgl. Funk, Albrecht, »Innere Sicherheit. Symbolische Politik und exekutive Praxis«, in: Blanke, Bernhard/Wollmann, Hellmut (Hg.), *Die alte Bundesrepublik*, Opladen 1991, S. 367–385.

45 Vgl. beispielhaft die Beiträge von Pallasch (5/1975), Herold (12/1977), Wolf (6/1978) in *Die Polizei* sowie die Berichterstattung in den Gewerkschaftszeitschriften *Deutsche Polizei* und *Polizeispiegel*.

46 Vgl. Winter, *Politikum Polizei*, S. 310–314.

Die Hochphase des Konflikts 1976/77

In der Nacht des 26. Oktober 1976 wurde in Brokdorf erneut das Baugelände eines geplanten AKWs besetzt. Doch diesmal trugen die Besetzer Uniformen anstelle von Batikhosen und sie errichteten auch kein Hüttendorf, sondern zäunten den Bauplatz mit Stacheldraht ein. Diese frühzeitige Geländesicherung unmittelbar nach der (geheimen) Teilerrichtungsgenehmigung gehörte zu einer neuen Präventivstrategie der Polizei, welche eine Wiederholung der Ereignisse von Wyhl verhindern sollte. Von den Atomkraftgegnern, nicht nur in und um Brokdorf, wurde diese »Nacht-und-Nebel-Aktion« als Provokation empfunden. Bundesweit wurden viele Linke durch dieses Vorgehen mobilisiert. Andererseits sah die extreme Linke – in Brokdorf besonders der Kommunistische Bund, der den Hamburger Zweig der Bürgerinitiative Umweltschutz Unterelbe beherrschte – in den Anti-AKW-Protesten eine Möglichkeit, sich an die Spitze einer Massenbewegung zu setzen und so den Staat anzugreifen[47].

Es folgten heftige Auseinandersetzungen bei den Protesten am 30. Oktober und 13. November, welche durch das entschiedene Vorgehen der Polizei noch verstärkt wurden. Durch polizeiliche Großaufgebote und intensive Vorfeldkontrollen, weiteren Ecksteinen der neuen Einsatzstrategie, sollten potenzielle Gewalttäter eingeschüchtert und frühzeitig identifiziert werden, wovon man sich eine deeskalierende Wirkung erhoffte. Bei den drei Großdemonstrationen des Jahres 1977 in Brokdorf (Februar), Grohnde (März) und Kalkar (September) hinterließen Aktionen wie tieffliegende Hubschrauber, überzogener Tränengaseinsatz oder die Durchsuchung gestoppter Züge mit vorgehaltenen Maschinenpistolen in den Augen der meisten friedlichen Demonstranten martialische Bilder. Hier, so schien es ihnen, zeigte der »Atom-Staat« sein wahres Gesicht. Die Demonstrationsverbote bzw. strikten Auflagen in Brokdorf und Kalkar bestätigten die wahrgenommene Erosion von Grundrechten. Die Gewalt des Staates legitimierte, auch für viele nicht-gewalttätige Protestierende, bestimmte Formen der Gegengewalt.

Für die Polizei wiederum wurde die Teilnahme von K-Gruppen an den Protesten zu einem charakteristischen Begründungsmuster einer polizeilichen Öffentlichkeitsoffensive im Jahr 1977. Die Anti-AKW-Bewegung wurde als von linken »Chaoten« unterwandert dargestellt. Im Vorfeld der Demonstrationen in Brokdorf im

---

47 Vgl. Joppke, Christian, *Mobilizing against nuclear energy. A comparison of Germany and the United States*, Berkeley 1993, S. 101–109; Busch, *Polizei*, S. 331–339.

Februar wurde vor »bürgerkriegsähnlichen« Zuständen gewarnt. Vor den Protesten in Kalkar im September, während der Schleyer-Entführung, erreichte diese »Angstpropaganda« (Busch) ihren Höhepunkt. Die K-Gruppen wurden zu einem Hauptgegner von Polizei und Politik im Atomkonflikt. Dabei konnten traditionelle, nach innen gewendete totalitarismustheoretische Feindbildstrukturen[48] reaktiviert werden, die Einschreit- und Gewaltschwelle sank. Andererseits boten Atomproteste für die K-Gruppen, wie Gerd Koenen berichtet, die Möglichkeit, an der Spitze der Massen gegen den »imperialistischen« Staat zu kämpfen. Die Waffenfunde nach der Erstürmung des Bauplatzes in Grohnde bestätigten wie ernst dieser Kampf genommen wurde[49]. Für die Polizei wiederum rechtfertigte dies nachträglich ihr Vorgehen.

Die Demonstrationen in dieser Konfliktphase eskalierten auch deshalb, weil – neben dem großen Polizeiaufgebot und deren harten Einsatztaktiken – der Staat auch außerhalb des Konfliktfeldes Atomenergie scheinbar autoritäre (»faschistische«) Tendenzen zeigte. Das Berufsverbot und die Einschränkung von Grundrechten beim Kampf gegen den Terrorismus ließen den vermeintlichen Überwachungsstaat erkennen. Ähnliche Maßnahmen gegen Atomgegner schienen plausibel. Der geschilderte Fall Traube kann hier als Schlüsselereignis gelten, da er als Vorbote zukünftiger staatlicher Repression für Mitarbeiter und Kritiker der Atomindustrie gedeutet wurde. Diese Affäre und das unmittelbar danach bekannt gewordene Abhören der Gespräche von RAF-Häftlingen mit ihren Verteidigern verbanden den Atomkonflikt mit der Terrorismusdebatte des Jahres 1977. Während sich für die eine Seite der demokratische Rechtsstaat mit der Aufweichung seiner Grundprinzipien selbst delegitimierte, kam es auf Seiten von Politik und Polizei zu Überblendungen in Wahrnehmung von Terrorismus-»Sympathisanten« und Atomkraftgegnern sowie der als real angenommenen Gefahr eines »Atomterrorismus«. Beispielsweise bezeichnete Ministerpräsident Albrecht die K-Gruppen nach den Ereignissen in Grohnde als »Atomterroristen« und forderte deren Verbot. Dem schloss sich der CDU-Bundesvorstand nach dem Buback-Mord mit der Begründung an, die K-Gruppen seien Rekrutierungsfeld für Terroristen[50].

---

48 Vgl. Jaschke, *Demokratie*, S. 110f.; Weinhauer, Klaus »Zwischen Aufbruch und Revolte. Die 68er-Bewegung und die Gesellschaft der Bundesrepublik in den sechziger Jahren«, in: *NPL* 46 (2001) 3, S. 412–432, hier S. 419.

49 Vgl. Koenen, Gerd, *Das rote Jahrzehnt. Unsere kleine deutsche Kulturrevolution 1967–1977*, Köln 2001, S. 416f.

50 Albrecht, *SPIEGEL* 28.3.1977; vgl. auch Koenen, *Rote Jahrzehnt*, S. 416f.

Die Betrachtung des konkreten Verlaufs der Kulminationsphase des Atomkonfliktes zeigt die Wirksamkeit bestimmter Staats- und Gesellschaftsbilder für die jeweilige (Gegner-) Perzeption sowie für die Herausbildung und Modifikation bestimmter Handlungsmuster. Zudem wird deutlich, dass die Interaktion zwischen der Anti-AKW-Bewegung einerseits und der Politik bzw. der Polizei andererseits ebenso zur Konfliktverschärfung beitrug wie die Einbettung des Atomkonfliktes in das polarisierte politische Klima der Zeit und seine Verbindungslinien zur Terrorismusdebatte. Im Anschluss sollen nun einige Positionsänderungen und Lernprozesse skizziert werden, welche die beiden Konfliktparteien aus der Erfahrung der Konflikteskalation des Jahres 1977 zogen, und danach ein Ausblick auf die Proteste in Gorleben 1980 gegeben werden.

Lernprozesse und Ausblick auf die Gorleben-Proteste 1980

Die Erfahrungen der Anti-AKW-Bewegung mit den Protesten des Jahres 1977 zeigten die Aussichtslosigkeit des gewaltsamen Weges. Mit der Beteiligung der K-Gruppen und den über die Medien vermittelten »Schlachtszenen« an den Bauzäunen hatte der Anti-AKW-Protest viele vorhandene Sympathien in der Bevölkerung verloren. Synchron zu Lernprozessen innerhalb der Linken, in der spätestens nach dem »Deutschen Herbst« die klare Ablehnung der Gewalt eindeutig die Oberhand gewann (Gerd Koenen spricht von einer »Selbstabrüstung der Linken«[51]), spaltete sich die Anti-AKW-Bewegung endgültig in einen größeren gewaltablehnenden und in einen kleineren gewaltbereiten Teil.

Die Alternativbewegung und mit ihr die Suche nach alternativen Lebensformen, zum Beispiel in Landwirtschaft und Energieerzeugung, gewann im bundesdeutschen Protestmilieu und auch in der Anti-AKW-Bewegung an Bedeutung. Deren Proteste konzentrierten sich in den folgenden Jahren auf den alltäglichen Widerstand gegen das geplante Entsorgungszentrum in Gorleben anstelle der direkten Konfrontation mit der Staatsmacht bei Großdemonstrationen. Bei der Besetzung des »Bohrloches 1004« und der Ausrufung der »Freien Republik Wendland« wurden diese alternativen Lebensentwürfe und eine strenge Basisdemokratie praktiziert. Ein Bündnis aus lokalen und städtischen Gruppierungen verpflichtete sich auf strikte

---

51 Koenen, *Rote Jahrzehnt*, S. 486.

Gewaltlosigkeit, und die Räumung des Hüttendorfes erfolgte dann von Seiten der Demonstranten auch weit gehend friedlich[52]. Auf Seiten der Polizei sind Positionsveränderungen in diesem Zeitraum kaum zu beobachten. Erst mit Beginn der achtziger Jahre setzte hier ein Prozess hin zu einer mehr bürgerorientierten Polizei ein[53]. Bei der Räumung in Gorleben trat die Polizei, durch Falschmeldungen über angebliche Waffenlager und gewaltbereite Extremisten unter den Besetzern aufgeschreckt, mit einem Großaufgebot von Einsatzkräften, gepanzerten Fahrzeugen und Bulldozern auf. Die Demonstrierenden wurden auf zum Teil rabiate Weise vom Gelände entfernt, das Hüttendorf sofort dem Erdboden gleich gemacht. Zwar schrieb die Polizei den relativ reibungslosen Räumungsverlauf ihrem maßvollen Vorgehen zu, allerdings sah sie sich gezwungen, den Besetzern Lob für ihr gewaltfreies Verhalten zu zollen[54].

Bei den politischen Akteuren sind nach 1977 verschiedene Lernprozesse und Positionsveränderungen zu beobachten. So hatte Helmut Schmidt in seiner Regierungserklärung von 1974 noch davon gesprochen, die Atomenergie intensiv zu fördern und beim Bau neuer Kraftwerke möglichst keine Verzögerungen in Kauf nehmen zu wollen, 1976 erklärte er den Ausbau der Atomenergie für unverzichtbar, während er 1980 ausdrücklich den »begrenzten Ausbau« ankündigte und anmerkte, dass die Atomenergienutzung eventuell nur für wenige Jahrzehnte notwendig sei und einen »breiten gesellschaftlichen Konsens« benötige. Außerdem verwies er auf die Bedeutung des Energiesparens, alternativer Energieformen und auf den Bericht der Enquete-Kommission zur Energiepolitik von 1980[55]. Diese hatte zwei Szenarien zukünftiger Energiepolitik entworfen, von denen eines gänzlich auf Atomenergie verzichtete, und damit alternativen Energiekonzeptionen und den dahinterstehenden Institutionen wie dem Freiburger Öko-Institut zusätzliches Gewicht verliehen. Hinzu kam, dass atomkraftkritische Positionen in der SPD und den Gewerkschaften nun sehr stark an Gewicht gewannen und die Kontroverse, wie beschrieben, mehr und mehr ins politische System einsickerte[56].

---

52 Vgl. Rucht, Dieter, *Von Wyhl nach Gorleben. Bürger gegen Atomprogramm und nukleare Entsorgung*, München 1980, S. 92–95, S. 138–141; Joppke, *Mobilizing*, S. 109–116.

53 Vgl. Winter, *Politikum Polizei*, S. 195–202.

54 Vgl. *Deutsche Polizei* 7/1980, S. 2.

55 Vgl. Regierungserklärung 1974, S. 6603; Regierungserklärung 1976, S. 36f.; Regierungserklärung vom 17.5.1980, in: *Verhandlungen des Deutschen Bundestages. 9. Wahlperiode. Stenographische Berichte. Bd. 117. Plenarprotokolle*, S. 25–41, hier S. 30f.; Bericht der Enquete-Kommission »*Zukünftige Kernenergie-Politik*«, Bonn 1980.

56 Vgl. Joppke, *Mobilizing*, S. 126–128.

Schluss

Der westdeutsche Atomkonflikt war eine Folge unterschiedlicher Entwicklungen, die sich Anfang der siebziger Jahre überlagerten: ein verstärktes Umweltbewusstsein und eine veränderte Wahrnehmung von technischem und wirtschaftlichem Fortschritt verbunden mit einem breit aufgefächerten Protestmilieu, die Ölkrise und ihre weltwirtschaftlichen Folgen sowie das Ende von Reform- und Planungsglauben. Die Eskalation dieser Auseinandersetzung ist – wie die vorangegangene Darstellung gezeigt hat – erstens auf die unterschiedliche Konfliktdefinition beider Konfliktparteien und zweitens auf gewisse (Fehl-)Perzeptionen in der wechselseitigen Wahrnehmung zurückzuführen, welchen unterschiedliche Weltbilder zugrunde lagen.

Während die Anti-AKW-Bewegung vor allem die Risiken der Atomenergienutzung sah, war diese Technik für die Politik ein Instrument zur materiellen Wohlstandsvermehrung. Risiken konnten ihrem Verständnis nach eingegrenzt, aber nicht grundsätzlich vermieden werden. Überspitzt könnte man formulieren, dass die eine Seite die Auseinandersetzung um die Atomenergie als »Risikokonflikt«, die andere als traditionellen Konflikt um die Steigerung und Verteilung von Wohlstand interpretierte.

Neben diesen grundlegenden Verständigungsschwierigkeiten trugen verschiedene Wahrnehmungsmuster des jeweiligen Konfliktgegners zur Eskalation bei. Die Anti-AKW-Bewegung sah im Staat den autoritären »Atom-Staat«, was dessen Reaktion bei Demonstrationen und seine »innere Rüstung« gegen den Terrorismus zu bestätigen schienen. Auf der anderen Seite war die Anti-AKW-Bewegung für Politik und Polizei eine zu irrationalem, ja radikalem Handeln tendierende Masse, welche die politischen und ökonomischen Notwendigkeiten nicht zur Kenntnis nahm, das Land mehr und mehr in die »Unregierbarkeit« führte und so die soziale Ordnung gefährdete. Gerade in den Jahren 1976/77 dürfte die zeitliche Parallelität zur Hochphase des Terrorismus und das Engagement verschiedener K-Gruppen bei Anti-AKW-Demonstrationen das Deutungsmuster einer extremistisch unterwanderten, den Staat bedrohenden Bewegung geprägt haben. Nach diesen Ereignissen sind, zumindest bei zwei Konfliktakteuren, Lernprozesse und Positionsveränderungen zu beobachten. Für den Atomkonflikt stellt das Jahr 1977 – wie für die politische Geschichte der siebziger Jahre insgesamt – einen Kulminationspunkt dar.

Umweltverantwortung in einer betonierten Gesellschaft: Anmerkungen zur kirchlichen Umweltarbeit in der DDR 1970 bis 1990

Hans-Peter Gensichen

Die DDR hat sehr früh, seit Frühjahr 1970, ein Umweltgesetzbuch gehabt[1]. Erstmals fanden 1971 in der DDR die »Wochen der sozialistischen Landeskultur« statt. Zu dieser Zeit gab es auch schon ein Umweltministerium. Man meinte ja, den neuartigen ökologischen Herausforderungen mit den sozialismuseigenen Instrumentarien (Volkseigentum an Produktionsmitteln, zentrale Planung und Leitung der Volkswirtschaft) wirkungsvoll begegnen zu können. Doch bereits 1974 wurden die »Wochen« ersatzlos gestrichen. Ab 1975 verzichtete man in den Jahres- und Fünfjahrplänen auf die seit 1973 eingearbeiteten Umweltprogramme – also eine frühe Blüte und ein rascher Herbst!

Die Ideologen der DDR hatten gemerkt, dass eine Betonung des neuen Themas Diskussionen über Grundwerte des Realsozialismus (wie Fortschritt/Wachstum) hervorrufen würde[2]. Und die Praktiker hatten festgestellt, dass Umweltschäden in Milliardenhöhe behoben werden müssten. Das eine wollte man nicht, das andere konnte man nicht – in der wirtschaftlich so schwachen Lage, in der man sich befand. Zudem verkaufte die Sowjetunion seit 1974 ihr Erdöl auch an die sozialistischen Staaten nur noch für Weltmarktpreise. Die DDR war dadurch gezwungen, die Importe wesentlich zu verringern und mit aller Kraft die mitteldeutsche Braunkohle zu fördern, was mit erheblichen Eingriffen in die Landschaft verbunden sein musste. Angesichts dessen schien es nicht opportun, der Bevölkerung Chancen zu Umweltdiskussionen zu geben. Freilich war das Thema nicht zu umgehen. Dies zeigten Wortmeldungen von Schriftstellern und marxistisch-leninistischen Philoso-

---

1 Akademie für Staats- und Rechtswissenschaften und Ministerium für Umweltschutz der DDR (Hg.), *Sozialistische Landeskultur. Umweltschutz. Textausgabe ausgewählter Rechtsvorschriften mit Anmerkungen und Sachregister*, Berlin 1978.

2 Vgl. Kuczinski, Jürgen, *Das Gleichgewicht der Null. Zu den Theorien des Null-Wachstums.* Bd. 31 der Reihe »Zur Kritik der bürgerlichen Ideologie«, Berlin 1973; Harry Maier in Bd. 78 der gleichen Reihe: *Gibt es Grenzen ökonomischen Wachstums?* 1977.

phen. Diese hatten nämlich, nach einer ersten Ablehnungsphase, akzeptiert, dass das Umweltproblem nicht kapitalismuseigen, sondern ein globales Problem, also auch ein genuines Thema der sozialistischen Ordnung sei[3]. Zu dieser Zeit hat sich im Rahmen und unter dem Dach der evangelischen Landeskirchen eine Umweltbewegung entwickelt, die faktisch zur Vertreterin des in Staat und Gesellschaft von Vielen als notwendig Erachteten wurde[4].

Zeitlicher Überblick

Im Sommer 1971 richtete ein kleiner Arbeitskreis des damaligen Johann-Gerhard-Instituts in Potsdam die Bitte an die evangelischen Kirchenleitungen, »dass die Kirchengemeinden in der DDR auf ihre Verantwortung für die Gesunderhaltung der Umwelt aufmerksam gemacht« werden sollten. Daraufhin befasste sich bereits im Frühsommer 1972 die Leitung der Kirchenprovinz Sachsen (Magdeburg) eingehend mit dem Zustand der natürlichen Umwelt in der DDR, über den ihr eine ausführliche, von kirchlichen Mitarbeitern erstellte Recherche vorlag[5]. 1973 begannen die kirchlichen Wochenzeitungen auf die Problematik hinzuweisen[6]. 1976 begann das Kirchliche Forschungsheim Wittenberg, sich zu einem Koordinationszentrum kirchlicher Umweltarbeit zu profilieren[7]. Der Ausschuss Kirche und Gesellschaft beim Bund der Evangelischen Kirchen in der DDR machte »Umwelt« zu

---

3 Höhepunkt – aber auch schon Schlusspunkt – ist *Umweltprobleme – Herausforderung der Menschheit* von Horst Paucke und Adolf Bauer, Berlin 1979.

4 Die Leitungen der katholischen Kirche und die der Freikirchen hielten sich zurück. Deren extreme Minderheitensituation hinderte sie eher an gesellschaftlichem Engagement. Anders war das für ihre Kirchenmitglieder selbst. Die haben durchaus in den ökumenisch offenen Umweltgruppen unter dem Dach der evangelischen Landeskirchen mitgewirkt. Erst mit den Ökumenischen Versammlungen für Gerechtigkeit, Frieden und die Bewahrung der Schöpfung 1987/89 kam das Thema auch voll und ganz in die kleinen Kirchen und Kirchlichen Gemeinschaften.

5 Archiv des Kirchlichen Forschungsheimes (D-06886 Wittenberg, Schlossplatz).

6 Das erste war ein Aufsatz des Kanadiers Maurice Strong, der die UNO-Umweltkonferenz von 1972 geleitet hatte. Die Monatszeitschrift *Die Zeichen der Zeit* druckte ihn in ihrem Heft 2 von 1973 auf den Seiten 59–66 ab (»Die Bedeutung der Stockholmer Umweltkonferenz für die Christen«).

7 Vgl. Gensichen, Hans-Peter, »Von der Kirche zur Gesellschaft«, in: *Wissensspuren. Bildung und Wissenschaft in Wittenberg nach 1945*, hg. v. Hüttmann, Jens/Pasternack, Peer, Wittenberg 2004, S. 168–189.

seinem ständigen Thema[8]. 1984 war »Umwelt« das Hauptthema der Jahrestagung der Synode des Bundes der Evangelischen Kirchen in der DDR, die auch einen eindeutigen Beschluss dazu fasste, der die Sorge für die Umwelt zur »ständigen Aufgabe der ganzen Kirche« erklärte[9]. In diesen Jahren zeigte sich deutlich die Nichtübereinstimmung mit der staatlichen Umweltpolitik, als einerseits die kirchliche Umweltbewegung stärker und öffentlicher agierte und andererseits klar wurde, dass die SED-Politik nicht mehr für eine gleichrangige Umweltpolitik geöffnet werden würde. Das staatliche Abdrängen und Beschönigen der Problematik[10] erreichte seinen Höhepunkt mit einem Ministerratsbeschluss von 1982, der Umweltdaten zur Geheimsache erklärte[11]. Die Umweltpolitik der DDR degenerierte zu einer faktischen Nicht-Politik[12]. Zwar wurde 1980 eine »Gesellschaft für Natur und Umwelt« im Kulturbund der DDR gegründet[13]. Viele fleißige Naturschützer haben in ihr auch die Arbeit, die sie bereits in den Jahren zuvor getan hatten, fortgesetzt. Die GNU wurde aber derart staatszahm gehalten, dass es in ihr so gut wie keine Möglichkeit gab, das Problem der Umweltzerstörung laut und in seiner ganzen

8 Ausschuss Kirche und Gesellschaft beim Bund der Ev. Kirchen in der DDR (Hg.), »Verantwortung der Christen in einer sozialistischen Gesellschaft für Umwelt und Zukunft des Menschen«, in: *Die Zeichen der Zeit* (1979), H. 7/8, S. 243–263.

9 Wortlaut des Synodenbeschlusses bei Gensichen, Hans-Peter, »Kritisches Umweltengagement in den Kirchen«, in: Israel, Jürgen (Hg.), *Zur Freiheit berufen. Die Kirche als Schutzraum der Opposition,* Berlin 1991, S. 146–184, speziell S. 173–175.

10 Ein schriftliches Beispiel: Seidel, Eberhard, »Zur Lösung von Problemen des Umweltschutzes in der DDR«, in: *Marxistische Blätter* 16 (1978), H. 3, S. 58–65.

11 Der Geheimhaltungsbeschluss soll am 16. 11. 1982 gefasst worden sein und den Titel tragen: »Beschluss zur Anordnung zur Gewinnung oder Bewertung und zum Schutz von Informationen über den Zustand der natürlichen Umwelt der DDR.« Er wirkte sich primär auf die Wissenschaften aus, sekundär auch auf die Medien. Selbst das Satire-Magazin »Eulenspiegel« brachte seit November 1982 messbar weniger Umwelt-Karikaturen als bis dahin! – Die »Weltcharta für die Natur« (UNO 1982) ist in der DDR nur in kirchlichen Veröffentlichungen erschienen. Und der Bericht der UNO-Kommission »Unsere gemeinsame Zukunft« erschien zwar 1988 im Staatsverlag der DDR, wurde aber nur an staatsnahe Einrichtungen und an die »Blockparteien« CDU, LDPD, NDPD und DBD ausgeliefert – nicht an den Buchhandel.

12 1989 wurden beim SED-Politbüromitglied Günter Mittag, der dort für Wirtschafts- und Umweltfragen zuständig war, viele Schreiben des DDR-Umweltministers Hans Reichelt ungeöffnet und ohne Eingangsstempel gefunden.

13 Die Geschichte der Gesellschaft ist dargestellt in Behrens, Hermann (Hg.), *Wurzeln der Umweltbewegung. Die »Gesellschaft für Natur und Umwelt (GNU)« im Kulturbund der DDR,* Marburg 1993 (Forum Wissenschaft Studien Bd. 18).

Schärfe zur Sprache zu bringen und ihm energisch zu begegnen[14]. Ähnlich erging es anderen gesellschaftlichen Initiativen wie Kreisnaturschutzaktiven, Naturkundemuseen oder umweltaktiven Schriftstellern[15].

In der Kirchenpolitik hatte SED-Generalsekretär Erich Honecker sich zu einer moderaten Gangart entschlossen und den Kirchen 1978 zugestanden, sich zu gesellschaftlich relevanten Fragen öffentlich zu äußern. So konnten deren Aussagen zu ökologischen Themen nicht mehr prinzipiell in Frage gestellt werden. Das wurde freilich von Verklemmungen und Hemmungen und ganz bewussten Verhinderungen seitens vieler staatlicher Funktionäre konterkariert.

1987 nahm die Idee eines Ökumenischen Prozesses der Christen und Kirchen für »Gerechtigkeit, Frieden und Bewahrung der Schöpfung« Gestalt an. Drei »Ökumenische Versammlungen« (Dresden 1987, Magdeburg 1988, Dresden 1989) fanden statt. Das Umweltengagement wurde hier in das umfassendere Bemühen um eine gerechte, friedliche und überlebensfähige Erde integriert und in allen Kirchen akzeptiert[16].

In diesen Jahren spitzten sich in der DDR die ökologischen Probleme immer mehr zu[17]. Zudem waren Umweltfragen ein wichtiger Bestandteil der Argumentation des KPdSU-Generalsekretärs Michail Gorbatschow geworden. Das kirchliche Umweltengagement politisierte sich zusehends. Das zeigten demonstrative Aktio-

---

14 Was trotzdem möglich war, zeigen Berichte aus vor-Ort-Gruppen, wie Benjamin Nölting sie zusammengestellt hat: Nölting, Benjamin, *Strategien und Handlungsspielräume lokaler Umweltgruppen in Brandenburg und Ostberlin 1980–2000*, Frankfurt a. M. 2002.

15 Seit 1981 fanden die »Brodowiner Gespräche« im Haus des Schriftstellers Reimar Gilsenbach statt. Genannt seien einige veröffentlichte Bücher: Marianne Bruns: *Der grüne Zweig* (Kurzroman, Leipzig/Halle 1979), Hanns Cibulka: *Swantow* (Urlaubstagebuch, Leipzig/Halle 1982), Christa Wolf: *Störfall* (Tagebucherzählung, Berlin 1987). – Das Heft 11/1989 der Zeitschrift *neue deutsche literatur* zeigt, wie weit Schriftsteller unter den Augen des Zensors mit ihrer Darstellung gehen konnten. Kurz nach dem Ende der DDR erschienen zwei Anthologien, die zeigen, wie viel sich in den Schreibtischen der DDR-Schriftsteller angesammelt hatte: Staatsmorast, hg. von Annegret Herzberg (Lübeck 1991) und Kopfbahnhof (Reclam Leipzig 1991). – Systemkritische Lyrik scheint der Zensurbehörde entgangen zu sein. Vgl. Gensichen, Hans-Peter, »Warten auf Spatzengetschilp. Umweltlyrik aus fünfzehn Jahren DDR«, in: *Lutherische Monatshefte* (1996), H. 8, S. 15–17.

16 Die Abschlusstexte der Versammlung von 1989 sind wiedergegeben in: *Ökumenische Versammlung für Gerechtigkeit, Frieden und Bewahrung der Schöpfung. Dresden-Magdeburg-Dresden. Eine Dokumentation*, Berlin (Aktion Sühnezeichen/Friedensdienste) 1990.

17 Wensierski, Peter, *Ökologische Probleme und Kritik an der Industriegesellschaft in der DDR heute*, Köln 1988.

nen wie die Leipziger »Pleiße-Gedenkmärsche« von 1988 und 1989 oder das Anti-AKW-Wochenende im Juni 1989 in Börln (nördlich von Leipzig)[18].

Aktivitäten konkret

Kirche ist besonders geübt im Nachdenken über Grundfragen und im Darstellen ethischer Leitlinien. Zugleich soll sich aber die Wahrheit des Glaubens im Handeln materialisieren. Dies ist von umweltengagierten Christen im Raum der Kirchen in der DDR versucht worden. Fünf solcher Versuche seien exemplarisch genannt.

1. Mecklenburgische Jugendliche haben 1979 in Schwerin erste Baumpflanzaktionen durchgeführt – in Zusammenarbeit mit den volkseigenen Garten- und Landschaftsgestaltungsbetrieben[19]. Später haben solche Aktionen auch anderswo stattgefunden. Baumpflanzungen stehen für Zukunftsverantwortung und Hoffnung. Sie hatten immer demonstrativen Charakter, sollten aufrütteln.

2. Seit 1981 gab es einen Aufruf aus dem Kirchlichen Forschungsheim Wittenberg zu einem Wochenende »Mobil ohne Auto«: das Kraftfahrzeug mit seinem Umweltverbrauch und seiner Umweltbelastung sollte am ersten Juni-Wochenende nicht benutzt werden. Gemeinden und Gemeindegruppen sollten andere, naturfreundliche und kommunikativere Arten der Fortbewegung entdecken und so Natur und Naturverantwortung neu wahrnehmen. »Mobil ohne Auto« wurde die kirchliche Umweltaktivität mit dem größten Bekanntheitsgrad[20]. Sie ist auch

---

18 Über die Pleiße-Gedenkmärsche siehe Hollitzer, Tobias, »Eine Hoffnung lernt gehen« – Pleißemarsch 1988 und Pleißepilgerweg 1989 in Leipzig«, in: *Kirche-Stasi-Umwelt*. Lutherstadt Wittenberg (Kirchliches Forschungsheim) 2001, S. 95–108. – Das geplante Atomkraftwerk Börln in der Dahlener Heide (nördl. Leipzig) ist dank des DDR-Endes dann nicht gebaut worden. Über den Protest gegen die Baupläne vgl. Schöppenthau, Birgit, »Strahlende Aussichten für die Menschen am Schwarzen Kater«, in: *Oschatzer Allgemeine*, 9./10.1.1993, S. 12.

19 Ein aufschlussreiches Interview eines westdeutschen Journalisten mit jugendlichen Baumpflanz-Initiatoren in Schwerin ist abgedruckt in: Wensierski, Peter/Büscher, Wolfgang, *Beton ist Beton. Zivilisationskritik aus der DDR*, Hattingen 1981. – Dieses sehr frühe Büchlein bringt Originalbeiträge von DDR-Initiativen und Reiseberichte der beiden Herausgeber.

20 Bereits 1989 sprang der Mobil-ohne-Auto-Funke über auf die alte Bundesrepublik. Jugendliche des BUND Baden-Württemberg und später andere (west)deutsche Verbände griffen die Aktion auf. – Es gibt zahlreiche schriftliche Zeugnisse von Mobil ohne Auto, vor allem in Aktionsbroschüren.

zum »Aufhänger« für weitergehende Dinge geworden. So weitete der Ökologische Arbeitskreis der Dresdener Kirchenbezirke das MOA-Wochenende seit 1986 zu einer jährlichen »Woche der Schöpfungsverantwortung« aus.

3. Ebenfalls vom Ökologischen Arbeitskreis der Dresdner Kirchenbezirke ging die Aktion »Saubere Luft für Ferienkinder« aus. Hier wurden Kinder aus besonders belasteten Gebieten in relativ saubere Gegenden vermittelt. 1983 konnten zwölf, 1985 bereits 200 Ferienaufenthalte vermittelt werden. Wie »Mobil ohne Auto« war auch diese Aktion – neben der konkreten Hilfeleistung – ein Aufruf an die Gesellschaft, das, was die Kirche in ihrem bescheidenen Rahmen versuchte, gesamtgesellschaftlich aufzunehmen[21].

4. Seit 1988 organisierte der gleiche Dresdner Arbeitskreis zusammen mit dem Umweltseminar Rötha in der gesamten DDR die Aktion »Eine Mark für Espenhain«. Er rief dazu auf, mit einer DDR-Mark und einer Unterschrift die Sofortsanierung der maroden Schwelerei Espenhain zu unterstützen. Bis Sommer 1990 sind 80.000 Mark = 80.000 Unterschriften zusammengekommen. Eine betriebswirtschaftlich uninteressante Summe, aber ein großer Erfolg für das Demokratie-Medium »Unterschriftensammlung«, das in der DDR eigentlich verboten war[22].

5. Das Kirchliche Forschungsheim Wittenberg richtete 1983 einen speziellen Öko-Fonds ein, der ökologisch orientierte Bauprojekte im kirchlichen Raum unterstützte und sich ausschließlich aus Spenden speiste. Im Laufe der Jahre ermöglichte er unter anderem Anschub- oder Teilfinanzierungen für die »Grüne Scheune« bei Frankfurt (Oder), in der Prinzipien der Solararchitektur genutzt werden, ferner für den Bau einer Wurzelraumkläranlage im Jugendheim Hirschluch bei Storkow (Mark) und für ein Öko-Café in Nordhausen.

Eine ausführliche Darstellung fehlt. Vermutlich ist die Aktion noch zu lebendig, um schon Objekt der Forschung zu sein.

21 Jacobi, Maria/Jelitto, Uta, *Das Grüne Kreuz. Die Geschichte des Ökologischen Arbeitskreises der Dresdner Kirchenbezirke*, Dresden 1998, S. 23–26.

22 Der Wortlaut des Aufrufs in: Gensichen, »Umweltengagement«, S. 177f.

Umweltgruppen

Seit 1980 haben sich in manchen Kirchengemeinden Umweltgruppen gebildet, parallel zum Entstehen von Solidarnos's'c' in Polen und der Partei der Grünen in der BRD. Mitunter waren Friedens- und Umweltarbeit in einer Gruppe vereint[23]. Eines ihrer Kennzeichen war es, dass die Aktivitäten nach außen begleitet waren von dem Versuch, die eigene Lebensweise zu korrigieren und eine schuldhafte Verstrickung in die Umweltkrise zu überwinden. Durch das eigene Beispiel und vermittels der Kirche – ihrer Räume, ihrer Bürotechnik und ihres Schutzes – wollten die Gruppen wenigstens ansatzweise erreichen, was staatlicherseits mehr und mehr zu verhindern versucht wurde: die Sensibilisierung der Bevölkerung für Umweltfragen, die Aufdeckung gravierender Umweltschäden und -vergehen, die Ökologisierung von Politik und Wirtschaft. Dazu veranstalteten sie Gemeindeabende, Seminare, Ausstellungen, wirkten an Gottesdiensten mit, bereiteten Aktionen vor und übernahmen Patenschaften für Naturschutzobjekte. Ab 1985 wurden in Kirchengemeinden »Umweltbibliotheken« eingerichtet. Die journalistisch bekannteste wurde die an der Zionskirche im Berliner Prenzlauer Berg[24].

Eine Kartei des Kirchlichen Forschungsheims vom November 1988 zählte 59 Umweltgruppen. Dem Staatssicherheitsdienst waren im Juni 1988 39 Ökologie- und 23 gemischte Friedens- und Umweltgruppen bekannt[25]. Die Mehrzahl war im südlichen Drittel der DDR angesiedelt. Manche von ihnen hatten nur sechs, andere 60 und mehr Mitglieder. Es gab auch Gruppen, die sich nur einem speziellen Projekt widmeten, einem Kirchentag, einer jährlichen Radsternfahrt, einem Ökokalender, einem Mobil-ohne-Auto-Wochenende. Manche großen Gruppen unterteilten sich in thematische Untergruppen[26]. Es gab auch überregionale Projektgruppen und Studienkreise, zum Beispiel die Naturwissenschaftler-, Ärzte-, Techniker-, Land-

---

23 Ausführlich und sachkundig dargestellt hat Sung-Wan Choi die politisch alternativen Gruppen in der DDR von 1978 bis 1989 in ihrem Buch *Von der Dissidenz zur Opposition* (Köln 1999).

24 Eine ausführliche Selbstdarstellung der »Umweltbibliothek« bietet Rüddenklau, Wolfgang, *Störenfried. DDR-Opposition 1986–1989. Mit Texten aus den »Umweltblättern«*, Berlin 1992.

25 Müller, Armin/Wolle, Stefan (Hg.), *Ich liebe euch doch alle! Befehle und Lageberichte des MfS Januar-November 1989*, Berlin 1990, S. 47.

26 Der Dresdner Arbeitskreis war der größte, konstanteste und produktivste in der DDR. In den meisten Darstellungen wird das nicht berücksichtigt. Der leichte Zugang von Westjournalisten nach Ostberlin sowie die Nichtempfangbarkeit des Westfernsehens in Dresden wirken bis heute in der Geschichtsschreibung weiter. Umso wichtiger ist die Dresdner Broschüre *Das Grüne Kreuz* von Jacobi und Jelitto.

wirte-, Förster-, Architekten- und Theologenkreise des Kirchlichen Forschungs-heims Wittenberg, von denen manche als Autorenteams an die Öffentlichkeit ge-treten sind[27]. Das Durchschnittsalter der Gruppenmitglieder lag unter 30 Jahre; Intellektuelle und Kinder von Intellektuellen, oft Mitglieder der technischen Intelli-genz, machten einen großen Anteil an der Mitgliederschar aus.

Seit 1982 vernetzten sich die Gruppen. Dazu dienten jährliche Vertretertreffen, die in Kooperation mit dem Kirchlichen Forschungsheim Wittenberg stattfanden, ferner Kontaktblätter (»Anstöße«, »Umweltbriefe«, »Pusteblume«), die an die Grup-pen verschickt wurden. Auch in den jährlichen Seminaren der kirchlichen Friedens-bewegung »Konkret für den Frieden« gab es seit 1985 eine Umweltsektion[28]. Zu landesweiter Organisiertheit und Verbindlichkeit der kirchlichen Umweltarbeit ist es freilich nie gekommen; Regionalität, Spontaneität und Unverbindlichkeit waren ihre manchmal liebenswerten, meist aber hinderlichen Kennzeichen. Erst seit 1988 wurde die Zahl der Wittenberger Vertretertreffen auf zwei pro Jahr erhöht und ein Fortsetzungsausschuss jährlich gewählt. Zugleich organisierte sich konkurrierend von Berlin aus das »Grün-ökologische Netzwerk Arche«[29].

Aus den Gruppen sind mehrfach recht sachkundige Beiträge auf unterschiedli-chen Gebieten gekommen. So erstellten Gruppen in Cottbus und Dresden Ent-würfe für einen fahrradfreundlichen Stadtverkehr, die den Stadtverwaltungen be-kannt gemacht wurden und von diesen nicht ignoriert werden konnten. Ein Arbeitskreis des Kirchlichen Forschungsheims Wittenberg erarbeitete einen ethi-schen Kodex für Wissenschaftler, der mehrmals auf Konferenzen und in der Lite-ratur erwähnt wurde[30]. Eine Berliner Gruppe entwickelte Kriterien für die Bewer-tung des Zustands von Straßenbäumen und konnte diese auch in Teilen Ostberlins in Zusammenarbeit mit staatlichen Stellen anwenden.

---

27 So mit den Broschüren »Die Erde ist zu retten«, »anders gärtnern – aber wie«, »Wissenschaftsethik heute«.

28 Neubert, Ehrhard, *Geschichte der Opposition in der DDR 1949–1989*, Berlin 1997, S. 573.

29 Eine ausführliche Selbstdarstellung der Arche bieten Jordan, Carlo/Klohts, Michael, *Arche Nova. Opposition in der DDR. Das »Grün-Ökologische Netzwerk Arche« 1988–90. Mit Texten der ARCHE NOVA*, Berlin 1995.

30 *Wissenschaftsethik heute*. 1983, 9 Seiten, 120 Exemplare. Vgl. Gensichen, Hans-Peter, »Wissenschafts-ethik in der DDR«, in: *Zeitschrift für Evangelische Ethik* 32 (1988), H. 4, S. 306–308; Herzberg, Guntolf, »Zur Entstehung der Wissenschaftsethik in der DDR. Der Beitrag der Kirchen und die Teilnahme der Stasi«, in: *Kirchliche Zeitgeschichte* 9 (1999), H. 1, S. 119–154.

Vielfach sind die Gruppen in Konflikt mit Funktionären, Institutionen und Sicherheitskräften gekommen[31]. Mitunter standen am Ende dennoch Erfolge. Zwei der bedeutendsten seien genannt: eine Schweriner Initiative wandte sich 1983 gegen die Naturzerstörung durch einen geplanten Autobahnneubau von Ludwigslust nach Wismar. Gewitzte Aktionen und sachkundige Vorschläge führten schließlich dazu, dass eine ökologische Aufbesserung und Einbindung des Projekts zugesichert wurde. (Wenig später wurde unabhängig davon, aus militärstrategischen Überlegungen, der Autobahnbau gänzlich gestoppt.)

In Dresden erreichten 1989 unmittelbar während des Zusammenbruchs des SED-Regimes der Ökologische Arbeitskreis und die betroffenen Kirchengemeinden, dass der geplante Bau eines Reinstsiliziumwerkes im Stadtteil Gittersee, der dort unter hygienisch-ökologischen und unter dem Sicherheitsaspekt unverantwortbar war, nicht zur Ausführung kam[32]. Das Drängen der Gruppen[33] auf gesellschaftliche Mitarbeit und Mitentscheidung war also nicht immer erfolglos.

In manchen Darstellungen wird der Eindruck erweckt, als sei für diese Gruppen die Kirche eigentlich nur als schützender, ansonsten aber inhaltsleerer Raum interessant gewesen und als sei die Kirche ihrerseits inhaltlich auf die Anliegen der Gruppen nicht vorbereitet gewesen und habe nur weil es in der innenpolitischen Situation sonst niemanden gab nolens volens die Trägerschaft von etwas Fremden übernommen. Das ist falsch[34]. In Teilen der Kirche war man theologisch sehr wohl auf konkretes Umweltengagement eingestellt, ja hier war es schon Jahre vor 1980 ohne Gruppen betrieben worden. Die ersten Impulse zu Gruppenbildungen sind von Christen, die in der Gemeinde verwurzelt waren, bzw. von kirchlichen Institu-

---

31 Ein Beispiel in: Kuhn, Christoph, *Inoffiziell wurde bekannt . . . Maßnahmen des Ministeriums für Staatssicherheit gegen die Ökologische Arbeitsgruppe beim Kirchenkreis Halle. Gutachten zum Operativen Vorgang »Heide«*, Magdeburg (Landesbeauftragte für die Unterlagen des Staatssicherheitsdienstes der ehemaligen DDR in Sachsen-Anhalt) 1996.

32 Jacobi/Jelitto, *Grünes Kreuz*, S. 89–104.

33 Das Vertretertreffen 1985 formulierte eine Wunschliste für die Mitarbeit im gesellschaftlichen Umweltschutz, die ich während eines Arbeitsgesprächs zwischen dem Sekretariat des Bundes der Evangelischen Kirchen in der DDR und dem Staatssekretariat für Kirchenfragen dem Staatsvertreter übergeben habe. Diese Liste ist abgedruckt in Gensichen, »Umweltengagement«, S. 176f.

34 Gensichen, Hans-Peter, »Zur Geschichtsschreibung der kirchlichen Umweltbewegung in der DDR«, in: Brickwedde, Fritz (Hg.), *Umweltschutz in Ostdeutschland und Osteuropa*, Osnabrück 1998, S. 181–191. Dort befasse ich mich auch mit einigen anderen Irrtümern. – Vorurteile, wenn sie nur tief genug sitzen, können das Wahrnehmen der Tatsachen heftig behindern: Wenn man weiß, dass die Kirchen in Europa an Bedeutung verlieren, meint man auch zu wissen, dass sie aus sich heraus keine vitalen Impulse für wichtige Themen geben können. Aber das ist ein Vorurteil!

tionen und Angestellten ausgegangen. Nichtchristen wurden erst seit Mitte der achtziger Jahre von diesen Gruppen nennenswert angezogen.

Mitglieder kirchlicher Umweltgruppen haben nichtsdestotrotz immer wieder einmal Ablehnung und Behinderung seitens der Gemeinden, Gemeindekirchenräte und Pfarrer erlebt. Auch Kirchenleitungen wurden als »Bremser« erfahren. Das konnte verschiedene Gründe haben: Irritationen einer konventionellen Gemeinde angesichts des Lebensstils von Gruppenmitgliedern; Furcht des Pfarrers vor Geringachtung seiner Amtsautorität durch die Selbständigkeit der Gruppenarbeit; Unklarheit über den Stellenwert des Themas »Schöpfung« in der Kirche; Unsicherheit, wie weit eine Politisierung des Glaubens und der Gemeinde gehen dürfe; Opportunismus und der Wunsch nach Vermeidung von Schwierigkeiten mit dem Staat. Andererseits gab für Gruppenmitglieder oft die Inkonsequenz und Laschheit der anderen Kirchenmitglieder in Umweltfragen und Fragen des Lebensstils Anlass zu Kritik. Der Konflikt Gruppen – Kirchenleitungen war freilich nicht die Regel. So sagte die Bundessynode 1984 von den Umweltgruppen: »Wir sind dankbar für ihre Aktivitäten, ihren Mut und ihre Fantasie. Wir möchten sie ermutigen, ihre Arbeit unverdrossen fortzuführen«[35].

Derartige informelle Gruppen waren ein neuartiges soziales Phänomen. Nicht nur kirchliche Praktiker, Kirchenleitungen und Theologen, sondern auch staatliche Verwaltungen hatten Schwierigkeiten, dieses Phänomen einzuordnen – nicht nur in der DDR[36]. Es ist bezeichnend, dass in Ost und West derartige Gruppen, Initiativen und Bewegungen gerade im Zusammenhang mit den Themen Gerechtigkeit, Friede und Umwelt entstanden sind. Offenbar waren die herkömmlichen Formen westlicher Demokratie wie real-sozialistischer Verwaltung nicht in der Lage, diese Herausforderungen politisch adäquat aufzunehmen, so dass sich neuartige Formen ihrer Bearbeitung bilden mussten. In der DDR sind diese gerade im Bereich der Kirche entstanden.

---

35 Gensichen, »Umweltengagement«, S. 173ff.

36 Material dazu von 1985 aus der Studienabteilung des Bundes der Evangelischen Kirchen in der DDR. In: Pollack, Detlef (Hg.), *Die Legitimität der Freiheit. Politisch alternative Gruppen in der DDR unter dem Dach der Kirche*, Frankfurt a. M. 1990.

Druckschriften

Die hier darzustellenden Materialien haben in einer Zeit schwer zu erlangender Informationen und der Vereinzelung der Umweltengagierten eine wichtige Rolle gespielt. Zudem sind sie ein Stück Mediengeschichte: unzensiert herausgegeben in einem zensurbeherrschten Land, mühsam vervielfältigt im Sprit-Carbon- oder Wachsmatrizenverfahren, manchmal auch auf einer der wenigen kirchlichen Offsetdruckmaschinen, versehen mit der Aufschrift »Nur für innerkirchlichen Gebrauch«, um eine Vervielfältigung überhaupt zu legitimieren. Die Texte sind teils von Angestellten der Kirche, meist aber von engagierten Menschen aus anderen Berufen geschrieben worden – immer ohne jedes Honorar. Einige von denen, die breitere Wirkung hatten, seien genannt:

- *Briefe zur Orientierung im Konflikt Mensch – Erde* (seit 1980, herausgegeben vom Kirchlichen Forschungsheim Wittenberg, zweimal jährlich, zunächst 400, 1989 dann 2.750 Exemplare; Aufsätze, Kommentare, Rezensionen, Daten, Materialangebote),
- *Streiflichter* (seit 1982, von der Arbeitsgruppe Umweltschutz beim Jugendpfarramt Leipzig herausgegeben, unregelmäßig erscheinend, Informationen für die Leipziger Arbeitsgruppe),
- *Umweltblätter* (seit 1986, herausgegeben von der Umweltbibliothek Berlin, meist monatlich, 1.000 Exemplare Auflage 1989, das am deutlichsten politstrategisch orientierte Blatt)[37],
- *Die Erde ist zu retten* (1. Auflage 1980, mehrere Nachauflagen bis 1988, herausgegeben vom Kirchlichen Forschungsheim Wittenberg, 70 Seiten, Darstellung der ökologischen Situation, theologische Reflexion, Handlungsschritte, Literaturhinweise, Aufriss für Seminarveranstaltungen. Insgesamt 5500 Exemplare. Das kirchliche Papier mit der größten Wirkung),
- *Umweltschutz im Haushalt* von Christian Matthes (1985 vom Jugendpfarramt Leipzig herausgegeben, mehrere Nachdrucke, insgesamt über 10.000 Exemplare),
- *Pechblende. Der Uranbergbau in der DDR und seine Folgen* von Michael Beleites (1988, herausgegeben vom Kirchlichen Forschungsheim und dem Kreis »Ärzte für den Frieden Berlin«, 64 Seiten, 1.000 Exemplare),

---

37 Siehe Rüddenklau, *Störenfried*.

- *Energie und Umwelt* von Sebastian Pflugbeil und Joachim Listing (1988, herausgegeben vom Ausschuss »Kirche und Gesellschaft« beim Bund der Evangelischen Kirchen in der DDR, 250 Seiten, das umfangreichste kirchliche Material),
- *Grünheft – 22 Beiträge zur ökologischen Situation aus kirchlichen Umweltgruppen der DDR* (1990, herausgegeben vom Kirchlichen Forschungsheim, 136 Seiten, 3100 Exemplare)[38].

Die Leserschaft setzte sich – trotz des einengenden Aufdrucks »innerkirchlicher Dienstgebrauch« – keineswegs nur aus kirchlichen Mitarbeitern und nicht nur aus Christen zusammen. Charakteristisch war, dass die Papiere mit christlicher Motivation geschrieben und häufig auch mit umfangreichen theologischen Passagen versehen wurden, dennoch aber auch für Nichtchristen les- und akzeptierbar gehalten waren. Es entstand eine sonderbare Situation, die auch hinsichtlich der oben genannten Aktionen galt: die evangelische Kirche bekam ein Monopol auf Themenbereiche, Medien und Aktivitäten, an denen sie in westlichen Ländern bestenfalls mit Nischenerzeugnissen partizipierte. Und sie war Monopolist, ohne – bei diesen Auflagenhöhen – wirklich massenwirksam werden zu können. Eine paradoxe Situation! Diese Situation machte sie zu »feindlicher Literatur«, die sie nach dem Willen der Herausgeber nicht hätten sein müssen. Zum Konflikt zwischen Staat und Herausgebern ist es freilich nur dann gekommen, wenn der Staatsapparat wusste, dass es bereits innerkirchliche Differenzen oder Ängste wegen des Inhalts gab; diese nutzte er dann aus. Aber im allgemeinen wurde die Verbreitung nicht behindert. Armee und Schule haben freilich rigoros reagiert, wenn Wehrpflichtige oder Schüler derartige Materialien in ihre »Objekte« mitbrachten. Äußerst unangenehm war dem Staat das Erscheinen der Broschüre *Pechblende*, weil das in ihr aufgenommene Thema Uranbergbau tabu war. Die Staatssicherheit entfaltete eine heftige Kampagne auf vielen Ebenen gegen den Autor, ohne freilich die Verbreitung und die Wirkung seiner Schrift verhindern zu können. Auch der Versuch, einen Keil zwischen Autor und Herausgeber zu treiben, misslang [39].

---

38 Erschien 1990 gekürzt im Deutschen Verlag der Wissenschaften unter dem Titel »Umwelt-Mosaik DDR `89«.

39 Beleites, Michael, *Untergrund. Ein Konflikt mit der Stasi in der Uranprovinz.* Berlin 1991. Als Beleites auch physisch gefährdet war, stellte ihn die ev. Kirche als Mitarbeiter ein. Das schützte ihn vor dem Schlimmsten. Beleites hat in dieser Zeit eine 2. Auflage der »Pechblende« vorbereitet. Sie erschien nach der deutschen Vereinigung: *Altlast Wismut. Ausnahmezustand, Umweltkatastrophe und Sanierungsproblem im deutschen Uranbergbau*, Frankfurt a. M. (Brandes und Apsel) 1992.

Der medienbekannt gewordene Versuch der Staatsanwaltschaft, in der Nacht zum 25. November 1987 eine Vervielfältigung in der Berliner Umweltbibliothek zu verhindern, galt, wie man staatlicherseits alsbald versicherte, nicht den *Umweltblättern*, sondern dem *Grenzfall*, einem Blatt einer nichtkirchlichen Menschenrechts-Gruppe, das, wie die Polizei irrigerweise glaubte, in jener Nacht dort vervielfältigt werden sollte. So teilte man den Kirchenleitungen bald mit, dass der Vorfall in der Umweltbibliothek keine Behinderung der kirchlichen Umweltarbeit darstellen solle[40].

Wertung durch die Staatssicherheit

In einem so flächendeckend überwachten Land wie der DDR wurde auch die Umweltarbeit der Kirche von der Stasi gründlich durchsetzt, observiert und beeinträchtigt – und zwar mit all den inhumanen, perversen und bizarren Mitteln, die dem Sicherheitsdienst zu Gebote standen[41]. Die Stasi war umfassend über das Denken, die Pläne und die Aktivitäten der kirchlichen Umweltarbeit informiert. Veröffentlichte Beispiele dafür sind die »Informationen über das Grün-Ökologische Netzwerk Arche« und die »Information über beachtenswerte Aspekte des aktuellen Wirksamwerdens innerer feindlicher, oppositioneller und anderer negativer Kräfte in personellen Zusammenschlüssen«[42].

Diese Informationen zeigen, dass die Stasi die Umweltgruppen ambivalenter und etwas freundlicher bewertete als die Friedens- und Menschenrechtsgruppen: »Anders als in gleichgelagerten Zusammenschlüssen sehen in den Ökologiegruppen jedoch viele Mitglieder die Motivation ihres Handelns in der ehrlichen Mitwirkung bei der Lösung von Umweltschutzproblemen«[43]. Das ist richtig erkannt. Die Objekte des Umweltschutzes machten ein sichtlich konstruktiveres und kooperativeres Engagement leichter, als das bei der Menschenrechts- und Friedensthematik

---

40 Siehe Rüddenklau, *Störenfried*.

41 Ein Tagungsband zur Rolle des Ministeriums für Staatssicherheit erschien 2001 im Kirchlichen Forschungsheim (*Kirche-Stasi-Umwelt*). Siehe auch Pingel-Schliemann, Sandra, *Zersetzen. Strategie einer Diktatur*, Berlin 2002.

42 Mitter, A./Wolle, S. (Hg.), »*Ich liebe euch doch alle!« Befehle und Lageberichte des MfS Januar – November 1989*, Berlin 1989, S. 17ff. u. S. 46f.

43 A.a.O., S. 46.

möglich war. Letztlich waren aber die Kategorien der Stasi nicht geeignet für eine adäquate Sicht und Behandlung der Gruppen; diese wurden stereotyp unter »feindlich-negative Kräfte« und »antisozialistische Aktivitäten« mit »politischer Untergrundtätigkeit« subsumiert, weit davon entfernt, das Anliegen der Gemeinten widerzuspiegeln[44].

Aus dem gleichen Grund – Untauglichkeit der Kategorien – vermochte die Stasi auch nicht, mit basisdemokratischen und Graswurzelaktivitäten der Gruppen umzugehen. Das Neue an ihnen passte nicht nur nicht in das leninistische, sondern auch nicht in das bürokratische Weltbild ihrer Funktionäre. Das MfS konnte diese Gruppen mit seinen Methoden nicht greifen. Gefährlich (und oft auch einfach komisch) war daran, dass es manche Aktivitäten für höchst konspirativ hielt, die in Wirklichkeit bloß un-autoritär oder einfach schlecht organisiert waren[45].

Umbruch 1989/90

Hätte es den plötzlichen Zusammenbruch der SED-Herrschaft im Oktober/November 1989 nicht gegeben, so würde man womöglich von einer neuen inhaltlichen und organisatorischen Phase des kirchlichen Umweltengagements in der DDR sprechen können, die im Herbst 1989 begann. Denn im September 1989 erschienen endlich die Ergebnispapiere der Ökumenischen Versammlungen der Christen und Kirchen in der DDR, darunter auch die Texte über Ökologie und Ökonomie, über Energie, über Umweltinformationen und über Lebensstilfragen[46]. Im gleichen Monat wurde das *Grünheft DDR* fertig gestellt, in dem kirchliche Umweltgruppen die ökologische Situation beschrieben. Ebenfalls im September fand das bestbesuchte (und auch stürmischste) aller Vertretertreffen der Umweltgruppen

---

44 Patrik von zur Mühlen hat gezeigt, dass das DDR-Staatssekretariat für Kirchenfragen meist viel differenziertere und verständnisvollere Einschätzungen der kirchlichen Umweltbewegung abgegeben hat als das Ministerium für Staatssicherheit (»Das Kirchliche Forschungsheim aus der Sicht der Stasi«, in: *Briefe zur Orientierung im Konflikt Mensch – Erde* 23 (2002), H. 64). Ähnlich der gleiche Autor : »Die zentrale Sicht der Stasi auf die kirchliche Umweltbewegung in der DDR«, in: *Kirche-Umwelt-Stasi*, Wittenberg 2001, S. 39–49.

45 Ein eigenes Thema wäre die Banalität und auch Lächerlichkeit des Stasi-Gebarens. Rosemarie Benndorf und ich haben das in dem Tagungsband *Kirche-Umwelt-Stasi* anhand von Anekdoten zum Thema machen wollen (S. 50–54). Das ist aber – gerade gegenüber Betroffenen – schwierig.

46 Vgl. Sühnezeichen, *Versammlung*.

statt[47]. Bereits zu den Kommunalwahlen vom Mai 1989 hatten kirchennahe Berliner Akteure eine partei-ähnliche »Grüne Liste« gründen wollen; etwas derartiges wäre auch ohne das Ende der DDR bald geschehen. All das wäre durchaus dazu angetan gewesen, der kirchlichen Umweltarbeit ein neues Niveau zu geben. Der Ablauf der Ereignisse hat aber solche Vermutungen überflüssig gemacht.

Freilich: Die wachsende kirchliche Umweltbewegung konnte nicht von vornherein damit rechnen, dass sie »ansteckend« auf Staat und Gesellschaft wirken würde. Die offizielle DDR hatte ja nach dem »frühen Erwachen« in den Jahren 1970 bis 1974 »Umwelt« zum Tabu-Thema erklärt. Sich hier *nicht* zu bewegen war eine Bedingung ihrer Existenz geworden. Die politische Gesamtsituation musste sich also revolutionär ändern. Das war die einzige Möglichkeit für ein wirkliches Fußfassen von Umweltverantwortung in Staat und Gesellschaft. Dennoch war das, was ab dem Herbst 1989 in der DDR geschah, eine so von niemandem vorweggedachte Situation. In ihr waren die Mitglieder der kirchlichen Umweltbewegung (so überrascht, wie sie waren) auf unterschiedliche Weise aktiv.

1. Konkrete Forderungen aus der Vor-Wende-Zeit konnten durchgesetzt werden. Dazu gehörte der Verzicht auf den Bau des Reinstsiliziumwerkes Dresden im November 1989 und der Beschluss zur Stilllegung der Schwelerei Espenhain vom Februar 1990.

2. Umweltgruppen beteiligten sich an den Friedensgebeten (Gebeten um Erneuerung) und den anschließenden Demonstrationen[48].

3. Eine Anzahl von Umweltengagierten hat an den neu geschaffenen »Runden Tischen« betont Umweltanliegen vertreten oder spezielle »Grüne Tische« initiiert[49].

4. Einige Berliner Führungskräfte des Netzwerks »Arche« gründeten Ende November 1989 in einem kirchlichen Raum in Berlin die »Grüne Partei«. Mitglieder zahlreicher kirchlicher Umweltgruppen beteiligten sich am Aufbau der »Grünen Liga«, eines Netzwerkes von Ökologiegruppen und Umweltschutziniti-

---

47 Mit über 60 Teilnehmern (Teilnehmerliste im Archiv des Kirchlichen Forschungsheimes Wittenberg).

48 Ein Beispiel: Das Friedensgebet in der Leipziger Nikolaikirche vom 2. Oktober 1989 – eine Woche vor dem Umbruch – wurde von der AG Umweltschutz beim Leipziger Stadtjugendpfarramt geleitet. Vgl. Gensichen, »Umweltengagement«, S. 183–184.

49 Michael Beleites, Carlo Jordan, Sebastian Pflugbeil saßen am Zentralen Runden Tisch der DDR. Ich selbst habe einen Zentralen Grünen Tisch beim Ministerium für Umweltschutz und Wasserwirtschaft der DDR gegründet und beim Wittenberger Grünen Tisch mitgearbeitet.

ativen, das sich im November 1989 bildete. Die Gründungsinitiative ging allerdings von Stadtökologiegruppen der Gesellschaft für Natur und Umwelt aus[50].

5. Viele Anliegen der kirchlichen Umweltbewegung waren in die Ergebnistexte der Ökumenischen Versammlung in Dresden im April 1989 eingeflossen. Deren Gedankengut hat sich in den Gründungsaufrufen der neuen politischen Bewegungen niedergeschlagen[51]. Am deutlichsten erkennt man den Duktus der Ökumenischen Versammlung in den »Thesen für eine demokratische Umgestaltung der DDR« (September 1989) von »Demokratie Jetzt«.

6. Vertreter der kirchlichen Umweltarbeit gehörten nicht zu den durch die Medien hervorgehobenen Protagonisten des Umbruchs. Das entspricht ihrer starken Konzentration auf Sachanliegen und einer gewissen Fremdheit gegenüber übergreifender politischer Tätigkeit[52].

7. Die kirchlichen Umweltgruppen sind im Herbst/Winter 1989/90 teils mit Gruppen der gesellschaftlichen Bürger- und Ökologiebewegung fusioniert oder kooperieren seitdem eng mit ihnen. Ihre kirchliche Einbindung ist so in den Hintergrund getreten. Ein DDR-weites Vertretertreffen kirchlicher Umweltgruppen hat letztmalig im Oktober 1991 stattgefunden. Insofern muss man seit 1989/90 von einer Auflösung der kirchlichen Umweltarbeit in ihrer DDR-typischen Gestalt sprechen.

Nicht »David gegen ...«, sondern »... statt Goliath«

Die kirchliche Umweltbewegung war ein Teil einer Bewegung, die man mangels zutreffenderer Vokabeln »DDR-Opposition« nennt[53]. Sie opponierte schon da-

---

50 Vgl. Behrens, *Wurzeln*, S. 73f.

51 Die Texte in: Rein, Gerhard (Hg.), *Die Opposition in der DDR. Entwürfe für einen anderen Sozialismus*, Berlin 1989.

52 Der bekannteste Politiker aus deren Reihen ist Günther Nooke (zuerst Grüne Partei, dann CDU). Vgl: Nooke, Günther, »Umweltschutz als ein Motiv der Bürgerrechtsbewegung in der DDR – erfüllte Erwartungen oder enttäuschte Hoffnungen?«, in: Brickwedde, *Umweltschutz*, S. 171–180.

53 Die informierteste Monografie zur DDR-»Opposition« hat – neben Sung-Wan Choi – Patrik von zur Mühlen geschrieben: *Aufbruch und Umbruch in der DDR. Bürgerbewegungen, kritische Öffentlichkeit und Niedergang der SED-Herrschaft*, Bonn 2000. – Viel Information auch in: Veen, H.-J. u. a. (Hg.), *Lexikon Opposition und Widerstand in der SED-Diktatur*, Berlin/München 2000. – Die Ausstellung »Pflanzzeit« von Michael Beleites (1999) illustriert das Geschehen hervorragend: über 200 Fotos und Doku-

durch gegen den »real existierenden Sozialismus«, dass sie ein Thema deutlich zur Sprache brachte, welches diesem immer unbequemer wurde. Die Absicht, den Kapitalismus wieder herzustellen – die vielen Umweltengagierten besonders von der Stasi oft unterstellt wurden – hatten diese, wie beschrieben, nicht[54]. Ja, gerade diejenigen Strömungen, die schärfere und grundsätzlichere Kritik am DDR-System übten, wie etwa die Berliner Umweltbibliothek, gingen eher von linken bis anarchistischen Positionen aus. Ich selbst habe 1984 bei meinem Startreferat auf der erwähnten Umweltsynode des Bundes der Evangelischen Kirchen in der DDR gesagt, dass das kirchliche Engagement in dieser Frage »auch wenn es sich Widersprüchen im Sozialismus zuwendet [...], also indem es kritisch ist, konstruktiv sein will, ein Engagement mit dem Sozialismus, zum Besten dieses Landes, nicht an ihm vorbei oder gegen ihn [...]. Und da ist viel, viel zu tun, auch vieles gegen Widerstände durchzusetzen.«[55]. Das war nicht SED-anbiederische Rhetorik, sondern drückt den in der kirchlichen Umweltarbeit vorherrschenden Willen aus, die Umweltprobleme *hierzulande* anzugehen: Man nahm pragmatisch die DDR-Staatsform als Gegebenheit für lange Zeit hin und wollte sie für die ökologischen Herausforderungen öffnen, so wie die DDR-Regierung das in den Jahren bis 1974 ja selbst gewollt hatte. Mitte der achtziger Jahre wurde Michail Gorbatschow zum Hoffnungsträger in Umweltfragen, weil er diese ungeschminkt beim Namen nannte, ohne den Sozialismus negieren zu wollen. »Gorbatschow durchsetzen« hieß daher ein Leitartikel in der Ausgabe der Umweltzeitschrift *Briefe* im November 1988. Insofern ist die Bezeichnung der kirchlichen Umweltbewegung als »DDR-Opposition« nicht wirklich zutreffend. Vorrangig opponierte man gegen konkrete Naturverschmutzungen und -zerstörungen sowie gegen einen umweltfeindlichen Lebensstil, die einem zwar in »realsozialistischer« Spielart begegneten, wesensmäßig aber Erscheinungen der modernen Industriegesellschaft sind. Daher fiel den Mitgliedern der Umweltbewegung auch die Weiterarbeit unter bundesdeutschen Bedingungen leichter als den DDR-Bürgerrechtlern und -Menschenrechtsgruppen, für die der

---

mente. Sie kann bei der Evangelischen Akademie Wittenberg ausgeliehen werden (06886 Lutherstadt Wittenberg, Schloßplatz). Schließlich eine Aufsatzsammlung, hg. vom Deutschland-Archiv, *Umweltprobleme und Umweltbewusstsein in der DDR*, Köln 1985.

54 Möglicherweise haben sich unter den ökologisch Engagierten auch solche befunden, die »Umwelt« sagten und »Antisozialismus« meinten. – Tatsächlich ist es sachlich schwer, beides zu trennen. Denn man hatte es immer zugleich mit einem (spezifisch eingefärbten) DDR-Problem *und* einem systemübergreifenden Thema zu tun.

55 Gensichen, Hans-Peter, »Sorge für die Schöpfung«, in: *Die Zeichen der Zeit* 39 (1985), H. 3, S. 54–58.

langjährige Gegner plötzlich ersatzlos verschwunden war. Das Umweltengagement seit 1989/90 hingegen erforderte zwar andere Formen, aber keine neue Richtung. Das eigentlich Charakteristische an der kirchlichen Umweltarbeit in der DDR war ihre Stellvertreterfunktion. Informationen, die von den Medien nicht verbreitet, Veröffentlichungen, die von den Verlagen unterdrückt, Projekte, die von den Kommunen nicht gefördert, Untersuchungen, die kein Öko-Institut durchführte, Aktionen, die von keinem weltlichen Verband initiiert, und Proteste, die von keiner Bürgerinitiative vorgebracht wurden, erblickten in der DDR das Licht der Welt in Form kirchlicher Basisgruppen, Kirchentage, Pfarrkonvente, Evangelischer Akademien, Synoden und Kirchenleitungen. In der immer mehr betonierten und chloroformierten DDR-Situation wurde die Kirche zu einem Ort des offenen Gesprächs, der freien Information, der engagierten Reflexion und des Versuchs von Aktion.

Stellvertretendes Handeln, das etwas anmahnt, das in der Gesellschaft getan werden müsste, ist freilich überall ein Kennzeichen *jeder* wachen Kirche. Das Besondere der DDR-Situation war jedoch die Monopolstellung, in welche die Kirche dabei geriet – in einer Gesellschaft, die bereits in der Stalin-Zeit erheblich zwangssäkularisiert worden war. Ein Beispiel ist das Heft *anders gärtnern – aber wie?*. Es gab in der DDR zum Thema »Biogarten« nichts anderes als diese im Wittenberger Forschungsheim herausgegebene Broschüre! Eine ähnliche Stellung hatten die Radsternfahrten »Alles will leben« und die Aktion »Saubere Luft für Ferienkinder«. Es fand sich für sie kein anderer Organisator als die Kirche. Im Großen zeigt die Wichtignahme durch SED und Stasi, wie viel sie diesem *winzigen Monopolisten* zutrauten. Ich spreche darum gerne von »David statt Goliath« – nicht einfach von »David *gegen* Goliath«.

PROBLEMDEFINITIONEN UND LÖSUNGSANGEBOTE IM WANDEL

Die Bundesbahn und die (Selbst-)Entdeckung der Umweltfreundlichkeit

Christopher Kopper

Aus dem umweltpolitischen Wissensstand der Gegenwart muss der Ausbau und die Modernisierung des Eisenbahnnetzes nicht detailliert mit ökologischen Argumenten begründet werden. Eine Historisierung der bundesdeutschen Eisenbahnpolitik kann sich jedoch nicht darauf beschränken, den ökologischen Maßstäben heutiger Verkehrspolitik rückblickend allgemeine Gültigkeit in der Vergangenheit zu unterstellen. Vielmehr verdient die Frage Beachtung, inwiefern die Eisenbahnpolitik bereits vor der umweltpolitischen Wende der frühen siebziger Jahre Weichenstellungen beinhaltete, die später umweltpolitische Bedeutung erlangten. Hieraus entwickeln sich Fragen nach der ökologischen Relevanz der bundesdeutschen Eisenbahnpolitik in den fünfziger und den sechziger Jahren und nach dem Stellenwert der Eisenbahn- und Nahverkehrspolitik in den zeitgenössischen umweltpolitischen Debatten. Der Begriff der »ökologisch relevanten Entscheidungen« schließt dabei auch jene Handlungen ein, bei denen umweltpolitische Motive keine oder nur eine marginale Rolle spielten und die ökologischen Konsequenzen nicht oder nur am Rande berücksichtigt wurden.

Der Umweltbonus der Bahn: Mythos und Wirklichkeit

In diesem Zusammenhang muss auch die Frage geklärt werden, ob die ökologische Wende der Politik – die in der Energiepolitik auf die erste Hälfte der siebziger Jahre datiert wird – die Eisenbahnpolitik zeitgleich oder nur mit Verspätung erfasste. Es ist dabei nicht auszuschließen, dass die Eisenbahnpolitik objektiv einer ökologisch gewendeten Verkehrspolitik nutzte, aber aus der Sicht der politischen Gestalter anderen politischen Zielen untergeordnet war.

Die Elektrifizierung der Bundesbahn war in erheblichem Maße dafür verantwortlich, dass die Eisenbahn ab den frühen siebziger Jahren als das umweltfreundlichste und energieeffizienteste Massenverkehrsmittel angesehen wurde und in den verkehrspolitischen Debatten einen »Umweltbonus« gegenüber dem Straßenverkehr erhielt. Auch die Umweltschutzorganisationen akzeptieren weitgehend den Standpunkt der Verkehrsplaner, dass die sehr viel niedrigeren Abgasemissionen elektrischer Schienenverkehrsmittel in der ökologischen Gesamtbilanz höher zu bewerten sind als die Belastungen durch Lärmemissionen und der Flächenverbrauch. Diese sind bei Schienenwegen deutlich niedriger als bei Straßenbauten, aber dennoch nicht unvermeidbar. Dies ist der entscheidende Grund, warum die ökologischen Folgewirkungen von Bahnanlagen und die Lärmemissionen von Zügen generell günstiger bewertet werden als die negativen Folgen von Straßenbauprojekten.

Bis zur Veröffentlichung des ersten Umweltberichtes durch die Deutsche Bahn AG im Jahre 1998 waren die Gesamtemissionen des Verkehrssystems Schienenverkehr nur wenigen Verkehrswissenschaftlern bekannt[1]. Dem kritischen Blick des eisenbahninteressierten Laien entging jedoch nicht die Tatsache, dass die weit gehend bekannten und im Allgemeinen zutreffenden Annahmen über die höhere Energieeffizienz des Schienenverkehrs nicht in allen Fällen zutreffen. Es sind und waren auf deutschen Schienenstrecken gelegentlich schwach besetzte Nahverkehrszüge zu sehen, die von einer 120 Tonnen schweren Diesellok mit einem Verbrauch von mehreren hundert Litern Diesel pro Stunde gezogen wurden und damit nicht gerade die Stellung der Bahn als das ressourcenschonendste Schnellverkehrsmittel der Gegenwart bestätigten.

Das energiepolitische Paradigma und die Pfadentscheidung zur Elektrifizierung

Erst seit den späten sechziger Jahren wurde die Bahn bewusst als Alternative zum Straßenverkehr ausgebaut, um die zunehmenden Umweltbelastungen durch den Straßenverkehr vor allem in den großstädtischen Ballungsräumen zu senken. Die Elektrifizierung der Eisenbahn als technologische Grundbedingung ihrer Emissionsfreundlichkeit und Energieeffizienz begann jedoch bereits in den fünfziger

---

1 Deutsche Bahn AG, *Umweltbericht 2000*, Berlin 2002.

Jahren, als die Investitionspolitik der DB noch stark von energiepolitischen Paradigmen geprägt war und ökologische Erwägungen noch keine Rolle spielten. Das Programm der Bundesbahn zur Elektrifizierung der Hauptstrecken stellte keine Zäsur in der langfristigen Investitionspolitik der deutschen Eisenbahnen dar, sondern setzte einen bereits in den zwanziger Jahren eingeschlagenen technologischen Modernisierungspfad fort. Der Elektrifizierungspfad wurde durch die Weltwirtschaftskrise, die nationalsozialistische Aufrüstungspolitik, den Krieg und die Nachkriegszeit lediglich verlangsamt, aber zu keinem Zeitpunkt abgebrochen. Allen anderslautenden Vermutungen der eisenbahnhistorischen Literatur zum Trotz hatte auch der Generalstab des Heeres nicht gefordert, das Elektrifizierungsprogramm zu suspendieren, obwohl das elektrifizierte Netz gegenüber Luftangriffen anfälliger war. Die logistischen Nachteile durch die verlängerten Reparaturzeiten zerstörter Strecken wurden dadurch wieder ausgeglichen, dass Züge mit Elektroloks keine weithin sichtbare Dampffahne mit sich zogen. Die Verlangsamung des Elektrifizierungsprogramms in der nationalsozialistischen Aufrüstungskonjunktur war primär der Verdrängung der Reichsbahn aus dem Kapitalmarkt geschuldet, die ihr kapitalintensives Elektrifizierungsprogramm nicht mehr mit Anleihen finanzieren konnte[2].

Das Elektrifizierungsprogramm der DB in den fünfziger Jahren zielte vor allem darauf ab, die hochwertiger Lokomotivkohle durch preiswertere und weniger knappe Kesselkohle und Braunkohle zu ersetzen. Nach den Erfahrungen mit der Kohlenknappheit der ersten drei Nachkriegsjahre und des Koreakriegswinters 1950/51 waren sowohl die DB als auch die Bundesregierung bestrebt, den Verkehrssektor aus der Abhängigkeit von den Förderkapazitäten des Ruhrbergbaus zu befreien. Hierfür bot der energieeffizientere elektrische Antrieb eine Lösung. Mit einem Steinkohlenverbrauch von mehr als 9 Millionen Tonnen pro Jahr bei einer Gesamtförderung von 120 Millionen Tonnen gehörte die DB nicht nur zu den größten Einzelabnehmern des Bergbaus, sondern auch zu den wichtigsten Emittenten von Ruß, Schwefeldioxid, Kohlenmonoxid und Kohlendioxid[3]. Eine Senkung des Lokomotivkohlenverbrauchs durch den elektrischen Betrieb diente auch dem hochrangigen volkswirtschaftlichen Ziel, den drohenden Energieengpass in der Grundstoffindustrie zu schließen. Auf dem Höhepunkt der Kohlenknappheit

2 Mierzejewski, Alfred C., *The most valuable asset of the Reich. A History of the German National Railway*, Bd. 2, Chapel Hill 2000.

3 Bundesminister für Verkehr (Hg.), *Die Verkehrspolitik in der Bundesrepublik Deutschland 1949–1953*, Dortmund 1953.

während des Korea-Booms sah sich die DB im Januar und Februar 1951 für die Dauer von sechs Wochen gezwungen, den volkswirtschaftlich weniger wichtigen, aber gewinnbringenden Fernzugverkehr zu drosseln, um zumindest die Leistungsanforderungen der bundesdeutschen Wirtschaft an den Berufsverkehr und an den Güterverkehr zu gewährleisten.

Die Fortsetzung des Elektrifizierungsprogramms wurde von Seiten der DB vor allem von rationalisierungspolitischen Zielen geleitet, während die Bundesregierung an der Senkung des Kohlebedarfs zu Gunsten des wachsenden Grundstoffindustrien interessiert war[4]. Weil die Kohlepreise im Laufe der fünfziger Jahre überdurchschnittlich anstiegen, erhöhte sich der wirtschaftliche Anreiz zur Elektrifizierung stetig. Hierzu kamen langfristige demographische und konjunkturelle Faktoren. Durch die Zuwanderung von Vertriebenen und Flüchtlingen und das stetige und hohe Wirtschaftswachstum stieg die Verkehrsintensität auf den Hauptstrecken des Bundesbahnnetzes erheblich, so dass die Elektrifizierung für einen immer größeren Teil des Hauptbahnnetzes wirtschaftlich wurde.

Auch betriebstechnische Gründe waren für einen Teil des Elektrifizierungsprogramms ausschlaggebend. Der Einsatz von Elektroloks ermöglichte nicht nur generell eine höhere Fahrtgeschwindigkeit, sondern auch eine Verlängerung der Güterzüge und damit eine Steigerung der Transportkapazität. Die Folgen der deutschen Teilung beschleunigten die Entscheidung zur Elektrifizierung noch. Im Zuge der politischen und wirtschaftlichen Teilung Deutschlands drehten sich die großen Verkehrsströme von west-östlicher nach nord-südlicher Richtung, so dass die beiden wichtigsten Nord-Süd-Achsen (die Rheinstrecken sowie die Strecken Hannover-Würzburg und Hannover-Frankfurt) bereits in den fünfziger Jahren die absoluten Grenzen ihrer Kapazität erreichten. Die drohende Erschöpfung der Streckenkapazitäten liess sich nur durch den Bau eines dritten Streckengleises oder durch die deutlich kostengünstigere Elektrifizierung verhindern[5].

Das Elektrifizierungsprogramm der DB wäre stark verlangsamt worden, wenn die Länder es nicht mit günstigen Darlehen vorfinanziert hätten, die sich bis in die

---

4 Dies wird auch daran deutlich, dass der Bundesverkehrsminister in seinen vierjährlichen Berichten zur Verkehrspolitik die Senkung des Kohleverbrauchs bei der DB deutlich betonte. S. Bundesminister für Verkehr (Hg.), *Die Verkehrspolitik in der Bundesrepublik Deutschland 1949–1953*, Dortmund 1953; ders., *Die Verkehrspolitik in der Bundesrepublik Deutschland 1949–1957*, Bielefeld 1957; sowie ders., *Die Verkehrspolitik in der Bundesrepublik Deutschland 1949–1961*, Hof 1961.

5 Siehe die intensive Berichterstattung in der bahnoffiziellen Monatszeitschrift *Die Bundesbahn*, die sich insbesondere mit den betriebstechnischen Aspekten der Elektrifizierung beschäftigte.

sechziger Jahre auf insgesamt 3136 Millionen DM beliefen[6]. Aufgrund der beschäftigungs-, der haushalts- und der preispolitischen Leitlinien der Bundesregierung wurde die DB bereits in den fünfziger Jahren in die Schuldenfalle gedrängt, die sie an umfangreicheren Elektrifizierungsinvestitionen aus eigenen Mitteln hinderte. Die DB war gezwungen, neben vertriebenen und entnazifizierten Reichsbahnern auch eisenbahnfremde Vertriebene und ehemalige Berufssoldaten über ihren wirklichen Personalbedarf hinaus zu beschäftigen. Sie unterlag zudem dem politischem Oktroi stabiler Personentarife und war im Gegensatz zu den privatwirtschaftlich organisierten Transportunternehmen verpflichtet, die Pensionslasten für Kriegsopfer und Vertriebene aus eigenen Mitteln zu tragen. Weil staatliche Kredithilfen und Zuschüsse für den materiellen Wiederaufbau der Bahnanlagen und des Lok- und Wagenparks ausblieben, war die DB darauf angewiesen, ihre eigenen Mittel zunächst für Instandsetzungsinvestitionen einzusetzen. Die Finanzierungsmöglichkeiten für die Elektrifizierung aus eigenen Mitteln wurden dadurch erheblich vermindert.

Die Investitionen in die technische Rationalisierung blieben sowohl hinter den Möglichkeiten als auch hinter dem wirtschaftlichen Bedarf der DB zurück. Die Länder engagierten sich vor allem aus standortpolitischen Gründen für die Elektrifizierung. Für den Fall, dass die Elektrifizierung an ihrem Land vorbeigehen sollte, befürchteten die Landesregierungen den Verlust wichtiger überregionaler D-Zug- und FD-Zug-Verbindungen. Trotz des Engagements der Bundesländer lag die DB Ende der fünfziger Jahre in der Elektrifizierung deutlich hinter der französischen Staatsbahn (SNCF), ja selbst hinter der italienischen Staatsbahn (FS) zurück, wie das zeitgenössische Gutachten der Brand-Kommission zur Reform der Bundesbahnpolitik nicht ohne Anflüge von Sarkasmus und Resignation feststellte[7]. Da das Kapital für die Elektrifizierung der Hauptstrecken und für die schnelle Verdieselung des übrigen Netzes fehlte, hatte die DB noch bis 1957 Dampflokomotiven bei der Lokindustrie bestellen müssen, die in der Anschaffung billiger, im laufenden Betrieb jedoch erheblich teurer als Elektroloks oder Dieselloks waren.

Mit Ausnahme der British Railways (BR) und der Deutschen Reichsbahn (DR) entschieden sich fast alle größeren nationalen Eisenbahngesellschaften Europas in den fünfziger und sechziger Jahren für den technologischen Leitpfad der Elektrifi-

---

6 Bundesminister für Verkehr (Hg.), *Die Verkehrspolitik in der Bundesrepublik Deutschland 1949 bis 1961*, Bielefeld 1961.

7 Bericht der Prüfungskommission über die wirtschaftliche Lage der DB (Brand-Kommission), 30.1.1960, Bundestags-Drucksache 3/1602.

zierung. Die Eisenbahnverwaltungen der meisten europäischen Staaten betrieben die Verdieselung der Hauptstrecken nur als eine Übergangslösung zwischen dem Auslaufen des Dampfbetriebs und dem Abschluss der Elektrifizierung. Dagegen erzwangen fehlende Kapitalmittel die Entscheidung der BR und der DR für die Verdieselung an Stelle des elektrischen Betriebs[8]. In der DDR wurde die Entscheidung des SED-Politbüros gegen die Elektrifizierung auch durch die ideologisch begründete Prämisse mitbestimmt, dass das Verkehrswesen nicht zu den strukturbestimmenden und mehrwertschaffenden Sektoren der Volkswirtschaft gehöre und daher nur eine sekundäre Bedeutung für die Entwicklung der Produktivkräfte besitze[9]. In Großbritannien wurde die Entscheidung zum Aufschub der Elektrifizierung durch das stetig steigende Betriebsdefizit der BR und den fehlenden Beitrag des Staates zur Deckung des Defizits und zum Ausbau der Infrastruktur erzwungen.

Umweltfreundlichkeit in Selbstwahrnehmung und Außendarstellung der Bundesbahn

Ab 1958 sorgte die Absatzkrise des Steinkohlenbergbaus dafür, dass energiepolitische Begründungen für die Elektrifizierung ihre Bedeutung einbüßten. Umweltpolitische Erwägungen hatten für die Investitionsentscheidungen der DB und das finanzielle Engagement der Länder keine Rolle gespielt, auch wenn in der zeitgenössischen, noch überwiegend visuell geprägten Wahrnehmung der Luftverschmutzung die Rußwolken der Dampflok zunächst noch stärker als die sehr viel konzentrierteren Abgase von LKW und Bussen auffielen. Der Straßenverkehr besaß in der öffentlichen Wahrnehmung noch keinen ökologischen Malus gegenüber der Bahn. Erst mit der Entdeckung der Autoabgase als lufthygienisches Problem begann die Emissionsfreundlichkeit des Schienenverkehrs zum festen Bestandteil im Image der Bahn zu werden. Der gute Ruf der Bahn beruhte bis in die frühen sechziger Jahre hauptsächlich darauf, dass sie weniger Verkehrstote forderte. In den

---

8 Gourvish, T.R., *British Railways 1948–1973*, London 1986.

9 Kopper, Christopher, »Die Deutsche Reichsbahn 1949–1989«, in: Gall, Lothar/Pohl, Manfred (Hg.), *Die Eisenbahn in Deutschland. Von den Anfängen bis zur Gegenwart*, München 1999, S. 281–316.

Großstädten spielten daneben geringere Lärmemissionen und Erschütterungen im Vergleich zum Straßenverkehr eine positive Rolle für das Image der Bahn[10].

Die Reduzierung der Ruß- und Staubemissionen entlang den elektrifizierten Strecken wurde in den fünfziger und frühen sechziger Jahren lediglich als ein untergeordneter sozialer Zusatznutzen für die unmittelbaren Bahnanlieger aufgefasst, die nunmehr von Rußniederschlägen auf der Wäsche und an den Gardinen verschont blieben und weniger häufig ihre Fenster putzen und ihre Fassaden streichen mussten. Der externalisierte soziale Zusatznutzen durch verringerte Emissionen wurde durch einen komplementären Werbeeffekt zugunsten der DB begleitet, den die Bundesbahn in ihrer Außendarstellung jedoch gänzlich vernachlässigte. Reisende mussten nun nicht mehr mit verrußten Bänken auf den Bahnsteigen rechnen, so dass sich die Annehmlichkeit des Bahnreisens für sauberkeitsbewusste Fahrgäste erhöhte.

Im volkswirtschaftlichen Kosten-Nutzen-Kalkül der Bahn, das vor allem für die Einwerbung von Elektrifizierungsdarlehen eine Rolle spielte, fanden die sozialen Ersparnisse durch verringerte Abgasemissionen noch keine Berücksichtigung. Aus der Sicht der Bundesbahn spielten vor allem die verminderten Betriebskosten durch die niedrigeren Energiekosten, den geringeren Wartungsaufwand und den deutlich reduzierten Bedarf an Lokomotiven eine Rolle. Die stark verminderte Verrußung der Bahnhofsdächer und Bahnsteige nahm im betriebswirtschaftlichen Kosten-Nutzen-Kalkül der DB allenfalls eine marginale Rolle ein. Die DB selbst sah die entscheidenden verkehrswerbenden Nutzeneffekte der Elektrifizierung nicht in der Verminderung der Emissionen, sondern in der Erhöhung der Reisegeschwindigkeiten und in der Modernisierung ihres Images[11]. Mit den Fortschritten der Elektrifizierung und der Verdieselung demonstrierte die Bundesbahn die Abkehr von der überkommenen Dampftechnologie, die in den Massenmedien zunehmend als ein nostalgisches Relikt vergangener Zeiten dargestellt wurde. Die Tatsache, dass der Dampfbetrieb noch bis Mitte der sechziger Jahre dominierte, galt als ein sinn-

---

10 Zur Wahrnehmung der ökologischen und der sozialen Kosten des Strassenverkehrs in der öffentlichen Meinung s. *das Jahrbuch der öffentlichen Meinung*, hg. Elisabeth Noelle-Neumann und Peter Neumann, Allensbach 1955ff; vgl. Klenke, Dietmar, *Bundesdeutsche Verkehrspolitik und Motorisierung*, Stuttgart 1993.

11 Dies wird sowohl in den Publikationen der DB für die engere verkehrspolitische Öffentlichkeit deutlich (s. die Zeitschrift *Die Bundesbahn* und die im Hestra-Verlag erscheinende Broschürenreihe der DB) als auch in den Pressemitteilungen und Plakatkampagnen der DB, die an eine breitere Öffentlichkeit gerichtet waren.

fälliges Indiz für die technologische Rückständigkeit des Verkehrssystems Eisenbahn. Der relativ langsame Fortschritt der Elektrifizierung – erst 1964 übertrafen die Zugleistungen der Elektroloks und der Dieselloks die Zugleistungen der Dampfloks im Netz der DB – belastete die DB noch lange mit dem Odium eines technologisch veralteten Betriebes, der gegenüber dem Straßenverkehr als dem dominierenden Symbol der Moderne zunehmend in Rückstand geriet[12].

Auch in der Werbung und in der Außendarstellung der DB spielte die Umweltfreundlichkeit der Bahn bis Ende der sechziger Jahre noch keine Rolle. Die mittlerweile als Klassiker geltende Anzeigenserie mit der Schlagzeile »Alle reden vom Wetter – wir nicht« zeigte zwar eine emissionsfreie Elektrolok aus einer modernen Baureihe, aber betonte die Wetterunabhängigkeit als das entscheidende Qualitätsmerkmal der Bahn[13]. Ein preisgekröntes Werbeplakat aus dem Jahre 1968 zeigte zwei moderne Elektroloks unter dem fettgedruckten Slogan »Unsere Loks gewöhnen sich das Rauchen ab«. Dieser Satz, der Jahrzehnte später als ein der Alltagssprache entlehnter, plakativer und bildhafter Slogan für die Umweltfreundlichkeit der Bahn gelesen würde, besaß im Kontext der sechziger Jahre eine ganz andere Bedeutung. Die Elektrifizierung der DB und die Ersetzung des Dampfbetriebes waren zu diesem Zeitpunkt noch nicht abgeschlossen; Dampfloks waren im Betrieb der DB und in der Wahrnehmung der Öffentlichkeit weiterhin präsent. Dieser Slogan war vor dem Erfahrungshorizont der Zeitgenossen vornehmlich als Werbung mit dem technologischen Fortschritt zu verstehen. Nach der ersten Ölpreiskrise von 1973/74 stellte die DB mit dem Slogan »Wir fahren mit Kohle und Wasser« ihre Unabhängigkeit von Ölimporten heraus. Gegenüber dem Motiv der Versorgungssicherheit stand das Argument der Umweltfreundlichkeit noch im Hintergrund. Appelle an intrinsische Motive wie die Vermeidung von Lärmbelastungen und Abgasen waren in der Bundesbahnwerbung der sechziger und der frühen siebziger Jahre noch unbekannt. Auch in ihren Publikationen, die an die verkehrspolitische

---

12 Angaben nach einem Schreiben der Gruppe Betriebswirtschaft in der HV der DB an den Vorstand der DB, 29.8.1967, in: Bundesarchiv Koblenz, B121/943.

13 Diese Anzeigenserie der DB blieb durch die Aktivitäten der Studentenbewegung länger im kollektiven Gedächtnis der Deutschen haften, als es die Marketingexperten der DB erwartet hatten. Ein sehr populäres persiflierendes Plakat des SDS bemächtigte sich bei fast identischer graphischer Gestaltung des Werbeslogans der DB und ersetzte lediglich die Lokomotive und das DB-Emblem durch das aus der kommunistischen Ikonographie bekannte Seitenprofil von Marx, Engels und Lenin. Die Wiedererkennung des DB-Slogans wurde damit nicht nur in marxistischen Kreisen erhöht.

Fachöffentlichkeit gerichtet waren, betonte die DB die ökologischen Vorteile des Eisenbahnverkehrs erst seit den siebziger Jahren.

In den sechziger Jahren dominierte noch die traditionellen Argumentationsmuster in den Stellungnahmen der DB. Die DB versuchte mit dem Hinweis auf ihre Leistungen für die wirtschaftliche und die soziale Daseinsvorsorge der Gesellschaft, einen großzügigeren Ausgleich ihrer defizitbringenden gemeinwirtschaftlichen Leistungen auszuhandeln[14]. Die öffentliche Debatte um die zukünftige Rolle der DB in der bundesdeutschen Gesellschaft wurde von den traditionellen volkswirtschaftlichen und sozialpolitischen Leistungserwartungen an die Eisenbahn geprägt. Die Stellungnahmen der Interessenverbände wie der Gewerkschaften, der Industrie- und Handelskammern und der Bundestagsabgeordneten zeigten, dass die DB an ihrer Fähigkeit gemessen wurde, auch weiterhin niedrige Tarife im Personenverkehr und im Güterverkehr anzubieten und eine angemessene Verkehrsversorgung der Regionen zu garantieren. Selbst in den Vollbeschäftigungs- und Überbeschäftigungsepochen von 1959 bis 1965 und 1968 bis 1973 wurde der gesellschaftliche Nutzen der DB danach beurteilt, ob sie auch weiterhin Arbeitskräfte über ihren Bedarf beschäftigte, um regionale Arbeitsmarktprobleme auszugleichen.

1964 rückte zum ersten Male die drohende Stilllegung von Nebenstrecken in den Mittelpunkt des öffentlichen Interesses. In der Auseinandersetzung um das erste Stilllegungsprogramm für die »Verkraftung« von 3.000 km dauerhaft unwirtschaftlichen Nebenstrecken bedienten sich die Landesregierungen, die betroffenen Bundestagsabgeordneten sowie die Landkreise und Gemeinden noch ganz des traditionellen eisenbahnpolitischen Argumentationshaushaltes. Sie definierten die Bahn primär durch ihre überkommen Versorgungsaufgaben. Die Gegner des Stilllegungsprogramms argumentierten ganz traditionell mit der drohenden Verschlechterung des Transportangebots und der Verteuerung der Transporttarife für die betroffene Region, eine Argumentation, die zumindest unter den Nutzern des öffentlichen Verkehrs bildliche Angstvorstellungen vor einer »Abkoppelung« evozierte. Eine solche Argumentationslinie erwies sich in verschiedener Hinsicht als anachronistisch und leicht zu widerlegen. Die Stilllegungsgegner übersahen die Tatsache, dass der größte Teil des Güterverkehrs bereits auf die Straße abgewandert war. Da der Güternahverkehr auf der Straße die Bundesbahntarife oftmals unterbot,

---

14 Deutsche Bundesbahn, *Vorstellungen des Vorstands zur Verbesserung der wirtschaftlichen Lage der Deutschen Bundesbahn*, Darmstadt 1964 (DB-Schriftenreihe, Folge 13) und ders., *Beiträge aus der Sicht des Bundesbahn-Vorstands zu einem vom Bundesminister für Verkehr vorgelegten verkehrspolitischen Gesamtprogramm vom 30.6.1967*, Anlage A, Darmstadt 1968 (DB-Schriftenreihe, Folge 15).

waren die Befürchtungen höherer Transportkosten in aller Regel nicht begründet. Da ein Großteil der öffentlichen Verkehrsnutzer mittlerweile den Bahnbus oder den Postbus anstelle des Zuges benutzte, mussten sich nur wenige Fahrgäste umstellen. Die Verkehrsdichte auf den Landstraßen in ländlichen Räumen wurde zu diesem Zeitpunkt noch nicht als problematisch angesehen, so dass ökologische Argumente einer erhöhten Lärm- und Abgasbelastung in der Debatte noch keine Rolle spielten.

Die Bahn und das Bewusstsein für die ökologischen Folgen der Massenmotorisierung

Die Einführung ökologischer Kriterien in die Eisenbahn- und Nahverkehrspolitik wurde weniger durch die beginnende Immissionsschutzdebatte der frühen sechziger Jahre als durch die städtebaulichen Debatten beeinflusst[15]. Die mit dem populären Wahlslogan »Blauer Himmel über der Ruhr« 1962 angestoßene öffentliche Debatte um eine aktive staatliche Immissionsschutzpolitik richtete sich vorwiegend auf eine Verminderung der Immissionsschäden durch industrielle Emittenten. Die Emissionen des Verkehrs spielten zumindest in der Wahrnehmung der Ruhrgebietspolitiker noch keine Rolle für die Definition des Problems und für die Forderungen nach regulierenden Staatseingriffen.

Bereits 1955 erließ das Bundesverkehrsministerium die erste Verordnung über die maximale Lärmemission von LKW. Die gesetzliche Einschränkung der Lärmemissionen von Kraftfahrzeugen – und besonders von LKW – war der ausgeprägteren Wahrnehmung von Lärmemissionen und den zunehmenden Protesten aus der Bevölkerung geschuldet. Umfragen des Allensbach-Instituts von Mitte bis Ende der fünfziger Jahre zeigen deutlich, dass die Lärmbelastung durch den Straßenverkehr von einer wachsenden Minderheit der Bundesdeutschen als ein gesellschaftliches Problem aufgefasst wurde, das eine staatlichen Bekämpfung an der Emissionsquelle erforderte. Die gesetzliche Beschränkung von Lärmemissionen galt zunächst nur bei LKW und setzte mehr als zehn Jahre vor dem Erlass der ersten Abgasgrenzwerte im Jahre 1968 ein.

---

15 Der Diskursbegriff wird bewusst vermieden, um nicht in eine aufwändige epistemologische Prüfung eintreten zu müssen, ob es sich im diskurstheoretischen Sinn tatsächlich um einen Diskurs handelt. Für das Verständnis des verkehrspolitischen Diskussions- und Entscheidungsprozesses ist diese Frage nur von zweitrangiger heuristischer Bedeutung.

Für diesen »time lag« bei der gesetzlichen Normierung der Abgasemissionen war zunächst der technische Tatbestand verantwortlich, dass die Messung von Lärm technisch sehr viel einfacher als die Erfassung unterschiedlicher Luftschadstoffe wie Kohlenmonoxid, Benzpyren, Ruß und Bleiverbindungen war. Aufgrund der örtlichen Einheit von Emissionsort und Immissionsort war der Kausalbeweis bei Lärmbelästigungen leichter zu führen als bei Abgasimmissionen, die sich wegen der Verteilung in der unteren Atmosphärenschicht nicht immer exakt am Emissionsort niederschlugen. Auch war die Gesundheitsschädlichkeit überhöhter Dauerlärmpegel schon eindeutig festgestellt worden bevor die gesundheitsschädigende Belastungsgrenze von Kohlenmonoxid, Benzyprenen und Bleiverbindungen nachweisbar war. Während die Wahrnehmung der Abgasbelastung bis Mitte der sechziger Jahre sowohl bei den Experten als auch in der Bevölkerung noch von den industriellen Emissionen überlagert wurde, wurde der Straßenverkehr bereits ab der zweiten Hälfte der fünfziger Jahre als stärkste Lärmquelle identifiziert. Das erste Vorbild für die Beschränkung der Abgasemissionen durch technische Normen gab es erst ab Mitte der sechziger Jahre, als in den USA der Bleigehalt des Benzins beschränkt wurde. Dietmar Klenkes These von der bremsenden Rolle der deutschen Autolobby bei der Einführung von Abgasnormen fordert zumindest für die sechziger Jahre Kritik heraus[16]. Die deutsche Umweltgesetzgebung lief in den sechziger Jahren nur geringfügig hinter den USA her, wo die gravierenden lufthygienischen Folgen der Massenmotorisierung sehr viel früher und intensiver als in Europa wahrnehmbar waren.

Die Wiederentdeckung der Bahn als Massenverkehrsmittel in Ballungsräumen

Die ökologischen Belastungen des Autoverkehrs begannen ab etwa 1962, in der Diskussion um die drohende Zerstörung der Städte durch das Auto, eine Rolle zu spielen. In den zeitgenössischen Beiträgen von Städtebaukritikern und Stadtsoziolo-

---

16 Klenke, Dietmar, *»Freier Stau für freie Bürger«. Die Geschichte der bundesdeutschen Verkehrspolitik 1949–1994*, Darmstadt 1995.

gen wie Alexander Mitscherlich, Wolf Jobst Siedler und Hans Peter Bahrdt[17] über die drohende Zerstörung urbaner Räume (und der Zerstörung der Urbanität überhaupt) standen die Folgen des Raumverzehrs durch den stehenden und den rollenden Straßenverkehr im Vordergrund. Der 1961 vom Bundestag in Auftrag gegebene und 1964 fertig gestellte »Bericht der Sachverständigenkommission über eine Untersuchung von Maßnahmen zur Verbesserung der Verkehrsverhältnisse in den Gemeinden«[18] stellte den Flächenverbrauch des Straßenverkehrs in den Vordergrund der Problemanalyse. Vor dem Hintergrund der stetig steigenden Bevölkerungsprognosen für die Kernstädte und Umlandgemeinden der Ballungsräume und der zunehmenden Motorisierung sprachen sich die Verkehrs- und Raumplaner für eine Kanalisierung des Autoverkehrs, jedoch auch gegen Nutzungsrestriktionen aus.

Das erwartete Verkehrswachstum in den Ballungsräumen war nicht allein mit einem forcierten Ausbau von Durchgangsstraßen, Parkhäusern und Tiefgaragen zu bewältigen, wenn man am städtebaulichen Leitbild des europäischen Urbanismus festhalten wollte. Das Leitbild der alten europäischen Stadt stellte die Antithese zum Schreckensbild der autogerechten anti-urbanen amerikanischen Stadt dar. Das unter Städteplanern populäre Schlagwort von der »Los-Angelisierung« versinnbildlichte das prominenteste und ausgeprägteste Negativbeispiel einer Stadtentwicklung, die sich der Dynamik des Autoverkehrs bedingungslos angepasst, eine ausufernde Suburbanisierung ermöglicht, das Zentrum der Stadt zur Bedeutungslosigkeit verurteilt und dadurch den urbanen Charakter der Stadt zerstört hatte.

Die Erhaltung der urbanen Stadt implizierte für die Stadtplaner und Kommunalpolitiker zwangsläufig den Ausbau des öffentlichen Nahverkehrs mit unterirdischen Straßenbahn-, U-Bahn- und S-Bahn-Systemen, die sich durch hohe Transportkapazitäten, hohe Reisegeschwindigkeiten und höheren Benutzerkomfort auszeichnen sollten, um eine akzeptable Alternative zur Nutzung des privaten PKW zu sein. Flächenverbrauch, Abgasimmissionen und Lärmbelastung sollten durch den gleichgewichtigen Ausbau des öffentlichen Nahverkehrs gemindert werden, der jedoch nicht gegenüber dem Individualverkehr bevorzugt oder gar durch einseitige Restriktionen des Autoverkehrs gefördert werden sollte. Maßnahmen zur Parkraumbewirtschaftung wie die Verlagerung von Langzeitparkern in gebührenpflichtige Parkhäuser und Tiefgaragen und die Reservierung von Straßenparkplätzen für

17 Mitscherlich, Alexander, *Die Unwirtlichkeit unserer Städte. Anstiftung zum Unfrieden*, Frankfurt/M. 1965; Bahrdt, Hans Paul, *Die moderne Großstadt. Soziologische Untersuchungen zum Städtebau*, Reinbek 1961; Siedler, Wolf Jobst, *Die gemordete Stadt. Abgesang auf Putte und Straße, Platz und Baum*, Berlin 1962.

18 Bundestags-Drucksache 4/2661 vom 29.10.1964.

Kurzzeitparker waren nicht als Zwangsmaßnahmen zur Nutzungseinschränkung des privaten PKW gedacht.

Ein Beispiel für die eher zurückhaltende Kanalisierung des PKW-Verkehrs in den späten sechziger Jahren war die Entscheidung der kommunalen Straßenbauämter, gebührenfreie Zeitparkzonen auszuweisen und auf großräumige Parkverbote zu verzichten. Die Nutzer des öffentlichen Parkraums an innerstädtischen Straßen und Plätzen wurden bewusst nicht mit Gebühren belastet, sondern mussten ihre Parkzeit lediglich durch die neu eingeführte Parkscheibe anzeigen. Während der Anteil der öffentlichen Verkehrsmittel am Berufsverkehr erheblich gesteigert werden sollte und auch gesteigert werden konnte, um die Verkehrsprobleme des Straßenverkehrs in den Spitzenstunden zu lösen, konnten der Einkaufsverkehr und der Freizeitverkehr nach den Erwartungen der Verkehrsplaner nicht im großen Stil auf öffentliche Transportmittel zurückverlagert werden. Die Nutzenvorteile des Autos für Familien und der schon Ende der fünfziger Jahre begonnene Rückzug der DB aus dem zunehmend defizitären Samstagnachmittag- und Sonntagsverkehr ließen dies unwahrscheinlich erscheinen.

Das marktwirtschaftliche Prinzip des »geringsten Opfers« wurde nicht durch eine Zwangsverlagerung des Individualverkehrs auf öffentliche Verkehrsmittel durchbrochen. Obwohl eine Erhöhung des »modal split« (des Verkehrsanteils) der Schienenverkehrsmittel eingeplant und als notwendig angesehen wurde, verzichteten die Stadtverwaltungen der Großstädte bis in die achtziger Jahre auf einseitige Nutzungseinschränkungen für PKW durch Parkraumbewirtschaftungen und den Rückbau von Stadtstraßen. Trotz seines qualitativ und quantitativ verbesserten Angebots musste sich der ÖPNV auch weiterhin gegen die nur wenig eingeschränkte Konkurrenz des privaten PKW behaupten.

Die haushaltspolitischen Grundlagen für den Ausbau der öffentlichen Verkehrssysteme der Großstädte wurden erst durch das Steueränderungsgesetz geschaffen, das unmittelbar nach dem Amtsantritt der Großen Koalition im Dezember 1966 vom Bundestag verabschiedet wurde. Die Investitionen in den kommunalen Verkehrsausbau wurden aus einer zweckgebundenen Mineralölsteuererhöhung von drei Pfennigen je Liter finanziert. Da zunächst 60 Prozent der zusätzlichen Bundesmittel (ab 1971: 50 Prozent) für den kommunalen Straßenbau reserviert wurden und eine Mineralölsteuererhöhung in dieser geringen Höhe keine Lenkungswirkung auf das Fahrverhalten induzierte, kann das Steueränderungsgesetz noch nicht als Schritt zu einer ökologischen Reorientierung der Verkehrspolitik angesehen werden. Allerdings schuf das Steueränderungsgesetz, das 1971 in das Gemeindefinanzierungsgesetz übergeleitet wurde, die infrastrukturellen Grundvoraussetzungen für einen umfassenden Ausbau und eine signifikante technologische Modernisierung der öffentlichen Massenverkehrssysteme. Ohne Bundeszuschüsse in Höhe von 60 Prozent der Investitionsaufwendungen wären die kommunalen Verkehrsbetriebe und die DB niemals in der Lage gewesen, ihre Pläne für den Ausbau der U-Bahn und der S-Bahn-Netze zu verwirklichen.

Auch das 1968 verabschiedete Reformprogramm des Bundesverkehrsministeriums unter der Führung des Sozialdemokraten Georg Leber (»Leber-Plan«) stand noch ganz unter dem infrastrukturpolitischen Paradigma, die Mängel in der technischen Ausstattung, der Netzdichte und der Kapazitäten der Verkehrsinfrastruktur zu beheben und damit die Modernisierungslücken in der DB zu überwinden.

Lediglich die geplante Entlastung des Fernstraßennetzes vom Schwerverkehr mit Massengütern kann als ein emissionspolitisches Ziel des »Leber-Plans« angesehen werden. Das Transportverbot für Massengüter im Schwerverkehr auf der Straße war innerhalb der Rechtsordnung der Sozialen Marktwirtschaft nicht durchsetzbar und zudem mit der EWG weiten Harmonisierung des Transportrechtes im gemeinsamen Markt unvereinbar. Es lag nicht so sehr am Widerstand der Verkehrspolitiker der Unionsfraktion, dass das einzige unmittelbar umweltrelevante Element des »Leber-Plans« von Anfang an zum Scheitern verurteilt war.

Der Bau von Hochgeschwindigkeitsstrecken und die neue Umweltbewegung

Auf den ersten Blick erscheint es unstrittig, dass der Bund die Bahn seit dem Beginn der siebziger Jahre wegen des erheblich gestiegenen Stellenwerts umweltpolitischer Ziele mit weitaus höheren Investitionszuschüssen bedachte. Die technologisch wie finanziell sehr ambitionierten langfristigen Investitionsplanungen des Bundesverkehrswegeplans (BVWP) 1973 bis 1985 enthielten nicht weniger als den Aus- und den Neubau von 3.500 km Fernverkehrsstrecken. Zum ersten Mal seit der Gründung der Bundesrepublik konnte die Bahn hoffen, den Ausbaurückstand des Schienennetzes gegenüber dem Straßennetz zu egalisieren. Während der Bau von Autobahnen bereits 1960 mit Hilfe der stetig steigenden Einnahmen aus der Mineralölsteuer erheblich beschleunigt wurde[19], hatte die DB den Ausbau ihrer Fernstrecken bis 1968 ganz aus ihren eigenen unzureichenden Eigenmitteln finanzieren müssen.

Der Vergleich des eisenbahnpolitischen mit dem straßenverkehrspolitischen Teil des BVWP zeigt jedoch, dass der ökologisch blinde Fortschrittsoptimismus und die infrastrukturelle Baueuphorie der sechziger Jahre keinesfalls an ihr Ende gelangt waren. Die sehr umfangreichen Vorstellungen für den Ausbau des Autobahnnetzes hielten immer noch an den bereits umstrittenen Planungen für Autobahnen durch ökologisch sensible Naturräume wie den Hochschwarzwald und das Rothaargebirge fest. Der ökologische Wandel der Verkehrspolitik fand erst in der zweiten Hälfte der siebziger Jahre statt, als die ökologisch umstrittensten Autobahnprojekte nach massiven Protesten regionaler Bürgerinitiativen entweder von der Planfeststellung zurückgestellt oder ganz aus dem BVWP gestrichen wurden.

Die expansiven Ausbauplanungen für das Schienennetz eröffneten im Endergebnis den Weg zu einer ökologischen Reorientierung der Verkehrspolitik, da sie die infrastrukturellen Voraussetzungen für eine Rückverlagerung des Personenfernverkehrs auf die Bahn schufen. Dennoch erlaubt es das Gesamtbild des ersten BVWP nicht, bereits einen grundsätzlichen umweltpolitischen Paradigmenwechsel der Verkehrspolitik in den frühen siebziger Jahren zu konstatieren. Es erscheint daher richtiger, zunächst von einem Wandel zu einem gleichgewichtigen Ausbau des Schienen- und des Straßennetzes zu sprechen.

Das wachsende Umweltbewusstsein der Öffentlichkeit schlug in der zweiten Hälfte der siebziger Jahre unerwartet auch gegen die Bahn aus. In der Folge verzögerte sich der Bau von Hochgeschwindigkeitsstrecken um Jahre. Als die Hauptverwaltung der DB Mitte der siebziger Jahre mit den konkreten Trassenplanungen für die Neubaustrecken Hannover-Würzburg und Mannheim-Stuttgart begann, wurden die Planer der Bahn mit einer Vielzahl von Einsprüchen lokaler Bürgerinitiativen konfrontiert. In der Auseinandersetzung mit den Interessengemeinschaften der Trassenanlieger und den betroffenen Gemeinden reichte die Argumentation mit dem weitgehend unumstrittenen Umweltbonus der Schiene nicht aus, um die Bedenken und Klagen gegen die erwartete Lärmbelastung zu zerstreuen.

Da das Planfeststellungsrecht eine umfassende Rechtswegegarantie für die betroffenen Anlieger mit einem langen Instanzenweg durch die Verwaltungsgerichts-

---

19 Die Gesetzesgrundlage war das Staßenbaufinanzierungsgesetz vom 28.3.1960, vgl. auch Klenke, *Bundesdeutsche Verkehrspolitik*, S. 303–334 und ders., *Freier Stau*.

barkeit enthält, sah sich die DB zu einem kostspieligen Tauschprozess gezwungen. Nur mit dem Versprechen lärmminimierender Zusatzinvestitionen gelang es, die Kritiker zum Verzicht auf Klagen vor den Verwaltungsgerichten zu bewegen. Die Bahn wurde vielfach zu einer aufwändigen Verlegung der Schnellbahntrassen in Troglagen und in Tunnels gezwungen, wo das Geländerelief und die technischen Trassierungsparameter auch eine ebenerdige Trassenführung gestattet hätten. Selbst einzelstehende Gehöfte von Trassenanliegern erhielten im Tausch gegen den Rechtswegeverzicht eine teure Lärmschutzwand als Lärmschutz[20].

Die DB stand vor dem Dilemma, dass sie die unbestrittenen ökologischen Vorteile des Verkehrssystems Schiene in der ökologischen Gesamtbilanz zwar glaubhaft darstellen konnte, ihre globale Argumentation aber vor der lokalistischen Handlungsperspektive der Bürgerinitiativen versagte. Es gelang den Bürgerinitiativen, ihre Motive zumindest in ihrem regionalen Bezugsraum als glaubhaft und uneigennützig darzustellen. Für die Fehlwahrnehmung der ökologischen Nutzen- und Schadenseffekte durch die betroffenen Trassenanlieger war die kognitiv und politisch erklärbare Tendenz der Umweltbewegung verantwortlich, die im nationalen und globalen Rahmen erkannten Formen der Umweltzerstörung zunächst auf lokaler Ebene zu bekämpfen und eine Minimierung aller negativen Umwelteingriffe zu fordern. Der rein lokalistische Bezugspunkt der Bürgerinitiativen hinderte die Umweltaktivisten daran, die potentiell kontraproduktiven Folgen des eigenen umweltpolitischen Engagements selbstkritisch zu bilanzieren. Da die Bürgerinitiativbewegung in den siebziger Jahren dezentral organisiert war und der BBU (Bundesverband Bürgerinitiativen Umweltschutz) als Dachverband der Bürgerinitiativen die Widersprüche zwischen den lokalen Partikularinteressen und den nationalen Gesamtinteressen der Umweltbewegung nicht offen thematisierte, wurden die verkehrspolitischen Positionen der Bürgerinitiativen in der Umweltbewegung selbst nicht wirklich in Frage gestellt. Eventuell auftretende kognitive Zweifel an der umweltpolitischen Berechtigung der auch als »St. Florians-Prinzip« oder »NIMBY-Prinzip«[21] bezeichneten eigennützigen Oppositionshaltung wurden mit der politischen Rationalisierungsstrategie (im Freud'schen Sinne) beruhigt, dass die Klagedrohungen den Bau der Schnellbahntrassen ohnehin nicht verhindern konnten. In der »moral economy« der Bürgerinitiativen erschienen alle Forderungen als legitim, die der Minimierung der

---

20 Hierzu Zeller, Thomas, »Landschaften des Verkehrs. Autobahnen im Nationalsozialismus und Hochgeschwindigkeitsstrecken für die Bahn in der Bundesrepublik«, in: *Technikgeschichte* 64 (1997), S. 323–340.

21 Abkürzung für die sinnähnliche englische/amerikanische Redewendung »Not in my backyard«.

Lärmimmissionen dienten und sich als ökologischen Optimierung der Schnellbahn-
projektes rechtfertigen ließen. Die Bürgerinitiativen konnten ihr Verhalten durch die
Fehlannahme legitimieren, dass die erhöhten Aufwendungen für die ökologische
Optimierung der Schnellbahntrasse durch Kürzungen im Straßenbauhaushalt des
Bundes und nicht durch die Verschiebung anderer Eisenbahninvestitionen aufge-
bracht würden. Da die Bundesregierung die gesamten Mehrkosten für ungeplante
Kostensteigerungen durch Trassenmodifikationen übernahm, blieben den Bürgerinitiativen selbstkritische Fragen nach den nicht gewollten negativen Konsequenzen
für die Bundesbahn erspart.

Im Widerspruch zu Dietmar Klenke sollte jedoch darauf hingewiesen werden,
dass die verspätete und lange Zeit unvollständige Anwendung des Verursacherprinzips in der Umweltpolitik kein systemimmanentes oder gar irreparables Defizit der
Sozialen Marktwirtschaft ist. Die politische Verfassung der Sozialen Marktwirtschaft
lässt eine Internalisierung der externen Kosten (wie z.b. der ökologischen Kosten
durch Emissionen) durch eine Anlastung an die Verursacher durchaus zu, sofern
die regulierenden Eingriffe des Gesetzgebers und der Exekutive das Prinzip des
»geringsten Opfers« nicht verletzen[22]. Das Prinzip des »geringsten Opfers« bedeutet, dass der Verursacher die Wahl hat, mit welcher Investitions- und Verbrauchs-
strategie er die staatlichen Auflagen zur Emissionssenkung erfüllt. Dem Verursacher
muss dabei die freie Entscheidung überlassen bleiben, ob er das Emissionslimit
entweder durch den reduzierten Verbrauch umweltschädigender Leistungen senkt
(Option für Konsumverzicht), bei gleichem oder sogar steigenden Verbrauch durch
emissionsmindernde, aber kapitalintensive Technologien senkt (Option für ökologische Investitionen) oder bei Überschreitung des Emissionslimits zur Zahlung einer
Schadstoffabgabe bereit ist (Option für die Internalisierung durch Abgaben). Die
Internalisierung der externen Kosten des Straßenverkehrs – und vor allem des als
»Wirtschaftsverkehr« geltenden Lastwagenverkehrs – scheiterte in den späten fünfzi-
ger und frühen sechziger Jahren vor allem an der noch unscharfen Definition des
Begriffes der »sozialen Kosten« und den methodischen Problemen der Anlastung
und Zurechenbarkeit.

---

22 Klenke, *Freier Stau*, ders., »Bundesdeutsche Verkehrspolitik und Umwelt. Von der Motorisie-
rungseuphorie zur ökologischen Katerstimmung«, in: *Geschichte und Gesellschaft*, Sonderheft 15, Göttingen 1994; Suntum, Ulrich van, *Verkehrspolitik*, München 1986.

Fazit

Die Umweltfreundlichkeit der Bahn war lediglich der Nebeneffekt einer Investitionspolitik, die in den fünfziger und sechziger Jahren ganz anderen Paradigmen folgte. Die hohe Energieeffizienz und die geringen Abgasemissionen der Bahn waren das Ergebnis eines langfristig angelegten Elektrifizierungskonzepts, das ursprünglich die Versorgung der Wirtschaft mit dem zunächst knappen Gut Steinkohle sichern und die Transportkapazitäten der Bahn mit möglichst geringem Kapitalaufwand erweitern sollte. Erst in den späten sechziger Jahren erkannte die Verkehrspolitik die spezifischen, umweltpolitisch relevanten Systemvorteile der Bahn wie den geringen Flächenverbrauch und die geringere Lärmbelastung an, als die Lösung der Urbanisierungskrise ohne den Ausbau schienengebundener Massenverkehrsmittel nicht mehr möglich erschien. Die Integration umweltpolitischer Prioritäten in die Verkehrspolitik erfolgte jedoch erst in der Mitte der siebziger Jahre, als sich das Konzept eines ungebremsten Ausbau des Autobahnnetzes als nicht mehr finanzierbar erwies. Das zunehmende ökologische Krisenbewusstsein von der Endlichkeit der Energievorräte und der Bedrohung der naturnahen Räume trug zu einer positiven Neubewertung der Eisenbahn in der politischen Öffentlichkeit und in den Massenmedien bei, die einen ökologischen Paradigmenwechsel in der Verkehrspolitik herbeiführte.

Luftverschmutzung, Atmosphärenforschung, Luftreinhaltung: Ein technisches Problem?

Matthias Heymann

Einleitung

Bewertungen von Umweltproblemen und der Umweltproblematik sind kontrovers. Vereinfacht kann man Vertreter zweier Geisteshaltungen unterscheiden: die »Optimisten«, die die thematisierten Probleme für nicht so gravierend halten und an ihre zukünftige Lösung glauben, und die »Pessimisten«, die die Probleme für gravierend halten, an Lösungen zweifeln und darauf nicht selten mit Niedergangswarnungen und Zukunftsängsten reagieren[1]. Die Geschichte von Modernisierung und Industrialisierung im 19. und 20. Jahrhundert ist begleitet von Optimisten und Pessimisten, deren Gewicht in Phasen und Wellen gewechselt zu haben scheint[2].

Robert Malthus oder Dennis Meadows dürften zu den Pessimisten zu zählen sein. Ihre Berechnungen und Niedergangsprophezeihungen erwiesen sich – wenigstens in der von ihnen präsentierten Form – als unzutreffend. Beide unterschätzten jenen Faktor, der als »Fortschritt« bezeichnet wird. Technischer und gesellschaftlicher »Fortschritt« ermöglichte Steigerungen von Produktivität und Ressourceneffizienz, die wenigstens bislang und für den größten Teil der Weltbevölkerung ein Entkommen aus der malthusianischen Falle des Nahrungsmittelmangels und aus den Meadowschen Szenarien der Ressourcenerschöpfung erlaubten. Warum, so mag man also fragen, sollte technischer Fortschritt nicht auch eine zu-

---

1 Zweifellos gibt es auch eine Vielzahl von Zwischenstufen, z. B. kann ein technischer Optimist politischer Pessimist sein.

2 Z. B. Sieferle, Rolf Peter, *Fortschrittsfeinde? Opposition gegen Technik und Industrie von der Romantik bis zur Gegenwart*, München 1984; für einen knappen Abriss: Heymann, Matthias, »Wider die große Erschöpfung. Bewegungen gegen Naturzerstörung und Verbrauch der Ressourcen«, in: *Kultur & Technik*, Sonderheft: 20. Jahrhundert. Jahrhundert der Technik und Wissenschaft, Nr. 4, Oktober-Dezember 2000, S. 26–30.

reichende Antwort auf andere reale oder imaginierte Probleme wie Klimawandel, Wasserverschmutzung oder Wüstenbildung sein? Für den Fall der Luftverschmutzung stehen die Dinge kaum anders. Ist Luftverschmutzung also – zugespitzt gefragt – ein technisches Problem der modernen Gesellschaft? Und hat sich diese Sichtweise historisch bewährt? Ziel meines Beitrags ist es, Wahrnehmungen und Umgangsformen zu skizzieren, die dem Problem der Luftverschmutzung galten. Dabei möchte ich mich auf den Zeitraum seit 1950 und vorwiegend auf die Bundesrepublik Deutschland bzw. den westeuropäischen Raum beschränken. Die These lautet, dass für das Feld der Luftverschmutzung und Luftreinhaltung in der zweiten Hälfte des 20. Jahrhunderts eine *technische Problemsicht*, das heißt technische Problemperspektiven und Bewältigungsstrategien vorherrschend waren. Diese Problemsicht hat zugleich Erfolge der Luftreinhaltung möglich gemacht und umfassende Problemlösungen verhindert.

Das Paradox der Luftreinhaltung

Jüngst hat Frank Uekötter in seiner lesenswerten Dissertation die Erfolgsgeschichte der Luftreinhaltung bis 1970 dargestellt[3]. Technische und institutionelle Innovationen haben bereits vor dem Höhepunkt der Umweltbewegung die Weichen für einen blauen Himmel über der Ruhr gestellt. Diese Erfolgsgeschichte wird fortgeschrieben z. B. durch die regelmäßig erscheinenden »Daten zur Umwelt« des Umweltbundesamtes. Nach der neuesten Ausgabe sind in den neunziger Jahren Emissionen und Konzentrationen der meisten betrachteten Schadstoffe in der Bundesrepublik deutlich zurückgegangen, obwohl das Bruttoinlandsprodukt weiterhin gewachsen ist. Lediglich die durchschnittlichen bodennahen Ozonkonzentrationen zeigten weiterhin leicht steigende Tendenz, während die Zahl der Belastungsspitzen sich verringerte[4].

Technische Mittel und Verfahren waren die Basis für eine Verbesserung der Luftqualität, die trotz des fortgesetzten Wachstums von Produktion und Konsum erreicht wurde. Zu diesen Verfahren und Mitteln zählten unter anderem Steigerungen der Brennstoffeffizienz, hohe Schornsteine, Staubfilter, Entschwefelungs- und

3 Uekötter, Frank, *Von der Rauchplage zur ökologischen Revolution. Eine politische Geschichte der Luftverschmutzung in Deutschland und den Vereinigten Staaten von Amerika 1880–1970*, Essen 2003.

4 Umweltbundesamt (Hg.), *Daten zur Umwelt 2000. Der Zustand der Umwelt in Deutschland*, Berlin 2001.

Entstickungsverfahren, Katalysatoren für PKWs. Die meisten dieser Maßnahmen werden als »end-of-pipe-technologies« bezeichnet, weil sie überwiegend den Emissionsprozessen nachgeschaltet sind und kaum in zugrunde liegende Prozesse, Produktionsweisen und Konsumstile eingreifen[5]. So erlaubte der Katalysator den Angaben des Umweltbundesamtes nach eine Senkung der Stickoxidemissionen zwischen 1990 und 1999 um 35 Prozent, obwohl die Verkehrsleistung deutlich gewachsen war.

Die Erfolge der Luftreinhaltepolitik beruhen nicht allein auf technischen Fortschritten, sondern sind mit politischen und institutionellen Leistungen verknüpft. Diese Leistungen kommen nicht nur in neuen Organisationen (z. B. dem Umweltbundesamt und dem Umweltministerium in der Bundesrepublik) zum Ausdruck, sondern auch in neuen nationalen und internationalen Institutionen und Regulierungstraditionen. Uekötter hat auf das in den fünfziger und sechziger Jahren entstandene neue Verständnis einer Vorsorgepolitik hingewiesen, das 1974 im – vielfach als innovativ und wegweisend beschriebenen – Bundesimmissionsschutzgesetz seine gesetzliche Fixierung fand[6].

Auch die internationalen Bemühungen um die Luftreinhaltung wuchsen im letzten Drittel des 20. Jahrhunderts deutlich an. In den siebziger und achtziger Jahren entwickelte sich die United Nations Economic Commission for Europe (UNECE) zu einem Schrittmacher internationaler Luftreinhaltepolitik. 1979 unterzeichneten 31 Staaten Europas, die Sowjetunion, die USA und Kanada eine Konvention über die Verringerung von Luftschadstoffemissionen. Diese Konvention erlegte den Beitrittsstaaten die Verpflichtung auf, die Emissionen mit Hilfe der »besten verfügbaren und wirtschaftlich vertretbaren Technologie« – so der Wortlaut – zu begrenzen[7]. Es folgten internationale Protokolle, die Minderungsziele für Emissionen von Schwefeldioxid, Stickstoffoxiden und organischen Schadstoffen festschrieben[8].

---

5 Die Konzentration der Forschungsbemühungen auf »end-of-pipe-technologies« wurde 1994 vom Wissenschaftsrat kritisiert. Wissenschaftsrat, *Stellungnahme zur Umweltforschung in Deutschland,* Band 1, Köln 1994, S. 30.

6 Uekötter, *Rauchplage;* Müller, Edda, *Innenwelt der Umweltpolitik. Sozialliberale Umweltpolitik – (Ohn)Macht durch Organisation?* Opladen 1986, S. 206–211.

7 Prittwitz, Volker v., *Umweltaußenpolitik. Grenzüberschreitende Luftverschmutzung in Europa,* Frankfurt a.M. 1984, S. 144f.

8 1985 wurde in Helsinki das erste SO2-Protokoll verabschiedet, 1988 in Sofia das erste NOx-Protokoll, 1991 in Genf das erste Protokoll über flüchtige organische Schadstoffe (VOC – volatile organic compounds) und 1994 in Oslo das zweite SO2-Protokoll.

Ähnlich tatkräftig reagierte die internationale Staatengemeinschaft in den achtziger Jahren auf die drohende Zerstörung der Ozonschicht in der Stratosphäre[9]. In den neunziger Jahren rückte die Klimaproblematik in den Vordergrund. Stark angewachsene internationale Aktivitäten resultierten in der Bildung innovativer Institutionen und Regulierungsstrategien, deren praktische Wirksamkeit (zumal nach dem Rücktritt der USA vom so genannten Kyoto-Prozess) allerdings noch ausgeblieben ist[10]. Diese Entwicklungen vor Augen dürfte es nicht unangemessen sein, die internationale Umweltpolitik zu einem der expansivsten und innovativsten Politikfelder in der zweiten Hälfte des 20. Jahrhunderts zu zählen[11].

Die expansive Tendenz der Umweltpolitik (die kontinuierlicher und nachhaltiger war, als das öffentliche Interesse an ihr), hatte freilich einen naheliegenden Grund. Die Länder Europas und insbesondere auch Deutschland waren weit von einer umfassenden Problembewältigung entfernt. Im Gegenteil: Lokale Entlastungen wurden erkauft mit großflächigen regionalen und globalen Problemen, Abgase und Schwebstoffe in städtischen Gebieten blieben ein Gesundheitsrisiko, Boden- und Seenversauerung waren bis in die neunziger Jahre keineswegs behoben, die Eutrophierung von Ökosystemen durch Luftschadstoffe wurde zunehmend zu einem Problem und bodennahe Ozonkonzentrationen wuchsen in den letzten Jahrzehnten des 20. Jahrhunderts und stagnierten auf hohem Niveau. Luftverschmutzung verursachte in den achtziger Jahren allein in Deutschland Schäden in einer Höhe von mehreren Milliarden DM jährlich[12]. Die Luftverschmutzung wurde in den neunziger Jahren als das kostspieligste und somit eines der wichtigsten Umweltprobleme angesehen.

Offenbart sich hier ein Paradox der Luftreinhaltung? Trotz massiv gewachsener Bemühungen um die Luftreinhaltung und unbestreitbarer Erfolge blieben die In-

---

9 Benedick, R. E., *Ozone Diplomacy, New Directions in Safeguarding the Planet*, Cambridge/MA 1991; Roan, Sharon, *Ozone Crisis. The 15-Year Evolution of a Sudden Global Emergency*, New York 1989.

10 Oberthür, Sebastian, *Politik im Treibhaus*, Berlin 1993; Oberthür, Sebastian/Ott, Hermann E., *Das Kyoto-Protokoll. Internationale Klimapolitik für das 21. Jahrhundert*, Opladen 2000.

11 Vgl. Müller, *Innenwelt;* Hartkopf; Günter/Bohne, Eberhard, *Umweltpolitik Bd. 1. Grundlagen, Analysen und Perspektiven*, Opladen 1983; Uekötter, *Rauchplage*.

12 Wicke schätzte als Mitarbeiter des Umweltbundesamtes die »externen Kosten« der Luftverschmutzung auf 48 Mrd. DM pro Jahr. Diese Kosten entstehen u. a. durch Säureschäden an Bauwerken und Böden, Ernteverlusten und gesundheitliche Beeinträchtigungen. Bei allen Vorbehalten gegenüber den methodischen Grundlagen einer exakten quantitativen Erfassung, gibt diese Zahl einen Anhaltspunkt über die Einschätzung der ökonomischen Relevanz der Luftverschmutzung. Wicke, Lutz, *Die ökologischen Milliarden. Das kostet die zerstörte Umwelt – so können wir sie retten*, München 1986.

dustrieländer weit von umfassenden Problemlösungen entfernt, mussten vielmehr eine Ausweitung von Problemen und Schadenssummen hinnehmen. Weil durchgreifende Problemlösungen nicht gelangen, sind auch die Bemühungen massiv gewachsen. Man muss noch einen Schritt weitergehen: Eben weil die Luftreinhaltung so erfolgreich war, konnten umfassende und nachhaltige Lösungen der Probleme nicht gelingen, ja nur in sehr begrenztem Maße überhaupt in den Blick gelangen. Das hier beschriebene Paradox der Luftreinhaltung steht in engem Zusammenhang mit der Vorherrschaft einer technischen Problemsicht.

Grundmuster der Luftreinhaltung nach 1950

Bereits in der ersten Hälfte des 20. Jahrhunderts deuteten sich systematische Bemühungen um die Luftreinhaltung an, die über die Klärung von Nachbarschaftskonflikten hinausgingen. Es blieb jedoch bei vereinzelten und wenig koordinierten Aktivitäten, die in ihrer Wirksamkeit begrenzt blieben[13]. Erst nach dem Zweiten Weltkrieg setzte eine neue Phase der Luftverschmutzung und der Luftreinhaltepolitik ein. Als Grundmuster der Luftreinhaltung nach dem Zweiten Weltkrieg können 1) ein deutliches Wachstum der Aktivitäten, 2) die Ausweitung und Internationalisierung der Probleme und der Problembehandlung sowie 3) die Verwissenschaftlichung der Luftreinhaltepolitik angesehen werden.

Die Luftverschmutzung hat eine weit zurückreichende Geschichte[14]. Im 19. Jahrhundert entwickelte sie sich vor allem durch den rasch wachsenden Einsatz großer Kohlefeuerungen und zahlreicher Dampfmaschinen zu einem ubiquitären Problem, das nahezu alle städtischen Ballungsgebiete in den Zentren der Industrialisierung in Europa betraf. In der ersten Hälfte des 20. Jahrhunderts hatte die Luft-

---

13 Uekötter, Frank, *Die Rauchfrage. Das erste komplexe Luftverschmutzungsproblem in Deutschland und seine Bekämpfung 1880–1914,* Staatsexamensarbeit, Bielefeld 1996; Uekötter, *Rauchplage;* Brüggemeier, Franz-Josef, *Das unendliche Meer der Lüfte. Luftverschmutzung, Industrialisierung und Risikodebatten im 19. Jahrhundert,* Essen 1996; Brüggemeier, Franz-Josef/Rommelspacher, Thomas, *Blauer Himmel über der Ruhr. Geschichte der Umwelt im Ruhrgebiet 1840–1990,* Essen 1992; Andersen, Arne, *Historische Technikfolgenabschätzung am Beispiel der Metallhütten und Chemieindustrie 1850–1930,* Zeitschrift für Unternehmensgeschichte, Beiheft 90, Stuttgart 1996; Stolberg, Michael, *Ein Recht auf saubere Luft. Umweltkonflikte am Beginn des Industriezeitalters,* Erlangen 1994.

14 Weeber, K.-W., *Smog über Attika. Umweltverhalten im Altertum,* München 1980; Brimblecombe, Peter, *The big smoke,* London 1987.

verschmutzung weiterhin wachsende Tendenz. Davon zeugen nicht zuletzt Smog-katastrophen, wie sie 1930 im belgischen Maastal, 1948 im amerikanischen Donora und 1952 in London auftraten[15]. Auch in deutschen Ballungsgebieten und Groß-städten wurden sehr hohe Schadstoffbelastungen festgestellt[16]. Als eine Folge der rasch wachsenden industriellen Produktion stiegen nach dem Zweiten Weltkrieg die Luftbelastungen in industriellen Ballungsräumen wie dem Ruhrgebiet weiterhin an und überstiegen bald das Vorkriegsniveau[17].

Luftverschmutzung als regionales Problem

Nach dem Zweiten Weltkrieg fand die Luftverschmutzung eine deutlich größere Aufmerksamkeit. Der Umfang wissenschaftlicher und politischer Bemühungen wuchs rapide. Nach Schätzungen von Halliday und Spelsberg stieg die Zahl wissen-schaftlicher Publikationen weltweit von ca. 160 Veröffentlichungen pro Jahr vor dem Zweiten Weltkrieg auf jährlich über 800 Veröffentlichungen in den fünfziger Jahren[18]. Zunächst stand das Problem lokaler Luftbelastung durch Rauch und Schwefeldioxid in den Ballungsgebieten im Vordergrund. In der Bundesrepublik entwickelte sich das Bundesland Nordrhein-Westfalen zum Schrittmacher der Luft-reinhaltepolitik und setzte Maßstäbe, die im Verlauf der sechziger Jahre von ande-ren Bundesländern übernommen wurden. Kernbestandteil der neuen Luftreinhalte-praxis wurde eine – wie man sagen könnte – verwissenschaftliche Hochschornstein-politik, die in der Folgezeit weitere Verfeinerungen erfuhr.

Danach errechnete sich die zum Erhalt von Betriebsgenehmigungen erforderli-che Schornsteinhöhe emittierender Großbetriebe mit Hilfe von Formeln, in die relevante Parameter wie Emissionsmengen, Ausstoßtemperaturen etc. eingingen. Durch Ausbreitungsrechnungen, also durch die mit Hilfe von Computerprogram-

---

15 Halliday, E.C., »Zur Geschichte der Luftverunreinigung«, in: WHO (Hg.), *Die Verunreinigung der Luft. Ursachen, Wirkungen, Gegenmaßnahmen*, dt. Ausgabe: Weinhein 1964, S. 1–31, hier S. 23; Spelsberg, Georg, *Rauchplage, Hundert Jahre saurer Regen*, Aachen 1984, S. 137.

16 Ebd., S. 163; Wey, Klaus-Georg, *Umweltpolitik in Deutschland. Kurze Geschichte des Umweltschutzes in Deutschland seit 1900*, Opladen 1982, S. 115.

17 Brüggemeier/Rommelspacher, *Himmel*.

18 Spelsberg, *Rauchplage*, S. 6. Halliday, E.C., »Geschichte«, S. 3. Stern zählte 3654 Veröffentlichungen in dem Zeitraum zwischen 1900 und 1952 und mehr als 60 000 Veröffentlichungen in dem Zeit-raum zwischen 1952 und 1970. Stern, A. C., »Problem areas in writing a ›history of air pollution‹«, in: *Proc. of the Fourth International Clean Air Congress 1976*, S. 1022.

men simulierte Verteilung der Luftschadstoffe in der Atmosphäre, musste der Betreiber überdies nachweisen, dass bis zu Entfernungen von einigen Kilometern vom Emissionsort die Qualität der Umgebungsluft innerhalb bestimmter Grenzwerte blieb. Auf diese Weise fanden auch siedlungsgeografische, orografische und meteorologische Faktoren Eingang in die Genehmigungspraxis der Behörden. Die projektierte Schornsteinhöhe von emittierenden Betrieben musste diesen Kontrollrechnungen entsprechend hoch genug gewählt sein. Die Maximalhöhe von Schornsteinen war allerdings auf 300 Meter begrenzt[19].

Diese Regulierungspraxis erlaubte eine Optimierung der Schadstoffverteilung entsprechend wissenschaftlich begründeter und politisch vereinbarter Grenzen der Luftbelastung. Bereits in den sechziger Jahren führte die neue Luftreinhaltepolitik zu einer lokalen Entlastung industrieller Ballungsräume, z. B. im Ruhrgebiet, wo die durchschnittlichen Schadstoffkonzentrationen von Schwefeldioxid und Staub deutlich zurückgingen[20]. Im Gegensatz zum Rückgang der lokalen Konzentrationen hatten jedoch die Emissionen der meisten Schadstoffe nach wie vor steigende Tendenz.

Die Ausweitung der Probleme

Auf der einen Seite wurde diese Praxis der Luftreinhaltung durch die deutliche Entlastung industriell geprägter Ballungsräume wie dem Ruhrgebiet bestätigt. Auf der anderen Seite zeigten sich rasch die Grenzen der Leistungsfähigkeit dieser Politik. Die in allen europäischen Ländern mehr oder minder konsequent verfolgte Hochschornsteinpolitik führte zu weiträumigen Verfrachtungen der Luftschadstoffe und großflächigen Schadwirkungen weitab von den industriellen Ballungsgebieten (ein Phänomen, das bereits im 19. Jahrhundert bekannt war). »Neuartige« Folgeprobleme der Luftverschmutzung wie das Fischsterben in Skandinavischen Seen (Mitte der sechziger Jahre), überhöhte, bodennahe Ozonkonzentrationen (Mitte der siebziger Jahre), neuartige Waldschäden (Anfang der achtziger Jahre), die Zerstörung der stratosphärischen Ozonschicht (Mitte der achtziger Jahre) und die globale Erwärmung der Atmosphäre (Ende der achtziger Jahre) wurden »entdeckt« und gaben dem Problem der Luftverschmutzung eine grundsätzlich neue Dimension.

---

19 Wolf, Rainer, *Der Stand der Technik. Geschichte, Strukturelemente und Funktion der Verrechtlichung technischer Risiken am Beispiel des Immissionsschutzes*, Opladen 1986, S. 137ff; Prittwitz, *Umweltaußenpolitik*.
20 Brüggemeier/Rommelspacher, *Himmel*, S. 66ff.

In den siebziger Jahren gelang Wissenschaftlern der Nachweis, dass die Versauerung skandinavischer Seen zum größten Teil auf britische und deutsche Schwefelemissionen zurückzuführen war. Da mit den Schadwirkungen erhebliche materielle Verluste verbunden waren, die nun länderübergreifende Ursachen hatten, entwickelte sich die Luftverschmutzung in den folgenden Jahrzehnten zu einem internationalen Problem von hoher Priorität[21]. Der umweltpolitische Wachstumsschub seit den siebziger Jahren hatte gewiss mit dem Aufschwung der Umweltbewegung und der gewachsenen Aufmerksamkeit für Belange der Umwelt zu tun. Doch in erster Linie dürfte die Ausweitung und Internationalisierung der Probleme die Luftverschmutzung zu einem Thema von herausragender Bedeutung befördert haben.

Die bis dahin weitgehend ungebremste industrielle Dynamik verursachte auch auf einem anderen Feld eine Ausweitung der Probleme. Der seit den vierziger Jahren aus Los Angeles bekannte »Sommersmog« wurde in Europa zunächst nicht ernst genommen und lag für die meisten Luftreinhalteexperten außerhalb ihres Wahrnehmungshorizonts. Erstmals 1969 wiesen Wissenschaftler deutlich überhöhte Ozonbelastungen im niederländischen Delft und wenig später in London nach[22]. Im Laufe der siebziger Jahre wurden ähnliche Belastungen auch in anderen europäischen Städten festgestellt[23].

Damit erfuhr das Problem der Luftverschmutzung eine Ausweitung von der so genannten *primären Luftverschmutzung*, die vorwiegend auf Staub, Schwefeldioxid und Stickoxiden beruhte, zur *sekundären Luftverschmutzung*, an der neben Stickoxiden vor allem organische Schadstoffe beteiligt waren. Bei der sekundären Luftverschmutzung – landläufig als »Sommersmog« bekannt, da er vorwiegend im Sommer bei heißen Wetterlagen auftritt – entstehen aggressive Luftschadstoffe wie Ozon durch komplexe chemische Reaktionsmechanismen unter Einfluss von Sonnenlicht. Seit Anfang der siebziger Jahre stiegen die Ozonbelastungen in Europa jährlich um durchschnittlich 1,6 bis 2 Prozent pro Jahr. Dieser Anstieg setzte sich bis Anfang

21 Prittwitz, *Umweltaußenpolitik*; Regens, James L./Rycroft, Robert W., *The Acid Rain Controversy*, Pittsburgh 1988; Boehmer-Christiansen, Sonja/Skea, Jim, *Acid politics: Environmental and energy policies in Britain and Germany*, London/New York 1991.

22 Guicherit, R., *Photochemical smog formation in the Netherlands*, Congr. NO 00320, IG-TNO Publ. No. 459, Delft 1973; Derwent, R.G./Stewart, H.N.M, »Elevated ozone levels in the air of Central London«, in: *Nature* 241 (1973), S. 242–243.

23 Guicherit, R./Dop, H. van, »Photochemical production of ozone in Western Europe (1971–1975) and its relation to meteorology«, in: *Atmospheric Environment* 11 (1977), S. 145–155; Becker, K. H./Fricke, W./Löbel, J./Schurath, U., »Formation, transport and control of photochemical oxidants«, in: Guderian, R. (Hg.), *Air Pollution by Photochemical Oxidants*, Heidelberg u.a. 1985, S. 1–125.

der neunziger Jahre fort[24]. In vielen Regionen Europas und Deutschlands überstiegen die Ozonbelastungen regelmäßig und dauerhaft die empfohlenen Grenzwerte.

Die Verwissenschaftlichung der Luftreinhaltung

Mit dem Anwachsen des politischen Interesses an der Luftreinhaltung gerieten ungeklärte wissenschaftliche und technische Fragen ins Blickfeld. So war in den fünfziger Jahren keineswegs geklärt, welches Ausmaß die Luftverschmutzung hatte, wie sie sich in verschiedenen Regionen entwickelte und welche Sektoren in welchem Maße für Schadstoffemissionen verantwortlich waren. Unbekannt war auch, welche Rolle der Schadstofftransport in der Atmosphäre spielte oder welche Schadstoffkonzentration schädliche Wirkungen auf die Gesundheit des Menschen verursachten. Um politische Konzepte formulieren, legitimieren und durchsetzen zu können, schienen umfassende Forschungsanstrengungen erforderlich zu sein.

Seit den späten fünfziger bis in die siebziger Jahre spielte auf diesem Feld in der Bundesrepublik vor allem die VDI-Kommission Reinhaltung der Luft eine führende Rolle. Die ehrenamtlich tätige VDI-Kommission bildete zahlreiche wissenschaftliche und technische Arbeitsgruppen, in denen Experten aus relevanten Disziplinen tätig wurden, um die durch die Luftverschmutzung aufgeworfenen Fragen und Probleme zu bearbeiten[25]. Bis 1974 hatte die VDI-Kommission mehr als 140 Forschungsprojekte initiiert und zahlreiche technische Regelungen und Verfahrensvorschriften erarbeitet, die dem Gesetzgeber z. B. als Grundlage für die technischen Bestimmungen im Rahmen der erstmals 1964 vorgelegten Technischen Anleitung Luft (TA-Luft) dienten[26].

Die Ausweitung der Luftverschmutzungsprobleme verursachte ein rasches Wachstum der Forschungsaktivitäten, die sich in einem drastischen Anstieg der Ausgaben spiegelten. In der Bundesrepublik stiegen allein die Ausgaben des Forschungsministeriums für die Atmosphären- und Klimaforschung von 6,2 Millionen DM im Jahr 1979 auf 168 Millionen DM im Jahr 1992[27].

---

24 Fabian, Peter, *Atmosphäre und Umwelt: chemische Prozesse, menschliche Eingriffe. Ozon-Schicht, Luftverschmutzung, Smog, saurer Regen*, Berlin u. a. [4]1992, S. 86.

25 Spiegelberg, Friedrich, *Reinhaltung der Luft im Wandel der Zeit*, Düsseldorf 1984, S. 30.

26 Wolf, *Stand*, S. 171.

27 BMFT (Hg.), *Faktenbericht 1990 zum Bundesbericht Forschung*, Bonn 1990., S. 347; Wissenschaftsrat, *Stellungnahme*, S. 138.

Die Vielfalt und Komplexität der dem Sommersmog zugrundeliegenden chemischen Reaktionen erschwerte eine wirkungsvolle Luftreinhaltepolitik. Denn verminderte Emissionen führten nicht unbedingt zu einer Verringerung der Luftbelastung[28]. Effiziente Luftreinhaltemaßnahmen setzten daher eine genaue Kenntnis der atmosphärischen Prozesse voraus. Überdies wurde eine integrierte Betrachtung der verschiedenen Luftverschmutzungsprobleme erforderlich[29].

Einen großen Aufschwung nahm deshalb die Simulation von Luftbelastungen mit Hilfe von Computermodellen, in denen man die komplexen Prozesse der Luftverschmutzung abzubilden und zu simulieren versuchte. Diese Technik knüpfte an die seit Ende der fünfziger Jahre entwickelte Ausbreitungsrechnung an und wurde auch häufig noch so bezeichnet. Die größten, seit den achtziger Jahren entwickelten Modelle waren in der Lage, Phänomene der primären Luftverschmutzung (vor allem Schadstofftransport und Säurebildung) und der sekundären Luftverschmutzung (Ozonbildungsprozesse) in einer Weise zu simulieren, dass Wissenschaftler und Umweltpolitiker ihnen eine nutzbringende Vorhersageleistung zubilligten. Auf Basis von Emissionskatastern und meteorologischen Daten ließen sich mit diesen Modellen regional differenzierte Abschätzungen der zu erwartenden Luftbelastung und des Schadstoffeintrags in Ökosysteme durchführen.

Effizienzdenken und Luftreinhaltung

Der Einsatz komplexer Computermodelle ermöglichte die Umsetzung einer weiteren Effizienzsteigerung in der Luftreinhaltung. Diese Modelle stellten eine Beziehung zwischen Emissionsort und Ort der Luftbelastung her (»source-receptor relationship«). Legte man maximal zulässige Luftbelastungen bzw. Schadstoffeinträge durch Niederschläge fest, konnte man zurückrechnen, an welchen Emissionsorten

---

28 So haben starke NOx-Emissionen in verkehrsreichen Ballungsgebieten die paradoxe Wirkung, daß sie die Ozonbelastung nachts abbauen, während dieser Abbau in ländlichen Gebieten mangels NOx-Emissionen ausbleibt und die Ozonbelastung sich dort Tag für Tag zu gefährlichen Belastungsspitzen aufschaukeln kann.

29 Z. B. führt die Reduktion von Staubbelastungen in Ballungsgebieten zu höherer Sonneneinstrahlung und damit zu verstärkter Photooxidantienbildung. Dieser Effekt spielte in Städten wie Tokio und Mexiko City, die heute weltweit die extremsten Photooxidantienbelastungen aufweisen, eine entscheidende Rolle. Fabian, *Atmosphäre*, S. 83.

die Emissionen um welchen Anteil zurückgeschraubt werden mussten – und an welchen Emissionsorten keine Minderungen erforderlich waren.

In den achtziger Jahren wurde eine Variante dieses Ansatzes in dem »critical level« oder »critical loads« Konzept umgesetzt, das die Grundlage des zweiten Schwefeldioxid-Protokolls der UNECE von 1994 war. Danach mussten regional differenzierte Kartierungen über die maximalen Schadstoffbelastungen der Luft (»critical level«) bzw. über den maximalen Schadstoffeintrag aus der Atmosphäre (»critical load«) vorgenommen werden, bei denen keine längerfristigen Schädigungen der ökologischen Systeme zu erwarten waren. Denn unterschiedliche Böden und Ökosysteme vertragen unterschiedliche Schadstoffmengen, so dass auch regional unterschiedliche Anforderungen an die Luftreinhaltung gerechtfertigt erschienen.

Die von Wissenschaftlern ermittelten »critical loads« bildeten die Basis der Minderungspflichten, die den Beitrittsstaaten des zweiten Schwefeldioxid-Protokolls auferlegt wurden. Staaten mit weniger sensiblen Böden oder Ökosystemen durften danach auch größere Belastungen verursachen, also mehr emittieren. Da in Bezug auf die Schwefelbelastung die critical loads in nahezu allen Ländern deutlich überschritten wurden, verpflichtete das Protokoll die Beitrittsstaaten dazu, die Differenz zwischen der aktuellen Säurebelastung (Stand 1994) und den kritischen Belastungsgrenzen bis zum Jahre 2005 um 60 Prozent zu reduzieren[30]. In der Bundesrepublik Deutschland entsprach diese Verpflichtung einer Minderung der Schwefelemissionen bezogen auf das Basisjahr 1980 um 83 Prozent bis zum Jahr 2000 und um 87 Prozent bis zum Jahr 2005.

Ebenfalls in den achtziger Jahren entstand das gleichfalls auf diesem Ansatz beruhende »Integrated Assessment Modelling«. Mit diesem Ansatz wurde das Ziel einer »Schadensoptimierung« verfolgt. Da die Durchführung von Minderungsmaßnahmen ebenso Kosten (und somit wirtschaftlichen »Schaden«) verursachte wie Gesundheitsschäden, Ernteeinbußen oder die Beschädigung von Bausubstanz durch die Luftverschmutzung, schien eine Abwägung von Minderungszielen und Minderungskosten, zumindest aber eine Optimierung des Investitionseinsatzes für Minderungsmaßnahmen erforderlich. Dieser Ansatz erforderte neben der Technik

---

30 Nagel u.a., *Modellgestützte Bestimmung der ökologischen Wirkungen von Emissionen. Deutscher Beitrag zum UN ECE Projekt »Mapping Critical Loads & Levels in Europe«*, Berlin 1996, S. 9. Überstiegen die tatsächlichen Belastungen die kritischen Belastungen z. B. um den Faktor 2, so war eine Minderung der Belastung bis auf den Faktor 1,4, also um 30% erforderlich.

der Ausbreitungsrechnung zusätzlich Modellvorstellungen für eine monetäre Bewertung von Schäden der Luftverschmutzung[31].

Ähnliche Instrumente des Integrated Assessment spielen auch in der Klimapolitik eine große Rolle und haben in den Kyoto-Mechanismen eine institutionelle Form gefunden[32]. Teil des Kyoto-Mechanismus sind die Vergabe und der Handel mit Emissionszertifikaten, durch die auf marktwirtschaftlichem Wege eine optimale Allokation von Investitionsmitteln geleistet werden soll. Großemittenten würden danach dort Emissionen vermindern, wo es am billigsten ist, solange die Minderungskosten die Kosten für den Erwerb von Emissionszertifikaten unterschreiten. Der Kyoto-Mechanismus beinhaltet folglich nicht-technische, nämlich umweltökonomische Konzepte. Ist damit die technische Problemsicht aufgegeben worden?

Die technische Problemsicht und ihre Leistungen

Anthropogene Emissionen in die Atmosphäre resultieren zum größten Teil aus technischen Prozessen oder sind durch technische Vorgänge bedingt. Deshalb ist es naheliegend, dass Verbesserungen der Luftqualität auch auf technischen Leistungen beruhen und meist technische Maßnahmen im Mittelpunkt der Bemühungen um die Verbesserung der Luftqualität standen. Technische Maßnahmen und die Hoffnung auf technischen Fortschritt blieben auch in der zweiten Hälfte des 20. Jahrhunderts das vorherrschende Handlungs- und Denkmuster.

Da die Luftverschmutzung primär als ein technisches Problem angesehen wurde, verlangte dieses Problem entsprechende Lösungen und mobilisierte vor allem Ingenieure und Techniker. In der VDI-Kommission Reinhaltung der Luft waren nach Angaben von Rainer Wolf mehr als 75 Prozent der beteiligten Experten Ingenieure, Chemiker und Physiker, während Mediziner, Biologen, Botaniker, Land- und Forstwirte einen Anteil von weniger als 15 Prozent ausmachten[33]. Da Emissio-

---

31 Alcamo, J./Shaw, R./Hordijk, L. (Hg.), *The RAINS Model of Acidification. Science and Strategies in Europe*, Dordrecht 1990.; ApSimon, H. M./Warren, R. F./Wilsen, J. J. N., »The Abatement Strategies Assessment Model ASAM: Applications to Reductions of Sulphur Dioxide Emissions Across Europe«, in: *Atmospheric Environment* 28 (1994), Nr. 4, S. 665–678.

32 Van der Sluijs, Jeroen P., *Anchoring amid uncertainty. On the management of uncertainties in risk assessment of anthropogenic climate change*, Ph-D. Thesis, University of Utrecht, 1997.

33 Wolf, *Stand*, S. 147.

nen technischen Ursprungs waren, ist es nicht verwunderlich, dass Ökonomen und Sozialwissenschaftler in deutlich geringerem Maße angesprochen waren bzw. sich weniger angesprochen fühlten.

Folglich zeigen auch die Forschungsbemühungen zur Luftreinhaltung eine Überrepräsentanz der Ingenieurwissenschaften. Im Zeitraum vom 1974 bis 1995 waren etwa 64 Prozent aller vom Umweltbundesamt geförderten Forschungsvorhaben den Ingenieurwissenschaften zuzurechnen. Etwa 34 Prozent der Projekte wurden in den Naturwissenschaften durchgeführt, während ungefähr 1,5 Prozent der Projekte den Sozial- und Rechtswissenschaften zuzuordnen sind[34]. Entsprechend unterschiedlich blieb auch der Umfang und Grad der Institutionalisierung und Vernetzung innerhalb der Ingenieur-, Natur- und Sozialwissenschaften. Es ist wahrscheinlich, dass die unterschiedliche Repräsentanz von Fachleuten und disziplinären Kulturen in Forschung und Politik eine Stabilisierung vertrauter und bewährter Wahrnehmungshorizonte unterstützte.

Die vorherrschende technische Problemsicht spiegelt sich in der Dominanz technischer Wissenschaften und technischer Lösungsansätze. Diese Problemsicht umfasste aber mehr. Sie unterstützte eine Haltung, die die bestehende Form des Stoffmetabolismus der Industriegesellschaften (also den Verbrauch von Ressourcen und den Ausstoß von nicht weiter genutzten oder nutzbaren Abfallstoffen) nicht in Frage stellt, sondern die Bewältigung der als nachteilig empfundenen Folgen dieses Metabolismus als technische Aufgabe begreift. Diese Problemsicht kann auch als ein »Reparaturdenken« gekennzeichnet werden, dessen Ziel darin besteht, Problemlösungen durch Maßnahmen mit möglichst geringer Eindringtiefe in die bestehenden Strukturen anzubieten.

Die politische Bedeutung der technischen Problemsicht

Die technische Problemsicht war in mehrfacher Hinsicht eine wichtige Basis für die Erfolge in der Luftreinhaltung. Sie half, Lösungsansätze auf begrenzte Problemhorizonte zu fokussieren. Dies erleichterte, ja ermöglichte wohl vielfach erst, diese Probleme gesellschaftlich zu verhandeln. So blieben z. B. in den fünfziger und sechziger Jahren die Probleme der weiträumigen Schadstoffverfrachtung weitgehend

---

34 Berechnung nach Projektübersichten des Umweltbundesamtes.

außerhalb der Wahrnehmungshorizonte. Der politische Prozess wurde somit nicht mit zusätzlichen Problemen überfrachtet[35].

Im Mittelpunkt des Interesses standen zunächst lokale Belastungen durch Rauch und Schwefeldioxid, für deren Bewältigung technische Mittel zur Verfügung standen und ausreichend stabile und durchsetzungsfähige politische Koalitionen gebildet werden konnten. Erst nach und nach – eben weil keine nachhaltigen Problemlösungen erfolgten – mussten sich die Problem- und Wahrnehmungshorizonte weiten und zogen in zweierlei Hinsicht eine Ausweitung der politischen Aktivitäten und der Institutionenbildung nach sich. Zum einen erfolgte eine geografische Ausweitung von der regionalen und Bundesländerebene zur nationalen, kontinentalen und interkontinentalen Ebene. Zum anderen erfolgte eine Ausweitung auf verschiedene Problemebenen bzw. Schadstoffe und Substanzen (von der »Rauchplage« zum »Klimawandel«).

Eine weitere Leistung der technischen Problemsicht bestand in dem dieser Sichtweise inhärenten Verständnis, die Kluft zwischen Problem und Problemlösung durch technische Maßnahmen überbrücken zu können. Gerade für Emittenten, die an einer Gefährdung ihrer wirtschaftlichen Aktivität nicht interessiert sein konnten, oder auch für staatliche Behörden, die an wirtschaftlicher Entwicklung interessiert sein mussten, dürfte erst diese Sichtweise eine offene, manchmal sogar offensive Haltung der Luftreinhaltung gegenüber unterstützt haben.

Als Zauberwort für die technisch orientierte Problemsicht kann der Begriff der »Effizienzsteigerung« angesehen werden, die in Hinblick auf Schadstoffemissionen nicht nur, aber doch vorwiegend technisch zu erreichen gewesen ist. Effizienzsteigerung bedeutet dabei eine Abnahme von verursachter Luftbelastung pro Einheit von Produktion oder Konsum. Hohe Schornsteine haben sich z. B. als das wirtschaftlich und technisch effizienteste Mittel erwiesen, Schadstoffe gleichmäßiger in der Atmosphäre zu verteilen und dadurch Standards der Luftqualität (sofern es solche gegeben hat) bei wachsenden Produktionsleistungen zu gewährleisten (alternativ hätte man auch Produktionsanlagen verkleinern und Produktionsstätten gleichmäßiger verteilen können).

Entschwefelungsanlagen für Kraftwerke oder Katalysatoren für PKW waren außerordentlich effiziente Mittel, um die Emissionen pro erzeugter Kilowattstunde Strom oder pro gefahrenem Fahrzeugkilometer wirkungsvoll zu reduzieren (alter-

---

35 Da – anders ausgedrückt – lokale Erfolge durch globale Blindheit erkauft wurden, kann man diesen Zugang aus heutiger Sicht zweifellos auch negativ und als Misserfolgsgeschichte werten.

nativ hätte man auch Gaskraftwerke oder Kernkraftwerke errichten bzw. sparsamere oder kleinere Motoren oder alternative Antriebe einsetzen können). Sie verursachten geringe – letztlich kaum wahrgenommene, vielleicht kaum wahrnehmbare – Wohlstandseinbußen, denen merkliche Zugewinne an Luftqualität gegenüberstanden. Eine wichtige Voraussetzung für die Durchsetzbarkeit und Akzeptanz dieser Maßnahmen bestand insbesondere darin, dass sie keine Formen von Verhaltensänderung oder Konsumverzicht erforderlich machten.

Auch die Ansätze des Integrated Assessment oder die Kyoto-Mechanismen zielen auf eine Effizienzsteigerung der Minderungsmaßnahmen. Sie bedienen sich technischer Verfahren der Emissionsoptimierung und stehen somit in der Tradition der technischen Problemsicht – auch wenn sie ökonomische Mechanismen einbeziehen. Als Optimierungswerkzeuge dienen hier Simulationsrechnungen (beim Integrated Assessment) bzw. marktähnliche Mechanismen (bei Emissions-Zertifikaten).

Der Erfolg der technischen Problemsicht gründete in nicht geringem Maße darin, eine Vermittlung widerstreitender gesellschaftlicher Ansprüche zu versprechen, ohne tiefgreifende und folglich politisch heikle Eingriffe zu erfordern, also gesellschaftliche Ansprüche an die Luftqualität zu bedienen, ohne etablierte gesellschaftliche Praktiken wie Produktionsformen und Konsummuster in Frage zu stellen.

Grenzen der technischen Problemsicht

Die Eingrenzung der Probleme durch begrenzte Wahrnehmungshorizonte ist eine nicht zu unterschätzende Leistung der technischen Problemsicht. Mit der geografischen Ausweitung der Probleme durch die Schadstoffverfrachtung und der Wahrnehmung neuer Probleme wie der Ozonbildung oder dem Klimawandel sind diese Grenzen im Verlauf der zweiten Hälfte des 20. Jahrhunderts Schritt für Schritt weiter aufgelöst worden. Eine Revision der technischen Problemsicht haben sie bisher nicht nach sich gezogen. Die technische Problemsicht hat sich als erfolgreich, ja als so erfolgreich erwiesen, dass alternative Sicht- und Umgangsweisen bisher nur in geringem Maße praktisch wirksam geworden sind.

Wahrnehmungen, die die Luftverschmutzung als ein gesellschaftliches Problem ansehen und neue Lebensstile oder veränderte Wirtschaftsweisen fordern, haben wohl nicht zuletzt deshalb bis in die neunziger Jahre lediglich publizistische Bedeutung gehabt. Ein berühmtes Beispiel dafür ist der Begriff der »Nachhaltigkeit«, dessen politischer Höhenflug bisher nicht die Vorherrschaft einer technischen Problemsicht in Frage stellt. Die gesellschaftliche Vermittlungsleistung einer technischen Problemsicht vermochte weitergehende Reformansprüche bisher erfolgreich zurückzudrängen.

Auf der anderen Seite sind Grenzen der technischen Problemsicht offenbar geworden. Zum einen stellt sich die Frage, ob den technischen Mitteln und Methoden, die in den achtziger und neunziger Jahren entwickelt wurden, grundsätzliche Grenzen innewohnen, die die Beurteilung der sinnvollen Reichweite dieser Mittel und Methoden verändern könnten. Hier wären vor allem der Aufwand und die Kosten des Integrated Assessment und einer regional differenzierten Emissionsminderung zu nennen. Diesem Ansatz stehen überdies so beträchtliche Unsicherheiten gegenüber, dass ein Ausbau und eine umfassende Anwendung des Konzepts bisher ausgeblieben sind. Es ist abzuwarten, als wie stabil sich der wissenschaftliche Konsens über »critical loads« oder über die Validität der Monetarisierungs- und Ausbreitungsmodelle in Zukunft erweist[36]. Weiterhin stellt sich die Frage, wie stabilisierend die Bindewirkung dieser Form wissenschaftlicher Legitimation langfristig wirken kann[37].

Zum zweiten ist bisher offen, inwieweit die Ausweitung der Problemhorizonte es ermöglicht, Erfordernisse oder Ansprüche der Problembewältigung weiterhin durch technische Abhilfemaßnahmen und Effizienzverbesserungen zu bedienen, ohne tiefgreifendere Eingriffe in Produktionsweisen und Konsumstile nach sich zu ziehen. Hier scheint insbesondere das Problem des Klimawandels neue Maßstäbe zu setzen, da die Freisetzung von CO_2 durch fossile Verbrennungsprozesse nicht zu vermeiden und eine nachträgliche technische Beseitigung des CO_2 bisher extrem aufwändig oder gar unmöglich ist.

---

36 Oreskes, N./Schrader-Frechette, K./Belitz, H., »Verification, validation and confirmation of numerical models in the earth sciences«, in: *Science* 263 (1994), S. 641–646; Builtjes, Peter, »Modelling and Verification of Photo-oxidant Formation«, in: Borrell, Patricia/Borrell, Peter/Cvitas, Tomislav/Seiler, Wolfgang (Hg.), *Proc. of the EUROTRAC-Symposium '96*, Bath 1997, S. 823–829; Schlünzen, Katharina Heinke, »On the validation of high-resolution atmospheric mesoscale models«, in: *Journal of wind engineering and industrial aerodynamics* 67&68 (1997), S. 479–492.

37 Zwar gilt der technische Fortschritt als grundsätzlich nicht begrenzt, so dass weitere, technisch vermittelte Effizienzgewinne in der Luftreinhaltung nicht auszuschließen sind. Doch wie Richard Hirsh am Beispiel der Energiewirtschaft gezeigt hat, kennt die Technikgeschichte durchaus Beispiele ausgereizter technischer Optimierungspotentiale. Hirsh, Richard F., *Technology and transformation in the American electric utility industry,* Cambridge u.a. 1989.

Es erscheint denkbar, dass Regulierungsbemühungen zur Vermeidung eines Klimawandels nicht zuletzt deshalb so schwierig sind, weil rein technische Problemsichten und technische Lösungen bisher nicht möglich oder unrealistisch zu sein scheinen. Diese Deutung wirft auch ein anderes Licht auf die Diskussion der wissenschaftlichen Unsicherheiten des Klimawandels. Denn die Simulation von Säuredepositionen oder Ozonbildungsprozessen birgt gleichermaßen Unsicherheiten, was die Frage nach sich zieht, wo denn die Grenzen tolerierter Unsicherheiten liegen und durch welche gesellschaftlichen Kräfte und Prozesse diese bestimmt und als zureichender Anlass für politische Maßnahmen angesehen werden.

Zum dritten sind politische Anzeichen zu erkennen, die über die hier beschriebene technische Problemsicht des Atmosphärenschutzes hinausreicht. Denn politische Maßnahmen wie die Förderung erneuerbarer Energien oder der Einführung der Öko-Steuer könnten als eine Aufweichung des etablierten technischen Verständnisses der Luftreinhaltung gedeutet werden. Mit diesen Maßnahmen geraten Umbaupotenziale ins politische Spiel, indem Investitionsströme in Richtung einer Veränderung des bestehenden Stoffmetabolismus gelenkt werden und nicht in Richtung lediglich technischer Korrekturen der negativen Folgen dieses Metabolismus.

Die technische Problemsicht hat sich zugleich bewährt und als unzureichend erwiesen. Die Geschichte dieser Problemsicht mag sich gleichzeitig als eine Geschichte ihrer Aufweitung und Überwindung erweisen. Veränderungen der Wahrnehmungshorizonte und der Regulierungsaktivitäten entwickelten sich in Form schrittweiser institutioneller Lernprozesse innerhalb der engen und nur nach und nach verschiebbaren Grenzen politischer Machbarkeit[38]. Paradoxerweise scheinen auf Seiten der politischen Praxis die Grenzen der technischen Problemsicht zu einem Zeitpunkt deutlicher geworden zu sein, als die Gesellschaft diese Problemsicht weitgehend akzeptiert und verinnerlicht hatte und vielleicht weniger vorbereitet auf mögliche Revisionen dieses Verständnisses war als zehn oder zwanzig Jahre zuvor.

---

38 Die These des Inkrementalismus ist von dem Politologen Lindbloom beschrieben worden, der politische Prozesse generell als ein »Muddling Through« kennzeichnete, wobei er mit diesem Begriff keine abwertende Bedeutung verband, sondern darin ein strategisch sinnvolles Handeln sah. Lindbloom, C. E., »The Science of Muddling Through«, in: *Public Administration Review* (1959), S. 79–88; Lindbloom, C. E., *The Policy-Making Process,* Englewood Cliffs 1968.

Die Konversion der Idee von Landschaft

Wolfram Höfer

Die Konversion nicht mehr genutzter Industrieanlagen und Infrastrukturen gehört heute zu den wesentlichen Aufgaben der Landschaftsarchitektur. Bei der Betrachtung der Gestaltsprache von Nachnutzungen lässt sich ein grundlegender Wandel der Interpretation von Industrie im Verhältnis zur Interpretation von Landschaft nachvollziehen.

Für die Diskussion zur Umweltgeschichte im vorliegenden Band ist die Fragestellung unter dem Aspekt relevant, dass die Umweltbewegung in den siebziger Jahren des vergangenen Jahrhunderts sich verstärkt in der Gegnerschaft zum universellen System des Industriekapitalismus sieht. Mit der Studie des Club of Rome »Grenzen des Wachstums« wurden Wachstum und Fortschritt als Merkmal des Industriesystems gekennzeichnet und zugleich als Ursache für den drohenden Untergang der Natur benannt[1].

Aus dieser Perspektive gilt es, die bedrohte Welt zu retten, das ökologische System als wert zu definieren und vor dem Kollaps zu bewahren. Das Bild einer zerstörerischen, die Landschaft fressenden Industrie steht für das System des universellen Industriekapitalismus.

Zeitgleich kam über die Umweltbewegung das Thema Natur- und Umweltschutz auf die politische Agenda und es wurden neue Studiengänge Landschaftsplanung/Umweltplanung entwickelt[2]. In diesem Kontext geriet der gestalterische Anspruch der traditionellen Landschaftsarchitektur in den Hintergrund gegenüber

---

1 Meadows, Dennis, u.a., *Die Grenzen des Wachstums: Bericht des Club of Rome zur Lage der Menschheit,* Stuttgart 1972.

2 Vgl. Eckebrecht, Berthold, »Die Entwicklung der Landschaftsplanung an der TU Berlin. Aspekte der Institutionalisierung seit dem 19. Jahrhundert im Verhältnis von Wissenschaftsentwicklung und traditionellem Berufsfeld«, in: Eisel, Ulrich/Schulz, Stefanie, *Geschichte und Struktur der Landschaftsplanung.* Landschaftsentwicklung und Umweltforschung, Schriftenreihe des FB Landschaftsentwicklung der TU Berlin, Berlin 1991, S. 360–424.

einer funktionalen, auf wissenschaftlichen Ansätzen basierenden Lösung des Umweltproblems. Weniger Design, dafür aber mehr Ökologie und Planung[3].

In den achtziger Jahren deutete sich eine Veränderung an. Die wissenschaftliche Landschaftsplanung geriet im Wesentlichen aus drei Gründen unter Druck: Zum Ersten führte die Verwissenschaftlichung zu einer Fragmentierung des Faches, zum Zweiten konnten sich die Ansprüche der Landschaftsplanung in der Praxis nicht im gewünschten Maße durchsetzen (Vollzugsdefizit) und zum Dritten gab es eine Renaissance der Ästhetik. Im Kontext dieser Veränderungen wandelte sich die kulturelle Interpretation des Verhältnisses von Landschaft und Industrie durch das Fach grundsätzlich. Dieses Phänomen soll im Folgenden an einzelnen Beispielen des Umgangs mit Landschaft und Industrie im Ruhrgebiet diskutiert werden. An Projekten der Internationalen Bauausstellung Emscher-Park soll deutlich werden, dass Elemente industrieller Produktion nicht mehr nur als feindliche, den Menschen bedrohende »Hässlichkeit« wahrgenommen werden, sondern dass Industrie selbst zu etwas Besonderem wird. Sie wird in gleicher Weise wie die Landschaft als eine harmonische Ganzheit, als ein besonderer Charakter interpretiert.

Die Landschaftsarchitektur eignet sich als Gegenstand der Betrachtung, weil in der Lösung gestalterischer und planerischer Aufgaben kulturelle Vorstellungen Form gewinnen. Die Gestaltung ist ein Indikator für sich wandelnde gesellschaftliche Vorstellungen und prägt diese wiederum.

Die erste These meines Beitrags lautet, dass die landschaftliche Utopie als Gegenwelt zur jeweils herrschenden Produktionsweise weiterhin Gültigkeit besitzt, sich das Bild der Landschaft aber seit den achtziger Jahren um industrielle Aspekte erweiterte. Die zweite These besagt, dass mit einer gestalterischen Interpretation der (industriell geprägten) Landschaft das traditionelle Landschaftsbild seinen konservierend-rückwärtsgewandten Charakter verliert und sich individuellen Aneignungsweisen der Nutzer öffnet.

Ausgrenzung von Industrie

Im Alltagsverständnis zeichnet sich Landschaft im Wesentlichen durch zwei Merkmale gegenüber städtisch-industriellen Agglomerationen aus. Zum ersten besitzen

---

3 Vgl. den Beitrag von Stefan Körner in diesem Band.

Landschaften eine eigene regionale Identität, d.h. sie sind etwas Besonderes, sie besitzen eine Eigenart, die sich von der Gleichförmigkeit städtisch und industriell geprägter Räume abhebt. Zum zweiten sind sie Ausdruck einer »eröffneten Möglichkeit guten Lebens«[4], d.h. der Blick in die Landschaft regt Vorstellungen von einem sinnvollen Leben an, in dem die gegenwärtigen Zwänge der Industriegesellschaft keine Rolle spielen. Dass die Projektion einer utopischen Idee auf die Landschaft funktioniert, hat drei wesentliche Gründe: Die gesellschaftliche Aneignung von Natur, die Übertragung des Arkadienmythos auf den gegenständlichen Raum und die »Lesbarkeit« einer Landschaft als dem besonderen Ort guter Tradition[5].

Der Ausdruck gesellschaftliche Aneignung beschreibt in Bezug auf Natur und Landschaft das Phänomen, dass es zwar auch heute noch landwirtschaftliche Produktion gibt, der Einzelne aber nicht mehr unmittelbar *von* und *in* der Natur lebt. Damit wird erst ein *ästhetischer* Blick auf den umgebenden Raum möglich. Für die aktuelle Landschaftsinterpretation ist der Mythos von Arkadien – ein imaginärer, guter, harmonischer Ort *vor* und *nach* der Geschichte – von Bedeutung. Mit der künstlerischen Interpretation dieser Utopie in der Landschaftsmalerei des 16. Jahrhunderts und der Übertragung dieser Bilder auf den konkreten Raum im englischen Landschaftsgarten wurde die reale Landschaft zum Ort utopischer Flucht.

Die harmonische Landschaft stand seit dem Ende des 19. Jahrhunderts für das »Besondere« und Individuelle im Kontrast zur Eintönigkeit und Austauschbarkeit moderner Stadtlandschaften, die ein Ergebnis des universellen Systems des Industriekapitalismus seien. In diesem Sinne besitzt jede Landschaft eine eigene Identität.

Für den vorliegenden Argumentationsgang ist nun entscheidend, dass die Bestimmung einer regionalen Identität kein »akademischer Sport« blieb, sondern zu einer allgemein anerkannten Vorstellung im Bürgertum avancierte[6]. Die Landschaft

---

4 Seel, Martin, *Eine Ästhetik der Natur*, Frankfurt a.M. 1996, S. 90.

5 Die folgende Darstellung einer ästhetischen Wahrnehmung von Landschaft als Zeichen ist deutlich von der Ästhetik als interesseloses Wohlgefallen nach Kant abzugrenzen. Kant hat beschrieben, wie das Empfinden für das Schöne seine Voraussetzung im autonomen Subjekt hat, und dass insbesondere in der Erfahrung des Erhabenen der Mensch sich selbst als autonomen erfährt. Demgegenüber ist das hier beschriebene Wohlgefallen an der Landschaft gerade nicht interesselos, sondern ist an die Übereinstimmung mit den im Zeichen Landschaft kodierten moralischen Werten gebunden. Vgl. hierzu ausführlicher Höfer, Wolfram, *Natur als Gestaltungsfrage. Zum Einfluß aktueller gesellschaftlicher Veränderungen auf die Idee von Natur und Landschaft als Gegenstand der Landschaftsarchitektur*, München 2001.

6 Kühn 1993 beschreibt, dass die Egalisierungstendenzen der Moderne vor allem von bildungsbürgerlichen Schichten als Verlust empfunden und thematisiert werden. Kühn, Manfred,

war mehr als ein räumlicher Ausschnitt der Erdoberfläche, sie repräsentiert einen kulturellen Wert. Für die professionelle Landschaftsarchitektur ergab sich daraus eine grundsätzliche Distanz zur Moderne und eine latent konservative Grundhaltung[7]. Das Fach sieht sich weiterhin als Verteidigerin des besonderen Ortes gegenüber modernen Tendenzen zur Vereinheitlichung der Welt.

Vor diesem Hintergrund versuchte die Landschaftsarchitektur, die negativen gesundheitlichen Auswirkungen der Hochindustrialisierung auf die Arbeiterschaft zu mildern, welche zu Beginn des 20. Jahrhunderts gravierend zu Tage traten. Dieser Ansatz steht im Kontext planerischer Konzepte zur Sicherung und Entwicklung von Erholungsflächen, wie sie z. B. von Martin Wagner entwickelt wurden. In seiner Dissertation von 1915 »Städtische Freiflächenpolitik« stellte er mit Bezug auf Bruno Möhring Stadtgliederungsmodelle vor. Neben einem System von Grünen Ringen und Achsen formulierte er erste Richtwerte für die Freiflächennutzung und schlug Zuordnungsmuster von bebauten Flächen und Grünflächen vor.

Für das Ruhrgebiet stellte bereits 1912 der Essener Beigeordnete Schmidt die Forderung auf, dass »im Zeitalter der Maschinenindustrie Rücksichtnahme auf die Trennung der gruppenweise auftretenden Wohn- und Arbeitsstätten und die Notwendigkeit der Schaffung der Erholungsstätten in Form von Grünanlagen und Spielplätzen« als wesentliche Bedürfnisse zu berücksichtigen seien[8]. Das Grundprinzip der funktionalen Trennung von Arbeit und Erholung ging davon aus, dass der Erholungsbereich frei von unmittelbaren Einflüssen industrieller Produktion (Lärm und Schmutz) und frei von Zeichen der Zwänge industrieller Arbeitswelt sein sollte.

Ein spätes Beispiel dafür ist der Revierpark Mattlerbusch in Duisburg, eröffnet 1979. Er wurde als Teil des Revierparkkonzeptes des Kommunalverbands Ruhrgebiet errichtet. »Revierparks sind grüne Oasen. Durch landschaftsgestalterische Maßnahmen ist mit Ihnen eine neue Wald- und Erholungslandschaft entstanden. Sie

---

»Die Entdeckung der Region Zur Dialektik von Regionalismus und Moderne«, in: *Kommune. Forum für Politik, Ökonomie und Kultur* 11 (1993), H. 1, S. 43–46.

7 Dies zeigt sich nach Kienast/Vogt z.B. darin, dass die ästhetische Interpretation von Moderne in der Architektur im frühen 20. Jahrhundert nur einen geringen Einfluss auf die Landschaftsarchitektur hatte. Kienast, Dieter/Vogt, Günther: »Die Form, der Inhalt und die Zeit«, in: Topos, European Landscape Magazine Heft 2 (1993), S. 6–16.

8 Schmidt, zit. n. Schmettow, Bernhard Graf von, »Im grünen Kohlenpott. Zur Geschichte der Revierparks im Ruhrgebiet«, in: *Kursbuch* 131, Neue Landschaften. Berlin 1998, S. 90–98, hier S. 91.

hilft industriebedingte Landschaftsschäden zu heilen und ökologisch gesunde Räume zu schaffen«[9].

Aus dieser Perspektive muss eine Ansammlung von Schwerindustrie als Ausdruck der Landschaftszerstörung gelten. Dieser Zerstörung entgegenzuwirken war ein wesentlicher Aspekt des Revierparkkonzeptes. Die Grünzüge bildeten »Puffer« zu den Wohngebieten und »landschaftlichen Gestaltungen« standen in engem Bezug zum ideologischen Kontext der Idee von Landschaft.

Eine Befragung der Besucher des Revierparks Mattlerbusch, durchgeführt von Studenten der TU München 1999, ergab als Hauptmotivation für den Parkbesuch den Spaziergang im Grünen, die Erholung in der Natur[10]. Das Wohlgefallen am Aufenthalt im Park gründet sich in dem Erholungswert der Bewegung an der frischen Luft und in der Übereinstimmung mit kulturellen Werten, wie sie im Zeichen Landschaft als ideale Gegenwelt dargestellt werden.

Das Konzept der Revierparks steht im Kontext einer funktionalen Auseinandersetzung mit den Folgen der modernen Industriegesellschaft – und ist damit als »modern« zu beschreiben. Die gestalterische Ausprägung findet ihre Vorbilder jedoch im landschaftlichen Motiv – und zeigt damit konservative Züge.

Die Situation der Landschaftsarchitektur in den siebziger und achtziger Jahren

In den siebziger und achtziger Jahren ist die Landschaftsarchitektur von einer grundsätzlichen Skepsis gegenüber einer künstlerisch-gestalterischen Arbeitsweise geprägt. So fordert beispielsweise Günther Grzimek 1983, sich vom »Ballast der Gartenkunst« zu befreien. Es könne nicht um den Genuss »erkennbar positiver Kulturgüter« gehen, die Beliebtheit bürgerlicher Repräsentationsgärten entspräche einem ästhetischen Spießertum. Vielmehr solle der Freiraum für den Menschen »die tätige Auseinandersetzung mit sich und seiner Umgebung« fördern.

Dieses Ziel lässt sich nach Grzimek nur durch die Abkehr von der gestalterischen Tradition der Gartenkunst erreichen. »Die Ästhetik einer Grünanlage soll sich

---

9 Schmettow, Bernhard Graf von, »Im grünen Kohlenpott. Zur Geschichte der Revierparks im Ruhrgebiet«, in: *Kursbuch* 131, Neue Landschaften. Berlin 1998, S. 90–98, hier S. 93.

10 Vgl. Studienprojekt 1998, *ZeitFrei/FreiZeit*. Projektbericht am Lehrstuhl für Landschaftsarchitektur und Planung der TU München, Freising 1998.

nicht nach den von künstlerischem Ausdruckswillen geprägten Idealen der Planer, sondern nach den Ansprüchen der Benutzer bestimmen«. Die Ansprüche der Benutzer zu erfassen ist dann auch nicht mehr Sache der gebildeten Persönlichkeit des Gartenkünstlers, sondern Ergebnis empirischer Studien. Gerade diesen Bezug auf die »Landschaftsforschung« hebt er als wesentliches Merkmal seines Hauptwerkes hervor, nämlich des Olympiaparks in München[11].

Mit dieser Haltung steht Grzimek nicht alleine da. So entwickelte Werner Nohl das Konzept der emanzipatorischen Freiraumplanung[12]. In diesem Konzept wird versucht, mit Ansätzen von Bürgerbeteiligung eine »Planung von unten« zu integrieren. Die Lösung planerischer Probleme soll nicht mehr auf der Grundlage abstrakter, systemarer Mechanismen erfolgen, sondern durch Einbindung der »Betroffenen«. Der Planer ist aus dieser Perspektive nicht mehr »Erfüllungsgehilfe« des Systems, sondern Moderator lebensweltlicher Kommunikation. Grzimek und Nohl illustrieren, dass in den siebziger und achtziger Jahren der gestalterische Anspruch der Landschaftsarchitektur in den Hintergrund geriet. Zugleich schien in der Architektur mit der Postmoderne eine Renaissance der Gestaltung anzubrechen.

Der in den siebziger Jahren innerhalb der Architektur geführte Diskurs entzündete sich an der Gestaltsprache der späten Moderne, und zwar am Vorwurf mangelnder Ausdruckskraft. Vertreter der Postmoderne kritisierten überzogenen Funktionalismus, welcher die Aussagelosigkeit der Bauten zur Folge gehabt hätte. Das Ziel postmoderner Architektur sei dagegen, Lesbarkeit und Vielschichtigkeit herzustellen, die es dem Einzelnen ermögliche, sich in der gebauten Umwelt zurechtzufinden und individuelle Bezüge zu ihr aufzubauen.

Der Vorwurf an die Planung der Moderne lautete, der Mensch müsse sich dort der Norm anpassen. »Nicht, was die Menschen tun, ist der Maßstab, sondern was der Architekt von Ihnen erwartet«[13]. Aus Sicht der Postmoderne erscheint die Architektur der Moderne als eine dem Menschen gegenüber stehende totalitäre Gesamtheit. Heinrich Klotz forderte, dass die Funktion nicht mehr allein bestimmend sein soll, sondern dass sie über Bezüge zur Geschichte und zum stadträumli-

---

11 Zitate: Grzimek, Günther/Stephan, Rainer, *Die Besitzergreifung des Rasens – Folgerungen aus dem Modell Süd-Isar.* Ausstellungsreihe der Bayer. Rück »Erkundigungen«, München 1983, S. 15 u. 110f.

12 Nohl, Werner, *Freiraumarchitektur und Emanzipation. Theoretische Überlegungen und empirische Studien zur Bedürftigkeit der Freiraumbenutzer als Grundlage einer emanzipatorisch orientierten Freiraumarchitektur.* Europäische Hochschulschriften Reihe VI Psychologie, Frankfurt a.M. 1980.

13 Klotz, Heinrich, *Gestaltung einer neuen Umwelt*, Luzern, Frankfurt am Main 1978, S. 12.

chen Kontext lesbar wird. Es gehe um eine Pluralität der Form gegenüber dem Dogma eines Stils.

Aus heutiger Sicht wird die Loslösung der Landschaftsarchitektur von Diskussionen und Tendenzen der Architektur oft als Rückständigkeit ausgelegt: Die Freiraumplanung habe die wesentlichen gestalterischen Trends verschlafen. Im Folgenden soll aber deutlich werden, dass erst diese »Emanzipation« von der Architektur und eine kritische Distanz zum künstlerischen Gestaltungsanspruch der Landschaftsarchitektur die Möglichkeit eröffnete, den grundsätzlichen Wandel in der kulturellen Interpretation von Industrie – im Verhältnis zur Landschaft – aufzunehmen und zum Gegenstand der Gestaltung von Freiräumen zu machen.

Das Ruhrgebiet als besonderer Ort

Die Internationale Bauausstellung Emscher-Park wurde initiiert, um einen Beitrag zur Bewältigung der großen ökonomischen und sozialen Probleme des Ruhrgebiets in Zeiten des Strukturwandels zu leisten. Hier wurde das Bild einer harmonischen Landschaft um industrielle Aspekte erweitert. Es wurde einleitend bereits angedeutet, dass das Ruhrgebiet genau die Merkmale einer industriellen Agglomeration in sich vereinigt, gegen die sich die Idee einer utopischen Landschaft als Fluchtort richtet. Auf der anderen Seite lassen sich am Beispiel dieser Region Indizien dafür finden, dass auch industrielle Relikte den Charakter einer landschaftlichen Eigenart, und damit einer regionalen Identität, erhalten können.

Die umfassende Diskussion zur »regionalen Identität« im Ruhrgebiet kann an dieser Stelle nur angedeutet werden. So argumentiert z.B. der Soziologe Karl Rohe, dass sich im Zuge der Entwicklung des Ruhrgebietes zur Montanregion eine unterschiedliche Bevölkerungsstruktur im Vergleich zum Umland entwickelt hat. Er leitet daraus den Gedanken ab, dass sich über die Außenkommunikation mit dem Umland eine eigene regionale Identität entwickelte. Es entstand nach Rohe eine »Kultur der kleinen Leute« ohne bürgerliche Prägung, welche zugleich eine besondere Affinität zur Technik besessen habe[14].

---

14 Rohe, Karl, »Regionalkultur, regionale Identität und Regionalismus im Ruhrgebiet. Empirische Sachverhalte und theoretische Überlegungen«, in: Lipp, Wolfgang (Hg.): *Industriegesellschaft und Regionalkultur*, München 1984, S. 123–153.

Mit den ökonomischen Bedingungen der Montanindustrie waren die Strukturen verknüpft, welche das Ruhrgebiet im letzten Drittel des 20. Jahrhunderts zu einem typischen Beispiel »altindustrieller Problemregionen« machte[15]. Im Ruhrgebiet hatte diese Entwicklung einen erheblichen Rückgang der Beschäftigungsrate, steigende Arbeitslosenzahlen und einen Bevölkerungsverlust zur Folge. Die Stilllegung von Großbetrieben bedeutete auch, dass große Flächen, oft in einem städtischen Kontext, aus der Nutzung ausschieden.

Damit war die von Rohe geschilderte Ruhrgebietsmentalität nicht mehr eine Interpretation der Lebenswelt – Kohle und Stahl als Gegenstand der täglichen Arbeit –, sondern wurde zunehmend zu einer Vergangenheit, offen für ästhetisch distanzierte Idealisierungen.

Im Zusammenhang mit den gewaltigen strukturellen Veränderungen im Ruhrgebiet verschob sich das Gegensatzpaar Landschaft versus Industrie in Richtung Landschaft *und* Industrie *versus* flexibler Gesellschaft. Die Relikte der industriellen Produktion eignen sich damit als Zeichen einer idealisierten industriellen Vergangenheit. Es ist also möglich, eine idealisierte Industrie als Platzhalter für die gleichen »landschaftlichen« Bedürfnisse anzusehen, zumindest bildet sie im landschaftlich-bildhaften Arrangement keinen semantischen Widerspruch zur Natur und keine ästhetische Irritation. Für die Argumentation ist wesentlich, dass die landschaftliche Utopie in der *Struktur dessen*, was sie bezeichnet, nämlich Charaktere im Verhältnis zur Gewalt eines universellen Systems, auch für die »postindustrielle Landschaft« Gültigkeit hat. Das heißt, dass im Kontext der flexiblen Gesellschaft das Idealbild einer schönen Landschaft nicht nur idealisierte Natur und agrarische Strukturen umfasst, sondern um Aspekte einer idealisierten Industrie erweitert wird. Diese Entwicklung ist wesentlich, um die neuen Tendenzen der Landschaftsarchitektur im Kontext der IBA zu verstehen. Ein frühes Beispiel der neuen Interpretation des Verhältnisses von Landschaft und Industrie ist der Umgang mit der Kanalstufe Henrichenburg-Waltrop.

---

15 Hamm und Wienert (1990) beschreiben als Merkmale dieser Regionen eine hohe Einwohnerdichte, einen überdurchschnittlichen Industriebesatz, welcher auf einen sehr frühen Zeitpunkt der Industrialisierung zurückgeht, und vor allem eine sektorenspezifische Ausprägung der Wirtschaftsstruktur. Damit waren ein geringes Spektrum in der Qualifikation der Arbeitskräfte, eine Ausrichtung der Unternehmensstruktur auf hoch spezialisierte Großbetriebe und eine enge interne Verflechtung der Industriestruktur verbunden. Hamm, Rüdiger/Wienert, Helmut, *Strukturelle Anpassung altindustrieller Regionen im Vergleich*. Schriftenreihe des Rheinisch-Westfälischen Institutes für Wirtschaftsforschung Essen, N.F 48, Berlin 1990.

Sie gehört zum Dortmund-Ems-Kanal, welcher nach seiner Fertigstellung 1899 die Anbindung des östlichen Ruhrgebietes an den Seehafen Emden herstellte, und ist damit Teil einer modernen, technischen Infrastruktur des frühen 20. Jahrhunderts. Als das Schiffshebewerk den Ansprüchen der Schifffahrt nicht mehr genügte, wurde es 1970 still gelegt. Gegen den geplanten Abriss kämpfte der »Bürger- und Schützenverein« in Waltrop-Oberwiese. Eine lokale Initiative wehrte sich gegen den Verlust von Heimat. Damit wird ein Wandel in der Interpretation technischer Infrastruktur deutlich. Sie wird nicht mehr als ein störendes Element in der Landschaft gesehen, das man möglichst »abpflanzen« muss, sondern als ein Element einer auch von technischen Artefakten geprägten Kulturlandschaft.

1995 öffnete das Industriemuseum Henrichenburg-Waltrop seine Pforten. Es liefert ein Beispiel für den Aspekt des Denkmalschutzes als ein wesentliches Ziel der IBA. Martin Siebel formuliert »Erhaltung und Nutzung von Industriedenkmälern« als eine Aufgabe, die über eine Musealisierung hinausgehe. »Es ist eine kulturelle und identitätsrelevante Aufgabe, diese Vergangenheit gegenwärtig zu halten«[16]. Aus diesem Aspekt des Denkmalschutzes leitet Stefan Körner die These ab, dass eine postindustrielle Landschaftsinterpretation nichts anderes sei als ein modernisierter Heimatschutz[17]. Der These kann insofern gefolgt werden, als dass die postindustrielle Landschaft oben als eine Erweiterung des Bildes Landschaft dargestellt wurde, während der Kern der utopischen Landschaft – Charaktere im Verhältnis zum universellen System – erhalten bleibt.

Auf der anderen Seite wird sich bei der Diskussion in Bezug auf die Zeche Erin zeigen, dass diese Haltung im postmodernen Kontext auch zu einer »Beliebigkeit« der Heimat führt. Schließlich wird die Betrachtung des Landschaftsparks Duisburg-Nord zeigen, dass der gestalterische Umgang mit industriellen Relikten sich nicht zwangsläufig in den Bahnen des Heimatschutzes bewegen muss. Beide zuletzt genannten Beispiele sind Projekte, die Im Rahmen der Internationale Bauausstellung Emscher-Park entwickelt wurden.

---

16 Siebel, Walter, »Die internationale Bauausstellung Emscher-Park – eine Strategie zur ökonomischen, ökologischen und sozialen Erneuerung alter Industrieregionen«, in: Häußermann, Hartmut (Hg.), *Ökonomie und Politik in alten Industrieregionen Europas Probleme der Stadt- und Regionalentwicklung in Deutschland, Frankreich und Grossbritannien und Italien*, Stadtforschung aktuell 36, Basel, Boston, Berlin 1992, S. 214-231.ª

17 Körner, Stefan, *Theorie und Methodologie der Landschaftsplanung, Landschaftsarchitektur und Sozialwissenschaftlicher Freiraumplanung vom Nationalsozialismus bis zur Gegenwart. Landschaftsentwicklung und Umweltforschung*, Schriftenreihe des FB Landschaftsentwicklung der TU Berlin Nr. 118, Berlin 2001.

Internationale Bauausstellung Emscher-Park

Die IBA-Emscher-Park sollte neben anderen Aufgaben das Image vom Ruhrgebiet als »altindustrieller Problemregion« überwinden helfen, denn es galt als ein wesentliches Hemmnis für neue Investitionen. Ein Ansatz um dieses Ziel zu erreichen war, die Region selbst zu thematisieren; das »Wir-Gefühl« des Ruhrgebietes als eine Idealisierung industrieller Vergangenheit wurde zu einem Thema der neuen Eliten[18].

Martin Siebel formulierte als Konzept für die IBA die Abkehr von einer Strategie »herkömmlicher Großprojekte«, welche die Region den Kriterien fremder Akteure ausliefere. »Die Grundidee der IBA Emscher-Park ist deshalb nicht, erfolgreiche Lösungen und Akteure zu importieren, sondern die Akteure der Region bei der Lösung ihrer eigenen Probleme zu unterstützen«[19]. Er forderte eine »Planung von unten und vor Ort« [20]. Die von ihm benannten Akteure sind aber nicht die Betroffenen im Sinne einer »emanzipatorischen Planung«, sondern Entscheidungsträger in bestehenden Strukturen. Der neue Ansatz der Flexibilisierung planerischer Abläufe – welche nicht mehr streng hierarchisch organisiert, sondern dezentral in einzelnen Projekten stattfinden sollten – zeigt auf der einen Seite, dass die Entscheidungsstrategien sich nicht mehr an den Strukturen großer Einheiten orientierten. Auf der anderen Seite wird deutlich, dass eine positive Interpretation industrieller Elemente seitens der Entscheidungsträger sich nicht mehr nur an deren Produktivität orientiert, sondern an deren landschaftlicher Eigenart. Die Bandbreite neuer Interpretationen des Verhältnisses von Industrie und Landschaft soll im Folgenden an einzelnen IBA Projekten verdeutlicht werden.

Besonders deutlich wird die Vereinnahmung der regionalen Identität des Ruhrgebietes durch bürgerliche Schichten am Beispiel der »Landmarken-Kunst«. »Durch Kunst sollen der Wert und die Schönheit der Industriekultur erlebbar gemacht werden und dadurch die unverwechselbare Identität der Emscherregion vielen an Kunst und Industriekultur interessierten Menschen erschlossen werden« (www.route-industriekultur.de/routen). Die Objekte, wie z. B. die »Bramme für das Ruhrgebiet« von Richard Serra auf der Schurenbachhalde in Essen oder der »Tetraeder« von Wolfgang Christ auf der Halde an der Beckstraße in Bottrop sind Ausdruck dafür, dass die ehemals proletarisch-kleinbürgerliche Kultur als Träger der regionalen Identität von kulturellen Eliten abgelöst wurde.

---

18 Zum Begriff Elite vgl. Bürklin, Wilhelm/Rebensdorf, Hilke u.a., *Eliten in Deutschland,* Opladen 1997.
19 Siebel, Bauausstellung, S. 219.
20 Ebd., S. 221.

Die Projekte der »Landmarken-Kunst« zeigen die Rolle von Kunst als Beitrag neuer Eliten zur Inszenierung einer besonderen Identität des Ruhrgebietes. Am Beispiel der Zeche Erin in Castrop-Rauxel lässt sich nachvollziehen, wie die Suche nach dem besonderen Ort zur Inspiration für eine landschaftsarchitektonische Gestaltung im ästhetisch-künstlerischen Ansatz wird.

Die Suche nach dem besonderen Ort wurde oben als ein Merkmal des idiographischen Paradigmas der Landschaftsarchitektur beschrieben, der Genius Loci als das Besondere gegenüber den Universalisierungstendenzen der Moderne. Ein Problem bekommt diese Haltung, wenn sie im traditionellen Bild von Landschaft verhaftet bleibt, der zu gestaltende Ort aber nicht die Merkmale von »landschaftlicher Schönheit und Eigenart« aufweist, sondern eine abgeräumte Zeche ist.

Die Zeche Erin wurde 1866 von dem Iren Thomas Mulvany gegründet. Nach der Stillegung wurde auf dem abgeräumten Gelände ein Gewerbegebiet mit angrenzendem Park entwickelt. Die Nachnutzung der Zeche Erin und die Behandlung der Altlastenproblematik »wurde in unzähligen Arbeitskreisen diskutiert, modifiziert, durch tatsächliche oder selbst konstruierte Sachzwänge verändert, an Kosten gebrochen« (Schmid 1999, 102). Bei all diesen »Sachzwängen« ist es bemerkenswert, dass ein funktionales Gesamtkonzept entwickelt wurde, in dem der Freiraum ein wesentliches strukturierendes Element ist. Neben den dem axial aufgebauten zentralen Freiraumsystem liefert der angrenzende Park Erholungsflächen.

Die Gestaltung des Parks durch den Landschaftsarchitekten Klaus-Wedig Pridik nutzt die im Zuge der Bodensanierung aufgeschütteten Halden und thematisiert den landsmannschaftlichen Hintergrund des Zechengründers. Es wurde eine »irische Landschaft« gebaut. Landschaftliche Eigenart wird hier nicht als Charakter des Ortes interpretiert, sondern als importierte Heimat mit Bezug auf die Geschichte. Damit ist auf der einen Seite das landschaftliche Paradigma beibehalten, auf der anderen Seite wird die mangelnde Eigenart des Ortes durch einen Bezug auf die »Einwanderungsgeschichte« ersetzt. Es hätte aber auch ein ganz anderer Bezug sein können. Diese »Beliebigkeit« des gestalterischen Themas – Irland in Castrop-Rauxel – legt den Gedanken an Tendenzen postmoderner Architektur nahe. Obgleich es in der Landschaftsarchitektur wenig Beispiele explizit postmoderner Gestaltung gibt, so erscheint doch die Zeche Erin in diesem Licht. Es wurde oben mit Bezug auf Klotz als Merkmal postmoderner Architektur benannt, dass es bei ihr um die Pluralität der Form gegenüber dem Dogma eines Stils ginge. In den siebziger und achtziger Jahren folgte dieser Ablehnung einer als dogmatisch gesehenen Moderne eine Hinwendung zur Gestalt. Die Zeche Erin kann als ein Beispiel dafür gesehen werden, wie dieser künstlerische Gestaltungsansatz in der Landschaftsarchitektur – unter Beibehaltung des idiographischen Paradigmas – zu einer modischen Beliebigkeit wird.

Als zweite grundsätzliche Entwicklungslinie der Landschaftsarchitektur in den siebziger und achtziger Jahren wurde oben die Grundhaltung diskutiert, die sich auf einen rational-wissenschaftlichen Ansatz bezieht. Es wurde dargelegt, dass die Versuche Planung und Gestaltung »szientifisch« zu rationalisieren fehlgeschlagen sind und dass es einen Umschwung in der Richtung gab, Gestaltung von vorneherein als einen künstlerischen Akt zu sehen. Auf der anderen Seite lässt sich am Beispiel des Landschaftsparks Duisburg-Nord zeigen, dass nicht alle Landschaftsarchitekten diesem Trend gefolgt sind.

Der Park entstand auf dem Gelände des Hochofenwerkes Duisburg-Meiderich. Nach der Stilllegung der Anlage und der Übertragung des Geländes an den Grundstücksfonds Nordrhein-Westfalen initiierte die IBA einen Wettbewerb, aus dem das Büro Latz + Partner als Sieger hervorging. Als Grundhaltung formuliert Peter Latz: »Eine gegebene Aufgabe bearbeite ich anfangs immer so rational und so strukturell wie möglich. Am Anfang steht selten ein definitiver Gestaltungsanspruch. Der kommt erst in sehr späten Projektphasen hinzu, wenn die Strukturen gesichert sind und die rationalen Prinzipien erfüllt sind«[21]. Die dieser Auswahl zu Grunde liegende Theorie ist die des architektonischen Strukturalismus. Diese Strömung in der Architektur bezieht sich auf den Strukturalismus in der Linguistik und der Anthropologie (z.B. de Saussure und Lévi-Strauss) und wurde besonders von Kenzo Tange und den holländischen Strukturalisten (z.B. Aldo van Eyk, Hermann Herzberger, Jacob Berend Bakema) weiter entwickelt. In der Architektur richten sich strukturelle Regeln dagegen, den Entwurf ausschließlich historisch oder funktional abzuleiten.

Im Rahmen einer Untersuchung darüber, inwiefern der architektonische Strukturalismus Einfluss auf die Landschaftsarchitektur hatte, beschreibt Bartholmai als dessen wesentliche Grundsätze: »Ein wichtiges Prinzip des Strukturalismus in allen Anwendungen ist, die Abhängigkeit der Elemente eines Objektes voneinander, bzw. die Regeln ihrer Verknüpfung zu verstehen«[22]. Diese Regeln der Verknüpfung sind für Bartholmai Grundlage der architektonischen Kommunikation. »Denn räumlich existente Erscheinungsformen werden hinsichtlich ihrer kommunikativen Potenziale analysiert und für den Entwurf und die Planung interpretiert und genutzt. Die Ver-

---

21 Latz zit.n. Weilacher, Udo, *Zwischen Landschaftsarchitektur und Land Art,* Basel 1996, S. 126.

22 Bartholmai, Gunter, *Strukturalismus und Landschaftsarchitektur. Strukturen in Kleingartenanlagen.* Unveröffentlichte Dissertation an der TU München, Freising 1994, S. 6.

knüpfung mit dem neuen Inhalt tritt in den Vordergrund. Der Kontext wird verändert und damit werden die Chancen für die Nutzung beeinflußt« (Bartholmai 1994, 164).

Das Objekt wird so nicht als eine »Ganzheit« aufgefasst, wie noch im idiographischen Paradigma, sondern als ein System von Elementen. Auf diese Theorie bezieht sich Latz, wenn er davon spricht, dass es gerade bei komplexen Aufgaben notwendig sei, eine eigene Position zu entwickeln, welche für ihn Grundlage der Strukturanalyse ist. Sind komplexe Strukturen durch methodisches Arbeiten in Untereinheiten aufgespalten, so können diese frei gestaltet werden.

Beim Beispiel Duisburg Nord sind diese Strukturen in erster Linie technische Objekte wie Dämme, Bahnlinien, Gebäude, Schornsteine usw. Durch Überlagerung mit neuen Strukturen werden neue semantische Gehalte entwickelt, technische Infrastrukturen werden zu »Gleisharfe« und »Bahnpromenade«. Das Hochofenwerk wird einerseits als historisches Monument begriffen, andererseits dem kontrollierten Verfall überlassen. Diese neuen Interpretationen gehen über Nostalgie und Industrieromantik hinaus. Die Industriebrache wird neu in den städtischen Kontext aufgenommen, die Aneignung durch die Besucher erfolgt über Erlebnisangebote wie Tauchen, Klettern und Spielen.

Bezogen auf die Diskussion zu Positionen der Landschaftsarchitektur liegt die besondere Innovation in diesem Projekt darin, dass hier nicht als erstes die Stimmung des Ortes gespürt werden soll – nicht auf die Landschaft zu »lauschen« – sondern es erfolgt eine Betrachtung durch den Landschaftsarchitekten danach, welche Strukturen sich an dem Ort finden lassen. Dem Besucher werden damit Angebote für eigene, neue Interpretationen gemacht.

Am Beispiel Landschaftspark Duisburg-Nord lässt sich die Erweiterung des Bildes Landschaft nachvollziehen, Relikte industrieller Produktion werden mit den Mitteln des Landschaftsgartens inszeniert. Es wurde dargelegt, dass diese Erweiterung des Bildes den paradigmatischen Kern der Landschaftsarchitektur berührt. Im Weiteren eröffnet der strukturalistische Gestaltungsansatz von Latz eine Möglichkeit, sich als Landschaftsarchitekt von dem ideologischen Gehalt und dem latent konservativen Charakter der Idee einer utopischen Landschaft zu emanzipieren. Der besondere Ort in der Landschaft ist nicht mehr unbedingt Ausdruck einer höheren Ordnung, der sich der Mensch unter moralischen Kategorien unterzuordnen hätte. Die kreative Gestaltung in der Gartenkunst zeigt hier Wege auf, die vermeintliche Flucht aus aktuellen gesellschaftlichen Zwängen in eine harmonische Landschaft zu reflektieren.

Ausblick

Ein wesentlicher Bruch in der semantischen Interpretation von Umwelt war in den achtziger Jahren die Erweiterung des Landschaftsbegriffs. Bis dahin stand das Bild einer idealisierten, agrarisch geprägten, harmonischen Landschaft der Hässlichkeit rauchender Schlote als Ausdruck des abstrakten Industriesystems gegenüber. In der Folge der zunehmenden Bedeutung postindustrieller Produktionsweisen ist eine Erweiterung des Zeichens Landschaft um Aspekte industrieller Relikte zu beobachten. Diese Entwicklung wurde am Beispiel des gestalterischen Handelns der Landschaftsarchitektur im Kontext der Internationalen Bauausstellung Emscher-Park diskutiert.

Die landschaftliche Utopie als Beschreibung von besonderen harmonischen Einheiten im Verhältnis zur Gewalt eines universellen, von technisch-physikalischer Naturbeherrschung bestimmten Systems war im Kontext bürgerlichen Denkens entstanden. Dem gegenüber waren die Träger der regionalen Identität im Ruhrgebiet dem kleinbürgerlich-proletarischen Milieu verhaftet, welches eine besondere Affinität zur Technik besaß. Mit der schwindenden Bedeutung der Montanindustrie und dem daraus resultierenden radikalen ökonomischen Wandel waren die Entstehungsbedingungen der beschriebenen regionalen Identität im Ruhrgebiet nicht mehr gegeben. Daraus eröffnete sich die Möglichkeit, diese Identität im Rückblick zu idealisieren und damit zum Kern einer besonderen harmonischen Eigenart von Industrie werden zu lassen. Im Prinzip war damit die Struktur angelegt, industrielle Relikte in gleicher Weise wie agrarische Elemente im Kontext einer postindustriellen Situation zu Zeichen der landschaftlichen Utopie werden zu lassen.

Das Beispiel Ruhrgebiete zeigt, dass die Träger dieser Idee die neuen Eliten sind, welche sich eine im kleinbürgerlich-proletarischen Milieu entstandene Struktur aneignen. Besonders deutlich wird dieses Phänomen daran, dass die Identität Ruhrgebiet zu einer Marketingstrategie der IBA Emscher-Park wird. Die Betrachtung einzelner Objekte der Landschaftsarchitektur veranschaulicht, dass die verschiedenen Interpretationen des Verhältnisses von Industrie und Landschaft jeweils Aspekte der kulturellen Bewältigung von Lebenswelt widerspiegeln, welche nicht zwangsläufig in konservativen Bahnen verlaufen muss. Die intensive Auseinandersetzung mit Landschaft und Industrie im Rahmen der IBA hat zwar keine eigenen Denkmuster oder Schulen in der Landschaftsarchitektur hervorgebracht, wesentliche Entwicklungen im Fach wurde aber vorangetrieben und Positionen geschärft.

Umwelt und politisches Weltbild: Bisherige Wahrnehmung und künftige Rolle des Umweltgedankens in Frankreichs Soziologie und Gesellschaft

Florence Rudolf

Ein Vergleich zwischen der Wahrnehmung der Umwelt in Deutschland und Frankreich ist unter verschiedenen Gesichtspunkten lehrreich. Er ermöglicht, unterschiedliche Aneignungsweisen von Problemen zu beleuchten, denen sich beide Länder im Prozess der Globalisierung stellen müssen. Des Weiteren eröffnet er Forschungsperspektiven auf unterschiedliche Formen sozialer Mobilisierung. Schließlich ermöglicht er, das Phänomen der gesellschaftlichen Konstruktion von Umwelt zu untersuchen.

Natur und Umwelt besitzen im westlichen Denken eine Reihe konstanter Charakteristiken; somit gehören sie nach Jürgen Habermas einer »objektiven Welt« an[1]. Zugleich unterscheiden sich die Repräsentationen der Natur und die damit verbundenen sozialen Praktiken von Land zu Land. Folglich differieren auch das Umweltbewusstsein und die Annahmen darüber, was der Umwelt schadet. Natur und Umwelt sind also weder reine Konstrukte, noch führen sie eine Existenz außerhalb der kulturellen Welt. Diesem Befund tragen die Forschungen von Michel Callon und Bruno Latour Rechnung: sie lenken den Blick auf die sogenannten »Hybriden«, die Mischwesen zwischen nichtmenschlicher und menschlicher Sphäre, die unsere Welt bevölkern und wesentlich prägen.

Dem klassischen Musterbild zufolge besitzen die Deutschen eine hohe Sensibilität für die Umweltzerstörung – im Unterschied zu ihren eher indifferenten französischen Nachbarn. Allein, es ist ein wenig komplizierter. Dazu werde ich einen Blick auf die Geschichte der Umweltfrage in der Soziologie und Gesellschaft Frankreichs werfen. Meine These lautet, dass die Franzosen die Umweltprobleme in einer Art und Weise angehen, die sich grundsätzlich von dem Zugang der Deutschen unterscheidet. Es stimmt, dass die Franzosen sich weniger für Probleme interessieren, die als reine Umweltbelange definiert werden. Doch wenn Umweltfragen als Teil sozi-

---

1 Habermas, Jürgen, *Theorie des kommunikativen Handelns*, Frankfurt a.M. 1981.

aler Konflikte auftreten, zeigen sich Franzosen eben so engagiert wie ihre östlichen Nachbarn. Anders formuliert: Umweltzerstörung hat ihren festen Platz in der politischen Kultur Frankreichs, sofern sie als Teil der klassischen Mobilisierungsfaktoren definiert wird, als Frage von sozialer Ungleichheit, Herrschaft und Gewalt. Die Umwelt erhält immer dann politische Aufmerksamkeit, wenn sie ein Licht auf gesellschaftliche Defizite, mangelnde soziale Gerechtigkeit oder Armut wirft.

Der epistemologische Hintergrund

Die französische Soziologie hat sich nur sehr zögerlich mit dem Problem »Umwelt« befasst[2]. Obwohl sich einige prominente Intellektuelle wie Serge Moscovici oder Edgar Morin durchaus mit der ökologischen Krise beschäftigt haben, blieben sie untypisch, ja marginal in der soziologischen Disziplin. Dazu passt, dass die These der »Zweiten« bzw. »Reflexiven Moderne« in Frankreich nur zögerliche Aufnahme fand. Nur sehr langsam öffnete sich die französische Soziologie einer kritischen Reflexion über die Wissenschaften und die erkenntnistheoretischen Grundlagen von Wissen. Erst die Arbeiten von Michel Callon, Bruno Latour und Isabelle Stengers schufen diesen Zugang[3].

Dieser Befund hat mich veranlasst, die Ursache für die Resistenz der französischen Soziologie gegenüber dem Umweltproblem in ihrer erkenntnistheoretischen Tradition zu suchen. Tatsächlich lässt sich die Epistemologie des Bruches, wie sie das Denken von René Descartes über Emile Durkheim bis zu Pierre Bourdieu bestimmt, nur schwer mit dem Paradigmenwechsel vereinbaren, den der soziologische Blick auf die Umwelt mit sich bringt. Das Konzept der »reflexiven Moderne«

---

2 Rudolf, Florence, *L'environnement, une construction sociale. Pratiques et Discours sur l'environnement en Allemagne et en France*, Strasbourg 1998; Dies., »La réception sociologique de l'environnement en Allemagne et en France«, in: Essbach, Wolfgang (Hg.), *Modernität im Spannungsfeld nationaler und europäischer Identitätsbilder aus der Sicht französischer und deutscher Soziologen und Schriftsteller*, Berlin 2000, S. 405–420; Dies., »Wie sieht eine Soziologie der Gegenwart in Frankreich aus? Bruno Latour und Isabelle Stengers im Austausch«, in: Merz-Benz, Peter-Ulrich (Hg.), *Jahrbuch für Soziologiegeschichte*, Opladen 2001.

3 Callon, Michel/Lascoumes, Pierre/Barthe, Yannick, *Agir dans un monde incertain. Essai sur la démocratie technique*, Paris, Seuil, 2001; Latour, Bruno, *Nous n'avons jamais été modernes. Essai d'anthropologie symétrique*, Paris 1991; Latour, Bruno, *Politiques de la nature. Comment faire entrer les sciences en démocratie*, Paris 1999; Stengers, Isabelle, *L'invention des sciences modernes*, Paris 1993; *Cosmopolitiques 1–7*, Paris 1996.

von Ulrich Beck, zum Beispiel, setzt einen Perspektivwechsel und die Abkehr von alten Denkkategorien voraus. Er vertritt die These, dass stets verschiedene Sichtweisen auf ein Problem legitim und unterschiedliche wissenschaftliche Paradigmen zulässig sind[4].

Wo immer in Frankreich ähnliche Überlegungen geäußert wurden, mussten ihre Autoren mit der ganzen Härte akademischer Sanktionen rechnen und Marginalisierungen in Kauf nehmen. Denn der Status der Soziologie als Wissenschaft im Dienst gesellschaftlicher Emanzipation schien gefährdet. Aus der Sicht der soziologischen Orthodoxie leistet der epistemologische Relativismus einer gesellschaftspolitisch gefährlichen Mystifikation Vorschub. Die herrschende soziologische Meinung in Frankreich ist nicht geneigt, Wissenschaft und Expertentum auf einer *erkenntnistheoretischen Ebene* zu hinterfragen. Wohl gibt es wissenschaftskritische Ansätze, aber nur, wenn das Argument sich auf soziale Interessen oder Vorurteile der Akteure bezieht. So wird den handelnden Akteuren vorgeworfen, die Prinzipien der an sich objektiven Wissenschaft aus sozialen Gründen zu verfälschen. Eine epistemologische Wissenschaftskritik aber findet nicht statt. Die klassischen, modernen Konzepte von Wissenschaftlichkeit erfreuen sich ungebrochener Anerkennung. Folglich gelten die Vertreter erkenntnistheoretischer Wissenschaftssoziologie als Verräter und akademische Söldner der Bourgeoisie, die im bürgerlichen Klasseninteresse die sozialen Ungerechtigkeiten vertuschen helfen.

Diese Haltung ist eng verbunden mit einem positivistischen, »modernen« Naturbild. Demnach ist die Natur eine stabile Einheit, von unabänderlichen Gesetzen beherrscht, ein Raum sicheren und objektivierbaren Wissens, das als unhinterfragbarer Rahmen menschlichen Handelns gelten kann. Aus Sicht der herrschenden Soziologie in Frankreich gehorcht auch die menschliche Gesellschaft ähnlichen Gesetzen, obwohl diese freilich wesentlich komplexer sind. So basiert die Wissenschaftsauffassung der orthodoxen französischen Soziologie auf einem Konzept, das den modernen Naturwissenschaften ähnelt. Es nimmt nicht Wunder, dass in diesem Kontext alle Ansätze unwillkommen sind, die unsere traditionellen Vorstellungen über die »Natur der Natur« in Frage stellen. Doch genau dies, die »Revolutionierung der Natur«, ist untrennbar mit jenen Arbeiten verbunden, die sich am Konzept der reflexiven Moderne orientieren.

Unter jenen, die die erkenntnistheoretische Resistenz der französischen Soziologie gegenüber der Umwelt untersucht haben, ist vor allem Lionel Charles zu nen-

---

4 Beck, Ulrich, *Risikogesellschaft. Auf dem Weg in eine andere Moderne*, Frankfurt a.M. 1986.

nen. Er erklärt diesen Widerstand mit einem alten Konflikt zwischen zwei kulturellen, sozialen und politischen Traditionslinien, die sich bis ins 17. Jahrhundert zurück verfolgen lassen[5]. Demnach gibt es zwei konkurrierende Begriffe, Milieu (*milieu*) und Umwelt (*environnement*). Sie repräsentieren unterschiedliche Weltbilder. Im französischen Sprachgebrauch dominierte lange Zeit das Milieu. »Milieu« privilegiert einseitige und objektivierbare Kausalitätsbeziehungen zwischen den Phänomenen, die es untersucht. »Umwelt« dagegen drückt ein Bewusstsein dafür aus, dass die untersuchten Phänomene mit einander in Austauschprozessen stehen und subjektive Dimensionen besitzen. Mit anderen Worten: Das Konzept der »Umwelt« beinhaltet die Erkenntnis, dass Natur subjektiv und kollektiv konstruiert wird – eben so wie alle anderen »Realitäten«, denen wir geneigt sind, einen objektiven Charakter zuzusprechen. Nimmt man diese Sichtweise an, so muss man damit rechnen, dass sich die Grundlagen unseres Wissens verändern.

Laut Lionel Charles verweist das Konzept der Umwelt auf beides, eine objektive Welt außerhalb der Gesellschaft *und* das Spiel ihrer wechselseitigen Abhängigkeiten. Das Konzept der Umwelt, wie es in der angelsächsischen Welt entstand, geht nach Charles zurück auf die Traditionen des Empirismus und Pragmatismus und auf die Darwinsche Theorie. Sie alle beruhen auf dem Bild des autonomen Individuums in einem sich wandelnden Universum. Weder in der sozialen noch in der physischen Umgebung gibt es für dieses Individuum feste Entitäten, die sein Handeln prinzipiell determinieren[6].

Das Konzept der »Umwelt« basiert auf dem Prinzip der »Reflexivität«, wie sie für die Analysen der Moderne nach der Moderne etwa bei Anthony Giddens charakteristisch sind. Demnach ergibt sich die gesellschaftliche Dynamik nicht mehr aus dem Zusammenwirken klar von einander geschiedener Akteure, sondern im Zusammenspiel höchst unterschiedlicher Beziehungen zwischen verschiedenen Entitäten, die wiederum durchlässige Grenzen aufweisen. Lionel Charles hat es so formuliert: Der Umweltbegriff beschreibe ein Universum, mit dem das Individuum in offenem, nicht festgelegten Austausch stehe. Die Umwelt sei für das Individuum insofern konstitutiv, als es mit ihr eine ständige reflexive Beziehung unterhalte, beide also beständig mit einander interagieren. Dies gelte für alle Lebewesen. Daher

---

5 Charles, Lionel, »Du milieu à l'environnement«, in: Boyer, Michel/Herzlich, Guy/Maresca, Bruno (Hg.), *L'environnement, question sociale*, Paris 2001, S. 27f.
6 Charles, Milieu, S. 22–24.

könne der Umweltbegriff einen Dialog von Sozialwissenschaften, Verhaltensforschung und Biologie ermöglichen[7].

Im Gegensatz dazu ist das Konzept des »Milieu« ein Erbe der griechischen Philosophie, das im kartesianischen Denken wieder aufgenommen wurde. Es zielt in erster Linie darauf, einzugrenzen und zu separieren. Es macht unmöglich, die Welt als ein komplexes Gewebe von reflexiven Beziehungen zu beschreiben. Der Begriff des Milieus, so wie er in der französischen Soziologie verwendet wird, beruht auf einer von der Physik inspirierten deterministischen Sichtweise der Realität. Er zielt darauf, das lebendige Individuum zu Gunsten verallgemeinerbarer Prinzipien aufzulösen. Er inspirierte die Themen in den Arbeiten von Michel Foucault und Pierre Bourdieu: das Verschwinden des Individuums hinter dem Kollektiv, die Herrschaft externer Regulierungen, des Staates, des Gesetzes[8].

Von Umwelt zu sprechen bedeutet daher auch, die Bedeutung des Subjekts und der Subjektivität zu rehabilitieren. Daher ist die Beachtung von Umweltfragen in menschlichen Institutionen und Entscheidungsprozessen nicht einfach die Hinzufügung eines weiteren Aspekts, sondern führt dazu, unser Verhältnis zur Welt zu verändern. Dies betrifft nicht nur die Beziehungen von Mensch und Natur, sondern auch die der Menschen untereinander als biologische und politische Wesen.

Der Begriff »Umwelt« trenne niemals die Realität der Welt von den Akteuren, die sie bevölkern, so wiederum Lionel Charles. Er beruhe auf der Idee der Interaktion und fasse die Welt als mobil, dynamisch und offen für Uneindeutigkeiten auf. Die Idee der ständigen Entwicklung interagierender Individuen entspreche dem Bild einer offenen demokratischen Gesellschaft. Der Erfolg des Begriffs Umwelt rühre daher, dass er zwar sehr allgemein gehalten sei, aber eine wichtige Aussage über das Verhältnis des Menschen zur Welt treffe. Dieses Verhältnis entziehe sich generalisierbaren, wissenschaftlich zu interpretierenden Festlegungen. Es bestehe statt dessen allein in der experimentellen Realität der Interaktion jedes Individuums mit seiner Umgebung[9].

Es ist nicht so, dass die Franzosen besonders uninteressiert an der Verbesserung ihrer Lebensbedingungen sind und Umweltfragen daher kaum in den unterschiedlichen Bereichen des gesellschaftlichen Lebens eine Rolle spielen. Aber sie widersetzen sich der kognitiven Revolution, die sich mit dem ökologischen Denken verbindet. Wo immer sich eine objektivierbare, administrative und technokratische

---

7 Charles, »Milieu«, S. 24f.
8 Charles, »Milieu«, S. 26f.
9 Charles, »Milieu«, S. 27.

Verarbeitung der Umweltprobleme anbietet, wird diese auch geleistet. In dieser Hinsicht ist die Ökologisierung Frankreichs in vollem Gange. Doch die subjektive Dimension des Umweltproblems findet kaum Beachtung unter den Bedingungen einer gesellschaftswissenschaftlichen wie auch politischen Kultur, die das Individuum der kollektiven Ordnung unterwerfen[10].

Die französische Vorliebe, Umweltprobleme sozial zu definieren

Um die Tragweite der erkenntnistheoretischen Untersuchung zu dokumentieren, stütze ich mich auf eine Reihe von Untersuchungen im Auftrag des Umweltministeriums. Diese Studien aus den Jahren 1990 bis 2000 dokumentieren die gesellschaftliche Wahrnehmung der Umwelt anhand von Umfragen über die Lebensformen der Franzosen, die damit verbundenen Repräsentationen der Natur, sowie über die Themen, Akteure und Institutionen des Umweltschutzes[11].

Alle Umfragen zeigen ein wachsendes Bewusstsein der Franzosen für Umweltprobleme, wobei sich auch die soziale Basis dieser »Betroffenheit« ausweitet, etwa in Form umweltfreundlichen Konsums. So scheinen die Franzosen sich nicht nur zunehmend mit Umweltproblemen zu beschäftigen, sondern dies auch in ihren Verhaltensweisen umzusetzen. Dennoch ergibt sich daraus keine Veränderung ihres Verhältnisses zur Natur. Die Naturauffassung der Franzosen bleibt mehrheitlich utilitaristisch und materialistisch[12]. So sind die Akteure bereit, sich Verhaltensänderungen aufzuerlegen, wenn sie damit ihre Lebensqualität und Gesundheit verbessern können. Deutlich weniger Engagement zeigen sie, wenn es darum geht, das Überleben des Planeten zu sichern. Nach den Worten von Robert Rochefort gibt es eine wachsende Bereitschaft, mehr Geld für Produkte auszugeben, die einen direkten Nutzen für die eigene Person haben, vor allem auf dem Gebiet der Gesundheit. Andere Produkte, deren ökologischer Nutzen der Gesellschaft insgesamt zu Gute kommen, werden zwar mit Sympathie betrachtet, doch ist niemand

---

10 Charles, »Milieu«, S. 28.

11 Boyer, Michel/Herzlich, Guy/Maresca, Bruno (Hg.), L'environnement, question sociale, Paris 2001.

12 Eder, Klaus, Die Vergesellschaftung der Natur. Studien zur Evolution der praktischen Vernunft, Frankfurt a.M. 1988.

bereit, für sie einen hohen Preis zu bezahlen[13]. Das Verhalten der Franzosen entspricht einer hedonistisch-individualistischen Ökologie, nicht aber einer altruistischen Umweltfrommheit.

Ganz gleich ob individualistisch oder altruistisch, das Umweltproblem hat in Frankreich eine neue Soziale Frage aufgeworfen, was Serge Moscovici schon in den siebziger Jahren erkannt hat[14]. Umweltschutz scheint durch jene seiner Aspekte an Bedeutung zu gewinnen, die nicht im engeren Sinne ökologischer Natur sind, sondern auf andere gesellschaftliche Probleme verweisen. In folgenden Zusammenhängen werden Umweltfragen in Frankreich vornehmlich diskutiert: Globalisierung, nachhaltige Entwicklung, Demokratisierung und Stadtentwicklung. All diese Themen verknüpfen Umweltfragen und soziale Aspekte. Sie erlauben es, Umweltschutz als Kritik an der ökonomischen Entwicklung und dem Wirtschaftsliberalismus zu definieren. Insbesondere die französische Linke und viele Soziale Bewegungen formulieren das Umweltproblem als Globalisierungs- und Kapitalismuskritik. Erst die Globalisierungsthematik verleiht der Ökologie eine im Sinne der französischen Linken politische Relevanz, die sich zudem auf die gesamte Erde bezieht. Diese spezifische Politisierung der Umweltfrage hat eine große Bedeutung, weil sie es den französischen Aktivisten erlaubt, sich in der internationalen Protestszene einen Namen zu machen.

Der internationale Erfolg des Ökorebellen José Bové und die Demonstrationen am Rande der Weltwirtschaftsgipfel sind spektakuläre Belege für die These, dass der Umweltprotest ein tief sitzendes Unbehagen artikuliert, das weit über ökologische Belange im engeren Sinne hinausgeht. Möglicherweise zeigen sich hier auch die Grenzen der üblichen Unterscheidung zwischen anthropozentrischen und nicht-anthropozentrischen Motivationen für den Umweltschutz. Der Widerstand gegen genetisch modifizierte Organismen geht sowohl davon aus, dass die Gesetze der Natur nicht überschritten werden dürfen, anerkennt aber auch die Tatsache, dass alle Naturzustände das Ergebnis einer Interaktion zwischen Mensch und Umwelt sind[15].

Die Franzosen sorgen sich um die Umwelt, wenn sie sich in ökonomischen, sozialen, ethischen und politischen Problemen artikuliert. Es überzeugt sie weniger die Idee einer intakten Natur als Wert an sich, den es zu schützen gelte. Umwelt inte-

---

13 Rochefort, Robert, »Environnement, Écologie, Développement Durable: Dix ans de travaux de recherche pour préparer l'avenir«, in: Boyer/Herzlich/Maresca, *L'environnement*, S. 16.

14 Moscovici, Serge, *Essai sur l'Histoire Humaine de la Nature*, Paris 1977.

15 Rochefort, *Environnement*, S. 12f.

ressiert die Franzosen in ihrer Beziehung zum Menschen und zur Gesellschaft. Auch aus diesem Grund wird Umweltschutz in Frankreich vor allem als technokratisches Verfahren eine Zukunft haben. Technokratischer Umweltschutz ermöglicht es, ihn in die bestehende politische Kultur zu integrieren, mit bestehenden gesellschaftlichen Praktiken und Instrumentarien zu bearbeiten und bewährten sozialen Gruppen zur Durchführung zu übertragen. Je konsequenter das Umweltproblem in kulturellen, sozioökonomischen und politischen Begriffen formuliert wird, desto mehr Franzosen wird es erreichen. Daher darf nicht verwundern, dass die Landespflege und -gestaltung im französischen Umweltschutz eine hohe Priorität besitzt, zumal hier die Wechselwirkung zwischen Mensch und Natur am sinnfälligsten spürbar ist[16].

Diese französische Besonderheit begünstigt die Idee der nachhaltigen Entwicklung, die offenbar in Frankreich positiver aufgenommen wurde als in Deutschland[17]. In Deutschland werden Konzepte nachhaltiger Wirtschaftsentwicklung von vielen Aktivisten als Zurückdrängung genuin ökologischer Lösungen empfunden. In Frankreich dagegen scheint der Ausgleich zwischen Ökonomie und Ökologie als Garant dafür angesehen zu werden, dass der Umweltschutz einen angemessenen Platz in den öffentlichen Angelegenheiten des Gemeinwesens erhält. Umweltschutz ist aus französischer Sicht demnach kein Ziel an sich, sondern ein Orientierungskriterium unter vielen. Denn die »Rückkehr zur Natur« kann kein Gesellschaftsprojekt sein. So ist der Umweltschutz niemals isoliert ein Leitmotiv sozialen Protestes in Frankreich geworden, sondern stets nur als Artikulationsfeld für andere Probleme des sozialen Lebens. Natur an sich und für sich interessiert in diesem Kontext kaum, wohl aber ein Naturzustand, der den Menschen vor Augen führt, welche Art von Gesellschaft sie gestalten.

Diese »soziale Funktion der Natur« korrespondiert mit Serge Moscovicis Thesen in seinem *Essai sur l'Histoire Humaine de la Nature*[18]. Laut Moscovici entsteht jeder Zustand der Natur aus der wechselseitigen Einwirkung von Mensch und Materie. Der Zustand der Natur ist ein Ausdruck jener Vorstellungen und Praktiken, die der Mensch sich im Kontakt mit der Materie aneignet. Die Natur verweist daher immer auf die Fertigkeiten und Fähigkeiten der Menschheit.

---

16 Volatier, Jean-Luc, »Vision du Nord, vision du Sud«, in: Boyer/Herzlich/Maresca, *L'environnement,* S. 274f.

17 Rainer Keller, »Le développement durable dans la société du risque: Le cas allemand«, in: *Geographica Helvetica* 54, (1999), H. 2, S. 81–89.

18 Moscovici, Serge, *Essai sur l'Histoire Humaine de la Nature*, Paris 1977.

Hans Lenk hat diese Aussage mit dem Argument kritisiert, Moscovici verwechsle die unberührte mit der »zweiten« Natur[19]. Diese Position ist deshalb so aussagekräftig, weil sie die deutsch-französischen Unterschiede im Umweltbewusstsein noch einmal verdeutlicht. So bestätigen auch die bereits zitierten Untersuchungen des französischen Umweltministeriums, dass die Franzosen eine »Sakralisierung« der Natur ablehnen. Maßnahmen, die allein dazu dienen, die Natur intakt zu halten, werden in Frankreich in der Regel als überspannte *deep ecology* – Phantasien kritisiert.

Allerdings kommt auch ein rein technokratischer Umweltschutz nicht gänzlich ohne eine Vorstellung von intakter Natur aus, oder präziser: intakter Umweltmedien wie Wasser, Luft und Boden, denn danach bemessen sich Grenzwerte. Doch ist damit nie der Versuch verbunden worden, die Natur als ein Rechtssubjekt anzuerkennen. Das Interesse der französischen Gesellschaft an der Natur bleibt im Großen und Ganzen utilitaristisch. Natur interessiert nur in ihrer sozialen Dimension, das heißt als materielle Basis des menschlichen Lebens.

Die soziale Verankerung der Umweltfrage hat durchaus Vorteile. Beispielsweise lenkt sie den Blick der Forschung auf die Frage, wie das Gleichgewicht zwischen Natur und Kultur hergestellt werden kann. Auch das Instrument des Umweltmanagements passt gut in diesen Kontext und wurde auch bereits mit Erfolg eingeführt. Der größte Nachteil des utilitaristisch-sozial grundierten Umweltschutzes ist dagegen die allzu »weiche« Verankerung der Ökologie in der französischen Mentalität. Folglich sind die Franzosen zwar zu Kompromissen bereit, doch kaum geneigt, ihre Lebensweise und Konsumgewohnheiten grundsätzlich in Frage zu stellen. Folglich gibt sich auch die politische Ökologie wenig offensiv und bemüht sich kaum um kulturelle oder soziale Innovationen oder gar Utopien. Der instrumentelle Umgang mit der Natur erschwert es, emotionale Zugänge zur Natur zu finden. So fühlen sich die Franzosen zu ihrem historischen und kulturellen Erbe sehr viel stärker hingezogen als zu den Naturschönheiten. Zudem herrscht in Frankreich die Tendenz vor, Natur in wissenschaftlichen und technischen Kategorien zu denken und zu vermitteln, während subjektive Herangehensweisen kaum eine Bedeutung erlangen. Verwissenschaftlichung und Rationalisierung von Natur verhindert romantisch-emotionale Hinwendungen. So sieht auch Lionel Charles in dem Mangel von Subjektivierung der Natur eine Bremse für den Umweltschutz in Frankreich.

---

19 Lenk, Hans, »Selbstüberschätzung mit katastrophalen Folgen. Der Mythos von der Herrschaft der Menschen über die Natur«; in: *Soziologische Revue* 7 (1984), S. 117–121.

Ein gesellschaftspolitischer Paradigmenwechsel, oder: Umwelt als Einladung, »mögliche Welten« zu erkunden

Die Spannung zwischen der kollektiv-verwissenschaftlichten Konstruktion von Umwelt und dem individuell-subjektiven Zugang spiegelt sich auch in dem Unterschied zwischen globalen und lokalen Lösungsversuchen für das Umweltproblem. Nun entspricht die Gegenüberstellung von Generellem und Globalem auf der einen Seite und Einzigartigem bzw. Lokalem auf der anderen Seite nicht exakt dem Gegensatz von kollektiv und individuell. Dies gilt allein schon deshalb, weil beide Lösungsansätze, die globalen wie die lokalen, stets an gesellschaftliche Gruppen appellieren. Dennoch verspricht diese Gegenüberstellung interessante Einsichten.

Die Suche nach globalen Antworten beruht in der Regel auf einer Abstraktionsleistung, einer Entkoppelung von Raum und Zeit, um mit Anthony Giddens zu sprechen[20]. Dagegen basiert die Suche nach räumlich begrenzten Lösungen auf dem Eintauchen in das Konkrete und braucht lokale politische Allianzen. Die absolute Einmaligkeit eines jeden dieser Prozesse korrespondiert in gewisser Weise mit dem individuell-subjektiven Zugang. Dieser Befund verweist auf eine alte Diskussion in den Sozialwissenschaften, die sich um das Spannungsverhältnis zwischen Individuum und Gesellschaft dreht, verweist auf das Problem der Sozialisation. Der Unterschied zwischen kollektivem und individuellem Zugang zur Umweltproblematik gibt Auskunft über den Grad der Individualisierung in einem Gemeinwesen. Es gibt Gesellschaften, in denen die Sozialisationsprozesse die Distanz zwischen Person und Gesellschaft vergrößern. Damit vergrößern sie auch die Wahrscheinlichkeit, dass Konflikte ausbrechen. Wird die Umwelt relational aufgefasst, so aktualisiert sie soziale Spannungen.

Dies ist für die Sozialwissenschaften, und insbesondere die Soziologie, deshalb von großer Bedeutung, weil sie sich wie keine andere Wissenschaft mit der Dialektik von Individuum und Gesellschaft befassen. Die Umweltfrage ermöglicht wie in einem Brennglas, diese Spannung zwischen Individuum und Gesellschaft zu studieren, ebenso wie das Verhältnis einer Gesellschaft zu Raum und Zeit.

Die Theorie der »Hybridbildung« ist eine Antwort auf diese Herausforderung[21]. Alle Studien, die in diesem Kontext entstehen, sind als Versuche zu werten, zwischen den globalen und lokalen Lösungsansätzen zu vermitteln. Die Vertreter dieses

---

20 Giddens, Anthony, *Les conséquences de la modernité*, Paris 1994, S. 19–37.
21 Latour, *Modernes*.

Ansatzes schlagen vor, zum Kern der Strukturen vorzudringen, die das Verhältnis zwischen Menschen und nichtmenschlichen Wesen bestimmen. Damit erschließen sie auch einen neuen Zugang zum menschlichen Wissen. Dazu gehört ihrer Ansicht nach auch die Öffnung jener hermetischen Gruppe der Wissenden, die die Geschicke der Gesellschaft zu bestimmen versucht – seien es nun politisch-administrative Eliten oder Wissenschaftler. Statt dessen soll die Zivilgesellschaft daran beteiligt werden, die »möglichen Welten« ihrer künftigen Entwicklung selbst zu formulieren. Diese politische Forderung ergibt sich aus dem von der Hybridforschung geschärften Bewusstsein für die erkenntnistheoretischen und politischen Sackgassen, in die reine Laborforschung ebenso wie ein technokratischer Politikstil führen. Im Stammland von Kartesianismus und politischem Paternalismus sind diese Ansätze für die Demokratisierung von Forschung und Politik zu begrüßen; Szientismus und technokratische Politik sind zwei Seiten der gleichen Medaille.

Vor allem Michel Callon und Bruno Latour münzen die Hybridbildungstheorie in politische Forderungen um; sie verlangen die Demokratisierung der technokratisch gelenkten Demokratie durch den »Eintritt der Natur in die Politik«[22]. Um diese Formulierung zu verstehen, ist ein Blick auf ihr theoretisches Werk nötig.

In ihren Forschungen gehen sie davon aus, dass das moderne Denken seit der Frühen Neuzeit jede Erscheinung entweder der Natur oder aber der Gesellschaft zuweist, obwohl fast alle Dinge im Grunde Mischwesen zwischen beiden Sphären sind. Diese Reinigungsarbeit, so Callon und Latour, begünstige die Entstehung einer abgeschotteten Sphäre von spezialisierter Wissenschaft. Vernachlässigt würden dagegen jene Wissensmodelle, die die Welt eher in Form von Zusammenhängen und Korrespondenzen wahrnehmen. Im Sinne von Callon und Latour sollte die wissenschaftliche Forschung so wie jede andere soziale Aktivität aufgefasst werden. Das heißt, sie soll der gesamten Gesellschaft zugänglich und von ihr kontrollierbar sein. Zudem soll die ganze Gesellschaft eingeladen werden, auf verschiedenen räumlichen und zeitlichen Ebenen der sozialen Wirklichkeit die Umrisse einer möglichen gemeinsamen Welt auszuloten. In Zukunft sollten die großen Forschungsprogramme einem einzigen Anliegen dienen, nämlich der Entgrenzung von Wissenschaft. Das heißt im Wesentlichen, die Forschung in der Lebenswirklichkeit zu verankern und sie für neue soziale Kompetenzen zu öffnen. Dazu gehört vor allem, den Status des Wissenschaftlers auf alle Mitglieder der Zivilgesellschaft auszudeh-

---

22 Callon, Michel/Rip, Arie, »Forums hybrides et négociations des normes socio-techniques dans le domaine de l'environnement«, in: *Environnement, Science et Politique, Cahiers du Germès* (1991), S. 227–238. Latour, *Politiques.*

nen. Zudem sollen kleine Einheiten entstehen, die Lösungen für zeitlich und räumlich begrenzte Probleme erarbeiten. Mit anderen Worten: Die Theorie der Hybridbildung legt nahe, die lokale Produktion von Wissen höher zu bewerten und dabei möglichst viele Akteure zu integrieren. In gewissermaßen »nachbarschaftlichem« Miteinander sollen die Mitglieder der Gesellschaft beim Erwerb eines von Allen geteilten Wissens mitwirken. Das Wissen der Allgemeinheit soll als wertvolle Ressource für das gesellschaftliche Zusammenleben entdeckt werden. Solche Modelle gehen davon aus, dass die Erforschung möglicher Welten eine der wichtigsten sozialen Aufgaben ist – das Idealbild ist eine Gesellschaft von Forschern.

Diese Vorstellung unterscheidet sich allerdings erheblich von der »Wissensgesellschaft«, wie sie aktuell diskutiert wird, denn die Wissensgesellschaft zielt nicht auf Forschung, sondern auf die Verarbeitung von (vor)gegebenem Wissen. An die Stelle der statischen Auffassung von Wissen setzt die Hybridbildungstheorie eine dynamische Vorstellung. Sie verlangt, dass die Wissensinhalte permanent an zeitlich-räumliche und sozio-psychologische Kontexte angebunden werden müssen und einem steten Prozess der Aktualisierung unterliegen. Wissen ist demnach situativ, verhandelbar, veränderlich. Dazu gehört auch die Erkenntnis, dass Wissen in politischen Prozessen und durch Aushandlung entsteht.

Zusammenfassung

Die Idee der Umwelt lädt dazu ein, die Möglichkeiten einer Versöhnung zwischen den Human- und den Naturwissenschaften auszuloten. Ich denke vor allem an die Vermittlung zwischen Subjektivität und Objektivität oder zwischen Menschen und nichtmenschlichen Wesen. Derzeit gibt es in der französischen Soziologie verschiedene Bemühungen, neue Wege für eine »Politik der Natur« zu erschließen. Diese Bemühungen gehen von der Idee aus, dass Natur und Gesellschaft Mischwesen bilden, die flexibel sind und von Ort zu Ort differenziert sein können. Diese Weltanschauung ist nicht leicht zu vereinbaren mit dem Modell einer Gesellschaft, die sich am Ideal der einen und unteilbaren Republik orientiert. In dieser Perspektive wird der Pluralismus oft nur als Zwischenstadium zu einer neuen, fest verschweißten Gesellschaft verstanden. Diese Vorstellung beweist nach den Worten von Lionel Charles, dass Frankreich noch nicht reif ist für einen pluralistischen und föderalen Staat. Statt dessen bleibt ein holistisches Leitbild der Gesellschaft in Kraft – und dieses verträgt sich nicht mit den Forderungen nach Subjektivierung, die die politische Ökologie mit sich bringt. Eine konsequente Subjektivierung der Lebenswelten wäre die notwendige Voraussetzung für Überlegungen, wie man Diversität dauerhaft mit Gemeinwohl und Gesellschaft vereinbaren kann.

Der wichtigste Nutzen des Umweltproblems ist, dass es uns dazu einlädt, unsere vorgefertigten Vorstellungen über die Natur, die Gesellschaft und das Wissen zu hinterfragen. Die Umweltfrage hat unzweifelhaft eine kollektive Bedeutung, deren Ausdehnung all jene Maßstäbe bei weitem überschreitet, welche die Sozialwissenschaften bislang an die Gesellschaft anlegten. Dabei entzieht sich die Umwelt aber einer eindeutigen, kollektiv fixierbaren Zuschreibung.

Die Umweltproblematik ermöglicht es uns, mit der Vorstellung zu brechen, es gebe einen Königsweg für die Zukunft der Gesellschaft, so wie es die Ideologie des Fortschritts einst proklamierte. Allein, wir müssen erst noch lernen, mit der Pluralität der möglichen Welten zu leben. Dies ist an sich banal, doch bedurfte es eines langen Weges, damit wir uns dieser Frage stellen konnten.

Der subjektivierte Blick ist vielversprechend, wenn es um wissenschaftliche Forschung geht oder um die Erkundung möglicher Entwicklungspfade der Gesellschaft. Dagegen bietet er noch keine fertige Lösung für das friedliche Zusammenleben in der Gesellschaft und für den Ausgleich der Interessen. Die Herausforderung der Gegenwart besteht nun darin, die politischen Institutionen zu reformieren und in die Lage zu versetzen, sich den neuen Handlungsbedingungen anzupassen und unsere Zukunft zu gestalten – und zwar unter Wahrung der sozialen Gerechtigkeit sowie der Selbstständigkeit des Einzelnen. Die aktuellen Auseinandersetzungen in Frankreich über die Autonomie der Gebietskörperschaften und den Rückzug des Staates aus vielen öffentlichen Bereichen zeigen, dass ein Ausgleich zwischen verschiedenen Herangehensweisen und Problemdefinitionen nötig sein wird, die oft nicht mit einander kompatibel sind.

Aus dem Französischen übersetzt von Jens Ivo Engels

ANHANG

Personenregister

Autorenverzeichnis

Prof. Dr. Ing. *Hermann Behrens*, geb. 1955, ist Professor für Landschaftsplanung und Planung im ländlichen Raum an der Fachhochschule Neubrandenburg im Fachbereich Agrarwirtschaft und Landschaftsarchitektur, Studiengang Landschaftsarchitektur und Umweltplanung. Er ist ehrenamtlich Geschäftsführer des Instituts für Umweltgeschichte und Regionalentwicklung e.V., Arbeitsschwerpunkte: Regional- und Umweltplanung, Naturschutzgeschichte, Umweltgeschichte.

Prof. Dr. Dr. *Franz-Josef Brüggemeier*, geb. 1951 in Bottrop, Studium der Geschichte, Sozialwissenschaften und Medizin in Bochum, München, York (England), Bremen und Essen; Promotion in Geschichte (1982) und in Medizin (1990). Tätigkeit als Arzt (1982/83), anschließend als Historiker. Seit 1998 Inhaber des Lehrstuhls für Wirtschafts- und Sozialgeschichte an der Universität Freiburg im Breisgau. Zahlreiche Veröffentlichungen zur Sozial- und Wirtschaftsgeschichte des 19. und 20. Jahrhunderts, in den letzten Jahren mit Schwerpunkt auf der Umweltgeschichte und des modernen Sports. Mitglied der Lenkungsgruppe großer historischer Ausstellungen.

Thomas Dannenbaum, M.A., geb. 1970, ist Doktorand am Seminar für Zeitgeschichte der Universität Tübingen. Studium der Neueren Geschichte und der Politikwissenschaft in Tübingen. Forschungsschwerpunkt: Deutsche Geschichte im 20. Jahrhundert.

PD Dr. *Karl Ditt*, geb. 1950, ist Wissenschaftlicher Referent im Westfälischen Institut für Regionalgeschichte in Münster. Studium der Germanistik, Geschichte und Philosophie in Münster, Göttingen und Bielefeld, Promotion 1980, veröffentlicht als: *Industrialisierung, Arbeiterschaft und Arbeiterbewegung in Bielefeld 1850 –1914*, Dortmund 1982; Habilitationsschrift: *Raum und Volkstum. Die Kulturpolitik des Provinzial-verbandes Westfalen 1923–1945*, Münster 1985. Forschungsschwerpunkt: Westfälische Geschichte.

PD Dr. *Jens Ivo Engels*, geb. 1971, ist Hochschuldozent am Historischen Seminar der Universität Freiburg. Studium der Neueren und Neuesten Geschichte, Osteuro-päischen Geschichte und des Öffentlichen Rechts in Freiburg im Breisgau und Bordeaux; Promotion 1998, veröffentlicht als *Königsbilder. Sprechen, Singen und Schrei-ben über den französischen König in der ersten Hälfte des achtzehnten Jahrhunderts*, Bonn 2000. Habilitationsschrift 2004 unter dem Titel *Ideenwelt und politische Verhaltensstile von Naturschutz und Umweltbewegung in der Bundesrepublik 1950–1980*. Forschungsschwer-punkte: Umweltgeschichte, Geschichte der Bundesrepublik, frühneuzeitliches König-tum, Glaubensgeschichte.

Dr. *Matthias Heymann*, geb. 1961, ist Wissenschafts-, Technik- und Umwelthistoriker in München. Studium der Physik, Philosophie, Geschichte der Naturwissenschaften und Geschichte der Technik in Hamburg und München, Promotion 1993 an der TU München, Habilitation 2004 an der TU Berlin. Forschungsschwerpunkte: Ge-schichte von Wissensformen und Wissenspraktiken, Geschichte der Windenergie-nutzung, Geschichte der Konstruktionswissenschaft, Geschichte der Atmosphären- und Umweltforschung, Geschichte der Luftverschmutzung und Luftreinhaltung.

Dr. *Hans-Peter Gensichen*, geb. 1943, ist evangelischer Pfarrer in der Lutherstadt Wittenberg. Dort leitete er von 1975 bis 2002 das Kirchliche Forschungsheim, das in seiner Zeit zum intellektuellen Zentrum der kritischen Umweltbewegung in der DDR wurde. Gensichen studierte Theologie in Berlin (Evangelisches Konvikt und Humboldt-Universität) und wurde 1975 in Halle (Saale) mit einer Arbeit im Begegnungsbereich Biologie – Theologie zum Dr. theol. promoviert. Gegenwärtig (2004/05) arbeitet er über den Übergang von der Kantischen Naturphilosophie zu einer exakten und theologiefreien Naturwissenschaft. Sein anderes Thema sind die bisher ausgeblendeten Chancen von extrem schrumpfenden ostdeutschen Regionen wie der Uckermark oder der Prignitz.

Dr.- Ing. *Wolfram Höfer*, geb. 1962, ist Landschaftsarchitekt in Freising; Promotion 2000, veröffentlicht unter dem Titel: *Natur als Gestaltungsfrage. Zum Einfluß aktueller gesellschaftlicher Veränderungen auf die Idee von Natur und Landschaft als Gegenstand der*

Landschaftsarchitektur, München 2001. Vertretungsprofessur an der Universität Kassel im Wintersemester 2003/04, Arbeitsschwerpunkt ist die Verknüpfung einer Reflexion der Landschaftsarchitektur mit deren planerischen Praxis.

Dr. *Kai F. Hünemörder,* geb. 1971, arbeitet als Postdoktorand und Koordinator des DFG-Graduiertenkollegs »Interdisziplinäre Umweltgeschichte« in der Abteilung Historische Anthropologie und Humanökologie der Universität Göttingen. Studium der Mittleren und Neueren Geschichte, Politischen Wissenschaft und Wissenschaftsgeschichte in Kiel, Lissabon und Kopenhagen; Promotion 2002, veröffentlicht als *Die Frühgeschichte der globalen Umweltkrise und die Formierung der deutschen Umweltpolitik (1950–1973),* Stuttgart 2004. Weitere Veröffentlichungen u.a.: »Vom Expertennetzwerk zur Umweltpolitik«, in: *Archiv für Sozialgeschichte* 43 (2003), S. 275–296. Forschungsschwerpunkte: Umweltgeschichte, Zeitgeschichte, Seuchengeschichte zur Zeit der Aufklärung.

Dr. *Stefan Körner,* Jahrgang 1962, wissenschaftlicher Mitarbeiter am Institut für Ökologie der TU Berlin und Lehrbeauftragter für das Fach Kulturgeschichte der Natur im Studiengang Landschaftsplanung der TU Berlin. Studium der Landschaftsplanung an der TU Berlin. Danach Angestellter in einem Landschaftsarchitekturbüro und Wissenschaftlicher Assistent am Lehrstuhl für Landschaftsökologie der TU München-Weihenstephan. Promotion 2001 über *Theorie und Methodologie der Landschaftsplanung, Landschaftsarchitektur und Sozialwissenschaftlichen Freiraumplanung,* Berlin. Leitende Forschungstätigkeiten für das Bundesamt für Naturschutz im Bereich Akzeptanzforschung und kulturelle Aspekte der Nachhaltigkeit. Bereichsleiter für Ökologie im dem von der Gottfried Daimler und Karl Benz – Stiftung finanzierten Projekt zu Qualifizierung verstädterter Räume. Habilitationsschrift 2003 zur Rehabilitation gestalterischer Ansätze in Naturschutz und Landschaftsplanung.

Dr. *Christopher Kopper,* geb. 1962, ist Lehrbeauftragter an der Universität Bielefeld. Studium der Neueren Geschichte, Volkswirtschaft und der Politischen Wissenschaften in Frankfurt/M. und Bochum; Promotion 1992, veröffentlicht als *Zwischen Marktwirtschaft und Dirigismus. Bankenpolitik im Dritten Reich 1933–1939,* Bonn 1995. Habilitationsschrift 2004 unter dem Titel *Eisenbahn und Eisenbahnpolitik in der Bundesrepublik Deutschland 1945 bis 1968.* Weitere monographische Veröffentlichung : *Han-*

del und Verkehr im 20. Jahrhundert, München 2002. Forschungsschwerpunkte : Wirtschafts- und Unternehmensgeschichte, politische Geschichte des 20. Jahrhunderts.

Dr. *Patrick Kupper*, geb. 1970, ist Oberassistent am Institut für Geschichte (Professur für Technikgeschichte) der ETH Zürich. Studium der Allgemeinen Geschichte, Umweltwissenschaften, Schweizergeschichte und schweizerischen Verfassungskunde an der Universität Zürich und an der Humboldt-Universität Berlin. Dissertation: *Atomenergie und gespaltene Gesellschaft, Die Geschichte des gescheiterten Projektes Kernkraftwerk Kaiseraugst*, Zürich 2003. Seit Oktober 2002 ist er Co-Leiter des Forschungsprojektes »ETHistory«, das die Geschichte der ETH Zürich 1855–2005 aufarbeitet. Forschungsschwerpunkt: Technik-, Umwelt- und Wissenschaftsgeschichte des 19. und 20. Jahrhunderts.

PD Dr. *Willi Oberkrome*, Jahrgang 1959, Studium der Geschichte, Germanistik und Pädagogik an der Universität Bielefeld. Geschichtswissenschaftliche Promotion ebd. 1992. 1993 bis 1999 Post-Dok-Stipendiat und Wissenschaftlicher Mitarbeiter des ›Westfälischen Instituts für Regionalgeschichte‹ in Münster. Seit 2000 Wissenschaftlicher Mitarbeiter am Lehrstuhl für Neuere und Neueste Geschichte des Historischen Seminars der Albert Ludwigs-Universität Freiburg im Breisgau und Lehrbeauftragter am Lehrstuhl für Wirtschafts- und Sozialgeschichte ebd. Veröffentlichungen: *Volksgeschichte. Methodische Innovation und völkische Ideologisierung in der deutschen Geschichtswissenschaft 1918–1945*, Göttingen 1993; *»Deutsche Heimat«. Nationale Konzeption und regionale Praxis von Naturschutz, Landesgestaltung und landschaftlicher Kulturpolitik. Westfalen-Lippe und Thüringen 1900 bis 1960*, Paderborn 2004.

Dr. *Norman Pohl* (bis August 2004: *Norman Fuchsloch*), geb. 1962, ist Wissenschaftlicher Mitarbeiter der Professur für Technikgeschichte und Industriearchäologie am Institut für Wissenschafts- und Technikgeschichte der TU Bergakademie Freiberg und leitet das Universitätsmuseum, die Clemens-Winkler-Gedenkstätte und den historischen Karzer. Studium der Chemie und der Geschichte der Naturwissenschaften in Frankfurt/Main und Hamburg; Promotion 1998, veröffentlicht als Fuchsloch, Norman, *Sehen, riechen, schmecken und messen als Bestandteile der gutachterlichen und wissenschaftlichen Tätigkeit der Preußischen Landesanstalt für Wasser-, Boden- und Lufthygiene im Bereich der Luftreinhaltung zwischen 1920 und 1960*, Freiberg 1999 (Freiberger Forschungshefte D 203). Forschungsschwerpunkte: Umweltgeschichte, Chemiegeschichte, Montangeschichte, Hochschulgeschichte.

Dr. *Florence Rudolf*, geb. 1959, Soziologin, Promotion – im Rahmen des deutschfranzösisches Programm des CNRS 1994 absolviert (Bielefeld, Strasbourg) – wurde veröffentlich unter dem Titel *L'environnement, une construction sociale. Pratiques et Discours sur l'environnement en Allemagne et en France*, Strasbourg 1998. Seit 1995 Maître de Conférences an der Universität Marne la Vallée und seit 2002 an der Universität Marc Bloch, Strasbourg, als Maître de Conférences tätig. Forschungsschwerpunkte: Weltanschauungen und soziales Handeln im Vergleich Deutschland und Frankreich, fokussiert auf Natur und Umwelt, Stadtentwicklung, Stadtleben und Risikowahrnehmungen. Andere Publikationen: »Deux conceptions divergentes de l'expertise dans l'école de la modernité réflexive«, in: *Cahiers Internationaux de sociologie. Faut-il une sociologie du risque?* (2003), Vol CXIV, S. 35–54. »La réception sociologique de l'environnement en Allemagne et en France«, in: Essbach, Wolfgang (Hg.), *Modernität im Spannungsfeld nationaler und europäischer Identitätsbilder aus der Sicht französischer und deutscher Soziologen und Schriftsteller*, Berlin 2000, S. 405–420.

Dr. *Frank Uekötter*, geb. 1970, ist wissenschaftlicher Mitarbeiter an der Fakultät für Geschichtswissenschaft der Universität Bielefeld. Studium der Geschichte, Politikwissenschaft und Sozialwissenschaften an den Universitäten Freiburg im Breisgau, Bielefeld und der Johns Hopkins University in Baltimore, USA. Promotion 2001. Buchveröffentlichungen: *Von der Rauchplage zur ökologischen Revolution. Eine Geschichte der Luftverschmutzung in Deutschland und den USA 1880–1970*, Essen 2003; *Naturschutz und Nationalsozialismus* (Hg., zusammen mit Joachim Radkau, Frankfurt und New York 2003); *Naturschutz im Aufbruch. Eine Geschichte des Naturschutzes in Nordrhein-Westfalen 1945–1980*, Frankfurt und New York 2004; *Wird Kassandra heiser? Beiträge zu einer Geschichte der »falschen Öko-Alarme«* (Hg., zusammen mit Jens Hohensee, Stuttgart 2004); außerdem Herausgeber des Hefts »Umweltgeschichte in der Erweiterung« der Zeitschrift *Historical Social Research* 2004.

Albrecht Weisker, M.A., geb. 1971, ist Doktorand an der Fakultät für Geschichtswissenschaft der Universität Bielefeld. Studium der Neueren und Neuesten Geschichte, der Osteuropäischen Geschichte und der Politikwissenschaft in Berlin, Lyon und Göttingen. Thema der Dissertation: *Politische Energie. Zur Risikowahrnehmung der Atomkraft in der Bundesrepublik zwischen Technikeuphorie und Misstrauensbekundungen.* Veröffentlichungen: »Expertenvertrauen gegen Zukunftsangst. Zur Risikowahrnehmung der Kernenergie«, in: Frevert, Ute (Hg.), *Vertrauen. Historische Annäherun-*

gen, Göttingen 2003, S. 394–421. Forschungsschwerpunkte: Umweltgeschichte, Geschichte der Bundesrepublik, Europäische Zeitgeschichte.

Andrea Westermann, geb. 1972, ist seit Ende 2002 Forschungsassistentin am Institut für Geschichte (Professur für Technikgeschichte) der ETH Zürich. Sie hat in Freiburg, Barcelona und Berlin Neuere und Neueste Geschichte und Literaturwissenschaft studiert. Von 2000–2002 war sie Mitglied des Bielefelder Graduiertenkollegs »Genese, Strukturen und Folgen von Wissenschaft und Technik«. Ihr Dissertationsprojekt befasst sich mit der Geschichte von PVC in der Bundesrepublik. Ihr Forschungsschwerpunkt ist Wissenschafts- und Technikgeschichte.

Anna-Katharina Wöbse, geb. 1969, ist freie Umwelthistorikerin. Studium der Geschichte, Germanistik und Anglistik an der Universität Bremen und Stockton on Tees. Ausstellungsprojekte und Publikationen zur Geschichte der Umwelt- und Naturschutzbewegung. Aktuelles Forschungsprojekt zur historischen Entwicklung der internationalen Natur- und Umweltschutzpolitik. Weitere Schwerpunkte: Geschichte der Ölpest, Visualisierungs- und Vermittlungskonzepte von Umweltkonflikten und sozialen Bewegungen, Geschichte internationaler Netzwerke von NGOs. Veröffentlichungen u.a.: »Der Schutz der Natur im Völkerbund – Anfänge einer Weltumweltpolitik«, in: *Archiv für Sozialgeschichte* 43 (2003), S. 177–190.

Geschichte – aktuell

Peter Borscheid
Das Tempo-Virus
Eine Kulturgeschichte der Beschleunigung
2004. 409 Seiten · ISBN 3-593-37488-9

»Die breit angelegte, farbige Darstellung der unerhörten
Beschleunigungseffekte, die Arbeits- wie Lebensbereiche er-
fassen, vermittelt ein eindrucksvolles Tableau der Licht- und
Schattenseiten unserer Kultur und Zivilisation.« *Die Zeit*

John R. McNeill
Blue Planet
Die Geschichte der Umwelt im 20. Jahrhundert
2003. 496 Seiten · ISBN 3-593-37320-3

»Das Buch stellt die Geschichte der Umwelt in einem
großen Wurf dar. Der amerikanische Historiker John
McNeill hat eine immense Menge von Information zusammengetragen.« *Die Wochenzeitung*

Kevin Phillips
Die amerikanische Geldaristokratie
Eine politische Geschichte des Reichtums in den USA
2003. 476 Seiten · ISBN 3-593-37312-2

»Es wird Zeit für die Europäer, sich mit den Gedanken
von Phillips auseinander zu setzen.« *Die Zeit*

Gerne schicken wir Ihnen unsere aktuellen Prospekte:
Campus Verlag · Kurfürstenstr. 49 · 60486 Frankfurt/M.
Tel.: 069/97 65 16-0 · Fax -78 · www.campus.de

Frankfurt / New York